清华大学研究生公共课教材—— 数学系列

# 偏微分方程数值解法
## （第3版）

陆金甫　关 治　编著

U0360775

清华大学出版社
北京

# 内 容 简 介

本书介绍了偏微分方程数值解的两类主要方法：有限差分方法和有限元方法．其内容包括有限差分方法的基本概念；双曲型方程、抛物型方程及椭圆型方程的有限差分方法；数学物理方程的变分原理；有限元离散方法以及其他一些相关的课题等．在介绍每种具体方法的同时，还给出了相应的理论分析．各章附有习题．

本书可作为高等学校理工科专业研究生教材，有关本科专业也可作教材使用，此外也可供从事科学与工程计算的科技人员参考．

**图书在版编目（CIP）数据**

偏微分方程数值解法/陆金甫，关治编著．—3 版．—北京：清华大学出版社，2016（2025.1 重印）
（清华大学研究生公共课教材．数学系列）
ISBN 978-7-302-45472-4

Ⅰ．偏…　Ⅱ．①陆…　②关…　Ⅲ．偏微分方程－数值计算－研究生－教材　Ⅳ．O241.82

中国版本图书馆 CIP 数据核字（2016）第 274746 号

责任编辑：刘　颖
封面设计：常雪影
责任校对：王淑云
责任印制：曹婉颖

出版发行：清华大学出版社
　　　网　　　址：https://www.tup.com.cn,https://www.wqxuetang.com
　　　地　　　址：北京清华大学学研大厦 A 座　　　　　　邮　编：100084
　　　社 总 机：010-83470000　　　　　　　　　　　　邮　购：010-62786544
　　　投稿与读者服务：010-62776969，c-service@tup.tsinghua.edu.cn
　　　质量反馈：010-62772015，zhiliang@tup.tsinghua.edu.cn
印 装 者：三河市龙大印装有限公司
经　　销：全国新华书店
开　　本：185mm×230mm　　　印　张：18.25　　　　字　数：378 千字
版　　次：1987 年 1 月第 1 版　2016 年 11 月第 3 版　印　次：2025 年 1 月第 11 次印刷
定　　价：52.00 元

产品编号：070906-02

# 第 3 版前言

本书第 2 版自出版以来,被不少工科院校研究生用作教材,使用中发现了一些错误和不妥,在重印中我们曾作了一些勘误. 这次修订除了改正一些已发现的不妥和错误外,对非线性问题的内容作了删减和调整. 第 3 章增加了第 7 节,其内容部分取自原版第 6 章的第 1~2 节,第 4 章增加了 3.7 节以及第 6 节,其内容部分取自原版第 6 章第 6 节. 原版第 6 章除上述已保留外全部删除. 此外,还删去了介绍混合有限元方法的内容.

此次再版是在清华大学出版社刘颖博士提议、推动和支持下完成的. 我们深表感谢.

陆金甫 关 治

2016 年 6 月

# 第 2 版前言

本书初版至今已有十多年了,其间老师和同学指出了书中的一些不妥并提出修改意见,在这次修改中我们做了认真的研究和改进.有关偏微分方程初步知识以及有关数学知识专列一章,非线性问题的差分方法也集中于一章.这样本书的基本内容为第 1 章至第 5 章以及第 7 章和第 8 章.第 6 章和第 9 章分别为非线性问题的差分方法以及一些与有限元相关的课题,如特征值问题的有限元方法、边界元方法、多重网格方法等,这两章内容可选学.在这次修改中,第 2 章至第 6 章由陆金甫修改,其余均由关治修改.

陆金甫　关　治
2003 年 2 月

# 第1版前言

偏微分方程的数值解法在数值分析中占有重要的地位,很多科学技术问题的数值计算包括了偏微分方程的数值解问题.近三十多年来,它的理论和方法都有了很大的发展,而且在各个科学技术的领域中应用也愈来愈广泛.在我国,偏微分方程数值解法作为一门课程,不但在计算数学专业,而且也在其他理工科专业的研究生和大学生中开设.这本书的目的就是为大学课程提供一本教材,同时也为从事这方面工作的科研、工程技术人员提供一本参考书.

本书着重介绍当今流行的偏微分方程数值解的两类主要方法,即有限差分方法和有限元方法.目前,这两类方法在应用上有不同的侧重,所以本书在选材上也有差别.有限差分方法主要集中在依赖于时间的问题(双曲型和抛物型方程),而有限元方法则侧重于定态问题(椭圆型方程),至于用这两类方法离散化后得到的代数方程组的数值解法,虽然是十分重要和引起人们浓厚兴趣的问题,但是为了不使本书篇幅过长,我们没有讨论它,好在一般数值分析教科书和有关专著中,对一些基本的数值代数方法都有所介绍.

本书讨论的两类方法,都以基本概念和基本方法为主,同时也介绍了一些近年发展起来的方法和技巧.我们希望本书能够帮助读者确切地理解基本概念,掌握和正确使用基本方法.书中对模型问题作了详细的分析,而对较为复杂的问题只作近似的分析或简单的介绍.本书没有采用高深的数学工具,因此学过微积分和线性代数,而且具有数值分析和数学物理方程初步基础的理工科学生和工程技术人员均可阅读.对专门从事计算数学的学生和研究人员来说,本书只是给出偏微分方程数值解的一些最基础的知识和方法.

本书的前4章是关于有限差分方法的,其中第1章集中讨论了有限差分法的基本概念,我们认为弄清楚这些基本概念再具体讨论各种差分格式,将会有较大的好处.第2、3、4章分别讨论双曲型、抛物型和椭圆型方程的差分解法.如上所说,对椭圆型方程的讨论是较为简单的.第5章叙述了基本的变分原理,为下一章打下基础.第6章讨论了椭圆型方程的有限元方法.为了阐述基本的概念和方法,这两章我们都从一维问题开始讨论.本书最后一章简单介绍了一些以上各章未涉及的问题.其中前4节是有限元方法进一步的应用.第5节利用变分原理列出差分方程.最后两节则不是专属于有限差分方法和有限元方法的.其一是目前在很多工程技术问题应用的边界元方法.其二是多网格方法,这是近年来十分活跃的课题.我们特别请顾丽珍同志执笔写了这一节.

本书的初稿是为清华大学理工科各专业研究生和应用数学专业大学生开设的偏微分

方程数值解课程的讲义,经过在教学中试用、修改而成书.本书得到胡显承同志的认真审阅.顾丽珍同志两次使用我们的讲义,十分详细地提出了改进意见,又认真看了修改后的书稿,改正了一些疏漏之处,并为本书补充了多重网格方法的一节.此外,从编写讲义到成书的整个过程中,我们都得到李庆扬同志的热情鼓励和支持.对他们的帮助,我们深表感谢.同时也希望读者指出本书的错误和不足,使我们的工作得到改进.

陆金甫　关　治

1985 年 4 月于清华园

# 目　　录

# 第1章 引论、准备知识

## 1 引 论

在科学和技术的发展过程中,科学的理论和科学的实验一直是两种重要的科学方法和手段.虽然这两种科学方法都有十分重要的作用,但是一些研究对象往往由于它们的特殊性(例如太大或者太小,太快或者太慢等)不能精确地用理论描述或者用实验手段来实现.自从计算机出现和发展以来,情况就大大不同了,人们可以用计算机计算那些过去根本不能求解的科学技术问题,模拟那些不容易观察到的现象,得到实际应用所需要的数值结果,揭示各种现象的规律和基本性质.所以,现在普遍认为科学计算已经和两种传统的科学方法——理论和实验相并列,成为第三种科学方法.

科学计算在各门自然科学(物理学、气象学、地质学和生命科学等)和技术科学与工程科学(核技术、石油勘探、航空与航天和大型土木工程等)中起着越来越大的作用,在很多重要领域中成为不可缺少的工具.而科学与工程计算中最重要的内容就是求解在科学研究和工程技术中出现的各种各样的偏微分方程或方程组.

例如,核武器的研制要有理论设计和核试验.但核反应和核爆炸的过程是在高温高压的条件下进行的,而且巨大的能量在极短的时间内释放出来,核装置内部的细致反应过程及各个物理量的变化是根本不能用仪器测量出来的,核试验只是提供综合的数据.而描述核反应和爆炸物理过程的数学模型是一个很复杂的非线性偏微分方程组,也根本没有办法得到这个方程组理论上的精确解.所以发展核武器的国家都在计算机上对核反应过程进行数值模拟,这也称为"数值核试验",它可以大大减少核试验的次数,节约大量的经费,缩短研制的周期.历史上各时期各国最先进的计算机总是装备在核研究部门,我国也不例外,有资料表明,从开始研制直至达到与美、苏基本相抗衡的水平时,我国当时只进行了338次核试验,而美、苏则分别进行了936次和716次,这是我国研制人员更多地利用数值模拟手段所取得的成果.[1]

过去,在飞行器的设计过程中要做大量的风洞实验.实验设备的建设费用和每次实验的花费是十分昂贵的.但是人们现在可以在计算机上进行数值模拟,也就是数值求解有关空气动力学的偏微分方程组.20世纪90年代初期,某公司研制出当时运算速度最快的计算机就称为"数值风洞",用于航天飞机返回时的计算.进行这类数值实验有周期短、费用低及容易改变参数进行重复计算的特点.有资料说明,数值模拟已经使新型号飞机设计过程减少了三分之一以上的风洞实验.

科学计算在战争决策上应用的一个例子常常被人称道. 那是海湾战争期间, 某大国决策者要介入战争, 但又担心一旦该地区的数百口油井被人点燃, 是否会引起一场巨大的灾难, 使全球气候剧烈变化, 造成生态系统和经济系统的巨大损失. 科学家们设计了一个和 Navier-Stokes 方程组有关的计算模型, 用计算机进行了一系列的模拟试验, 得出的结论认为灾难是局部性的, 不会对全球产生严重后果, 这促使决策者下决心介入战争, 到后来油井果然被点燃, 事实也证明了的确没有造成全球性的灾难.

还可以举出如数值天气预报、大型水坝应力分析等许多例子, 说明数值求解偏微分方程在各门科学和工程中的应用. 解偏微分方程已经成为科学与工程计算的核心内容, 包括一些大型的计算和很多已经成为常规的计算. 为什么它在当代能发挥这样大的作用呢? 第一是计算机本身有了很大的发展; 第二是数值求解方程的计算方法也有了很大的发展, 这两者对人们计算能力的发展都是十分重要的. 科学家指出, 人类的计算能力正比于计算工具的效率与计算方法效率的乘积. 举例说, 从 20 世纪 50 年代初期(计算机刚出现不久)到 90 年代中期, 计算机的运算速度大约提高了一亿倍(从每秒几千次到几千亿次), 而在同一个时期, 求解科学与工程中大量出现的椭圆型偏微分方程的算法的速度却提高了一万亿倍, 从这里可以看到有效的数值计算方法的重要意义.

# 2　关于偏微分方程的一些基本概念

## 2.1　几个典型方程

含有未知函数 $u(x_1, x_2, \cdots, x_n, t)$ 的偏导数的方程称为偏微分方程. 这里 $u$ 是 $n+1$ 个自变量的函数. 在很多应用问题中, 专门用 $t$ 表示时间变量, $x_1, x_2, \cdots, x_n$ 表示空间变量. 记 $\boldsymbol{x} = (x_1, x_2, \cdots, x_n) \in \mathbb{R}^n$, 当 $n = 2, 3$ 时, 也常记 $\boldsymbol{x} = (x, y)$ 和 $\boldsymbol{x} = (x, y, z)$. 下面举几个常见的偏微分方程的例子, 其中遇到方程和未知函数不止一个时, 出现的是偏微分方程组, 用到的 Laplace 算子是

$$\Delta = \frac{\partial^2}{\partial x_1^2} + \frac{\partial^2}{\partial x_2^2} + \cdots + \frac{\partial^2}{\partial x_n^2}.$$

记

$$\nabla = \boldsymbol{e}_1 \frac{\partial}{\partial x_1} + \boldsymbol{e}_2 \frac{\partial}{\partial x_2} + \cdots + \boldsymbol{e}_n \frac{\partial}{\partial x_n},$$

其中 $\boldsymbol{e}_i (i = 1, 2, \cdots, n)$ 是 $\mathbb{R}^n$ 中坐标轴上正向的单位向量, 我们有 $\Delta = \nabla \cdot \nabla$.

**例 2.1（Laplace 方程）**

$$\Delta u = 0,$$

其中 $u = u(\boldsymbol{x})$ 称为**调和函数**. 在力学、电学常常遇到的势函数满足这个方程.

**例 2.2（Cauchy-Riemann 方程组）**　在 $n = 2$ 时, 对于调和函数 $u(x, y)$, 存在共轭调和

函数 $v(x,y)$，它们满足方程组

$$
\begin{cases}
\dfrac{\partial u}{\partial x} = \dfrac{\partial v}{\partial y}, \\[2mm]
\dfrac{\partial u}{\partial y} = -\dfrac{\partial v}{\partial x}.
\end{cases}
$$

方程组的解 $(u,v)$ 给出了一个复自变量 $z=x+\mathrm{i}y$ 的解析函数

$$
f(z) = u(x,y) + \mathrm{i}v(x,y).
$$

$(u(x,y),-v(x,y))$ 可以解释为流体力学中一个无旋不可压缩流的速度场.

**例 2.3（Poisson 方程）**

$$
-\Delta u = f(\boldsymbol{x}),
$$

其中 $u=u(\boldsymbol{x})$，而 $f(\boldsymbol{x})$ 是给定的函数. 这类方程的更一般形式是

$$
-\left[\frac{\partial}{\partial x_1}\left(k_1(\boldsymbol{x})\,\frac{\partial u}{\partial x_1}\right)+\frac{\partial}{\partial x_2}\left(k_2(\boldsymbol{x})\,\frac{\partial u}{\partial x_2}\right)+\cdots+\frac{\partial}{\partial x_n}\left(k_n(\boldsymbol{x})\,\frac{\partial u}{\partial x_n}\right)\right]=F(\boldsymbol{x}),
$$

其中 $k_i(\boldsymbol{x})>0$. 如果 $k_1(\boldsymbol{x})=\cdots=k_n(\boldsymbol{x})=k(\boldsymbol{x})$，也可写成

$$
-\nabla\cdot(k(\boldsymbol{x})\,\nabla u)=F(\boldsymbol{x}),
$$

当 $k(\boldsymbol{x})$ 为常数时，就化为 Poisson 方程.

**例 2.4（波动方程）**

$$
\frac{\partial^2 u}{\partial t^2}=a^2\Delta u+F(\boldsymbol{x},t),
$$

其中 $u=u(\boldsymbol{x},t)$，而 $F(\boldsymbol{x},t)$ 给定. 在一些声学、光学和力学的波动问题中常常出现这类方程. 当 $n=2$ 时，可以解释为膜的振动方程，满足方程的 $u(x,y,t)$ 是位移函数. 当 $n=1$ 时，方程可看成弦振动方程，即

$$
\frac{\partial^2 u}{\partial t^2}=a^2\frac{\partial^2 u}{\partial x^2}+F(x,t),
$$

或者是声波一维传播方程，其中 $u=u(x,t)$.

**例 2.5（扩散方程、传热方程）**

$$
\frac{\partial u}{\partial t}=\frac{\partial}{\partial x_1}\left(k_1\,\frac{\partial u}{\partial x_1}\right)+\cdots+\frac{\partial}{\partial x_n}\left(k_n\,\frac{\partial u}{\partial x_n}\right)+F(\boldsymbol{x},t),
$$

其中，$u=u(\boldsymbol{x},t)$ 是扩散过程中某种物质的浓度，或是固体的传热过程中在 $\boldsymbol{x}$ 处、$t$ 时刻的温度. 系数 $k_i=k_i(\boldsymbol{x})>0$ $(i=1,\cdots,n)$ 称为扩散系数或热传导系数，当 $k_1=k_2=\cdots=k_n=a(a>0)$ 时，方程为

$$
\frac{\partial u}{\partial t}=a\Delta u+F(\boldsymbol{x},t).
$$

$n=1$ 时得到一维扩散（传热）方程，$u=u(x,t)$ 满足

$$
\frac{\partial u}{\partial t}=a\frac{\partial^2 u}{\partial x^2}+F(x,t).
$$

　　在例 2.4 或例 2.5 中,如果 $F=F(\boldsymbol{x})$,$u$ 与时间 $t$ 无关,则方程化为例 2.3 方程的形式.与时间无关的情形称为**定常情形**.

　　方程中出现的偏导数的最高阶,称为方程的**阶**.以上例 2.2 是一阶方程组,其他的几个例子都是二阶的.

　　**例 2.6（对流扩散方程）**　在 $n=2$ 的情形,

$$\frac{\partial u}{\partial t} + a\frac{\partial u}{\partial x} + b\frac{\partial u}{\partial y} = k\Delta u + F$$

为平面上的对流扩散方程,其中 $u=u(x,y,t)$ 表示流场中某种物质的浓度.$a\dfrac{\partial u}{\partial x}+b\dfrac{\partial u}{\partial y}$ 称对流项,其中 $(a,b)$ 是流速.$k\Delta u$ 为扩散项,$k$ 是扩散系数,$k>0$.

　　**例 2.7（对流方程）**　如果例 2.6 中没有扩散项（$k=0$）,方程为对流方程.$n=1$ 的对流方程是

$$\frac{\partial u}{\partial t} + a\frac{\partial u}{\partial x} = F,$$

其中 $u=u(x,t)$,$F=F(x,t)$.

　　**例 2.8（重调和方程）**

$$\Delta^2 u = 0,$$

其中 $u=u(\boldsymbol{x})$.在 $n=2$ 时,$u=u(x,y)$,且

$$\Delta^2 = \left(\frac{\partial^2}{\partial x^2} + \frac{\partial^2}{\partial y^2}\right)^2 = \frac{\partial^4}{\partial x^4} + 2\frac{\partial^4}{\partial x^2 \partial y^2} + \frac{\partial^4}{\partial y^4}.$$

重调和方程在流体力学和弹性力学中都有重要的应用,它是一个 4 阶的方程,也称**双调和方程**.

　　以上的例子中,方程对未知函数 $u,v$ 及其各阶导数都是线性的.对于实际的问题,更多的是非线性的方程,下面再给出例子.

　　**例 2.9（二维定常、绝热、无旋及等熵流）**　速度势 $\phi=\phi(x,y)$ 满足方程

$$(1-c^{-2}\phi_x^2)\phi_{xx} - 2c^{-2}\phi_x\phi_y\phi_{xy} + (1-c^{-2}\phi_y^2)\phi_{yy} = 0,$$

其中 $(\phi_x,\phi_y)$ 是速度向量,其模 $q=\sqrt{\phi_x^2+\phi_y^2}$,$c$ 是 $q$ 的函数.例如,对某种满足状态方程

$$p = A\rho^\gamma$$

的气体,有

$$c^2 = 1 - \frac{\gamma-1}{2}q^2,$$

其中 $\rho$ 是密度,$p$ 是压力.

　　**例 2.10（Navier-Stokes 方程组）**　描述三维不可压缩流动的方程组

$$\begin{cases} \dfrac{\partial u_i}{\partial t} + \sum_{k=1}^{3} u_k \dfrac{\partial u_i}{\partial x_k} = -\dfrac{1}{\rho} \dfrac{\partial p}{\partial x_i} + \nu \Delta u_i, \quad i = 1,2,3 \\ \sum_{k=1}^{3} \dfrac{\partial u_k}{\partial x_k} = 0, \end{cases}$$

其中,$\boldsymbol{u} = (u_1, u_2, u_3)$ 为速度,$p$ 为压力,$\rho$ 为密度,都与 $\boldsymbol{x}, t$ 有关,$\nu$ 为黏滞系数.

## 2.2 定解问题

对于一个 $n$ 阶常微分方程,常常可以将其解写成依赖于 $n$ 个任意常数的通解形式. 但是对于偏微分方程,情况就要复杂得多,一般很难用通解的形式表示. 我们都是在一些特定条件下求方程的解. 这样的条件称为**定解条件**. 如果在 $\mathbb{R}^n$ 的某个区域 $\Omega$ 内求解方程,即要求 $\boldsymbol{x} \in \Omega$ 时,$u = u(\boldsymbol{x}, t)$ 满足方程,一般在 $\Omega$ 的边界 $\partial\Omega$ 上给出 $u$ 的条件,称之为**边界条件**. 在含时间变量 $t$ 的问题中,在超平面 $t = t_0$ 给出的条件称为**初始条件**. 除了边界条件和初始条件外,有时还会出现其他的定解条件. 给出了方程和定解条件,就构成了一个**定解问题**.

例如,Poisson 方程的一种定解问题是**边值问题**

$$\begin{cases} -\Delta u = f(\boldsymbol{x}), & \boldsymbol{x} \in \Omega, \\ u = g(\boldsymbol{x}), & \boldsymbol{x} \in \partial\Omega. \end{cases}$$

又例如,一维扩散方程在 $x \in [0, l], t \geqslant 0$ 的一种定解问题是**初边值问题**

$$\begin{cases} \dfrac{\partial u}{\partial t} = a \dfrac{\partial^2 u}{\partial x^2} + F(x, t), & x \in (0, l), t > 0, \\ u|_{x=0} = \varphi_1(t), u|_{x=l} = \varphi_2(t), & t > 0, \\ u|_{t=0} = g(x), & x \in (0, l), \end{cases}$$

其中 $a > 0, u = u(x, t)$.

如果一个偏微分方程定解问题在某个函数集合中存在惟一的解,而且在定解条件的原始资料(或自由项 $F$)有微小变化时,在某种意义下解也仅有微小的变化,我们说解关于定解条件(或自由项 $F$)是**稳定的**. 如果一个定解问题解的存在性、惟一性和稳定性都成立,就称定解问题是**适定的**. 本书所讨论的定解问题都是适定的. 但是也有很多实际的不适定问题需要讨论和求解,它们在物理学、地质学和石油科学等很多领域有重要的作用.

## 2.3 二阶方程

设 $u = u(x_1, x_2, \cdots, x_n)$,其中 $x_n$ 可以是时间变量 $t$. **二阶拟线性方程**指

$$\sum_{i,j=1}^{n} a_{ij} \frac{\partial^2 u}{\partial x_i \partial x_j} + \sum_{i=1}^{n} b_i \frac{\partial u}{\partial x_i} + cu = f, \qquad (2.1)$$

其中 $a_{ij}, b_i, c$ 和 $f$ 可以与 $x_1, x_2, \cdots, x_n$ 有关,也可以与 $u$ 和 $\dfrac{\partial u}{\partial x_i}$ 有关. 不妨假设 $a_{ij} = a_{ji}$,这

样矩阵 $\boldsymbol{A}=[a_{ij}]$ 是一个 $n\times n$ 的对称阵. 如果在点 $(x_1,x_2,\cdots,x_n)$, $\boldsymbol{A}$ 是正定或是负定的 (其特征值全同号), 方程(2.1)称为**椭圆型方程**. 如果 $\boldsymbol{A}$ 的特征值至少有一个为零, 方程 (2.1)称为**抛物型方程**. 如果 $\boldsymbol{A}$ 的特征值皆非零且有 $n-1$ 个同号时, 方程(2.1)称为**双曲型方程**, 其他一些情形也称超双曲型的.

如果在 $\mathbb{R}^n$ 的某个区域 $\Omega$ 内, 对每点 $(x_1,x_2,\cdots,x_n)$, 方程(2.1)都是某种类型的, 就称方程在 $\Omega$ 是该类型的. 如果方程在 $\Omega$ 的不同的子区域属不同的类型, 方程就称在 $\Omega$ 是混合型的.

以下着重讨论两个自变量的二阶方程. 设 $u=u(x,y)$, 其中 $y$ 可以是时间变量 $t$, 记 $p=\left(u,\dfrac{\partial u}{\partial x},\dfrac{\partial u}{\partial y}\right)$, **二阶拟线性方程**可以写成

$$a(x,y,p)\frac{\partial^2 u}{\partial x^2}+2b(x,y,p)\frac{\partial^2 u}{\partial x\partial y}+c(x,y,p)\frac{\partial^2 u}{\partial y^2}+f(x,y,p)=0. \qquad (2.2)$$

设 $a,b,c$ 和 $f$ 均为自变量的连续函数, 方程(2.2)的前三项称为方程的主部. 所谓拟线性方程是指方程对最高阶项是线性的.

如果方程(2.2)中, $a,b,c$ 与 $p$ 无关, 且

$$f(x,y,p)=d(x,y)\frac{\partial u}{\partial x}+e(x,y)\frac{\partial u}{\partial y}+r(x,y)u+s(x,y), \qquad (2.3)$$

则方程(2.2)就是**线性方程**.

方程(2.2)中的系数 $a,b,c$, 如果对于固定的 $(x,y,u)$ 有 $ac-b^2>0$, 方程就是椭圆型的; 如果 $ac-b^2<0$, 方程是双曲型的; 如果 $ac-b^2=0$, 则为抛物型的.

$x$-$y$ 平面上的曲线 $\begin{cases}x=\varphi_1(s)\\ y=\varphi_2(s)\end{cases}$ ($s$ 是参数), 如果满足

$$a[\varphi_2'(s)]^2-2b\varphi_2'(s)\varphi_1'(s)+c[\varphi_1'(s)]^2=0, \qquad (2.4)$$

则此曲线称为方程(2.2)的**特征曲线**, 方程(2.4)称为**特征方程**. $x$-$y$ 平面上的向量 $(\beta_1,\beta_2)$, 若满足

$$a\beta_2^2-2b\beta_1\beta_2+c\beta_1^2=0, \qquad (2.5)$$

则称为方程(2.2)在点 $(x,y)$ 的**特征方向**.

由上面的定义可知, 特征方向是特征曲线在 $(x,y)$ 点的切线方向. 如果特征曲线的方程可以写成 $y=y(x)$ 的形式, 且 $a\neq 0$, 则 $y(x)$ 满足

$$\frac{\mathrm{d}y}{\mathrm{d}x}=\frac{b\pm\sqrt{b^2-ac}}{a}.$$

不难看到, 对于双曲型方程, 在 $x$-$y$ 平面上有两族特征曲线, 过每点 $(x,y)$, 都有方程的两个特征方向. 而抛物型方程在 $x$-$y$ 平面上只有一族特征曲线, 过每点有方程的一个特征方向. 至于椭圆型方程, 则没有实的特征曲线.

下面介绍一些两个自变量的二阶方程定解问题.

设 $u=u(x,y)$, 一个典型的椭圆型方程的边值问题是

$$\begin{cases} -\left[\dfrac{\partial}{\partial x}\left(k\,\dfrac{\partial u}{\partial x}\right)+\dfrac{\partial}{\partial y}\left(k\,\dfrac{\partial u}{\partial y}\right)\right]=F(x,y),\quad (x,y)\in\Omega, \\[2mm] u=g(x,y) \qquad\qquad\qquad\qquad\qquad (x,y)\in\partial\Omega, \end{cases}$$

其中 $\Omega\subset\mathbb{R}^2$，$k>0$，$k,F,g$ 都是 $x,y$ 的函数. 这里的边界条件是第一类边界条件（**Dirichlet 边界条件**）. 此外还可以有第二类边界条件（**Neumann 边界条件**）：

$$k\,\frac{\partial u}{\partial \boldsymbol{n}}=g(x,y),\quad (x,y)\in\partial\Omega.$$

以及第三类边界条件：

$$k\,\frac{\partial u}{\partial \boldsymbol{n}}+\alpha u=g(x,y),\quad (x,y)\in\partial\Omega.$$

以上的 $\boldsymbol{n}$ 是区域 $\Omega$ 的外法线方向，椭圆型方程分别配上三类边界条件得到三类边值问题.

扩散方程是抛物型的. 设 $u=u(x,t)$，在无穷域上的一个初值问题是

$$\begin{cases} \dfrac{\partial u}{\partial t}=a\,\dfrac{\partial^2 u}{\partial x^2}+F(x,t),\quad x\in\mathbb{R},t>0,a>0, \\[2mm] u|_{t=0}=g(x),\qquad\qquad x\in\mathbb{R}. \end{cases}$$

在有限区间 $x\in[0,l]$ 上第一边界条件的初边值问题是

$$\begin{cases} \dfrac{\partial u}{\partial t}=a\,\dfrac{\partial^2 u}{\partial x^2}+F(x,t),\qquad\qquad 0<x<l,t>0,a>0, \\[2mm] u|_{t=0}=g(x),\qquad\qquad\qquad 0<x<l, \\[2mm] u|_{x=0}=\varphi(t),u|_{x=l}=\psi(t),\qquad t>0. \end{cases}$$

波动方程是双曲型方程. 在有限区间 $[0,l]$ 上第一边界条件的初边值问题是

$$\begin{cases} \dfrac{\partial^2 u}{\partial t^2}=a^2\,\dfrac{\partial^2 u}{\partial x^2}+F(x,t),\qquad\qquad 0<x<l,t>0, \\[2mm] u|_{t=0}=g(x),\dfrac{\partial u}{\partial t}\Big|_{t=0}=h(x),\quad 0<x<l, \\[2mm] u|_{x=0}=\varphi(t),u|_{x=l}=\psi(t),\qquad t>0. \end{cases}$$

波动方程在 $x\in\mathbb{R}$ 上的初值问题是

$$\begin{cases} \dfrac{\partial^2 u}{\partial t^2}=a^2\,\dfrac{\partial^2 u}{\partial x^2}+F(x,t),\qquad x\in\mathbb{R},t>0, \\[2mm] u|_{t=0}=g(x),\dfrac{\partial u}{\partial t}\Big|_{t=0}=h(x),\quad x\in\mathbb{R}. \end{cases}$$

波动方程的特征方程是

$$-a^2(\mathrm{d}t)^2+(\mathrm{d}x)^2=0.$$

设常数 $a>0$，波动方程的两族特征曲线是两族直线

$$\begin{cases} x-at=c, \\ x+at=c. \end{cases}$$

它们各是一族相互平行的直线,过每点 $(x_0, t_0)$ 有分属两族的各一条特征曲线通过,如图 1.1.

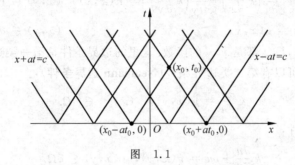

图 1.1

波动方程初值问题的解有以下的 D′Alembert 公式:

$$u(x,t) = \frac{g(x+at) + g(x-at)}{2} + \frac{1}{2a}\int_{x-at}^{x+at} h(\xi)\,\mathrm{d}\xi + \frac{1}{2a}\int_0^t \int_{x-a(t-\tau)}^{x+a(t-\tau)} F(\xi, \tau)\,\mathrm{d}\xi\,\mathrm{d}\tau.$$

从公式中可看到解依赖于初值 $g(x)$ 和 $h(x)$ 及自由项 $F(x,t)$ 的情况. 在点 $(x_0, t_0)$,初值问题的解 $u(x_0, t_0)$ 只依赖于 $[x_0 - at_0, x_0 + at_0]$ 上的初值 $g$ 和 $h$,以及一个由特征线与 $x$ 轴围成的三角形上的 $F(x,t)$ 之值. $x$ 轴上的区间 $[x_0 - at_0, x_0 + at_0]$ 称为点 $(x_0, t_0)$ 的依赖区间,在高维问题中可类似地有**依赖区域**的概念.

## 2.4 一阶方程组

这里限于两个自变量的情形,设 $(x,y) \in \Omega \subset \mathbb{R}^2$,其中 $y$ 可以是时间变量 $t$. 向量函数

$$\boldsymbol{u} = (u_1, u_2, \cdots, u_p)^{\mathrm{T}} \in \mathbb{R}^p,$$

其中 $u_i = u_i(x,y)$,$i = 1, 2, \cdots, p$. 又已知连续的向量函数 $\boldsymbol{h}(x,y,\boldsymbol{u}) \in \mathbb{R}^p$,矩阵函数 $\boldsymbol{A}(x,y,\boldsymbol{u}) \in \mathbb{R}^{p \times p}$,则方程组

$$\frac{\partial \boldsymbol{u}}{\partial y} - \boldsymbol{A}(x,y,\boldsymbol{u})\frac{\partial \boldsymbol{u}}{\partial x} + \boldsymbol{h}(x,y,\boldsymbol{u}) = \boldsymbol{0}, \tag{2.6}$$

称为**一阶拟线性方程组**,头两项是方程组的主部.

如果 $\boldsymbol{A}$ 与 $\boldsymbol{u}$ 无关,即 $\boldsymbol{A} = \boldsymbol{A}(x,y)$,且

$$\boldsymbol{h}(x,y,\boldsymbol{u}) = \boldsymbol{B}(x,y)\boldsymbol{u} + \boldsymbol{q}(x,y),$$

其中 $\boldsymbol{B} \in \mathbb{R}^{p \times p}$,$\boldsymbol{q} \in \mathbb{R}^p$,则方程组 (2.6) 是**线性方程组**. 如果 $\boldsymbol{A}$、$\boldsymbol{B}$ 和 $\boldsymbol{q}$ 是常数矩阵和向量,则方程组 (2.6) 是常系数的方程组.

对于固定的 $(x,y,\boldsymbol{u})$,如果方程组 (2.6) 中的矩阵 $\boldsymbol{A}(x,y,\boldsymbol{u}(x,y))$ 没有实的特征向量,方程组称为**椭圆型**的. 如果 $\boldsymbol{A}(x,y,\boldsymbol{u}(x,y))$ 有 $p$ 个线性无关的实特征向量,称方程组 (2.6) 是**双曲型**的,此时 $\boldsymbol{A}(x,y,\boldsymbol{u}(x,y))$ 有 $p$ 个实的特征值 (重特征值重复计算). 如果它们是相异的实特征值,则方程组 (2.6) 称为**严格双曲型**的.

例如,如果 $\boldsymbol{A}$ 是实常数矩阵,且可以通过相似变换把 $\boldsymbol{A}$ 化为对角阵 $\mathrm{diag}(\lambda_1, \cdots, \lambda_p)$,

则方程组是双曲型的.

如果 $x$-$y$ 平面上的曲线 $\begin{cases} x = \varphi_1(s) \\ x = \varphi_2(s) \end{cases}$ ($s$ 是参数)满足

$$\varphi_1'(s) + \lambda(\varphi_1(s), \varphi_2(s), \boldsymbol{u}(\varphi_1(s), \varphi_2(s)))\varphi_2'(s) = 0, \qquad (2.7)$$

则曲线称为方程组(2.6)的**特征曲线**,其中 $\lambda$ 是 $\boldsymbol{A}(x, y, \boldsymbol{u}(x, y))$ 的特征值. 方程(2.7)称为方程组(2.6)的**特征方程**.

**例 2.11** 设 $u_i = u_i(x, y), i = 1, 2, \boldsymbol{u} = (u_1, u_2)^{\mathrm{T}}$. 将 Cauchy-Riemann 方程组写成

$$\begin{cases} \dfrac{\partial u_1}{\partial y} = -\dfrac{\partial u_2}{\partial x}, \\ \dfrac{\partial u_2}{\partial y} = \dfrac{\partial u_1}{\partial x}, \end{cases}$$

或

$$\frac{\partial \boldsymbol{u}}{\partial y} = \begin{bmatrix} 0 & -1 \\ 1 & 0 \end{bmatrix} \frac{\partial \boldsymbol{u}}{\partial x}.$$

和方程组(2.6)的形式比较,有 $\boldsymbol{A} = \begin{bmatrix} 0 & -1 \\ 1 & 0 \end{bmatrix}$,它没有实的特征向量,方程组是椭圆型的.

**例 2.12** 设 $u = u(x, t)$,看一个未知函数($p = 1$)的一维对流方程

$$\frac{\partial u}{\partial t} + a \frac{\partial u}{\partial x} = 0, \qquad (2.8)$$

为了方便,设常数 $a > 0$,对比方程组(2.6)的形式,有 $\boldsymbol{A} = (-a) \in \mathbb{R}^{1 \times 1}$,所以对流方程是双曲型的. 从特征方程

$$\mathrm{d}x - a\mathrm{d}t = 0$$

可以解出一族实的特征曲线

$$x - at = \xi \quad (\text{其中 } \xi \text{ 是常数}), \qquad (2.9)$$

它们是一族相互平行的直线.

沿着某一条特征线 $x - at = \xi$,方程(2.8)的解为 $u(x, t) = u(at + \xi, t)$,则有

$$\frac{\mathrm{d}u}{\mathrm{d}t} = a \frac{\partial u}{\partial x} + \frac{\partial u}{\partial t} = 0.$$

所以沿着一条特征线,对流方程(2.8)的解 $u = $ 常数. 图 1.2 表示了 $a > 0$ 时,方程(2.8)的一族特征线.

对流方程的初值问题

$$\begin{cases} \dfrac{\partial u}{\partial t} + a \dfrac{\partial u}{\partial x} = 0, & x \in \mathbb{R}, t > 0, \\ u|_{t=0} = g(x), & x \in \mathbb{R}, \end{cases}$$

在点 $(x, t)$ 的解可写成

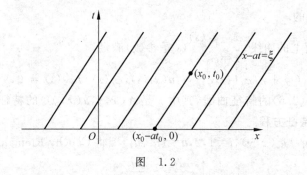

图 1.2

$$u(x,t) = g(\xi) = g(x - at).$$

所以,当 $t_0 > 0$ 时,过任一点 $(x_0, t_0)$,初值问题的解 $u(x_0, t_0)$ 只依赖于过此点的特征线 $x - at = x_0 - at_0$ 与 $x$ 轴交点 $(x_0 - at_0, 0)$ 上的初值 $g(x_0 - at_0)$. 而改变 $x$ 轴上某一点 $(\xi, 0)$ 的初值 $g(\xi)$,只影响到特征线 $x - at = \xi$ 上的解 $u(x,t)$.

仍设 $a > 0$,在 $x$ 轴的正半轴上给定初始条件,在 $t$ 轴的正半轴上给定边界条件的初边值问题是

$$\begin{cases} \dfrac{\partial u}{\partial t} + a\,\dfrac{\partial u}{\partial x} = 0, & x > 0, t > 0, \\[2mm] u\big|_{t=0} = g(x), & x > 0, \\[2mm] u\big|_{x=0} = \varphi(t), & t > 0. \end{cases}$$

由特征线 $x - at = \xi$ 的走向,不难看到这个初边值问题是适定的,边界条件和初始条件完全确定了第一象限内的 $u(x,t)$.

对于 $a < 0$ 的情形,对流方程的性质以及初值问题和初边值问题的讨论,完全可以类似进行.

## 3 Fourier 变换和复数矩阵

本节给出下面各章用到的一些知识.

### 3.1 Fourier 变换

Fourier 积分和 Fourier 变换是很多数学分支用到的有力工具,本书用于差分方法的分析. 所谓 **Fourier 积分公式**,是指定义在 $(-\infty, \infty)$ 上的函数 $v(x)$ 的一个关系式. 设 $\displaystyle\int_{-\infty}^{\infty} |v(x)|^2 \mathrm{d}x < \infty$,有关系式

$$v(x) = \frac{1}{2\pi} \int_{-\infty}^{\infty} \int_{-\infty}^{\infty} v(\xi) \mathrm{e}^{-\mathrm{i}\lambda(\xi - x)} \,\mathrm{d}\xi \mathrm{d}\lambda, \tag{3.1}$$

其中 $i=\sqrt{-1}$ 是虚数单位. 我们从 Fourier 级数出发做 (3.1) 式的一个形式推导.

设 $v(x)$ 在 $[-L,L]$ 上可以展开成 Fourier 级数

$$v(x) = \frac{a_0}{2} + \sum_{n=1}^{\infty}\left(a_n\cos\frac{n\pi x}{L} + b_n\sin\frac{n\pi x}{L}\right), \tag{3.2}$$

其中的 Fourier 系数是

$$a_n = \frac{1}{L}\int_{-L}^{L}v(\xi)\cos\frac{n\pi\xi}{L}\mathrm{d}\xi, \quad n=0,1,\cdots, \tag{3.3}$$

$$b_n = \frac{1}{L}\int_{-L}^{L}v(\xi)\sin\frac{n\pi\xi}{L}\mathrm{d}\xi, \quad n=1,2,\cdots. \tag{3.4}$$

将 (3.3) 式和 (3.4) 式代入 (3.2) 式, 得到

$$v(x) = \frac{1}{2L}\int_{-L}^{L}v(\xi)\mathrm{d}\xi + \frac{1}{L}\sum_{n=1}^{\infty}\int_{-L}^{L}v(\xi)\cos\frac{n\pi}{L}(\xi-x)\mathrm{d}\xi. \tag{3.5}$$

假设 $v$ 在 $(-\infty,\infty)$ 绝对可积, 令 $L\to\infty$, 则 (3.5) 式第一项趋于零. 记 $\mu_n = \frac{n\pi}{L}$, 则有

$$\Delta\mu_n = \mu_{n+1} - \mu_n = \frac{\pi}{L}, \quad \mu_n = n\Delta\mu_n.$$

所以, 当 $L\to\infty$ 时, (3.5) 式成为

$$v(x) = \lim_{L\to\infty}\sum_{n=1}^{\infty}\left[\frac{1}{\pi}\int_{-L}^{L}v(\xi)\cos\mu_n(\xi-x)\mathrm{d}\xi\right]\Delta\mu_n.$$

取极限后和式成为一个区间 $[0,\infty)$ 上的积分式

$$v(x) = \int_0^{\infty}\left[\frac{1}{\pi}\int_{-\infty}^{\infty}v(\xi)\cos\mu_n(\xi-x)\mathrm{d}\xi\right]\mathrm{d}\mu, \tag{3.6}$$

将三角函数写成指数函数的形式, 有

$$\cos\mu(\xi-x) = \frac{1}{2}\left[\mathrm{e}^{\mathrm{i}\mu(\xi-x)} + \mathrm{e}^{-\mathrm{i}\mu(\xi-x)}\right],$$

代入 (3.6) 式, 得到两项之和, 第一项中做代换 $\lambda=-\mu$, 成为

$$\int_{-\infty}^{0}\left[\frac{1}{2\pi}\int_{-\infty}^{\infty}v(\xi)\mathrm{e}^{-\mathrm{i}\lambda(\xi-x)}\mathrm{d}\xi\right]\mathrm{d}\lambda,$$

再和第二项相加就得到 (3.1) 式, 即 **Fourier 积分公式**.

将 (3.1) 式写成

$$v(x) = \frac{1}{\sqrt{2\pi}}\int_{-\infty}^{\infty}\left[\frac{1}{\sqrt{2\pi}}\int_{-\infty}^{\infty}v(\xi)\mathrm{e}^{-\mathrm{i}\lambda\xi}\mathrm{d}\xi\right]\mathrm{e}^{\mathrm{i}\lambda x}\mathrm{d}\lambda.$$

把内层的积分变量 $\xi$ 换为 $x$, 并令

$$\hat{v}(\lambda) = \frac{1}{\sqrt{2\pi}}\int_{-\infty}^{\infty}v(x)\mathrm{e}^{-\mathrm{i}\lambda x}\mathrm{d}x, \tag{3.7}$$

则有

$$v(x) = \frac{1}{\sqrt{2\pi}} \int_{-\infty}^{\infty} \hat{v}(\lambda) \mathrm{e}^{\mathrm{i}\lambda x} \mathrm{d}\lambda. \tag{3.8}$$

(3.7)式的 $\hat{v}(\lambda)$ 称为 $v(x)$ 的 **Fourier 变换**,而(3.8)式的 $v(x)$ 则称为 $\hat{v}(x)$ 的 **Fourier 逆变换**.

类似三角级数有关的性质,可以证明

$$\int_{-\infty}^{\infty} |v(x)|^2 \mathrm{d}x = \int_{-\infty}^{\infty} |\hat{v}(\lambda)|^2 \mathrm{d}\lambda, \tag{3.9}$$

这称为 **Parseval 关系式**.这可以说成在平方积分的范数($L^2$ 范数)意义下,Fourier 变换保持了度量.同时还有

$$v = 0 \quad \Leftrightarrow \quad \hat{v} = 0. \tag{3.10}$$

## 3.2　复数矩阵

这里列出一些关于复数矩阵的结论.设

$$A = [a_{ij}] \in \mathbb{C}^{n \times n},$$

则 $A$ 的共轭转置是

$$A^{\mathrm{H}} = [\overline{a_{ji}}] \in \mathbb{C}^{n \times n}.$$

如果 $U \in \mathbb{C}^{n \times n}$,满足 $U^{\mathrm{H}}U = I$,则 $U$ 称为 **酉矩阵**.如果 $A \in \mathbb{C}^{n \times n}$,满足 $A = A^{\mathrm{H}}$,则 $A$ 称为 **Hermite 矩阵**.显然,实对称矩阵必是 Hermite 矩阵.

如果 $A \in \mathbb{C}^{n \times n}$,满足 $AA^{\mathrm{H}} = A^{\mathrm{H}}A$,则 $A$ 称为 **正规矩阵**.显然,所有的对角矩阵、Hermite 矩阵和酉矩阵都是正规矩阵.

**定理 3.1**　若 $A \in \mathbb{C}^{n \times n}$,则 $\| A \|_2 = \sqrt{\rho(A^{\mathrm{H}}A)}$,其中 $\rho(\cdot)$ 是矩阵的谱半径.

**定理 3.2**　对于每一个 Hermite 矩阵 $A \in \mathbb{C}^{n \times n}$,存在酉矩阵 $U \in \mathbb{C}^{n \times n}$,使

$$U^{\mathrm{H}}AU = \mathrm{diag}(\lambda_1, \lambda_2, \cdots, \lambda_n),$$

其中 $\lambda_1, \lambda_2, \cdots, \lambda_n$ 是 $A$ 的特征值,它们都是实的.而且 $U$ 的第 $i$ 列列向量是矩阵 $A$ 对应于 $\lambda_i$ 的特征向量.

**定理 3.3**　设 $A \in \mathbb{C}^{n \times n}$,则 $A$ 是正规矩阵的充分必要条件是存在酉矩阵 $U \in \mathbb{C}^{n \times n}$,使

$$U^{\mathrm{H}}AU = \mathrm{diag}(\lambda_1, \lambda_2, \cdots, \lambda_n),$$

其中 $\lambda_1, \lambda_2, \cdots, \lambda_n$ 是 $A$ 的特征值.

定理 3.3 说明正规矩阵可以通过酉相似变换对角化,反之亦然.这时 $A$ 有 $n$ 个正交的特征向量.对应于 $\lambda_i$ 的特征向量是 $U$ 的第 $i$ 列列向量.而且可以证明,特征值都是实的正规矩阵就是 Hermite 矩阵.

# 第2章 有限差分方法的基本概念

在不同类型的偏微分方程问题的有限差分方法中,有一些基本概念是共同的,特别是依赖时间的问题(双曲型方程与抛物型方程)更是如此.因此,我们从简单的模型问题出发,构造和分析典型的有限差分格式来引入和阐述这些基本概念.

## 1 有限差分格式

### 1.1 网格剖分

用有限差分方法求解偏微分方程问题必须把连续问题进行离散化.为此首先要对求解区域给出网格剖分,由于求解的问题各不相同,因此求解区域也不尽相同.下面仅用具体例子来说明不同区域的剖分,并引入一些常用的术语.

**例 1.1** 双曲型方程和抛物型方程的初值问题,求解区域是

$$\mathscr{D}_1 = \{(x,t) \mid -\infty < x < \infty, t \geqslant 0\}.$$

我们在 $x$-$t$ 的上半平面画出两族平行于坐标轴的直线,把上半平面分成矩形网格.这样的直线称作**网格线**,其交点称为**网格点**或**节点**.一般来说,平行于 $t$ 轴的直线可以是等距的.可设距离为 $\Delta x > 0$,有时也记为 $h$,称其为**空间步长**.而平行于 $x$ 轴的直线则大多是不等距的,往往要按具体问题而定.在此为简单起见也假定是等距的,设距离为 $\Delta t > 0$,有时也记为 $\tau$,称其为**时间步长**.这样两族网格线可以写作

$$x = x_j = j\Delta x = jh, \quad j = 0, \pm 1, \pm 2, \cdots,$$
$$t = t_n = n\Delta t = n\tau, \quad n = 0, 1, 2, \cdots.$$

网格节点 $(x_j, t_n)$ 有时简记为 $(j, n)$. $\mathscr{D}_1$ 的网格剖分见图 2.1.

**例 1.2** 双曲型方程和抛物型方程的初边值问题,设其求解区域是

$$\mathscr{D}_2 = \{(x,t) \mid 0 \leqslant x \leqslant l, t \geqslant 0\}.$$

这个区域的网格由平行于 $t$ 轴的直线族

$$x = x_j, \quad j = 0, 1, \cdots, J$$

与平行于 $x$ 轴的直线族

$$t = t_n, \quad n = 0, 1, 2, \cdots$$

所构成,其中 $x_j = j\Delta x = jh, \Delta x = h = \dfrac{l}{J}$; $t_n = n\Delta t = n\tau$. $\mathscr{D}_2$ 的网格剖分见图 2.2.

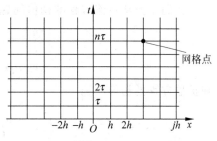

图 2.1

**例 1.3** 椭圆型方程的边值问题. 求解区域是 $x$-$y$ 平面上的一个有界区域 $\mathscr{D}$, 其边界 $\Gamma$ 为分段光滑曲线. 取沿 $x$ 轴和 $y$ 轴方向的步长 $\Delta x$ 和 $\Delta y$, 作两族分别与 $x$ 轴和 $y$ 轴平行的直线

$$x = x_i = i\Delta x, \quad i = 0, \pm 1, \pm 2, \cdots,$$

$$y = y_j = j\Delta y, \quad j = 0, \pm 1, \pm 2, \cdots.$$

与例 1.1 同样, 两族直线的交点称作网格点或节点, 并记为 $(x_i, y_j)$ 或简记为 $(i, j)$. 我们只考虑属于 $\mathscr{D} \cup \Gamma$ 的节点. 如果两个节点沿 $x$ 轴方向(或沿 $y$ 轴方向)只相差一个步长时, 称为两个相邻的节点. 如果一个节点的所有 4 个相邻的节点都属于 $\mathscr{D} \cup \Gamma$, 那么称此节点为**内部节点**(内点). 如果一个节点的 4 个相邻节点中至少有一个不属于 $\mathscr{D} \cup \Gamma$ 时, 则称此节点为**边界节点**(边界点). 用 $\mathscr{D}_h$ 表示内点集合, $\Gamma_h$ 表示边界点集合. 图 2.3 表示了 $\mathscr{D}$ 的网格剖分, 分别以 "○", "*" 表示内点和边界点.

上面我们仅列举了三个不同类型的网格剖分的例子. 以后遇到具体问题再作一些讨论.

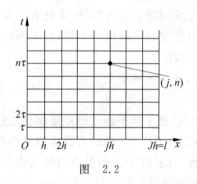

图 2.2

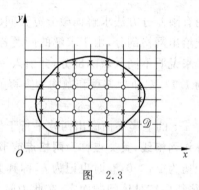

图 2.3

## 1.2 用 Taylor 级数展开方法建立差分格式

用有限差分方法近似求解偏微分方程问题有多种多样的方法, 并且也可以用不同的构造方法来建立这些有限差分方法. 用 Taylor 级数展开方法是最常用方法, 下面在建立差分格式的同时引入一些基本概念及术语.

我们主要从对流方程的初值问题

$$\begin{cases} \dfrac{\partial u}{\partial t} + a\,\dfrac{\partial u}{\partial x} = 0, & x \in \mathbb{R},\, t > 0, \\[2mm] u(x, 0) = g(x), & x \in \mathbb{R}, \end{cases}$$

$$\tag{1.1}$$
$$\tag{1.2}$$

和扩散方程的初值问题

$$\begin{cases} \dfrac{\partial u}{\partial t} = a\,\dfrac{\partial^2 u}{\partial x^2}, & x \in \mathbb{R},\, t > 0, \\[2mm] u(x, 0) = g(x), & x \in \mathbb{R} \end{cases}$$

$$\tag{1.3}$$
$$\tag{1.4}$$

(其中 $a > 0$)来进行讨论.

假定偏微分方程初值问题的解 $u(x,t)$ 是充分光滑的. 由 Taylor 级数展开有

$$
\left.
\begin{aligned}
\frac{u(x_j, t_{n+1}) - u(x_j, t_n)}{\tau} &= \left[\frac{\partial u}{\partial t}\right]_j^n + O(\tau), \\
\frac{u(x_j, t_{n+1}) - u(x_j, t_{n-1})}{2\tau} &= \left[\frac{\partial u}{\partial t}\right]_j^n + O(\tau^2), \\
\frac{u(x_{j+1}, t_n) - u(x_j, t_n)}{h} &= \left[\frac{\partial u}{\partial x}\right]_j^n + O(h), \\
\frac{u(x_j, t_n) - u(x_{j-1}, t_n)}{h} &= \left[\frac{\partial u}{\partial x}\right]_j^n + O(h), \\
\frac{u(x_{j+1}, t_n) - u(x_{j-1}, t_n)}{2h} &= \left[\frac{\partial u}{\partial x}\right]_j^n + O(h^2),
\end{aligned}
\right\}
\tag{1.5}
$$

$$
\frac{u(x_{j+1}, t_n) - 2u(x_j, t_n) + u(x_{j-1}, t_n)}{h^2} = \left[\frac{\partial^2 u}{\partial x^2}\right]_j^n + O(h^2).
\tag{1.6}
$$

其中 $[\cdot]_j^n$，或用 $(\cdot)_j^n$，表示括号内的函数在节点 $(x_j, t_n)$ 处取的值. 利用表达式(1.5)中的第 1 式和第 3 式有

$$
\frac{u(x_j, t_{n+1}) - u(x_j, t_n)}{\tau} + a\frac{u(x_{j+1}, t_n) - u(x_j, t_n)}{h} = \left[\frac{\partial u}{\partial t} + a\frac{\partial u}{\partial x}\right]_j^n + O(\tau + h).
$$

如果 $u(x,t)$ 是满足偏微分方程(1.1)的光滑解，则

$$
\left[\frac{\partial u}{\partial t} + a\frac{\partial u}{\partial x}\right]_j^n = 0.
$$

由此可以看出，偏微分方程(1.1)在 $(x_j, t_n)$ 处可以近似地用下面的方程来代替

$$
\frac{u_j^{n+1} - u_j^n}{\tau} + a\frac{u_{j+1}^n - u_j^n}{h} = 0, \quad j = 0, \pm 1, \pm 2, \cdots, n = 0, 1, 2, \cdots,
\tag{1.7}
$$

其中 $u_j^n$ 为 $u(x_j, t_n)$ 的近似值. (1.7)式称作逼近微分方程(1.1)的**有限差分方程**或简称**差分方程**. 用到的节点如图 2.4. 可以把(1.7)式改写成便于计算的形式

$$
u_j^{n+1} = u_j^n - a\lambda(u_{j+1}^n - u_j^n),
\tag{1.7'}
$$

其中 $\lambda = \dfrac{\tau}{h}$，称为**网格比**.

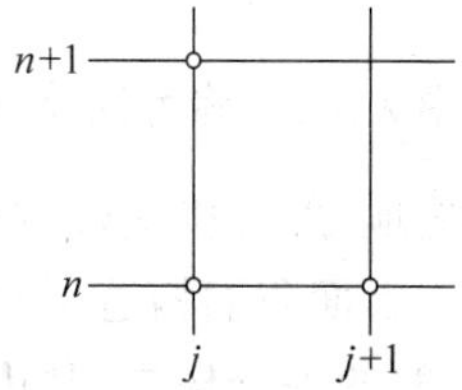

图　2.4

差分方程(1.7)再加上初始条件(1.2)的离散形式

$$
u_j^0 = \varphi_j, \quad j = 0, \pm 1, \cdots
\tag{1.8}
$$

就可以按时间逐层推进，算出各层的值. 这里使用术语"层"是表示在直线 $t = n\tau$ 上网格点的整体. 差分方程(1.7)和初始条件的离散形式(1.8)结合在一起构成了一个**差分格式**. 事实上，(1.7)式就给出了根据初始条件(1.8)来确定 $u_j^n (j = 0, \pm 1, \cdots)$ 的一个算法. 因此有

时候就称差分方程(1.7)为一个差分格式.以后我们不强调差分格式和差分方程之间的区别,但要作如下理解:说到差分格式就隐含了初始条件,边界条件的离散.在这样的含义下,当构造出差分方程后,就认为已构造出一个差分格式.

由第 $n$ 个时间层推进到第 $n+1$ 个时间层时,公式(1.7)提供了逐点直接计算 $u_j^{n+1}$ 的表达式,因此称(1.7)式为**显式格式**.并且注意到在公式(1.7)中,计算第 $n+1$ 层时只用到 $n$ 层的数据.前后仅联系到两个时间层次,故称(1.7)式为**两层格式**,更明确地,称其为**两层显式格式**.

利用(1.5)式中第一式和第四式,可以得到逼近微分方程(1.1)的另一差分方程

$$\frac{u_j^{n+1} - u_j^n}{\tau} + a \frac{u_j^n - u_{j-1}^n}{h} = 0. \tag{1.9}$$

其节点如图 2.5 所示.显然,此格式也是两层显式格式.

用(1.5)式中第一式及第五式,可以得到逼近微分方程(1.1)的另一差分方程

$$\frac{u_j^{n+1} - u_j^n}{\tau} + a \frac{u_{j+1}^n - u_{j-1}^n}{2h} = 0. \tag{1.10}$$

此格式所用到的节点如图 2.6 所示.可以将(1.10)式写成便于计算的形式

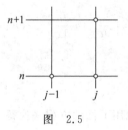

图　2.5

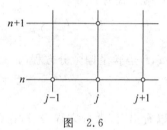

图　2.6

$$u_j^{n+1} = u_j^n - \frac{a\lambda}{2}(u_{j+1}^n - u_{j-1}^n), \tag{1.10}'$$

其中 $\lambda = \frac{\tau}{h}$,称为网格比.容易看出,此格式也是两层格式,称(1.10)式为**中心差分格式**,相应地,差分格式(1.7)和(1.9)称为**偏心差分格式**.

上面我们构造了对流方程(1.1)的三种差分格式,用同样方法可以构造逼近扩散方程(1.3)的差分格式.利用(1.5)式的第一式及(1.6)式有

$$\frac{u(x_j, t_{n+1}) - u(x_j, t_n)}{\tau} - a \frac{u(x_{j+1}, t_n) - 2u(x_j, t_n) + u(x_{j-1}, t_n)}{h^2}$$

$$= \left[\frac{\partial u}{\partial t} - a \frac{\partial^2 u}{\partial x^2}\right]_j^n + O(\tau + h^2).$$

如果 $u$ 是(1.3)式的光滑解,即 $u$ 满足

$$\frac{\partial u}{\partial t} = a \frac{\partial^2 u}{\partial x^2}$$

的光滑函数,那么,容易看出,扩散方程(1.3)可以用如下的差分方程来近似:

$$\frac{u_j^{n+1} - u_j^n}{\tau} - a\frac{u_{j+1}^n - 2u_j^n + u_{j-1}^n}{h^2} = 0, \quad j = 0, \pm 1, \cdots, \quad n = 0, 1, \cdots. \quad (1.11)$$

差分格式(1.11)所用到的节点如图 2.7 所示.可以将(1.11)式写成便于计算的形式

$$u_j^{n+1} = u_j^n + a\mu(u_{j+1}^n - 2u_j^n + u_{j-1}^n), \quad (1.11)'$$

其中 $\mu = \dfrac{\tau}{h^2}$,亦称网格比.注意到 $\mu$ 的表达式与对流方程的
差分格式的网格比 $\lambda$ 的表达式是不同的.一般情况下,也用
字母 $\lambda$ 代替字母 $\mu$.这是由于不同的表达式是属于不同类型
的方程的差分格式,因此不会引起混淆.容易看出,(1.11)式
也是二层显式格式.初始条件(1.4)的离散是显然的:

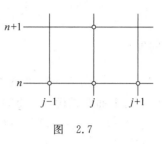

图 2.7

$$u_j^0 = g_j, \quad j = 0, \pm 1, \cdots. \quad (1.12)$$

利用(1.11)和(1.12)式可以依次计算出 $n = 1, 2, \cdots$ 各层上的值 $u_j^n$.

用 Taylor 展开来建立差分格式,实际上也等价于用差商来近似微商得到相应的差分格式.

## 1.3 积分方法

考虑扩散方程(1.3),对该方程进行积分,首先要求选定积分区域.设在 $x$-$t$ 平面上积分区域为(图 2.8)

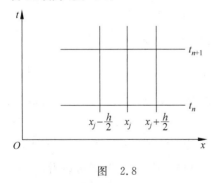

图 2.8

$$D = \left\{ (x, t) \,\middle|\, x_j - \frac{h}{2} \leqslant x \leqslant x_j + \frac{h}{2}, t_n \leqslant t \leqslant t_{n+1} \right\}.$$

积分有

$$\iint_D \frac{\partial u}{\partial t} \mathrm{d}x\mathrm{d}t = \iint_D a\frac{\partial^2 u}{\partial x^2} \mathrm{d}x\mathrm{d}t.$$

直接求积可得

$$\int_{x_j - \frac{h}{2}}^{x_j + \frac{h}{2}} \left[ u(t_n + \tau, x) - u(t_n, x) \right] \mathrm{d}x$$

$$= a\int_{t_n}^{t_{n+1}} \left[ \frac{\partial u}{\partial x}\left(t, x_j + \frac{h}{2}\right) - \frac{\partial u}{\partial x}\left(t, x_j - \frac{h}{2}\right) \right] \mathrm{d}t.$$

应用数值积分的矩形公式可得

$$\left[ u(t_n + \tau, x_j) - u(t_n, x_j) \right]h \approx a\left[ \frac{\partial u}{\partial x}\left(t_n, x_j + \frac{h}{2}\right) - \frac{\partial u}{\partial x}\left(t_n, x_j - \frac{h}{2}\right) \right]\tau. \quad (1.13)$$

注意到

$$\int_{x_j}^{x_{j+1}} \frac{\partial u}{\partial x}(t_n, x) \mathrm{d}x = u(t_n, x_{j+1}) - u(t_n, x_j).$$

而

$$\int_{x_j}^{x_{j+1}} \frac{\partial u}{\partial x}(t_n, x)\, \mathrm{d}x \approx \frac{\partial u}{\partial x}\Big(t_n, x_j + \frac{h}{2}\Big)h,$$

由此可以得到

$$\frac{\partial u}{\partial x}\Big(t_n, x_j + \frac{h}{2}\Big)h \approx u(t_n, x_{j+1}) - u(t_n, x_j).$$

同理有

$$\frac{\partial u}{\partial x}\Big(t_n, x_j - \frac{h}{2}\Big)h \approx u(t_n, x_j) - u(t_n, x_{j-1}).$$

将上面两式代入(1.13)式得

$$[u(t_n + \tau, x_j) - u(t_n, x_j)]h \approx a[u(t_n, x_{j+1}) - 2u(t_n, x_j) + u(t_n, x_{j-1})]\tau.$$

由此得出

$$\frac{u_j^{n+1} - u_j^n}{\tau} = a\frac{u_{j+1}^n - 2u_j^n + u_{j-1}^n}{h^2}.$$

这就是(1.11)式.

积分方法也称**有限体积法**.

## 1.4 隐式差分格式

前面构造的差分格式都是显式的,即在时间层 $t_{n+1}$ 上的每个 $u_j^{n+1}$ 可以独立地根据在时间层 $t_n$ 上的值 $u_j^n$ 得出,但并非都是如此. 如果采用

$$\frac{u(x_j, t_n) - u(x_j, t_{n-1})}{\tau} = \Big[\frac{\partial u}{\partial t}\Big]_j^n + O(\tau),$$

和(1.6)式,则可以得到扩散方程(1.3)的另一个差分格式

$$\frac{u_j^n - u_j^{n-1}}{\tau} - a\frac{u_{j+1}^n - 2u_j^n + u_{j-1}^n}{h^2} = 0. \tag{1.14}$$

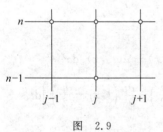

图 2.9

此差分格式的节点图示如图(2.9),可以把(1.14)式写成下面等价形式

$$-a\lambda u_{j+1}^n + (1 + 2a\lambda)u_j^n - a\lambda u_{j-1}^n = u_j^{n-1}, \tag{1.14$'$}$$

其中 $\lambda = \frac{\tau}{h^2}$ 为网格比. 由(1.14)式或(1.14)′式可以看出,在新时间层 $n$ 上包含了 3 个未知量 $u_{j-1}^n, u_j^n, u_{j+1}^n$,因此不能由 $u_j^{n-1}$ 直接计算出 $u_j^n$ 来. 有限差分格式(1.14)与前面引入的差分格式(1.11)有明显不同. 一般地,有限差分格式在新时间层($n$ 或 $n+1$)上包含有多于一个节点,这种有限差分格式称为**隐式格式**. 据此,有限差分格式(1.14)称为隐式格式. 大多数隐式格式适合于求解微分方程的初边值问题或满足周期条件的初值问题.

为简单起见,我们给出第一边界条件的扩散方程的初边值问题

$$\begin{cases} \dfrac{\partial u}{\partial t} = a\,\dfrac{\partial^2 u}{\partial x^2}, & 0 < x < l, t > 0, \\[2mm] u(x,0) = g(x), & 0 < x < l, \\[2mm] u(0,t) = u(l,t) = 0, & t > 0, \end{cases}$$

其中 $a > 0$.

扩散方程用差分格式(1.14)来近似,初始条件用(1.12)进行离散,而边界条件的离散则使用

$$\begin{cases} u_0^n = 0, & n > 0, \\ u_J^n = 0, & n > 0, \end{cases} \tag{1.15}$$

其中 $J = \dfrac{l}{h}$.

令

$$\boldsymbol{U}^n = (u_1^n, u_2^n, \cdots, u_{J-1}^n)^{\mathrm{T}},$$

则可把(1.14)′式和(1.15)式合写成

$$A\boldsymbol{U}^n = \boldsymbol{U}^{n-1}, \tag{1.16}$$

其中

$$\boldsymbol{A} = \begin{bmatrix} 1+2a\lambda & -a\lambda & & & & \\ -a\lambda & 1+2a\lambda & -a\lambda & & & \\ & \ddots & \ddots & \ddots & & \\ & & \ddots & \ddots & \ddots & \\ & & & -a\lambda & 1+2a\lambda & -a\lambda \\ & & & & -a\lambda & 1+2a\lambda \end{bmatrix}.$$

注意到,$A$ 是严格对角占优矩阵,因此线性代数方程组(1.16)有解.由于 $A$ 为三对角矩阵,因此,可用追赶法求解(1.16)式.

由上面叙述看出,采用显式格式求解既方便又省工作量.而隐式格式求解线性代数方程组,似乎无益处可言.但以后将看到,隐式格式可采用大的时间步长 $\tau$,因此有很大益处.

# 2　有限差分格式的相容性、收敛性及稳定性

## 2.1　有限差分格式的截断误差

为叙述方便,下面引入差分记号

**向前差分**

$$\Delta_{+t} v(x,t) = v(x, t + \Delta t) - v(x,t), \tag{2.1a}$$

$$\Delta_{+x} v(x,t) = v(x + \Delta x, t) - v(x,t). \tag{2.1b}$$

**向后差分**

$$\Delta_{-t}v(x,t) = v(x,t) - v(x,t-\Delta t), \qquad (2.2\text{a})$$

$$\Delta_{-x}v(x,t) = v(x,t) - v(x-\Delta x,t). \qquad (2.2\text{b})$$

**中心差分**

$$\delta_t v(x,t) = v(x,t+\frac{1}{2}\Delta t) - v(x,t-\frac{1}{2}\Delta t), \qquad (2.3\text{a})$$

$$\delta_x v(x,t) = v(x+\frac{1}{2}\Delta x,t) - v(x-\frac{1}{2}\Delta x,t). \qquad (2.3\text{b})$$

二次应用中心差分算子，可以得到很有用的**二阶中心差分**

$$\delta_x^2 v(x,t) = v(x+\Delta x,t) - 2v(x,t) + v(x-\Delta x,t), \qquad (2.4)$$

有时也应用两个区间上的中心差分

$$\Delta_{ox}v(x,t) = \frac{1}{2}(\Delta_{+x}+\Delta_{-x})v(x,t) = \frac{1}{2}[v(x+\Delta x,t) - v(x-\Delta x,t)].$$

对于扩散方程(1.3)的解，关于 $t$ 的向前差分的 Taylor 级数展开有

$$\Delta_{+t}u(x,t) = u(x,t+\tau) - u(x,t)$$

$$= \frac{\partial u}{\partial t}(x,t)\tau + \frac{1}{2}\frac{\partial^2 u}{\partial t^2}(x,t)\tau^2 + \frac{1}{6}\frac{\partial^3 u}{\partial t^3}(x,t)\tau^3 + \cdots. \qquad (2.5)$$

对变量 $x$ 进行 Taylor 级数展开有

$$\delta_x^2 u(x,t) = \frac{\partial^2 u}{\partial x^2}(x,t)h^2 + \frac{1}{12}\frac{\partial^4 u}{\partial x^4}(x,t)h^4 + \cdots. \qquad (2.6)$$

考虑扩散方程(1.3)的显式格式(1.11)，用微分方程的解 $u(x_j,t_n)$ 来替代(1.11)式中的全部近似解 $u_j^n$，这样得到的方程两边的差就是**截断误差**. 事实上，对于不在边界上的任何一点 $(x,t)$，可以定义截断误差 $T(x,t)$ 为

$$T(x,t) = \frac{1}{\tau}\Delta_{+t}u(x,t) - a\frac{1}{h^2}\delta_x^2 u(x,t), \qquad (2.7)$$

其中 $u(x,t)$ 是扩散方程(1.3)的解。

假定 $u(x,t)$ 是充分光滑的，利用(2.5)式，(2.6)式有

$$T(x,t) = \left(\frac{\partial u}{\partial t} - a\frac{\partial^2 u}{\partial x^2}\right) + \frac{1}{2}\frac{\partial^2 u}{\partial t^2}\tau - \frac{a}{12}\frac{\partial^4 u}{\partial x^4}h^2 + \cdots$$

$$= \frac{1}{2}\frac{\partial^2 u}{\partial t^2}\tau - \frac{a}{12}\frac{\partial^4 u}{\partial x^4}h^2 + \cdots.$$

上面推导中利用了 $u$ 满足微分方程这一事实. 上式等号右边前面两项称为**截断误差的主部**.

我们已经用 Taylor 级数展开把截断误差表示成一个无穷级数. 为方便起见，可引入余项来表示，例如

$$u(x,t+\Delta t) = u(x,t) + \frac{\partial u}{\partial t}\tau + \frac{1}{2}\frac{\partial^2 u}{\partial t^2}\tau^2 + \frac{1}{6}\frac{\partial^3 u}{\partial t^3}\tau^3 + \cdots$$

$$= u(x,t) + \frac{\partial u}{\partial t}\tau + \frac{1}{2}\frac{\partial^2 u}{\partial t^2}(x,\eta)\tau^2,$$

其中 $\eta \in (t, t+\tau)$. 如果对 $x$ 的 Taylor 级数展开中也采用余项来表示,则截断误差可表示为

$$T(x,t) = \frac{1}{2}\frac{\partial^2 u}{\partial t^2}(x,\eta)\tau - \frac{1}{12}a\frac{\partial^4 u}{\partial x^4}(\xi,t)h^2,$$

其中 $\xi \in (x-\Delta x, x+\Delta x)$.

考虑对流方程 $(1.1)$ 的差分格式 $(1.10)$,其截断误差为

$$T(x,t) = \frac{1}{\tau}\Delta_{+t}u(x,t) + a\frac{1}{h}\Delta_{ox}u(x,t) = \frac{1}{2}\tau\frac{\partial^2 u}{\partial t^2}(x,\eta) + \frac{1}{6}ah^2\frac{\partial^3 u}{\partial x^3}(\xi,t),$$

其中 $\eta \in (t, t+\tau)$, $\xi \in (x-h, x+h)$.

对于隐式格式,同样方法可以给出截断误差,考虑扩散方程 $(1.3)$ 的隐式差分格式 $(1.14)$,

$$T(x,t) = \frac{1}{\tau}\Delta_{-t}u(x,t) - a\frac{1}{h^2}\delta_x^2 u(x,t) = -\frac{\tau}{2}\frac{\partial^2 u}{\partial t^2}(x,\eta) - \frac{ah^2}{12}\frac{\partial^4 u}{\partial x^4}(\xi,t),$$

其中 $\eta \in (t-\tau, t)$, $\xi \in (x-h, x+h)$.

由截断误差的定义以及上面给出的三个具体例子可以知道,只要网格剖分得很细,即 $\tau$ 和 $h$ 很小,那么偏微分方程 $(1.3)$ 的解近似地满足相应的差分方程 $(1.11)$. 其实,一个有限差分格式的截断误差表示了用 $u(x_j, t_n)$(偏微分方程之解)代替 $u_j^n$(差分方程之解)的差分方程与在点 $(x_j, t_n)$ 上的偏微分方程之差.

由截断误差定义可知,要求出一个差分格式的截断误差,只要把相应的微分方程问题的充分光滑的解代入这个差分格式,再进行 Taylor 级数展开就可以了. 前面已经得到了差分格式 $(1.11)$ 的截断误差为 $O(\tau)+O(h^2)$;差分格式 $(1.10)$,$(1.14)$ 的截断误差也是 $O(\tau)+O(h^2)$.

下面考虑差分格式 $(1.7)$ 的截断误差,即

$$T(x,t) = \frac{1}{\tau}\Delta_{+t}u(x,t) + a\frac{1}{h}\Delta_{+x}u(x,t) = \frac{1}{2}\frac{\partial^2 u}{\partial t^2}(x,\eta)\tau + \frac{1}{2}a\frac{\partial^2 u}{\partial x^2}(\xi,t)h.$$

因此,差分格式 $(1.7)$ 的截断误差为 $O(\tau)+O(h)$.

对于扩散方程 $(1.3)$,可以建立有限差分格式

$$\frac{u_j^{n+1} - u_j^{n-1}}{2\tau} - a\frac{u_{j+1}^n - 2u_j^n + u_{j-1}^n}{h^2} = 0. \qquad (2.8)$$

其节点如图 2.10 所示. 差分格式 $(2.8)$ 称作 **Richardson 格式**。也可以把 $(2.8)$ 式写成便于计算的形式

$$u_j^{n+1} = u_j^{n-1} + 2a\lambda(u_{j+1}^n - 2u_j^n + u_{j-1}^n), \qquad (2.8)'$$

其中 $\lambda = \frac{\tau}{h^2}$. 容易看出,这个格式的截断误差是 $O(\tau^2)+O(h^2)$.

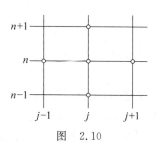

图 2.10

从截断误差这一角度来考虑,差分格式(2.8)要比差分格式(1.11)好.以后分析将看到,差分格式(2.8)无实用价值.此外,由(2.8)′式可以看到,计算第 $n+1$ 层的值 $u_j^{n+1}$,要用到第 $n$ 层的值 $u_{j-1}^n, u_j^n, u_{j+1}^n$ 及第 $n-1$ 层的值 $u_j^{n-1}$.这样前后联系到三个时间层,因此称其为**三层格式**.在实际计算中,三层格式所需的存储多,并且从初始层推进到第一层还必须用其他二层格式来完成.一般地,一个多于二层的差分格式称为**多层差分格式**.

如果一个差分格式的截断误差 $T=O(\tau^p)+O(h^q)$,则称差分格式对 $\tau$ 是 $p$ 阶精度,对 $h$ 是 $q$ 阶精度,若 $p=q$,则称差分格式是 $p$ 阶精度的.按照这个定义,可以说差分格式(1.11),(1.14)以及(1.10)都是对 $\tau$ 一阶精度,对 $h$ 二阶精度,而差分格式(1.9)是一阶精度格式.

## 2.2　有限差分格式的相容性

从偏微分方程建立差分方程时,总是要求当 $\tau\to 0, h\to 0$ 时差分方程能与微分方程充分"接近",这就导致了差分方程的一个基本特征,**差分格式的相容性**.

我们考虑更一般的问题,设 L 为微分算子,例如,

$$L=\frac{\partial}{\partial t}-a\frac{\partial^2}{\partial x^2}, a>0; \quad L=\frac{\partial}{\partial t}+a\frac{\partial}{\partial x}, a \text{ 为常数},$$

当然还可以包括更广的情形,初值问题可以叙述为

$$\begin{cases} Lu=0, \\ u(x,0)=g(x). \end{cases} \tag{2.9}$$

前面建立的差分格式可以写成统一的形式

$$u_j^{n+1}=L_h u_j^n, \tag{2.10}$$

其中 $L_h$ 是一个依赖于 $\tau$ 和 $h$ 的线性算子,对于变系数或非线性偏微分方程,$L_h$ 还依赖于 $x_j, t^n, u_j^n, \cdots$. $L_h$ 把定义在第 $n$ 层上的函数 $u_j^n$ 变换到定义在第 $n+1$ 层上的函数 $u_j^{n+1}$,算子 $L_h$ 称为差分算子.为便于说明,我们把差分格式(1.7)写成算子形式

$$u_j^{n+1}=L_h u_j^n,$$

其中 $L_h u_j^n=u_j^n-a\lambda(u_{j+1}^n-u_j^n)$.上式也可以写成

$$u_j^{n+1}=L_h u_j^n=\sum_{k=-l}^{l} a_k T^k u_j^n,$$

其中 $a_k$ 是依赖于 $\tau, h$ 的系数,$l$ 为正整数,T 为**平移算子**.平移算子定义为

$$Tu_j=u_{j+1}.$$

T 的逆算子 $T^{-1}, T^{-1}u_j=u_{j-1}$.由定义直接可以得出

$$T^k u_j=u_{j+k}, T^{-k}u_j=u_{j-k}.$$

应注意到,差分算子 $L_h$ 的这种表达形式是线性问题中的很一般形式,其系数、项数等依赖于具体采用的差分格式.

设(2.10)式为(2.9)式的差分格式,则相应的截断误差应是

$$T(x_j, t_n) = \frac{1}{\tau}(u(x_j, t_{n+1}) - L_h u(x_j, t_n)).$$

注意到,把截断误差写成上面的形式仅对二层显式差分格式进行了讨论.对于三层的 Richardson 格式及其他三层显式差分格式可化为二层显式差分方程组(可见例 3.4 的讨论).关于二层隐式差分格式的讨论可参见[7,22].

**定义 2.1** 设 $u(x,t)$ 是定解问题(2.9)的充分光滑解,(2.10)式为求解(2.9)式的差分格式,如果,当 $h, \tau \to 0$ 时有

$$T(x_j, t_n) \to 0,$$

则称差分格式(2.10)与定解问题(2.9)是**相容的**.

相容性概念是差分方法中一个非常基本的概念,一般说来,要用差分格式求解偏微分方程问题,相容性条件必须满足.可以看到,差分格式(1.7),(1.11)等是相容差分格式.

## 2.3　有限差分格式的收敛性

前面构造了不少差分格式,它们是否都能在实际中使用?首先碰到的问题是当时间步长 $\tau$ 和空间步长 $h$ 无限缩小时,差分格式的解是否逼近到微分方程问题的解.这就是**差分格式的收敛性**问题.这个问题是差分方法中一个非常重要的问题.显然,在计算之前,最好能做出明确的回答,然而,有很多实际问题目前还无法给出这样的回答.

**定义 2.2** 设 $u(x,t)$ 是定解问题(2.9)的解,$u_j^n$ 是差分格式(2.10)的解.如果当时间步长 $\tau$ 和空间步长 $h$ 都趋于零时有

$$e_j^n = u(x_j, t_n) - u_j^n \to 0,$$

则称差分格式(2.10)是**收敛的**.

定义 2.2 的意思就是,当时间步长 $\tau$ 和空间步长 $h$ 都趋于零时,差分格式的解趋于微分方程初值问题的解.

由于我们是通过求解差分格式来获得偏微分方程问题的近似解,因此收敛性的重要性就很清楚了.显然,不收敛的差分格式是无实用价值的.前面已经构造出不少差分格式,它们是否都具有收敛性?这个问题以后将给出回答.现在考虑差分格式(1.7)的收敛性问题.在此假定对流方程(1.1)中的常数 $a > 0$.首先把差分格式(1.7)$'$表示为

$$u_j^{n+1} = (1 + a\lambda - a\lambda T)u_j^n,$$

其中 $T$ 为平移算子,$\lambda = \frac{\tau}{h}$ 为网格比.利用上式可以得到

$$u_j^n = [(1 + a\lambda) - a\lambda T]^n u_j^0,$$

把初始条件代入并利用二项式展开有

$$u_j^n = [(1 + a\lambda) - a\lambda T]^n g_j = \sum_{m=0}^{n} C_m^n (1 + a\lambda)^m (-a\lambda T)^{n-m} g_j$$

$$= \sum_{m=0}^{n} C_m^n (1 + a\lambda)^m (-a\lambda)^{n-m} g_{j+n-m}. \tag{2.11}$$

由此看出,计算 $u_j^n$ 时要用到初始条件在点集

$$x_j, x_{j+1}, \cdots, x_{j+n} \tag{2.12}$$

上的值.另一方面,我们在第 1 章第 2 节中已叙述过,对流方程(1.1)的解 $u$ 在点 $(x_j, t_n)$ 的依赖区域是 $x$ 轴上的一个点 $x_j - a t_n$.因此改变初始条件 $g(x)$ 在 $x_j - a t_n$ 上的值,将必然改变微分方程(1.1)的解 $u$ 在 $(x_j, t_n)$ 上的值.而对差分格式(1.7)来说,由于点 $x_j - a t_n$ 不属于点集(2.12),因此不会影响差分格式的计算,也不影响差分格式的解在 $(x_j, t_n)$ 上的值.由上述分析可以看出,差分格式(1.7)的解不能收敛到对流方程初值问题(1.1),(1.2)的解.所以差分格式(1.7)不收敛.从而可以得出,如果 $a > 0$,则用差分格式(1.7)来求解对流方程初值问题是不现实的.

　　下面考虑求解扩散方程初值问题(1.3),(1.4)的显式差分格式(1.11)的收敛性问题.设 $u(x, t)$ 是初值问题(1.3),(1.4)的解,$u_j^n$ 是差分格式(1.11)的解.令 $T(x_j, t_n)$ 为差分格式(1.11)在点 $(x_j, t_n)$ 处的截断误差,则有

$$T(x_j, t_n) = \frac{u(x_j, t_{n+1}) - u(x_j, t_n)}{\tau} - a \frac{u(x_{j+1}, t_n) - 2u(x_j, t_n) + u(x_{j-1}, t_n)}{h^2}.$$

此式可改写成

$$u(x_j, t_{n+1}) = (1 - 2a\lambda) u(x_j, t_n) + a\lambda [u(x_{j+1}, t_n) + u(x_{j-1}, t_n)] + \tau T(x_j, t_n),$$

其中 $\lambda = \dfrac{\tau}{h^2}$.差分格式(1.11)写成

$$u_j^{n+1} = (1 - 2a\lambda) u_j^n + a\lambda (u_{j+1}^n + u_{j-1}^n).$$

此式减去上式,并令

$$e_j^n = u_j^n - u(x_j, t_n),$$

可得

$$e_j^{n+1} = (1 - 2a\lambda) e_j^n + a\lambda (e_{j+1}^n + e_{j-1}^n) - \tau T(x_j, t_n).$$

如果令 $2a\lambda \leqslant 1$,则上式右边 $e^n$ 的三项系数均为非负.由此可得

$$|e_j^{n+1}| \leqslant (1 - 2a\lambda) |e_j^n| + a\lambda |e_{j+1}^n| + a\lambda |e_{j-1}^n| + \tau |T(x_j, t_n)|. \tag{2.13}$$

假定 $u(x, t)$ 为初值问题(1.3),(1.4)的充分光滑的解,由截断误差计算可知

$$|T(x_j, t_n)| \leqslant M(\tau + h^2).$$

再令

$$E_n = \sup_j |e_j^n|.$$

则由(2.13)式得

$$|e_j^{n+1}| \leqslant (1 - 2a\lambda) E_n + a\lambda E_n + a\lambda E_n + M\tau(\tau + h^2) \leqslant E_n + M\tau(\tau + h^2).$$

从而有

$$E_{n+1} \leqslant E_n + M\tau(\tau + h^2).$$

由此不等式递推得

$$E_n \leqslant E_0 + Mn\tau(\tau + h^2).$$

注意到,在初始时间层 $t_0$ 上,有

$$u_j^0 = u(x_j, 0) = g(x_j) = g_j,$$

所以有 $e_j^0 = 0.$ 因此 $E_0 = \sup_j |e_j^0| = 0.$ 由此得到

$$E_n \leqslant Mn\tau(\tau + h^2).$$

假定初值问题中 $t \leqslant T$,则 $n\tau \leqslant T.$ 这样

$$E_n \leqslant MT(\tau + h^2).$$

令 $\tau, h \to 0$ 时,有 $E_n \to 0$,即 $u_j^n \to u(x_j, t_n).$ 上述证明中,假定了 $2a\lambda \leqslant 1$ 这一条件,这个条件是不可省略的.

　　上面给出了不收敛和收敛的两个差分格式.应注意到,这两个差分格式都是相容的.由此可以看出,收敛性和相容性是两个完全不同的概念.对于一个相容的差分格式,这样来判别是否收敛,当然太麻烦了.从而要求我们去寻求一些判别差分格式的收敛准则.以后我们主要将通过间接的途径对几类问题给出明确的回答.

## 2.4　有限差分格式的稳定性

　　利用有限差分格式进行计算时是按时间层逐层推进的.如果考虑二层差分格式,那么计算第 $n+1$ 层上的值 $u_j^{n+1}$ 时,要用到第 $n$ 层上计算出来的结果值 $u_{j-l}^n, u_{j-l+1}^n, \cdots, u_{j+l}^n.$ 而计算 $u_{j-l}^n, u_{j-l+1}^n, \cdots, u_{j+l}^n$ 时的舍入误差(包括 $n=0$ 的情况,不过此时是由于初始数据不精确而引起的)必然会影响到 $u_j^{n+1}$ 的值.从而就要分析这种误差传播的情况.希望误差的影响不至于越来越大,以致掩盖差分格式的解的面貌,这便是所谓**稳定性**问题.

　　我们首先考虑差分格式(1.7)的稳定性.即考虑差分格式

$$u_j^{n+1} = u_j^n - a\lambda(u_{j+1}^n - u_j^n)$$

的稳定性,其中 $\lambda = \dfrac{\tau}{h}$ 为网格比,假设 $a > 0.$ 差分格式从初始层开始逐层计算,当初始数据的选取存在着误差时,考察这个误差在以后计算中的传播情况.为分析方便起见,不考虑在逐层计算过程中存在的舍入误差.假定初始数据误差的绝对值为 $\varepsilon$,其符号交替地取正号和负号.利用(2.11)式可知,差分格式的解在 $(x_j, t_n)$ 处的误差为

$$\sum_{m=0}^{n} C_m^n (1+a\lambda)^m (-a\lambda)^{n-m} (-1)^{n-m} \varepsilon = \varepsilon \sum_{m=0}^{n} C_m^n (1+a\lambda)^m (a\lambda)^{n-m} = (1+2a\lambda)^n \varepsilon.$$

于是,对于固定的网格比 $\lambda$ 及 $a > 0$ 的情况,差分格式的解的误差随时间步长的步数 $n$ 的增加而增加.由此看出,初始数据的误差将必定掩盖了差分格式的解的面貌.所以我们认为差分格式(2.7)是不稳定的.

下面用差分格式

$$\frac{u_j^{n+1} - u_j^n}{\tau} + \frac{u_j^n - u_{j-1}^n}{h} = 0$$

来求解对流方程初值问题.

$$\begin{cases} \dfrac{\partial u}{\partial t} + \dfrac{\partial u}{\partial x} = 0, & x \in \mathbb{R}, t > 0, \\ u(x,0) = g(x), & x \in \mathbb{R}, \end{cases}$$

其中

$$g(x) = \begin{cases} 1, & x < \dfrac{1}{2}, \\ 0, & x \geqslant \dfrac{1}{2}. \end{cases}$$

取空间步长 $h=0.1$,图 2.11 中的 (a),(b),(c) 分别表示 $\lambda = \dfrac{\tau}{h}$ 为 0.9,1.0 及 1.1 在 $n=9$ 个步长时的计算结果.粗线表示差分格式的解,细线表示相应于该时刻的解析解(精确解).由图 2.11 可以看出,当 $\lambda=0.9,1.0$ 时,用差分格式计算出来的解是与微分方程的解析解基本相符合.而当 $\lambda=1.1$ 时,差分格式的解出现了振荡,计算不出所需要的解来.在实际计算中,当计算时间越长,差分格式的解振荡越大,可导致计算的不稳定.上述计算例子说明,差分格式的稳定性不仅与差分格式本身有关,而且还与网格比的大小有关.

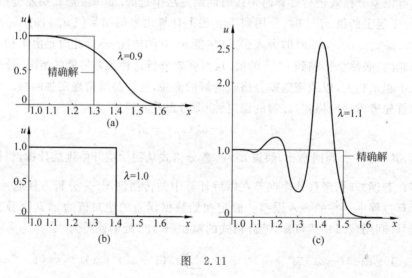

图  2.11

差分格式的稳定性在差分方法的研究中具有特别重要的意义,因此我们再稍作进一步的叙述.这对以后建立稳定性的判别准则是有帮助的.下面主要考虑初值问题(包括可

以进行周期扩张的初边值问题)的差分格式的稳定性.前面建立的差分格式可以写成如下形式

$$u_j^{n+1} = L_h u_j^n, \tag{2.14}$$

其中 $L_h$ 是一个依赖于 $\tau$ 和 $h$ 的线性差分算子,对于变系数微分方程问题, $L_h$ 还依赖于 $x_j, t_n$. 为书写简单,仅考虑只依赖于 $x_j$ 而不依赖 $t_n$ 的情况.重复应用(2.14)式,有

$$u_j^n = L_h^n u_j^0. \tag{2.14}'$$

为了度量误差及其他应用,引入范数

$$\| u^n \|_h = \Big\{ \sum_{j=-\infty}^{\infty} (u_j^n)^2 h \Big\}^{\frac{1}{2}}.$$

**定义 2.3**　设 $u_j^0$ 有一个误差 $\varepsilon_j^0$,则 $u_j^n$ 就有误差 $\varepsilon_j^n$.如果存在一个正的常数 $K$,使得当 $\tau \leqslant \tau_0, n\tau \leqslant T$ 时,一致地有

$$\| \varepsilon^n \|_h \leqslant K \| \varepsilon^0 \|_h, \tag{2.15}$$

则称差分格式(2.14)是**稳定的**.

这个描述反映了前面所述的事实,即计算过程中引入的误差是被控制的.

以前碰到的差分格式都是线性的,如果限于线性差分格式,则由差分格式(2.14)可以推出

$$\varepsilon_j^{n+1} = L_h \varepsilon_j^n.$$

从而有

$$\varepsilon_j^n = L_h^n \varepsilon_j^0.$$

由此,也可以把线性问题的差分格式(2.14)′的稳定性描述如下:如果对于一切 $\tau \leqslant \tau_0$, $n\tau \leqslant T$ 一致地有

$$\| L_h^n \| \leqslant K, \tag{2.16}$$

则称差分格式(2.14)′是稳定的,其中

$$\| L_h^n \| = \sup_{\| u \|_h=1} \| L_h^n u \|_h.$$

利用(2.16)式及差分格式(2.14)′可知,稳定性条件(2.16)也等价于对一切 $\tau \leqslant \tau_0, n\tau \leqslant T$ 一致地有

$$\| u^n \|_h \leqslant K \| u^0 \|_h. \tag{2.17}$$

在线性问题中,采用稳定性条件(2.17)式和(2.15)式是等价的.但在非线性问题中只能用(2.15)式来定义稳定性.

## 2.5　Lax 等价定理

关于对流方程 $\dfrac{\partial u}{\partial t} + a \dfrac{\partial u}{\partial x} = 0, a>0$ 的差分格式(1.7),我们讨论了其收敛性和稳定性.

发现它既不收敛也不稳定. 对于扩散方程 $\dfrac{\partial u}{\partial t} = a\,\dfrac{\partial^2 u}{\partial x^2}$ 的差分格式(1.11), 我们证明了满足

条件 $a\lambda \leqslant \dfrac{1}{2}$ 时是收敛的. 前面还用差分格式(2.14)计算了对流方程初值问题, 发现 $\lambda \leqslant 1$

时, 差分格式可以稳定计算并得到较好的结果. 而当 $\lambda > 1$ 时, 得不到初值问题的近似解. 可以得出, 此时用差分格式(2.14)来计算既不收敛也不稳定. 因此, 自然要问, 差分格式的收敛性和稳定性之间是否存在着一定的联系? Lax 在 1953 年给出了它们的关系.

**定理 2.1(Lax 等价定理)**　给定一个适定的线性初值问题以及与其相容的差分格式, 则差分格式的稳定性是差分格式收敛性的充分必要条件.

定理的证明请参考文献[22].

这个定理无论在理论上还是在实际应用中都是十分重要的. 一般来说, 要证明一个差分格式的收敛性是比较困难的. 而判别一个差分格式的稳定性, 则有许多方法及准则可用, 因此在某种程度上来说是比较容易的. 有了 Lax 等价定理, 则收敛性和稳定性同时得到解决.

使用这个定理时必须注意其条件, 我们再着重说明一下.

(1) 考虑的问题是初值问题, 并包括周期性边界条件的初边值问题.

(2) 初值问题必须是适定的, 适定性概念可按第 1 章第 2 节的叙述来理解.

(3) 初值问题是线性的, 关于非线性问题可能无这样简洁的关系.

在应用中, 差分格式的相容性是容易验证的, 只要使其截断误差趋于 0 就可以了. 有了 Lax 等价定理, 我们可以着重于差分格式的稳定性的讨论, 一般不再讨论收敛性问题. 差分格式一旦具有稳定性, 就可以用差分格式计算出偏微分方程的近似解来.

# 3　研究有限差分格式稳定性的 Fourier 方法

在第 2 节中已给出了差分格式稳定性的概念, 如果要按稳定性的定义来直接验证某个差分格式的稳定性, 往往比较复杂. 对于线性常系数偏微分方程初值问题可以用 Fourier 变换来进行求解和研究. 由这类偏微分方程初值问题构造出来的差分格式也是常系数差分格式. 我们将 Fourier 方法应用到这类差分格式上, 可以得到若干便于应用的判别差分格式稳定性的准则. 但实际应用中, Fourier 方法的适用范围还要广泛.

## 3.1　Fourier 方法

我们以对流方程的初值问题

$$\begin{cases} \dfrac{\partial u}{\partial t} + a\,\dfrac{\partial u}{\partial x} = 0, & x \in \mathbb{R},\, t > 0, \\[2mm] u(x,0) = g(x), & x \in \mathbb{R} \end{cases}$$

的差分格式(1.9)为例进行讨论. 注意到(1.9)式可以写成

$$\begin{cases} u_j^{n+1} = u_j^n - a\lambda(u_j^n - u_{j-1}^n), \\ u_j^0 = g_j = g(x_j), \end{cases} \tag{1.9$'$}$$

其中的解 $u_j^n$ 及初值 $g(x_j)$ 只是在网格点上有意义.

为了应用 Fourier 方法进行讨论, 必须扩充这些函数的定义域, 使得它们在整个实轴 $\mathbb{R}$ 上都有定义. 令

$$U(x, t_n) = u_j^n, \quad x_j - \frac{h}{2} \leqslant x < x_j + \frac{h}{2};$$

$$\Phi(x) = g(x_j), \quad x_j - \frac{h}{2} \leqslant x < x_j + \frac{h}{2}.$$

这样, $U(x, t_n)$, $\Phi(x)$ 对任意 $x \in \mathbb{R}$ 都有定义了. 这里使用大写字母 $U$, $\Phi$ 仅为区别于微分方程初值问题中使用的小写字母 $u$, $g$. 由此, (1.9)$'$ 式可以写为

$$U(x, t_{n+1}) = U(x, t_n) - a\lambda[U(x, t_n) - U(x - h, t_n)]. \tag{3.1}$$

显然, 上式对于 $(x, t) = (x_j, t_n)$ 有意义. 而且对任意 $x \in \mathbb{R}$, 上式也是有意义的. 对(3.1)式两边用 Fourier 积分来表示, 可以得到

$$\frac{1}{\sqrt{2\pi}} \int_{-\infty}^{\infty} \hat{U}(k, t_{n+1}) e^{ikx} dk = \frac{1}{\sqrt{2\pi}} \int_{-\infty}^{\infty} \hat{U}(k, t_n) e^{ikx} dk$$

$$- a\lambda \left\{ \frac{1}{\sqrt{2\pi}} \int_{-\infty}^{\infty} \hat{U}(k, t_n) e^{ikx} dk - \frac{1}{\sqrt{2\pi}} \int_{-\infty}^{\infty} \hat{U}(k, t_n) e^{ik(x-h)} dk \right\}$$

$$= \frac{1}{\sqrt{2\pi}} \int_{-\infty}^{\infty} \hat{U}(k, t_n)[1 - a\lambda(1 - e^{-ikh})] e^{ikx} dk.$$

由此得出

$$\hat{U}(k, t_{n+1}) = [1 - a\lambda(1 - e^{-ikh})]\hat{U}(k, t_n). \tag{3.2}$$

上面推导方法可以推广到一般形式的差分格式(2.14)$'$(限于常系数情形), 可以得到

$$\hat{U}(k, t_{n+1}) = G(\tau, k)\hat{U}(k, t_n). \tag{3.3}$$

上式中因子 $G(\tau, k)$ 称为**增长因子**. 显然, 差分格式(1.9)的增长因子为

$$G(\tau, k) = 1 - a\lambda(1 - e^{-ikh}),$$

上式等号右边中 $h$ 可以通过 $\tau$ 和 $\lambda$ 来表示.

由于增长因子 $G(\tau, k)$ 不依赖于时间层 $n$, 因此由(3.3)式可以得出

$$\hat{U}(k, t_n) = [G(\tau, k)]^n \hat{U}(k, t_0).$$

如果增长因子 $G(\tau, k)$ 的任意次幂是一致有界的, 并设其界为 $K$, 则应用 Parseval 等式有

$$\| U(t_n) \|^2 = \int_{-\infty}^{\infty} |u(x, t_n)|^2 dx = \int_{-\infty}^{\infty} |\hat{U}(k, t_n)|^2 dk$$

$$\leqslant K^2 \int_{-\infty}^{\infty} |\hat{U}(k, t_0)|^2 dk = K^2 \| \hat{U}(t_0) \|^2.$$

再次应用 Parserval 等式有

$$\| U(t_n) \|^2 \leqslant K^2 \| U(t_0) \|^2.$$

由 $U(x,t_n)$ 的定义可知有

$$\| u^n \|_h \leqslant K \| u^0 \|_h.$$

由此得到,常系数的差分格式(2.14)是稳定的.同样地应用 Parserval 等式,可以证明,如果差分格式(2.14)′为常系数的,那么差分格式的稳定性可以推出其增长因子 $G(\tau,k)$ 的任意次幂是一致有界的.这样就得到了下面的重要结论.

常系数差分格式(2.14)′稳定的充分必要条件是存在常数 $\tau_0 > 0, K > 0$ 使得当 $\tau \leqslant \tau_0$, $n\tau \leqslant T, k \in \mathbb{R}$ 时,有

$$| G(\tau,k)^n | \leqslant K. \tag{3.4}$$

稳定性概念及相关的 Fourier 方法的推导都可以推广到线性常系数差分方程组. 考虑描述静止气体中小扰动(声音)传播现象的常系数线性偏微分方程组

$$\begin{cases} \dfrac{\partial u}{\partial t} + \dfrac{c_0^2}{\rho_0} \dfrac{\partial \rho}{\partial x} = 0, \\[2mm] \dfrac{\partial \rho}{\partial t} + \rho_0 \dfrac{\partial u}{\partial x} = 0, \end{cases} \tag{3.5}$$

其中 $u$ 和 $\rho$ 分别表示扰动后的质点速度和密度,$\rho_0$ 和 $c_0$ 为正常数,表示未受扰动时静止气体的密度和音速,如果给定初值

$$u(x,0) = v(x), \quad \rho(x,0) = \sigma(x), \tag{3.6}$$

则(3.5)式和(3.6)式就构成了一个初值问题. 对(3.5)式可以建立差分方程组

$$\begin{cases} \dfrac{u_j^{n+1} - u_j^n}{\tau} + \dfrac{c_0^2}{\rho_0} \dfrac{\rho_{j+1}^n - \rho_{j-1}^n}{2h} = 0, \\[3mm] \dfrac{\rho_j^{n+1} - \rho_j^n}{\tau} + \rho_0 \dfrac{u_{j+1}^n - u_{j-1}^n}{2h} = 0. \end{cases}$$

此式也可以改写为

$$\begin{cases} u_j^{n+1} = u_j^n - \dfrac{\tau}{2h} \dfrac{c_0^2}{\rho_0} (\rho_{j+1}^n - \rho_{j-1}^n), \\[3mm] \rho_j^{n+1} = \rho_j^n - \dfrac{\tau}{2h} \rho_0 (u_{j+1}^n - u_{j-1}^n). \end{cases}$$

如果令 $\boldsymbol{u}_j^n = [u_j^n, \rho_j^n]^{\mathrm{T}}$,则上面方程组可以写为

$$\boldsymbol{u}_j^{n+1} = \begin{bmatrix} 0 & \dfrac{\tau}{2h} \dfrac{c_0^2}{\rho_0} \\[3mm] \dfrac{\tau}{2h}\rho_0 & 0 \end{bmatrix} \boldsymbol{u}_{j-1}^n + \boldsymbol{u}_j^n + \begin{bmatrix} 0 & -\dfrac{\tau}{2h} \dfrac{c_0^2}{\rho_0} \\[3mm] -\dfrac{\tau}{2h}\rho_0 & 0 \end{bmatrix} \boldsymbol{u}_{j+1}^n.$$

采用平移算子 T,上式也可以写为

$$\boldsymbol{u}_j^{n+1} = \sum_{a=-1}^{1} \boldsymbol{A}_a \mathrm{T}^a \boldsymbol{u}_j^n,$$

其中

$$\boldsymbol{A}_{-1} = \begin{bmatrix} 0 & \dfrac{\tau}{2h}\dfrac{c_0^2}{\rho_0} \\[3mm] \dfrac{\tau}{2h}\rho_0 & 0 \end{bmatrix}, \quad \boldsymbol{A}_0 = \boldsymbol{I}, \boldsymbol{A}_1 = -\boldsymbol{A}_{-1}.$$

对于一般的差分方程组可以写为

$$\boldsymbol{u}_j^{n+1} = \sum_{a=-l}^{l} \boldsymbol{A}_a(x_j,\tau)\mathrm{T}^a \boldsymbol{u}_j^n,$$

其中 $\boldsymbol{u}_j^n \in \mathbb{R}^p, \boldsymbol{A}_a(x,\tau) \in \mathbb{R}^{p\times p}$. 由于 $h=g(\tau)$, 即 $h$ 和 $\tau$ 满足一定关系, 故在 $\boldsymbol{A}_a(x,\tau)$ 中仅标出 $\tau$. 令

$$\mathrm{C}(x_j,\tau) = \sum_{a=-l}^{l} \boldsymbol{A}_a(x_j,\tau)\mathrm{T}^a,$$

则有

$$\boldsymbol{u}_j^{n+1} = \mathrm{C}(x_j,\tau)\boldsymbol{u}_j^n, \tag{3.7}$$

其中 $\mathrm{C}(x_j,\tau)$ 称为**差分算子**, 上式称为一个差分格式(隐含了初值问题的初值离散).

由(3.7)式可以得出

$$\boldsymbol{u}_j^n = [\mathrm{C}(x_j,\tau)]^n \boldsymbol{u}_j^0.$$

如果 $\mathrm{C}(x_j,\tau)$ 不依赖于 $x_j$, 即为常系数差分方程组, 则可利用 Fourier 积分得到

$$\hat{\boldsymbol{U}}(k,t_{n+1}) = \boldsymbol{G}(\tau,k)\hat{\boldsymbol{U}}(k,t_n),$$

$$\hat{\boldsymbol{U}}(k,t_n) = [\boldsymbol{G}(\tau,k)]^n \hat{\boldsymbol{U}}(k,t_0),$$

其中 $\hat{\boldsymbol{U}}(k,t_n) \in \mathbb{R}^p, \boldsymbol{G}(\tau,k) \in \mathbb{R}^{p\times p}$, 称 $\boldsymbol{G}(\tau,k)$ 为**增长矩阵**, 由于在具体应用中, 增长矩阵和增长因子不会混淆, 所以我们采用了相同的记号.

类似于一个差分方程的情况, 我们有如下的结论:

差分格式(3.7)稳定的充分必要条件是存在常数 $\tau_0, K$ 使得当 $\tau \leqslant \tau_0, n\tau \leqslant T$ 及所有 $k \in \mathbb{R}$ 有

$$\| \boldsymbol{G}(\tau,k)^n \| \leqslant K, \tag{3.8}$$

其中矩阵范数可用任何一种范数.

## 3.2 判别准则

首先给出 **von Neumann 条件**

**定理 3.1** 差分格式(3.7)稳定的必要条件是当 $\tau \leqslant \tau_0, n\tau \leqslant T$, 对所有 $k \in \mathbb{R}$ 有

$$| \lambda_j(\boldsymbol{G}(\tau,k)) | \leqslant 1 + M\tau, \quad j = 1,2,\cdots,p, \tag{3.9}$$

其中 $\lambda_j(\boldsymbol{G}(\tau,k))$ 表示 $\boldsymbol{G}(\tau,k)$ 的特征值，$M$ 为常数.

　　**证明**　由差分格式稳定可以得出

$$\|\boldsymbol{G}(\tau,k)^n\| \leqslant K, \quad \tau \leqslant \tau_0, n\tau \leqslant T, k \in \mathbb{R},$$

用 $\rho$ 表示矩阵谱半径，利用谱半径与范数的关系

$$\rho(\boldsymbol{G}(\tau,k))^n = \rho(\boldsymbol{G}(\tau,k)^n) \leqslant \|\boldsymbol{G}(\tau,k)^n\|.$$

从而得到

$$\rho(\boldsymbol{G}(\tau,k))^n \leqslant K.$$

不妨设，$K \geqslant 1$，则有

$$\rho(\boldsymbol{G}(\tau,k)) \leqslant K^{\frac{1}{n}}, \quad 0 < n \leqslant \frac{T}{\tau}.$$

特别地

$$\rho(\boldsymbol{G}(\tau,k)) \leqslant K^{\frac{\tau}{T}}, \quad 0 < \tau \leqslant \tau_0.$$

对于 $0 < \tau < \tau_0$ 中的 $\tau$，表达式 $K^{\frac{\tau}{T}}$ 以形如 $1+k_1\tau$ 的一个线性表达式为界，见图 2.12.

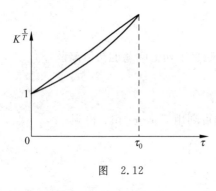

图　2.12

由谱半径的定义可得

$$|\lambda_j(\boldsymbol{G}(\tau,k))| \leqslant 1+M\tau.$$

条件 $(3.9)$ 被称为 **von Neumann 条件**. von Neumann 条件是稳定性的必要条件. 其重要性在于很多情况下，这个条件也是稳定性的充分条件.

先引入正规矩阵的概念，设 $\boldsymbol{A} \in \mathbb{C}^{n \times n}$，$\boldsymbol{A}^*$ 为其共轭转置矩阵. 如果 $\boldsymbol{A}\boldsymbol{A}^* = \boldsymbol{A}^*\boldsymbol{A}$，则 $\boldsymbol{A}$ 称为**正规矩阵**. 对于正规矩阵 $\boldsymbol{A}$ 有 $\|\boldsymbol{A}\|_2 = \rho(\boldsymbol{A})$，即 $\boldsymbol{A}$ 的 2-范数等于其谱半径. 由此得到下面的定理.

　　**定理 3.2**　如果差分格式的增长矩阵 $\boldsymbol{G}(\tau,k)$ 是正规矩阵，则 von Neumann 条件是差分格式稳定的必要且充分条件.

　　**证明**　只证 von Neumann 条件是差分格式稳定的充分条件. von Neumann 条件为 $\rho(\boldsymbol{G}(\tau,k)) \leqslant 1+M\tau$，由此得

$$\|\boldsymbol{G}(\tau,k)^n\|_2 \leqslant \|\boldsymbol{G}(\tau,k)\|_2^n = [\rho(\boldsymbol{G}(\tau,k))]^n \leqslant (1+M\tau)^n \leqslant (1+M\tau)^{\frac{T}{\tau}} \leqslant K < \infty,$$

所以差分格式稳定.

　　**推论 1**　当 $\boldsymbol{G}(\tau,k)$ 为实对称矩阵，酉矩阵，Hermite 矩阵时，von Neumann 条件是差分格式稳定的充分必要条件.

　　**推论 2**　当 $p=1$ 时，即 $\boldsymbol{G}(\tau,k)$ 只有一个元素，则 von Neumann 条件是差分格式稳定的充要条件.

　　**定理 3.3**　如果存在常数 $K,\tau_0$ 使得

$$\|\boldsymbol{G}(\tau,k)\| \leqslant 1+K\tau, \quad 0 < \tau \leqslant \tau_0,$$

则差分格式是稳定的.

**定理 3.4**　如果 $G^*(\tau,k) \cdot G(\tau,k)$ 的特征值 $\mu_1,\mu_2,\cdots,\mu_p$ 满足 $|\mu_j| \leqslant 1+M\tau, j=1,$ $2,\cdots,p, 0<\tau \leqslant \tau_0$,则以 $G(\tau,k)$ 为增长矩阵的差分格式是稳定的.

此定理的证明只要注意到 $\|G(\tau,k)\|_2 = \sqrt{\rho(G^*(\tau,k) \cdot G(\tau,k))}$ 就可以了.

**定理 3.5**　如果对于 $\tau \leqslant \tau_0, k \in \mathbb{R}$,存在非奇异矩阵 $S(\tau,k)$ 使得

$$S^{-1}(\tau,k)G(\tau,k)S(\tau,k) = \Lambda(\tau,k),$$

其中 $\Lambda(\tau,k)$ 是对角阵. 并存在与 $\tau,k$ 无关的常数 $C$ 满足

$$\|S(\tau,k)\|_2 \leqslant C, \quad \|S^{-1}(\tau,k)\|_2 \leqslant C,$$

则 von Neumann 条件是差分格式稳定的充分条件.

**证明**　利用定理条件,有

$$G(\tau,k) = S(\tau,k)\Lambda(\tau,k)S^{-1}(\tau,k),$$

重复使用上式,有

$$G(\tau,k)^n = S(\tau,k)\Lambda(\tau,k)^n S^{-1}(\tau,k).$$

由 von Neumann 条件知

$$|\lambda_l(\tau,k)| \leqslant 1+M\tau, \quad l=1,2,\cdots,p.$$

利用 $\Lambda(\tau,k)$ 为对角阵,立即得

$$\|\Lambda(\tau,k)\|_2 = \rho(\Lambda(\tau,k)) \leqslant 1+M\tau.$$

因此有

$$\|G(\tau,k)^n\|_2 \leqslant C^2 \|\Lambda(\tau,k)^n\|_2 \leqslant C^2(1+M\tau)^n \leqslant C^2 e^{MT}, \quad n\tau \leqslant T.$$

所以差分格式稳定.

下面叙述两个判别稳定性的充分条件,它们在很多情况下使用比较方便. 由于证明较为冗长,我们省略其证明,有兴趣的读者可分别参考[21]和[19].

**定理 3.6**　如果对于 $0<\tau<\tau_0$,一切 $k \in \mathbb{R}$,增长矩阵 $G(\tau,k)$ 的元素有界,并且

$$|\lambda^{(1)}(G(\tau,k))| \leqslant 1+M\tau,$$

$$|\lambda^{(l)}(G(\tau,k))| \leqslant r < 1, \quad l=2,3,\cdots,p.$$

则差分格式是稳定的.

**定理 3.7**　如果 $G(\tau,k) = \widetilde{G}(\sigma)$,其中 $\sigma=kh, h=\dfrac{\tau}{\lambda}$ 或 $h=\sqrt{\dfrac{\tau}{\lambda}}, \lambda$ 为网格比,并对于任意给定的 $\sigma \in \mathbb{R}$,下列条件之一成立:

(1) $\widetilde{G}(\sigma)$ 有 $p$ 个不同的特征值;

(2) $\widetilde{G}^{(\mu)}(\sigma) = \gamma_\mu I, \mu=0,1,\cdots,s-1, \widetilde{G}^{(S)}(\sigma)$ 有 $p$ 个不同特征值;

(3) $\rho(\widetilde{G}(\sigma)) < 1$.

则 von Neumann 条件是差分格式稳定的充分必要条件.

## 3.3　例子

应用增长矩阵的特征值估计来判别差分格式的稳定性是简单且应用很广的方法. 为此我们列举一些具体例子进行讨论.

**例 3.1**　讨论逼近对流方程(1.1)

$$\frac{\partial u}{\partial t} + a\frac{\partial u}{\partial x} = 0$$

的显式格式(1.10)

$$\frac{u_j^{n+1} - u_j^n}{\tau} + a\frac{u_{j+1}^n - u_{j-1}^n}{2h} = 0$$

的稳定性.

首先将上面差分格式变形为

$$u_j^{n+1} = u_j^n - \frac{a}{2}\lambda(u_{j+1}^n - u_{j-1}^n),\tag{3.10}$$

其中 $\lambda = \dfrac{\tau}{h}$ 为网格比. 再把定义在网格点上的函数的定义域按通常办法进行扩充, 即当 $x \in \left(x_j - \dfrac{h}{2}, x_j + \dfrac{h}{2}\right)$ 时, $u^n(x) = u_j^n$, 这样就有

$$u^{n+1}(x) = u^n(x) - \frac{a\lambda}{2}[u^n(x+h) - u^n(x-h)], \quad x \in \mathbb{R}.$$

对上式两边做 Fourier 变换, 有

$$\hat{U}^{n+1}(k) = \hat{U}^n(k) - \frac{a\lambda}{2}[e^{ikh} - e^{-ikh}]\hat{U}^n(k).$$

可得增长因子

$$G(\tau, k) = 1 - \frac{a\lambda}{2}(e^{ikh} - e^{-ikh}) = 1 - a\lambda i\, \sin kh.$$

由此得到

$$|G(\tau, k)|^2 = 1 + a^2\lambda^2 \sin^2 kh.$$

当 $\sin kh \neq 0$ 时, 不管怎样选取网格比 $\lambda$, 总有 $|G(\tau, k)| > 1$. 这样不满足差分格式稳定的必要条件 von Neumann 条件, 所以差分格式(1.10)是不稳定的.

对于具体问题, 增长因子(或增长矩阵)是容易计算的. 实际上只要取 $u_j^n = v^n e^{ikjh}$, 代入相应的差分方程, 再把公因子消去, 就可以得到增长因子(或增长矩阵)$\boldsymbol{G}(\tau, k)$. 我们以上面差分格式为例来求增长因子. 令 $u_j^n = v^n e^{ikjh}$, 把它代入差分格式(3.10)有

$$v^{n+1} e^{ikjh} = v^n\left\{1 - \frac{a\lambda}{2}(e^{ikh} - e^{-ikh})\right\} e^{ikjh}.$$

消去公因子 $e^{ikjh}$, 可以得到

$$v^{n+1} = \left\{ 1 - \frac{a\lambda}{2} (e^{ikh} - e^{-ikh}) \right\} v^n.$$

因此得到增长因子 $G(\tau, k) = 1 - \dfrac{a\lambda}{2} (e^{ikh} - e^{-ikh})$，显然这个方法比直接用 Fourier 变换求增长因子的方法容易.

**例 3.2**　考虑对流方程(1.1)的差分格式(1.9)

$$\frac{u_j^{n+1} - u_j^n}{\tau} + a \frac{u_j^n - u_{j-1}^n}{h} = 0, \quad a > 0$$

的稳定性.

先把差分格式改写为

$$u_j^{n+1} = u_j^n - a\lambda (u_j^n - u_{j-1}^n).$$

令 $u_j^n = v^n e^{ikjh}$，并将它代入上式就得到

$$v^{n+1} e^{ikjh} = v^n e^{ikjh} - a\lambda v^n (1 - e^{-ikh}) e^{ikjh}.$$

消去公因子有

$$v^{n+1} = [1 - a\lambda (1 - e^{-ikh})] v^n.$$

由此得增长因子

$$G(\tau, k) = 1 - a\lambda (1 - e^{-ikh}) = 1 - a\lambda (1 - \cos kh) - a\lambda i \sin kh,$$

所以有

$$\begin{aligned}
|G(\tau, k)|^2 &= [1 - a\lambda (1 - \cos kh)]^2 + a^2 \lambda^2 \sin^2 kh \\
&= \left( 1 - 2a\lambda \sin^2 \frac{kh}{2} \right)^2 + 4a^2 \lambda^2 \sin^2 \frac{kh}{2} \left( 1 - \sin^2 \frac{kh}{2} \right) \\
&= 1 - 4a\lambda (1 - a\lambda) \sin^2 \frac{kh}{2}.
\end{aligned}$$

如果 $a\lambda \leqslant 1$，则有 $|G(\tau, k)| \leqslant 1$，即 von Neumann 条件满足，利用定理 3.2 的推论 2 知差分格式(1.9)在条件 $a\lambda \leqslant 1$ 之下是稳定的.

**例 3.3**　考虑扩散方程(1.3)，即

$$\frac{\partial u}{\partial t} = a \frac{\partial^2 u}{\partial x^2}, \quad a > 0$$

的隐式差分格式(1.14)，即

$$\frac{u_j^{n+1} - u_j^n}{\tau} - a \frac{u_{j+1}^{n+1} - 2u_j^{n+1} + u_{j-1}^{n+1}}{h^2} = 0$$

的稳定性.

先把差分格式变形为

$$-a\lambda u_{j-1}^{n+1} + (1 + 2a\lambda) u_j^{n+1} - a\lambda u_{j+1}^{n+1} = u_j^n,$$

其中 $\lambda = \dfrac{\tau}{h^2}$，令 $u_j^n = v^n e^{ikjh}$，并把它代入上面方程并消去公因子 $e^{ikjh}$，容易求出(1.14)式的

增长因子为

$$G(\tau,k) = \frac{1}{1 + 4a\lambda \, \sin^2 \dfrac{kh}{2}}.$$

由于 $a>0$，所以对任何网格比 $\lambda$ 都有 $|G(\tau,k)| \leqslant 1$. 由定理 3.2 的推论 2 知，差分格式 (1.14) 是稳定的.

**例 3.4**　讨论逼近扩散方程 (1.3) 的 Richardson 差分格式

$$u_j^{n+1} = u_j^{n-1} + 2a\lambda \, (u_{j+1}^n - 2u_j^n + u_{j-1}^n)$$

的稳定性，其中 $\lambda = \dfrac{\tau}{h^2}$.

注意到，这是一个三层差分格式. 讨论这种类型的差分格式的稳定性，一般先化成与其等价的二层差分方程组. Richardson 差分方程的等价的二层差分方程组为

$$\begin{cases} u_j^{n+1} = v_j^n + 2a\lambda \, (u_{j+1}^n - 2u_j^n + u_{j-1}^n), \\ v_j^{n+1} = u_j^n. \end{cases}$$

如果令 $\boldsymbol{u}_j^n = [u_j^n, v_j^n]^{\mathrm{T}}$，则上面的方程组可以写成

$$\boldsymbol{u}_j^{n+1} = \begin{bmatrix} 2a\lambda & 0 \\ 0 & 0 \end{bmatrix} \boldsymbol{u}_{j+1}^n + \begin{bmatrix} -4a\lambda & 1 \\ 1 & 0 \end{bmatrix} \boldsymbol{u}_j^n + \begin{bmatrix} 2a\lambda & 0 \\ 0 & 0 \end{bmatrix} \boldsymbol{u}_{j-1}^n.$$

设 $\boldsymbol{u}_j^n = \boldsymbol{v}^n \mathrm{e}^{\mathrm{i}kjh}$，将它代入上式并消去公因子 $\mathrm{e}^{\mathrm{i}kjh}$，可以得

$$\boldsymbol{v}^{n+1} = \begin{bmatrix} -8a\lambda \, \sin^2 \dfrac{kh}{2} & 1 \\ 1 & 0 \end{bmatrix} \boldsymbol{v}^n,$$

因此增长矩阵为

$$\boldsymbol{G}(\tau,k) = \begin{bmatrix} -8a\lambda \, \sin^2 \dfrac{kh}{2} & 1 \\ 1 & 0 \end{bmatrix},$$

其特征值为

$$\mu_{1,2} = -4a\lambda \, \sin^2 \frac{kh}{2} \pm \left( 1 + 16a^2\lambda^2 \, \sin^4 \frac{kh}{2} \right)^{\frac{1}{2}}.$$

取

$$\mu_1 = -4a\lambda \, \sin^2 \frac{kh}{2} - \left( 1 + 16a^2\lambda^2 \, \sin^4 \frac{kh}{2} \right)^{\frac{1}{2}},$$

则有

$$|\mu_1| > 1 + 4a\lambda \, \sin^2 \frac{kh}{2}.$$

由此可知破坏了 von Neumann 条件，所以 Richardson 格式是不稳定的.

上面我们用 Fourier 方法考察了一些差分格式的稳定性,并用具体例子说明了此方法在方程组上的应用. 可以发现,有的差分格式,如例 3.2,在条件 $a\lambda \leqslant 1$ 之下才是稳定的. 有的格式,如例 3.3,对任何网格比都是稳定的. 而有的格式,如例 3.1 和例 3.4,对任何网格比都是不稳定的。为了区别这几种情况,我们称第一种情况的差分格式是**条件稳定的**. 称第二种情况的差分格式是**绝对稳定的**或**无条件稳定的**. 最后一种情况的差分格式称为**绝对不稳定的**,也称为**无条件不稳定的**. 上述一些例子也给我们一个启示,对差分格式进行分析是非常必要的. Richardson 格式虽然精度为二阶的格式,但无实用价值. 在实际应用中,首先要排除不稳定的差分格式(由于实际情况的复杂,只能比较近似地进行). 其次寻找稳定性限制较为弱的差分格式. 当然最好是无条件稳定的差分格式,但由于各种条件的限约未必全是合算的. 重要的是对具体问题,选择怎样格式要作具体分析. 总之,对一个差分格式进行稳定性分析是很必要的.

# 4 研究有限差分格式稳定性的其他方法

研究差分格式稳定性的方法很多,我们在本节中不一一进行讨论. 而仅对 **Hirt 启示性方法**、**直接方法**(或称**矩阵方法**)以及**能量方法**稍作讨论. 特别是能量方法仅用简单例子说明其思想. 进一步讨论可见 [22].

## 4.1 Hirt 启示性方法

Hirt 启示性方法是一种近似分析方法. 主要是把差分格式在某确定点上作 Taylor 级数近似展开,把高阶误差略去,只留下最低阶的误差项. 如果差分格式是相容的,那么这样得到的新的微分方程(称之为第一微分近似或修正微分方程)与原来的微分方程相比只增加了一些含有小参数的较高阶导数的附加项. Hirt 方法就是利用第一微分近似的适定性来研究差分格式的稳定性. Hirt 方法的判别准则是这样的:如果第一微分近似是适定的,那么原来微分方程的差分格式是稳定的,否则是不稳定的. 其实所述的差分格式是原来微分方程问题的相容的差分格式,那么也可以看作第一微分近似问题的相容的差分格式. 如果第一微分近似问题是不适定的,那么它的差分格式将不稳定.

考虑对流方程(1.1),即

$$\frac{\partial u}{\partial t} + a\frac{\partial u}{\partial x} = 0, \quad a > 0$$

的差分格式(1.9),即

$$\frac{u_j^{n+1} - u_j^n}{\tau} + a\frac{u_j^n - u_{j-1}^n}{h} = 0.$$

在点 $(x_j, t_n)$ 进行 Taylor 级数展开,有

$$\frac{u(x_j,t_n) - u(x_{j-1},t_n)}{h} = \left[\frac{\partial u}{\partial x}\right]_j^n - \frac{h}{2}\left[\frac{\partial^2 u}{\partial x^2}\right]_j^n + O(h^2),$$

$$\frac{u(x_j,t_{n+1}) - u(x_j,t_n)}{\tau} = \left[\frac{\partial u}{\partial t}\right]_j^n + \frac{\tau}{2}\left[\frac{\partial^2 u}{\partial t^2}\right]_j^n + O(\tau^2).$$

利用对流方程(1.1),有

$$\frac{\partial^2 u}{\partial t^2} = \frac{\partial}{\partial t}\left(-a\frac{\partial u}{\partial x}\right) = a^2\frac{\partial^2 u}{\partial x^2}.$$

因此,在点 $(x_j,t_n)$ 上,由差分方程(1.9)可以得到

$$\frac{\partial u}{\partial t} + a\frac{\partial u}{\partial x} = \left(\frac{ah}{2} - \frac{a^2\tau}{2}\right)\frac{\partial^2 u}{\partial x^2} + O(\tau^2 + h^2).$$

略去高阶误差项,得出第一微分近似

$$\frac{\partial u}{\partial t} + a\frac{\partial u}{\partial x} = \frac{a}{2}(h - a\tau)\frac{\partial^2 u}{\partial x^2}.$$

要使上面的抛物型方程有意义,必须有

$$\frac{a}{2}(h - a\tau) > 0.$$

而上面的大于号改为等号,则就化为原来的对流方程. 在这两种情况下,相应的问题是适定的. 即第一微分近似适定的条件是

$$\frac{a}{2}(h - a\tau) \geqslant 0.$$

由此得出差分格式(1.9)的稳定性条件是 $a\lambda \leqslant 1$,其中 $\lambda = \frac{\tau}{h}$. 此结论与 Fourier 方法分析得到的结论是一致的.

下面我们再来分析逼近对流方程(1.1)(仍设 $a > 0$)的差分格式(1.7),即

$$\frac{u_j^{n+1} - u_j^n}{\tau} + a\frac{u_{j+1}^n - u_j^n}{h} = 0$$

的稳定性. 仿上面推导可以得到它的第一微分近似是

$$\frac{\partial u}{\partial t} + a\frac{\partial u}{\partial x} = -\frac{a}{2}(h + a\tau)\frac{\partial^2 u}{\partial x^2}.$$

可以看出 $\frac{\partial^2 u}{\partial x^2}$ 的系数小于 0,因此第一微分近似是不适定的,从而推出差分格式(1.7)是不稳定的. 此结论与第 3 节中分析的结论是一致的.

Hirt 启示性方法也适用于微分方程组的情况,我们就不作讨论了. 或许 Hirt 启示性方法的最大好处是可以对非线性问题进行分析,从而得出近似的稳定性条件.

## 4.2 直接方法

关于抛物型方程初边值问题的差分格式的稳定性问题,可以用直接方法(或称矩阵方

法)来研究. 下面用具体例子来说明这个方法的基本思想及使用方法.

考虑常系数扩散方程的初边值问题

$$
\begin{cases}
\dfrac{\partial u}{\partial t} = a\dfrac{\partial^2 u}{\partial x^2}, & a > 0, x \in (0,l), \quad t > 0, & (4.1) \\[2mm]
u(x,0) = u_0(x), & x \in (0,l), & (4.2) \\[2mm]
u(0,t) = u(l,t) = 0, & t > 0. & (4.3)
\end{cases}
$$

采用显式差分格式来逼近,即

$$
\begin{cases}
\dfrac{u_j^{n+1} - u_j^n}{\tau} = a\dfrac{u_{j+1}^n - 2u_j^n + u_{j-1}^n}{h^2}, & n > 0, j = 1,2,\cdots,J-1, & (4.4) \\[2mm]
u_j^0 = u_0(x_j), & j = 1,2,\cdots,J-1, & (4.5) \\[2mm]
u_0^n = u_J^n = 0, & n > 0, & (4.6)
\end{cases}
$$

其中 $Jh = l$. 先把差分方程(4.4)写成

$$
u_j^{n+1} = a\lambda u_{j+1}^n + (1-2a\lambda)u_j^n + a\lambda u_{j-1}^n, \quad j = 1,2,\cdots,J-1, \qquad (4.7)
$$

其中 $\lambda = \dfrac{\tau}{h^2}$. 可以把(4.7)式写成向量形式,即

$$
\begin{bmatrix} u_1^{n+1} \\ u_2^{n+1} \\ \vdots \\ u_{J-2}^{n+1} \\ u_{J-1}^{n+1} \end{bmatrix} =
\begin{bmatrix}
1-2a\lambda & a\lambda & & & \\
a\lambda & 1-2a\lambda & a\lambda & & \\
& a\lambda & 1-2a\lambda & \ddots & \\
& & \ddots & \ddots & a\lambda \\
& & & a\lambda & 1-2a\lambda
\end{bmatrix}
\begin{bmatrix} u_1^n \\ u_2^n \\ \vdots \\ u_{J-2}^n \\ u_{J-1}^n \end{bmatrix} + a\lambda
\begin{bmatrix} u_0^n \\ 0 \\ \vdots \\ 0 \\ u_{J-2}^n \end{bmatrix}. \qquad (4.8)
$$

如果令

$$
\boldsymbol{u}^n = (u_1^n, u_2^n, \cdots, u_{J-1}^n)^{\mathrm{T}},
$$

并考虑到 $u_0^n = u_J^n = 0$,则(4.8)式可以写成

$$
\boldsymbol{u}^{n+1} = \boldsymbol{A}\boldsymbol{u}^n, \qquad (4.9)
$$

其中

$$
\boldsymbol{A} =
\begin{bmatrix}
1-2a\lambda & a\lambda & & & \\
a\lambda & 1-2a\lambda & a\lambda & & \\
& a\lambda & 1-2a\lambda & \ddots & \\
& & \ddots & \ddots & a\lambda \\
& & & a\lambda & 1-2a\lambda
\end{bmatrix}. \qquad (4.10)
$$

从显式格式出发,得到方程组(4.9). 但对于(4.9)式,也可以理解为较为一般的形式,即对于逼近初边值问题(4.6)的其他二层格式也可以化为(4.9)式的形式. 当然此时 $\boldsymbol{A}$ 不是(4.10)式所表示的形式. 如果差分格式是二层隐式格式,则 $\boldsymbol{A}$ 为 $\boldsymbol{B}^{-1}\boldsymbol{C}$ 这种形式. 因此(4.9)式这种形式可理解为既包含二层显式格式又包含二层隐式格式的较为一般

形式.

引入误差向量 $z^n = u^n - \tilde{u}^n$,其中 $u^n$ 是差分方程(4.9)的精确值(理论值),$\tilde{u}^n$ 是差分方程(4.9)经数值求解得到的值(包括了舍入误差等).显然,$z^n$ 满足

$$z^{n+1} = Az^n,  \tag{4.11}$$

从而推出

$$z^n = A^n z^0.  \tag{4.12}$$

差分格式(4.9)的稳定性就要求

$$\| z^n \| \leqslant K,   n \geqslant 0,  \tag{4.13}$$

其中 $\| \cdot \|$ 为向量的 2-范数.由于

$$\| z^n \| \leqslant \| A^n \|_2 \cdot \| z^0 \|,$$

因此(4.13)式成立的充分必要条件为

$$\| A^n \|_2 \leqslant M.  \tag{4.14}$$

上述采用 2-范数,当然也可以采用其他类型的范数.

对于稳定性条件(4.14),可以仿 Fourier 方法中的推导,得到一些结论:

(1) 谱半径条件

$$\rho(A) \leqslant 1 + M\tau  \tag{4.15}$$

是差分格式稳定的一个必要条件,其中 $M$ 为常数.

(2) 如果矩阵 $A$ 是一个正规矩阵,则(4.15)式也是差分格式稳定的一个充分条件.

下面讨论差分格式(4.9),(4.10)的稳定性.矩阵(4.10)是对称矩阵.所以只要使条件(4.15)成立即可.现在来计算 $A$ 的特征值.

令 $(J-1)$ 阶方阵

$$S = \begin{bmatrix} 0 & 1 & & & \\ 1 & 0 & 1 & & \\ & \ddots & \ddots & \ddots & \\ & & 1 & 0 & 1 \\ & & & 1 & 0 \end{bmatrix},$$

则 $A$ 可以表示为

$$A = (1 - 2a\lambda)I + a\lambda S.$$

其中 $I$ 为 $(J-1)$ 阶单位矩阵.由此可知,关键是求出 $S$ 的特征值.

设 $\gamma$ 和 $w = (w_1, w_2, \cdots, w_{J-1})^T$ 分别为 $S$ 的特征值和特征向量,

$$Sw = \gamma w.$$

写成分量的形式有

$$\begin{cases} w_j - \gamma w_{j+1} + w_{j+2} = 0,   j = 0, 1, \cdots, J-2, \\ w_0 = w_J = 0. \end{cases}  \tag{4.16}$$

先求出 $w_j$，再定出 $S$ 的特征值 $\gamma$. 由于 $S$ 为对称矩阵，所以其特征值 $\gamma$ 为实数. 由 Gerschgorin 定理知，

$$| \gamma - s_{kk} | \leqslant \sum_{\substack{j=1 \\ j \neq k}}^{J-1} | s_{kj} |,$$

其中 $s_{kj}$ 为矩阵 $S$ 的元素. 由此得到 $|\gamma| \leqslant 2$. (4.16)式的第一式为常系数线性差分方程. 设其解具有如下形式：

$$w_j = \mu^j, \quad \mu \neq 0.$$

将它代入(4.16)式的第一式，便得到关于 $\mu$ 的一元二次方程

$$\mu^2 - \gamma\mu + 1 = 0.$$

此方程称为(4.16)式的第一式的特征方程. 由于 $|\gamma| \leqslant 2$，所以其解为

$$\mu = \frac{\gamma}{2} \pm \mathrm{i} \sqrt{1 - \left(\frac{\gamma}{2}\right)^2},$$

其中 $\mathrm{i} = \sqrt{-1}$. 可以看到

$$| \mu |^2 = \left(\frac{\gamma}{2}\right)^2 + 1 - \left(\frac{\gamma}{2}\right)^2 = 1.$$

取 $\cos\varphi = \dfrac{\gamma}{2}$，$\sin\varphi = \sqrt{1 - \left(\dfrac{\gamma}{2}\right)^2}$，则 $\mu = \mathrm{e}^{\pm \mathrm{i}\varphi}$. 因此差分方程(4.16)的解可以表示为

$$w_j = a_1 \mathrm{e}^{\mathrm{i}j\varphi} + a_2 \mathrm{e}^{-\mathrm{i}j\varphi}, \quad j = 0, 1, \cdots, J.$$

由 $w_0 = 0$，得到 $a_1 + a_2 = 0$. 再由 $w_J = 0$，得到 $a_1 \mathrm{e}^{\mathrm{i}J\varphi} + a_2 \mathrm{e}^{-\mathrm{i}J\varphi} = 0$，从而有

$$a_2 (\mathrm{e}^{-\mathrm{i}J\varphi} - \mathrm{e}^{\mathrm{i}J\varphi}) = 0.$$

由此推出 $a_2 \sin J\varphi = 0$. $a_2 \neq 0$，有 $J\varphi = k\pi$，$k = 1, 2, \cdots, J-1$. 所以得到 $\varphi = \dfrac{k}{J}\pi$，可以得到 $\gamma_k = 2\cos\dfrac{k}{J}\pi$. 注意到，$h = \dfrac{1}{J}$，则 $S$ 的特征值为 $\gamma_k = 2\cos kh\pi$. 从而得到 $A$ 的特征值为

$$\zeta_k = 1 - 2a\lambda + 2a\lambda\cos kh\pi = 1 - 4a\lambda\sin^2\frac{kh\pi}{2}, \quad k = 1, 2, \cdots, J-1.$$

当 $a\lambda \leqslant \dfrac{1}{2}$ 时，$\rho(A) \leqslant 1$. 因此显式格式的稳定性条件为 $a\lambda \leqslant \dfrac{1}{2}$.

下面讨论隐式格式

$$\begin{cases} \dfrac{u_j^{n+1} - u_j^n}{\tau} = a\dfrac{u_{j+1}^{n+1} - 2u_j^{n+1} + u_{j-1}^{n+1}}{h^2}, \\ u_j^0 = u_0(x_j), \\ u_0^n = u_J^n = 0 \end{cases}$$

的稳定性.

可以把隐式格式写成向量成形

$$u^{n+1} = B^{-1} u^n,$$

其中 $u^n = (u_1^n, u_2^n, \cdots, u_{J-1}^n)^T$, $B = (1 + 2a\lambda)I - a\lambda S$. 利用前面已求得的 $S$ 的特征值, 可以得出 $B$ 的特征值

$$\begin{aligned}
\mu_k(B) &= 1 + 2a\lambda - a\lambda\mu_k(S) \\
&= 1 + 2a\lambda - a\lambda 2\cos kh\pi \\
&= 1 + 2a\lambda(1 - \cos kh\pi), \quad j = 1, 2, \cdots, J - 1.
\end{aligned}$$

由此可知, $\mu_k(B) > 1$, 从而有 $\mu_k(B^{-1}) < 1$. 注意到 $B$ 为对称矩阵, 所以 $B^{-1}$ 也为对称矩阵. 利用直接方法结论 (2) 知, 扩散方程隐式格式是无条件稳定的.

从上面叙述看来, 利用直接方法来分析抛物型方程的初边值问题的差分格式并不困难. 但在实际应用中却存在着一定的限制. 上面讨论稳定性的两个例子中是依据了特殊矩阵 $S$ 才求出了 $(J-1)$ 阶矩阵 $A$, $B^{-1}$ 的特征值. 一般来说, 计算高阶矩阵的特征值是相当困难的, 因此直接方法应用也就很困难了.

## 4.3   能量不等式方法

在讨论线性常系数差分格式的稳定性问题时, 建立了判别差分格式的稳定性准则, 从而比较容易地判断一些差分格式的稳定性. 但对于变系数问题和非线性问题, 一般不能采用 Fourier 方法和直接法来讨论差分格式的稳定性. 而对于上述这些问题, 能量不等式方法是研究差分格式稳定性的有力工具. 用能量不等式方法讨论差分格式稳定性是从稳定性的定义出发, 通过一系列估计式来完成的. 这个方法是偏微分方程中常用的能量方法的离散模拟, 在此我们仅通过例子叙述其基本思想, 进一步研究论述, 已超出本书范围.

考虑变系数对流方程的初值问题

$$\begin{cases}
\dfrac{\partial u}{\partial t} + a(x,t)\dfrac{\partial u}{\partial x} = 0, & x \in \mathbb{R}, \quad 0 < t \leqslant T, \\
u(x,0) = g(x), & x \in \mathbb{R}.
\end{cases} \tag{4.17}$$

假定 $a(x,t) \geqslant 0$. 建立差分格式

$$\begin{cases}
\dfrac{u_j^{n+1} - u_j^n}{\tau} + a_j^n \dfrac{u_j^n - u_{j-1}^n}{h} = 0, \\
u_j^0 = g(x_j),
\end{cases} \tag{4.18}$$

其中 $a_j^n = a(x_j, t_n)$. 下面用能量不等式方法来讨论这个差分格式的稳定性. 先把它改变形式为

$$u_j^{n+1} = u_j^n - a_j^n\lambda(u_j^n - u_{j-1}^n),$$

其中 $\lambda = \dfrac{\tau}{h}$ 为网格比. 用 $u_j^{n+1}$ 乘上式的两边, 得

$$(u_j^{n+1})^2 = (1 - a_j^n\lambda)u_j^n u_j^{n+1} + a_j^n\lambda u_{j-1}^n u_j^{n+1}.$$

如果 $\lambda$ 满足条件

$$(\max_j a_j^n)\lambda \leqslant 1, \tag{4.19}$$

则有

$$(u_j^{n+1})^2 \leqslant \frac{1-a_j^n\lambda}{2}\big[(u_j^n)^2+(u_j^{n+1})^2\big]+\frac{a_j^n\lambda}{2}\big[(u_{j-1}^n)^2+(u_j^{n+1})^2\big]$$

$$=\frac{1}{2}(u_j^{n+1})^2+\frac{1-a_j^n\lambda}{2}(u_j^n)^2+\frac{a_j^n\lambda}{2}(u_{j-1}^n)^2,$$

移项得

$$(u_j^{n+1})^2 \leqslant (u_j^n)^2-a_j^n\lambda(u_j^n)^2+a_j^n\lambda(u_{j-1}^n)^2.$$

用 $h$ 乘上面不等式的两边, 并对 $j$ 求和, 令

$$\|\boldsymbol{u}^n\|_h^2=\sum_{j=-\infty}^{\infty}(u_j^n)^2 h,$$

则有

$$\|\boldsymbol{u}^{n+1}\|_h^2 \leqslant \|\boldsymbol{u}^n\|_h^2+\lambda\sum_{j=-\infty}^{\infty}(a_{j+1}^n-a_j^n)(u_j^n)^2 h.$$

如果

$$\sup_{x,t}\left|\frac{\partial a}{\partial x}\right| \leqslant c, \tag{4.20}$$

则有

$$\|\boldsymbol{u}^{n+1}\|_h^2 \leqslant (1+c\tau)\|\boldsymbol{u}^n\|_h^2.$$

由此可得

$$\|\boldsymbol{u}^n\|_h^2 \leqslant (1+c\tau)^n\|\boldsymbol{u}^0\|_h^2 \leqslant e^{cT}\|\boldsymbol{u}^0\|_h^2, \quad n\tau \leqslant T.$$

由于问题是线性的, 因此上述不等式就证明了差分格式(4.18)的稳定性. 由此看出, 条件 (4.20)是微分方程问题中给定的. 而差分格式稳定性条件为(4.19)式. 如果 $a(x,t)=a$, 即为常系数问题, 那么(4.20)式满足, 而条件(4.19)就化为 $a\lambda \leqslant 1$, 这与以前用 Fourier 方法得到的结论一致.

# 习　　题

1. 讨论对流方程

$$\frac{\partial u}{\partial t}+a\frac{\partial u}{\partial x}=0, \quad a>0$$

的差分格式

$$\frac{u_j^{n+1}-u_j^n}{\tau}+a\frac{u_j^{n+1}-u_{j-1}^{n+1}}{h}=0$$

的截断误差及稳定性.

2. 题 1 中差分格式改为

$$\frac{u_j^{n+1} - u_j^n}{\tau} + a\frac{u_{j+1}^{n+1} - u_j^{n+1}}{h} = 0$$

讨论其截断误差及稳定性。

3. 讨论扩散方程

$$\frac{\partial u}{\partial t} = a\frac{\partial^2 u}{\partial x^2}, \quad a > 0$$

的差分格式

$$\frac{3}{2}\frac{u_j^{n+1} - u_j^n}{\tau} - \frac{1}{2}\frac{u_j^n - u_j^{n-1}}{\tau} = a\frac{u_{j+1}^{n+1} - 2u_j^{n+1} + u_{j-1}^{n+1}}{h^2}$$

的精度及稳定性.

4. 设逼近扩散方程初值问题

$$\begin{cases} \dfrac{\partial u}{\partial t} = a\dfrac{\partial^2 u}{\partial x^2}, & 0 < x < 1, t > 0, \\ u(x,0) = g(x), & 0 < x < 1, \\ u(0,t) = u(1,t) = 0, & t > 0 \end{cases}$$

的差分格式为

$$\begin{cases} \dfrac{u_j^{n+1} - u_j^n}{\tau} = \dfrac{a}{2}\left[\dfrac{u_{j+1}^{n+1} - 2u_j^{n+1} + u_{j-1}^{n+1}}{h^2} + \dfrac{u_{j+1}^n - 2u_j^n + u_{j-1}^n}{h^2}\right], \\ u_j^0 = g_j, \\ u_0^n = u_j^n = 0, & j = 1, 2, \cdots, J-1. \end{cases}$$

试用矩阵方法证明此格式的稳定性.

# 第3章 双曲型方程的有限差分方法

本章主要讨论双曲型方程及双曲型方程组的差分方法. 从简单的一阶线性双曲型方程开始, 构造差分格式, 分析其稳定性及其他性质. 然后推广到一阶线性双曲型方程组. 对于二阶双曲型方程的差分方法仅以波动方程为例, 讨论了各种求解方法, 分析了其性质, 最后对初边值问题、二维问题以及非线性方程进行了讨论.

## 1 一阶线性常系数双曲型方程

首先考虑常系数方程

$$\frac{\partial u}{\partial t} + a\,\frac{\partial u}{\partial x} = 0, \quad x \in \mathbb{R}, \quad t > 0, \tag{1.1}$$

其中 $a$ 为给定常数. 这是最简单的双曲型方程, 一般称其为对流方程. 虽然(1.1)式非常简单, 但是其差分格式的构造以及差分格式性质的讨论是讨论复杂的双曲型方程和方程组的基础. 它的差分格式可以推广到变系数方程, 方程组以及拟线性方程和方程组.

对于方程(1.1)附以初始条件

$$u(x,0) = u_0(x), \quad x \in \mathbb{R}, \tag{1.2}$$

在第 1 章中讨论了初值问题(1.1),(1.2)式的解, 其解沿方程(1.1)的特征线

$$x - at = \xi \tag{1.3}$$

是常数, 并可表示为

$$u(x,t) = u_0(\xi) = u_0(x - at).$$

下面讨论双曲型方程的一些常用格式.

## 1.1 迎风格式

**迎风格式** 在实际计算中引起了普遍的重视, 从而产生了很多好的方法和技巧. 迎风格式的基本思想是简单的, 就是在双曲型方程中关于空间偏导数用在特征线方向一侧的单边差商来代替,(1.1)式的迎风格式是

$$\frac{u_j^{n+1} - u_j^n}{\tau} + a\,\frac{u_j^n - u_{j-1}^n}{h} = 0, \quad a > 0, \tag{1.4}$$

$$\frac{u_j^{n+1} - u_j^n}{\tau} + a\,\frac{u_{j+1}^n - u_j^n}{h} = 0, \quad a < 0, \tag{1.5}$$

其中 $\tau, h$ 分别为时间步长和空间步长.

在第 2 章中,我们曾用 Fourier 方法讨论了差分格式(1.4)的稳定性. 当 $a\lambda \leqslant 1$, $\lambda = \dfrac{\tau}{h}$,时差分格式(1.4)是稳定的. 同样分析可知,差分格式(1.5)的稳定性条件为 $|a|\lambda \leqslant 1$. 由此可以看出,差分格式(1.4),(1.5)都是条件稳定的,如果我们采用差分格式

$$\frac{u_j^{n+1} - u_j^n}{\tau} + a\frac{u_{j+1}^n - u_j^n}{h} = 0, \quad a > 0, \tag{1.6}$$

$$\frac{u_j^{n+1} - u_j^n}{\tau} + a\frac{u_j^n - u_{j-1}^n}{h} = 0, \quad a < 0, \tag{1.7}$$

来代替(1.4)式和(1.5)式,容易看出,它们都是一阶精度的差分格式. 可以用 Fourier 方法来讨论(1.6)式和(1.7)式的稳定性. 对于(1.6)式,容易求出其增长因子为

$$G(\tau, k) = 1 + a\lambda - a\lambda e^{ikh},$$

由此有

$$|G(\tau, k)|^2 = [1 + a\lambda(1 - \cos kh)]^2 + a^2\lambda^2 \sin^2 kh$$
$$= 1 + 4a\lambda(1 + a\lambda)\sin^2\frac{kh}{2}.$$

取 $\sin\dfrac{kh}{2} \neq 0$. 由于 $a > 0$. 所以有 $|G(\tau, k)| > 1$. 从而破坏了 von Neumann 条件,因此得出差分格式(1.6)是绝对不稳定的.同样可证,差分格式(1.7)也是绝对不稳定的.

我们注意到,差分格式(1.4)与差分格式(1.7)在形式上是一样的. 但前者是条件稳定的,后者是绝对不稳定的. 分析其差别主要是 $a$ 的符号不同. 相应地,与微分方程的特征线走向有关. 从而我们可以得出如下结论:如果差分格式(所用的网格点)与微分方程的特征线走向一致,那么网格比满足一定条件下是稳定的,否则,差分格式不稳定. 迎风格式的节点分布图见图 3.1(a),(b).

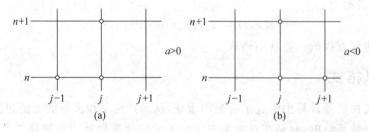

图 3.1

## 1.2 Lax-Friedrichs 格式

在第 2 章中,给出了逼近对流方程(1.1)的一个中心差分格式

$$\frac{u_j^{n+1} - u_j^n}{\tau} + a\frac{u_{j+1}^n - u_{j-1}^n}{2h} = 0, \tag{1.8}$$

其截断误差为 $O(\tau + h^2)$，并用 Fourier 方法讨论了它的稳定性，它是绝对不稳定的差分格式.

1954 年，Lax 和 Friedrichs 为克服上述格式的不稳定性，提出了逼近(1.1)式的一个差分格式

$$\frac{u_j^{n+1} - \frac{1}{2}(u_{j+1}^n + u_{j-1}^n)}{\tau} + a\frac{u_{j+1}^n - u_{j-1}^n}{2h} = 0. \tag{1.9}$$

差分格式(1.9)一般称为 **Lax-Friedrichs 格式**，也称为 **Lax 格式**，从差分格式构造看出，(1.9)式是用 $\frac{1}{2}(u_{j+1}^n + u_{j-1}^n)$ 来代替(1.8)式中的 $u_j^n$ 而得到的. 容易求出，Lax-Friedrichs 的截断误差是 $O(\tau + h^2) + O\left(\frac{h^2}{\tau}\right)$. 在双曲型方程的差分格式计算中，一般取网格比 $\lambda = \frac{\tau}{h} = \mathrm{const}$. 所以 Lax-Friedrichs 格式是一阶精度的差分格式. 节点分布见图 3.2.

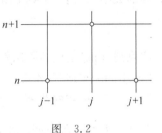

图 3.2

下面讨论 Lax-Friedrichs 格式的稳定性. 令 $u_j^n = v^n \mathrm{e}^{ikjh}$，代入(1.9)式有

$$v^{n+1} = \left[\frac{1}{2}(\mathrm{e}^{ikh} + \mathrm{e}^{-ikh}) - \frac{a\lambda}{2}(\mathrm{e}^{ikh} - \mathrm{e}^{-ikh})\right]v^n.$$

因此增长因子为

$$G(\tau, k) = \frac{1}{2}(\mathrm{e}^{ikh} + \mathrm{e}^{-ikh}) - \frac{a\lambda}{2}(\mathrm{e}^{ikh} - \mathrm{e}^{-ikh}) = \cos kh - ia\lambda \sin kh,$$

从而有

$$|G(\tau, k)|^2 = \cos^2 kh + a^2\lambda^2 \sin^2 kh = 1 - (1 - a^2\lambda^2)\sin^2 kh.$$

所以当

$$|a|\lambda \leqslant 1 \tag{1.10}$$

时有 $|G(\tau, k)| \leqslant 1$. 因此 Lax-Friedrichs 格式的稳定性条件为(1.10)式.

我们注意到，Lax-Friedrichs 格式和迎风格式都是一阶精度的差分格式. 在实际应用中，Lax-Friedrichs 格式可以不考虑对应的微分方程的特征线的走向，前面讨论的迎风格式则要顾及对应的微分方程的特征线的走向. 如果我们把迎风格式写成统一形式

$$\frac{u_j^{n+1} - u_j^n}{\tau} + \frac{1}{2}(a + |a|)\frac{u_j^n - u_{j-1}^n}{h} + \frac{1}{2}(a - |a|)\frac{u_{j+1}^n - u_j^n}{h} = 0, \tag{1.11}$$

那么也可以不考虑微分方程的特征线的走向而直接应用. 这两个格式的稳定性条件都是(1.10)式. 由此看来，它们有很多相似之处，但是它们还是有很大的区别. 我们仅从这两个格式的截断误差来考虑. 不失一般性，可设 $a > 0$. 此时迎风格式可以写为

$$\frac{u_j^{n+1} - u_j^n}{\tau} + a \frac{u_{j+1}^n - u_{j-1}^n}{2h} = \frac{ah}{2} \frac{u_{j+1}^n - 2u_j^n + u_{j-1}^n}{h^2},　　　　(1.12)$$

而 Lax-Friedrichs 格式可以写为

$$\frac{u_j^{n+1} - u_j^n}{\tau} + a \frac{u_{j+1}^n - u_{j-1}^n}{2h} = \frac{h}{2\lambda} \frac{u_{j+1}^n - 2u_j^n + u_{j-1}^n}{h^2}.　　　　(1.13)$$

由此看出,(1.12)式和(1.13)式的左边是相同的,它们都以 $O(\tau + h^2)$ 趋近于对流方程. 因此 Lax-Friedrichs 格式和迎风格式的截断误差的比较取决于(1.12)式和(1.13)式的右端项的大小. 我们把 Lax-Friedrichs 格式(1.13)的右端项改写为

$$\frac{1}{a\lambda} \cdot \frac{ah}{2} \frac{u_{j+1}^n - 2u_j^n + u_{j-1}^n}{h^2}.$$

注意到,由稳定性的限制就要求有 $a\lambda \leqslant 1$. 如果取 $a\lambda = 1$,则(1.13)恒等于(1.12),即 Lax-Friedrichs 与迎风格式一样. 但在实际的计算中总是取 $a\lambda < 1$. 所以,一般来说 Lax-Friedrichs 格式的截断误差比迎风格式的截断误差大.

## 1.3　Lax-Wendroff 格式

前面讨论的迎风格式和 Lax-Friedrichs 格式是一阶精度的差分格式. 1960 年 Lax 和 Wendroff 构造出一个二阶精度的二层格式,这个差分格式在实际计算中得到了充分的重视. 这个格式的构造与前面格式的推导稍有不同,采用 Taylor 级数展开之外,还用到微分方程本身.

设 $u(x,t)$ 是微分方程(1.1)的光滑解,将 $u(x_j, t_{n+1})$ 在点 $(x_j, t_n)$ 处做 Taylor 展开

$$u(x_j, t_{n+1}) = u(x_j, t_n) + \tau \left[\frac{\partial u}{\partial t}\right]_j^n + \frac{\tau^2}{2}\left[\frac{\partial^2 u}{\partial t^2}\right]_j^n + O(\tau^3).$$

利用微分方程(1.1)有

$$\frac{\partial u}{\partial t} = -a \frac{\partial u}{\partial x},$$

$$\frac{\partial^2 u}{\partial t^2} = \frac{\partial}{\partial t}\left(-a \frac{\partial u}{\partial x}\right) = a^2 \frac{\partial^2 u}{\partial x^2}.$$

把这两式代入前式有

$$u(x_j, t_{n+1}) = u(x_j, t_n) - a\tau \left[\frac{\partial u}{\partial x}\right]_j^n + \frac{a^2 \tau^2}{2}\left[\frac{\partial^2 u}{\partial x^2}\right]_j^n + O(\tau^3).$$

再采用中心差商逼近上式中的导数项,有

$$\left[\frac{\partial u}{\partial x}\right]_j^n = \frac{1}{2h}\left[u(x_{j+1}, t_n) - u(x_{j-1}, t_n)\right] + O(h^2),$$

$$\left[\frac{\partial^2 u}{\partial x^2}\right]_j^n = \frac{1}{h^2}\left[u(x_{j+1}, t_n) - 2u(x_j, t_n) + u(x_{j-1}, t_n)\right] + O(h^2).$$

因此得到

$$u(x_j, t_{n+1}) = u(x_j, t_n) - \frac{a}{2}\frac{\tau}{h}\big[u(x_{j+1}, t_n) - u(x_{j-1}, t_n)\big] + O(\tau h^2)$$

$$+ \frac{a^2}{2}\frac{\tau^2}{h^2}\big[u(x_{j+1}, t_n) - 2u(x_j, t_n)$$

$$+ u(x_{j-1}, t_n)\big] + O(\tau^2 h^2) + Q(\tau^3).$$

略去高阶项,可以得到如下的差分格式

$$u_j^{n+1} = u_j^n - \frac{a}{2}\frac{\tau}{h}(u_{j+1}^n - u_{j-1}^n) + \frac{a^2}{2}\frac{\tau^2}{h^2}(u_{j+1}^n - 2u_j^n + u_{j-1}^n). \tag{1.14}$$

从差分格式的构造可以看出(1.14)是二阶精度的差分格式.其节点分布如图 3.3.

差分格式(1.14)称为 **Lax-Wendroff 格式**.容易求出差分格式(1.14)的增长因子为

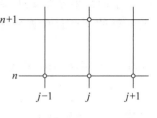

图 3.3

$$G(\tau, k) = 1 - 2a^2\lambda^2\sin^2\frac{kh}{2} - ia\lambda\sin kh,$$

$$\big|G(\tau, k)\big|^2 = 1 - 4a^2\lambda^2(1 - a^2\lambda^2)\sin^4\frac{kh}{2}.$$

于是,如果满足条件

$$|a|\lambda \leqslant 1, \tag{1.15}$$

那么有 $\big|G(\tau, k)\big| \leqslant 1$,所以 Lax-Wendroff 格式的稳定性条件为(1.15)式.

## 1.4 Courant-Friedrichs-Lewy 条件

先分析差分格式的解的依赖区域.然后从差分格式解的依赖区域和对流方程初值问题解的依赖区域的关系推导出差分格式收敛的一个必要条件.这个条件称为 **Courant-Friedrichs-Lewy 条件**,或称 **C. F. L 条件**,也有称 **Courant 条件**.

为确定起见,令微分方程(1.1)中的常数 $a > 0$.差分格式采用 Lax-Wendroff 格式作为例子进行分析.为了计算 $u_j^n$,要用到 $u_{j-1}^{n-1}, u_j^{n-1}, u_{j+1}^{n-1}$;而为计算这 3 个值,又要用到 $u_{j-2}^{n-2}, u_{j-1}^{n-2}, u_j^{n-2}, u_{j+1}^{n-2}, u_{j+2}^{n-2}$.如此递推下去,为了计算 $u_j^n$,就要用到 $u_{j-n}^0, u_{j-(n-1)}^0, \cdots, u_j^0, \cdots, u_{j+(n-1)}^0, u_{j+n}^0$,见图 3.4.这说明计算 $u_j^n$ 仅依赖于微分方程(1.1)的初值(1.2)$u(x, 0) = u_0(x)$ 在区间 $[x_{j-n}, x_{j+n}]$ 上的网格点 $x_{j-n}, x_{j-n+1}, \cdots,$ $x_j, \cdots, x_{j+n-1}, x_{j+n}$ 上的值 $u_0(x_i)$, $i = j-n, j-n+1, \cdots, j, \cdots, j+n-1, j+n$. 称区间 $[x_{j-n}, x_{j+n}]$ 上所有网格点为差分格式的解在点 $P(x_j, t_n)$ 的**依赖区域**.

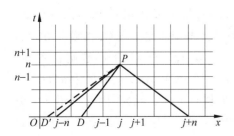

图 3.4

过点 $P$,微分方程(1.1)的特征线 $x-at=x_j-at_n$ 与 $x$ 轴的交点为 $D$,对于微分方程初值问题(1.1)式、(1.2)式来说,$D$ 是其解在 $P$ 点的依赖区域.如果 $D$ 在区间 $[x_{j-n},x_{j+n}]$ 之外,那么用 Lax-Wendroff 格式计算出来的解 $u_j^n$ 就与初值问题(1.1)式、(1.2)式的解毫无关系,因此差分格式的解就不可能收敛到微分方程初值问题的解.于是,要求差分格式的解收敛到微分方程初值问题的解的必要条件为 $D\in[x_{j-n},x_{j+n}]$,即差分格式解的依赖区域端点构成的区间必须包含相应的偏微分方程初值问题的依赖区域.简单地说,差分格式的依赖区域包含偏微分方程初值问题的依赖区域.这个条件称为 **Courant-Friedrichs-Lewy 条件**.

下面来推导 C.F.L 条件的表达式,过点 $P(x_j,t_n)$ 的(1.1)的特征线 $x-at=x_j-at_n$ 与 $x$ 轴的交点 $D$ 的横坐标为 $x_j-at_n$.因此 C.F.L 条件可以表示为

$$x_{j-n}\leqslant x_j-at_n\leqslant x_{j+n}.$$

由于 $x_j=jh,t_n=n\tau$,因此上面不等式等价于

$$|a|\lambda\leqslant 1,$$

其中 $\lambda=\dfrac{\tau}{h}$ 为网格比.

由上面讨论知道,C.F.L 条件为差分格式收敛的必要条件.自然要问,这个条件是否充分? 对于这个问题,不同的差分格式有不同的答案.以 Lax-Wendroff 格式来说,这是线性偏微分方程初值问题(1.1)式、(1.2)式的相容的差分格式,而 C.F.L 条件正是 Lax-Wendroff 格式的稳定性条件.利用 Lax 等价定理知 L.F.C 条件也是格式收敛的充分条件.我们考虑差分格式(1.8).其 C.F.L 条件也是 $|a|\lambda\leqslant 1$.但在此条件下,(1.8)式不稳定,因而也不收敛.所以 C.F.L 条件不是格式(1.8)的充分条件.

## 1.5　利用偏微分方程的特征线来构造有限差分格式

特征线概念在双曲型方程中有很重要作用.借助于双曲型方程的解在特征线上为常数这一事实,可以构造出(1.1)式、(1.2)式的各种差分格式.为确定起见,假定 $a>0$.

设在 $t=t_n$ 时间层上网格点 $A.B.C$ 和 $D$ 上 $u$ 的值已给定(已计算出的近似值或初值).要计算出在 $t=t_{n+1}$ 时间层上的网格点 $P$ 上的 $u$ 值,见图 3.5.假定 C.F.L 条件成立.

那么过 $P$ 点特征线与 $BC$ 交于点 $Q$.由微分方程解的性质知 $u(P)=u(Q)$.但当 $Q$ 不是网格点时,$u(Q)$ 是未知的.由于 $u(A),u(B),u(C)$ 和 $u(D)$ 为 $t=t_n$ 时间层上网格点上值已给定,因此可用插值方法给出 $u(Q)$ 的近似值.利用 $B,C$ 两点上的值进行线性插值就可以得到

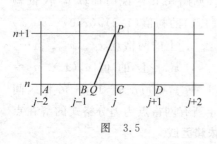

图　3.5

$$u(P)=u(Q)=(1-a\lambda)u(C)+a\lambda u(B).$$

由此可推导出差分格式

$$u_j^{n+1} = u_j^n - a\lambda(u_j^n - u_{j-1}^n),$$

其中 $\lambda = \dfrac{\tau}{h}$. 这就是迎风格式. 如果改用 $B, D$ 两点进行线性插值. 则有

$$u(P) = u(Q) = \frac{1}{2}(1-a\lambda)u(D) + \frac{1}{2}(1+a\lambda)u(B).$$

由此得到

$$u_j^{n+1} = \frac{1}{2}(1-a\lambda)u_{j+1}^n + \frac{1}{2}(1+a\lambda)u_{j-1}^n.$$

我们可以把此式改写为

$$u_j^{n+1} = \frac{1}{2}(u_{j-1}^n + u_{j+1}^n) - \frac{a\lambda}{2}(u_{j+1}^n - u_{j-1}^n).$$

立即可以看出,这是 Lax-Friedrichs 格式.

上面都是采用线性插值,当然我们也可以采用二次插值. 如果使用 $B, C$ 和 $D$ 三个点进行抛物插值,则就得到

$$\begin{aligned}
u(P) = u(Q) \\
= u(C) - a\lambda[u(C) - u(B)] \\
- \frac{1}{2}a\lambda(1-a\lambda)[u(B) - 2u(C) + u(D)].
\end{aligned}$$

由此得出差分格式

$$u_j^{n+1} = u_j^n - \frac{1}{2}a\lambda(u_{j+1}^n - u_{j-1}^n) + \frac{1}{2}a^2\lambda^2(u_{j+1}^n - 2u_j^n + u_{j-1}^n),$$

这就是 Lax-Wendroff 格式.

如果我们不用 $B, C, D$ 三点进行插值,而是采用 $A, B, C$ 三点来进行抛物插值,可以得到

$$u_j^{n+1} = u_j^n - a\lambda(u_j^n - u_{j-1}^n) - \frac{a\lambda}{2}(1-a\lambda)(u_j^n - 2u_{j-1}^n + u_{j-2}^n), \tag{1.16}$$

此格式是二阶精度的. 此格式由 R. M. Beam 和 R. F. Warming 于 1976 年引入. 因此一般称其为 **Beam-Warming 格式**. 这是二阶迎风格式.

为讨论格式 (1.16) 的稳定性. 先求增长因子.

$$\begin{aligned}
G(\tau, k) = 1 - 2a\lambda\sin^2\frac{kh}{2} - \frac{a\lambda}{2}(1-a\lambda)\left[4\sin^4\frac{kh}{2} - \sin^2 kh\right] \\
- ia\lambda\sin kh\left[1 + 2(1-a\lambda)\sin^2\frac{kh}{2}\right],
\end{aligned}$$

$$|G(\tau, k)|^2 = 1 - 4a\lambda(1-a\lambda)^2(2-a\lambda)\sin^4\frac{kh}{2}.$$

于是,当 $a\lambda \leqslant 2$ 时有 $|G(\tau.k)| \leqslant 1$,由此推出,当 $a\lambda \leqslant 2$ 时 Beam-Warming 格式(1.16)是稳定的.

对于 Beam-Warming 格式,当 $a<0$ 时,格式变成

$$u_j^{n+1} = u_j^n + a\lambda(u_{j+1}^n - u_j^n) - \frac{a\lambda}{2}(1-a\lambda)(u_{j+2}^n - 2u_{j+1}^n + u_j^n). \tag{1.17}$$

仿上推导,(1.17)式的稳定性条件为 $|a|\lambda \leqslant 2$.

由稳定性条件可以看出,对于固定空间步长,时间步长限制较宽.这有利于实际计算.

## 1.6　蛙跳格式

下面考虑逼近对流方程(1.1)的一个三层格式

$$\frac{u_j^{n+1} - u_j^{n-1}}{2\tau} + a\frac{u_{j+1}^n - u_{j-1}^n}{2h} = 0, \tag{1.18}$$

此格式的节点分布如图 3.6.这个差分格式称为**蛙跳格式**.容易看出这是一个二阶精度的

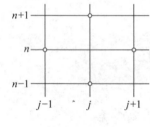

图　3.6

格式.可以把(1.18)式写成便于计算的形式

$$u_j^{n+1} = u_j^{n-1} - a\lambda(u_{j+1}^n - u_{j-1}^n). \tag{1.18$'$}$$

其中 $\lambda = \frac{\tau}{h}$.在计算时,除初值(1.2)的离散外,还要用一个二层格式计算出 $t=\tau$ 那一层的值 $u_j^1$.由于(1.18)式是二阶精度的,二层格式一般取为二阶格式为宜.可以看出,(1.18)式比 Lax-Wendroff 格式,Beam-Warming 格式要简单.

下面来讨论蛙跳格式的稳定性.由于(1.18)式是三层格式,因此首先必须把它化成等价的二层差分方程组

$$\begin{cases} u_j^{n+1} = v_j^n - a\lambda(u_{j+1}^n - u_{j-1}^n), \\ v_j^{n+1} = u_j^n. \end{cases}$$

令 $\boldsymbol{u} = [u,v]^{\mathrm{T}}$,那么可以把这个方程组写成向量形式

$$\boldsymbol{u}_j^{n+1} = \begin{bmatrix} -a\lambda & 0 \\ 0 & 0 \end{bmatrix} \boldsymbol{u}_{j+1}^n + \begin{bmatrix} 0 & 1 \\ 1 & 0 \end{bmatrix} \boldsymbol{u}_j^n + \begin{bmatrix} a\lambda & 0 \\ 0 & 0 \end{bmatrix} \boldsymbol{u}_{j-1}^n.$$

令 $\boldsymbol{u}_j^n = \boldsymbol{v}^n \mathrm{e}^{\mathrm{i}kjh}$,把它代入上式就可以得到增长矩阵

$$\boldsymbol{G}(\tau,k) = \begin{bmatrix} -2a\lambda\,\mathrm{i}\sin kh & 1 \\ 1 & 0 \end{bmatrix},$$

$\boldsymbol{G}(\tau,k)$ 的特征值为

$$\mu_{1,2} = -a\lambda\,\mathrm{i}\sin kh \pm \sqrt{1 - a^2\lambda^2\sin^2 kh}.$$

如果 $|a|\lambda\leqslant 1$,则有 $|\mu_{1,2}|=1$,因此,当 $|a|\lambda\leqslant 1$ 时,蛙跳格式满足 von Neumann 条件. 如当 $|a|\lambda<1$,那么 $G(\tau,k)$ 有两个互不相同的特征值,利用第 2 章定理 3.7 知,蛙跳格式是稳定的.

当 $|a|\lambda=1$ 时,为方便起见,取 $a\lambda=1$,$kh=\dfrac{\pi}{2}$,那么增长矩阵

$$G(\tau,k) = \begin{bmatrix} -2i & 1 \\ 1 & 0 \end{bmatrix}.$$

容易计算得出

$$G(\tau,k)^2 = \begin{bmatrix} -3 & -2i \\ -2i & 1 \end{bmatrix}, \quad G(\tau,k)^4 = \begin{bmatrix} 5 & 4i \\ 4i & -3 \end{bmatrix}.$$

用归纳法可推得

$$G(\tau,k)^{2^n} = \begin{bmatrix} 2^n+1 & 2^n i \\ 2^n i & 1-2^n \end{bmatrix}, \quad n \geqslant 2.$$

由此得出

$$\| G(\tau,k)^{2^n} \|_\infty = 2^{n+1}+1.$$

从而知,当 $|a|\lambda=1$ 时,蛙跳格式不稳定.

## 1.7 数值例子

考虑初值问题

$$\begin{cases} \dfrac{\partial u}{\partial t}+\dfrac{\partial u}{\partial x}=0, & x \in \mathbb{R} \quad t \in [0,T], \\ u(x,0) = u_0(x), \end{cases}$$

其中

$$u_0(x) = \begin{cases} 1, & x \leqslant 0, \\ 0, & x > 0. \end{cases}$$

取 $h=0.01$,$\lambda=\dfrac{1}{2}$,用 Lax-Friedrichs 格式、迎风格式、Lax-Wendroff 格式以及 Beam-Warming 格式,计算至 $t_n=0.5$ 时,计算结果与初值问题的解析解见图 3.7[17]. 对于前两个格式(Lax-Friedrichs 格式和迎风格式)把解抹平了. 而后两个格式(Lax-Wendroff 格式和 Beam-Warming 格式)出现了振荡. 这些现象的出现是这些格式的正常现象. 在拟线双曲型方程组的间断解计算中为消去此类现象已研究出了很多良好的方法.

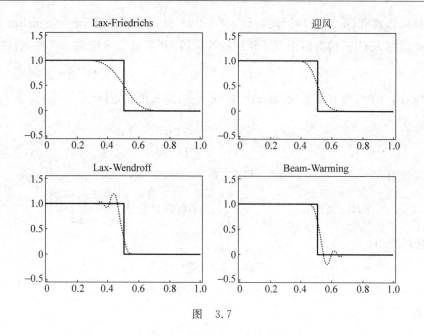

图 3.7

# 2 一阶线性常系数方程组

考虑一阶线性常系数方程组

$$\frac{\partial \boldsymbol{u}}{\partial t} + \boldsymbol{A} \frac{\partial \boldsymbol{u}}{\partial x} = \boldsymbol{0}, \tag{2.1}$$

其中 $\boldsymbol{u} = \boldsymbol{u}(x,t) = [u_1(x,t), u_2(x,t), \cdots, u_p(x,t)]^\mathrm{T}, \boldsymbol{A} \in \mathbb{R}^{p \times p}$ 为常系数矩阵.

**定义 2.1** 称方程组(2.1)是**双曲型方程组**,如果 $\boldsymbol{A}$ 的特征值是实的,并存在非奇异矩阵 $\boldsymbol{S}$ 使得

$$\boldsymbol{\Lambda} = \boldsymbol{S}^{-1} \boldsymbol{A} \boldsymbol{S} = \mathrm{diag}[\lambda_1, \lambda_2, \cdots, \lambda_p],$$

其中 $\lambda_i (i = 1, 2, \cdots, p)$ 为 $\boldsymbol{A}$ 的特征值,如果 $\boldsymbol{A}$ 是对称阵,则称(2.1)式为**对称双曲型方程组**,如果 $\boldsymbol{A}$ 的特征值是实的且互不相同,则称 $\boldsymbol{A}$ 为**严格双曲型方程组**.

对于方程组(2.1),给定初始条件

$$\boldsymbol{u}(x,0) = \boldsymbol{u}_0(x), \tag{2.2}$$

那么(2.1)式和(2.2)式就构成了初值问题. 第 1 节中的差分格式可以推广到方程组上来,下面仅用例子进行讨论.

## 2.1 Lax-Friedrichs 格式

对流方程(1.1)的 Lax-Friedrichs 格式的直接推广有

$$\frac{\boldsymbol{u}_j^{n+1} - \dfrac{1}{2}(\boldsymbol{u}_{j+1}^n + \boldsymbol{u}_{j-1}^n)}{\tau} + \boldsymbol{A}\frac{\boldsymbol{u}_{j+1}^n - \boldsymbol{u}_{j-1}^n}{2h} = \boldsymbol{0},\tag{2.3}$$

这是一阶精度差分格式.下面讨论其稳定性.令 $\boldsymbol{u}_j^n = \boldsymbol{v}^n \mathrm{e}^{ikjh}$,代入(2.3)式得增长矩阵

$$\boldsymbol{G}(\tau,k) = \frac{1}{2}(\mathrm{e}^{ikh} + \mathrm{e}^{-ikh})\boldsymbol{I} + \frac{1}{2}\lambda(\mathrm{e}^{-ikh} - \mathrm{e}^{ikh})\boldsymbol{A} = \cos kh\,\boldsymbol{I} - i\lambda\sin kh\boldsymbol{A},$$

其中 $\boldsymbol{I}$ 为 $p$ 阶单位阵. $\boldsymbol{G}(\tau,k)$ 的特征值为

$$\mu_l(\boldsymbol{G}) = \cos kh - i\lambda\sin kh\lambda_l,\quad l = 1,2,\cdots,p,$$

其中 $\lambda_l$ 为 $\boldsymbol{A}$ 的特征值,故

$$\big|\mu_l(\boldsymbol{G})\big|^2 = \cos^2 kh + \lambda^2\lambda_l^2\sin^2 kh = 1 - (1 - \lambda^2\lambda_l^2)\sin^2 kh.$$

如果

$$\lambda\rho(\boldsymbol{A}) \leqslant 1,\tag{2.4}$$

那么就有 $\rho(\boldsymbol{G}) \leqslant 1$,即满足 von Neumann 条件.但要注意,这是格式(2.3)稳定的必要条件.由于双曲型方程组的特性,存在非奇异阵 $\boldsymbol{S}$ 使 $\boldsymbol{S}^{-1}\boldsymbol{A}\boldsymbol{S} = \boldsymbol{\Lambda}$, $\boldsymbol{\Lambda} = \mathrm{diag}(\lambda_1,\cdots,\lambda_p)$.由此可以得出

$$\boldsymbol{S}^{-1}\boldsymbol{G}\boldsymbol{S} = \cos kh\boldsymbol{I} - i\lambda\,\sin kh\boldsymbol{\Lambda}.$$

这是一个对角阵,利用第 2 章定理 3.5 可知,Lax-Friedrichs 格式稳定性条件为(2.4)式.

## 2.2　Lax-Wendroff 格式

可以按单个方程的方法推导出方程组的 Lax-Wendroff 差分格式.

$$\boldsymbol{u}_j^{n+1} = \boldsymbol{u}_j^n - \frac{1}{2}\lambda\boldsymbol{A}(\boldsymbol{u}_{j+1}^n - \boldsymbol{u}_{j-1}^n) + \frac{1}{2}\lambda^2\boldsymbol{A}^2(\boldsymbol{u}_{j+1}^n - 2\boldsymbol{u}_j^n + \boldsymbol{u}_{j-1}^n).\tag{2.5}$$

仿 Lax-Friedrichs 格式的讨论,Lax-Wendroff 格式的稳定性条件也为(2.4)式.

## 2.3　迎风格式

对于迎风格式,不像前面两个格式可以作直接推广,这主要由于 $\boldsymbol{A}$ 的特征值可正可负,这就带来了复杂性,利用双曲型方程组的特性,对于矩阵 $\boldsymbol{A}$,存在非奇异阵 $\boldsymbol{S}$ 使得

$$\boldsymbol{\Lambda} = \boldsymbol{S}^{-1}\boldsymbol{A}\boldsymbol{S}.$$

令

$$\boldsymbol{w} = \boldsymbol{S}^{-1}\boldsymbol{u},$$

那么有

$$\frac{\partial\boldsymbol{w}}{\partial t} + \boldsymbol{\Lambda}\frac{\partial\boldsymbol{w}}{\partial x} = \boldsymbol{0}.\tag{2.6}$$

方程组的这种形式称作**特征形式**.特征形式的方程组已经不是耦合的方程组了,它相当于 $p$ 个标量方程,即可以写作

$$\frac{\partial w_m}{\partial t} + \lambda_m\frac{\partial w_m}{\partial x} = 0,\quad m = 1,\cdots,p,$$

其中 $w_m$ 是 $w$ 的第 $m$ 个分量，$\lambda_m$ 为 $A$ 的第 $m$ 个特征值. 此时 $\lambda_m$ 的符号已定，因此可以按照第 1 节中叙述的方法来建立迎风格式.

对于迎风格式 (1.4) 式和 (1.5) 式可以写成统一的形式

$$u_j^{n+1} = u_j^n - \lambda \left[ \frac{1}{2}(a+|a|)(u_j^n - u_{j-1}^n) + \frac{1}{2}(a-|a|)(u_{j+1}^n - u_j^n) \right],$$

再改变上式形式为

$$u_j^{n+1} = u_j^n - \frac{\lambda}{2}a(u_{j+1}^n - u_{j-1}^n) + \frac{\lambda}{2}|a|(u_{j+1}^n - 2u_j^n + u_{j-1}^n). \tag{2.7}$$

直接把 (2.7) 式应用到特征形式方程组 (2.6) 有

$$w_j^{n+1} = w_j^n - \frac{\lambda}{2}\Lambda(w_{j+1}^n - w_{j-1}^n) + \frac{\lambda}{2}|\Lambda|(w_{j+1}^n - 2w_j^n + w_{j-1}^n), \tag{2.8}$$

其中 $|\Lambda| = \mathrm{diag}[|\lambda_1|, |\lambda_2|, \cdots, |\lambda_p|]$，也可以把 (2.8) 式写成原来变量的形式

$$u_j^{n+1} = u_j^n - \frac{\lambda}{2}A(u_{j+1}^n - u_{j-1}^n) + \frac{\lambda}{2}|A|(u_{j+1}^n - 2u_j^n + u_{j-1}^n),$$

其中

$$|A| = S|\Lambda|S^{-1}.$$

下面来讨论差分格式 (2.8) 的稳定性，容易求出其过渡矩阵

$$G(\tau, k) = I - \lambda \mathrm{i} \sin kh\, \Lambda + \lambda(\cos kh - 1)|\Lambda|,$$

$G$ 的特征值为

$$\mu_l(G) = 1 - \mathrm{i}\lambda\lambda_l \sin kh + \lambda|\lambda_l|(\cos kh - 1),$$

$$|\mu_l(G)|^2 = \left(1 - 2\lambda|\lambda_l| \sin^2 \frac{kh}{2}\right)^2 + \lambda^2\lambda_l^2 \sin^2 kh$$

$$= 1 - 4\lambda|\lambda_l|(1 - \lambda|\lambda_l|)\sin^2 \frac{kh}{2}.$$

如果

$$\lambda \max_l |\lambda_l| \leqslant 1. \tag{2.9}$$

那么就有 $\rho(G) \leqslant 1$，此时格式满足 von Neumann 条件. 此外，$G(\tau, k)$ 是一个对角阵，因而也是一个正规阵. 所以 (2.9) 式即为差分格式稳定的充分条件.

# 3　变系数方程及方程组

## 3.1　变系数方程

考虑简单的**变系数方程**的初值问题

$$\begin{cases} \dfrac{\partial u}{\partial t} + a(x,t)\dfrac{\partial u}{\partial x} = 0, & x \in \mathbb{R} \quad 0 < t \leqslant T, \tag{3.1} \\[2mm] u(x,0) = u_0(x), & x \in \mathbb{R}. \tag{3.2} \end{cases}$$

如果 $a(x,t)$ 对 $x$ 和 $t$ 都是一次连续可微的,那么 $a$ 就光滑变化.情形与常系数相差不多. (3.1)式的特征线满足的方程为

$$\frac{\mathrm{d}x}{\mathrm{d}t} = a(x,t), \quad x(0) = x_0. \tag{3.3}$$

令 $x = x(t,x_0)$ 和 $u(x,t)$ 分别是方程(3.3)和方程(3.1)的解,那么

$$\frac{\mathrm{d}}{\mathrm{d}t}u(x(t,x_0),t) = \frac{\partial u}{\partial t} + \frac{\partial u}{\partial x} \cdot \frac{\mathrm{d}x}{\mathrm{d}t} = 0.$$

于是,方程(3.1)的解沿特征线为常数.但我们要注意到此时的特征线是曲线(见图3.8)

$$u(x,t) = u_0(x_0), \quad x = x(t,x_0).$$

可以把常系数方程中推导的差分格式推广到变系数方程(3.1).相应的 Lax-Friedrichs 格式为

$$\frac{u_j^{n+1} - \frac{1}{2}(u_{j+1}^n + u_{j-1}^n)}{\tau} + a_j^n \frac{u_{j+1}^n - u_{j-1}^n}{2h} = 0, \tag{3.4}$$

其中 $a_j^n = a(x_j, t_n)$.

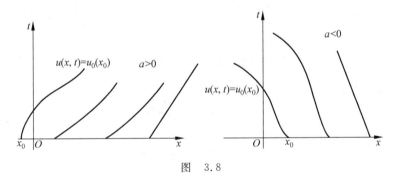

图 3.8

(3.4)式是变系数差分格式,因此不能用 Fourier 方法来讨论其稳定性.先采用能量不等式方法来讨论其稳定性.

把(3.4)式改写为

$$u_j^{n+1} = \frac{1}{2}(u_{j-1}^n + u_{j+1}^n) - \frac{1}{2}a_j^n \lambda(u_{j+1}^n - u_{j-1}^n),$$

其中 $\lambda = \frac{\tau}{h}$. 用 $u_j^{n+1}$ 乘上式两边

$$(u_j^{n+1})^2 = \frac{1}{2}(1 + a_j^n \lambda)u_{j-1}^n u_j^{n+1} + \frac{1}{2}(1 - a_j^n \lambda)u_{j+1}^n u_j^{n+1}.$$

假定网格比 $\lambda$ 满足条件

$$\max_j |a_j^n| \lambda \leqslant 1, \tag{3.5}$$

那么有

$$(u_j^{n+1})^2 \leqslant \frac{1}{4}(1+a_j^n\lambda)\big[(u_{j-1}^n)^2+(u_{j+1}^n)^2\big]+\frac{1}{4}(1-a_j^n\lambda)\big[(u_j^{n+1})^2+(u_{j+1}^n)^2\big]$$

$$=\frac{1}{4}(1+a_j^n\lambda)(u_{j-1}^n)^2+\frac{1}{2}(u_j^{n+1})^2+\frac{1}{4}(1-a_j^n\lambda)(u_{j+1}^n)^2.$$

从而得到

$$(u_j^{n+1})^2 \leqslant \frac{1}{2}\big[(u_{j-1}^n)^2+(u_{j+1}^n)^2\big]+\frac{1}{2}a_j^n\lambda\big[(u_{j-1}^n)^2-(u_{j+1}^n)^2\big].$$

用 $h$ 乘上式两边并对 $j$ 求和,记离散范数

$$\|\boldsymbol{u}^n\|_h^2 = \sum_{j=-\infty}^{\infty}(u_j^n)^2 h,$$

那么有

$$\|\boldsymbol{u}^{n+1}\|_h^2 \leqslant \|\boldsymbol{u}^n\|_h^2+\frac{1}{2}\sum_{j=-\infty}^{\infty}a_j^n\lambda\big[(u_{j-1}^n)^2-(u_{j+1}^n)^2\big]h$$

$$=\|\boldsymbol{u}^n\|_h^2+\frac{1}{2}\lambda\sum_{j=-\infty}^{\infty}(a_{j+1}^n-a_{j-1}^n)(u_j^n)^2 h.$$

如果

$$\left|\frac{\partial a}{\partial x}\right| \leqslant M, \quad x\in\mathbb{R}, \quad t\in[0,T] \tag{3.6}$$

那么利用微分中值定理有

$$|a_{j+1}^n-a_{j-1}^n| \leqslant 2Mh.$$

从而有

$$\|\boldsymbol{u}^{n+1}\|_h^2 \leqslant (1+m\tau)\|\boldsymbol{u}^n\|_h^2.$$

重复使用上式有

$$\|\boldsymbol{u}^n\|_h^2 \leqslant \mathrm{e}^{MT}\|\boldsymbol{u}^0\|_h^2, \quad n\tau \leqslant T.$$

这样我们证明了,当 $a(x,t)$ 满足 (3.6) 式时,网格比满足条件 (3.5),那么 Lax-Friedrichs 格式稳定.

用能量不等式方法来讨论差分格式的稳定性是严格而很有技巧的方法. 在实际应用中,大多采用简单而实用但非严格的所谓**"冻结系数"方法**来讨论变系数方程的差分格式. 这个方法就是把差分格式 (3.4) 中的系数 $a(x_j,t_n)$ 在某一点 $(\tilde{x},\tilde{t})$ 固定,那么 (3.4) 式可以作为常系数差分格式. 因此用 Fourier 方法可以得出稳定性条件为

$$|a(\tilde{x},\tilde{t})|\lambda \leqslant 1.$$

由此得出

$$\max_{x,t}|a(\tilde{x},\tilde{t})|\lambda \leqslant 1 \tag{3.7}$$

作为差分格式的稳定性的条件.

注意到 $a(x,t)$ 在差分格式中仅取离散点 $(x_j,t_n)$，$j=0,\pm 1,\pm 2,\cdots$；$n=0,1,2,\cdots$ 上取值，并且是一个两层格式，因此稳定性条件可以改为(3.5)式. 在实际应用中可以如下理解：先把变系数差分格式(3.4)中的 $a_j^n$ 看成与指标 $n,j$ 均无关的常数，那么(3.4)式变成了常系数差分格式，再用 Fourier 方法求出稳定性条件为 $|a|\lambda \leqslant 1$，得出这个条件后再使指标变化，这样得到(3.4)式的稳定性条件为(3.5)式.

下面考虑初值问题(3.1)式、(3.2)式的迎风差分格式. 与常系数情况的主要区别是 $a(x,t)$ 是要变号的，因此不能要求利用一种形式写出，而是要随时考虑到 $a(x,t)$ 的符号，这样可以写出差分格式

$$\frac{u_j^{n+1}-u_j^n}{\tau}+a_j^n\frac{u_j^n-u_{j-1}^n}{h}=0,\quad a_j^n>0.$$

$$\frac{u_j^{n+1}-u_j^n}{\tau}+a_j^n\frac{u_{j+1}^n-u_j^n}{h}=0,\quad a_j^n<0.$$

(3.8)

利用"冻结系数"方法得其稳定性条件为

$$\max_j|a_j^n|\lambda \leqslant 1.$$

在实际计算中也可把(3.8)式写成

$$\frac{u_j^{n+1}-u_j^n}{\tau}+a_j^n\frac{u_{j+1}^n-u_{j-1}^n}{2h}-\frac{1}{2h}|a_j^n|(u_{j+1}^n-2u_j^n+u_{j-1}^n)=0. \qquad (3.8)'$$

逼近(3.1)式、(3.2)式的 Lax-Wendroff 格式需直接进行推导，由于系数依赖于 $x$ 和 $t$，特别是依赖于 $t$，推导得到的形式比较麻烦.

## 3.2 变系数方程组

考虑变系数双曲型方程组的初值问题

$$\frac{\partial \boldsymbol{u}}{\partial t}+\boldsymbol{A}(x,t)\frac{\partial \boldsymbol{u}}{\partial x}=\boldsymbol{0}, \qquad (3.9)$$

$$\boldsymbol{u}(x,0)=\boldsymbol{u}_0(x). \qquad (3.10)$$

其中 $\boldsymbol{u}(x,t),\boldsymbol{u}_0(x)$ 是 $p$ 维向量，$\boldsymbol{A}(x,t)$ 为 $p$ 阶方阵. 假定 $\boldsymbol{A}$ 是 $x$ 和 $t$ 的光滑的函数，由于我们考虑的方程组是双曲型的，所以 $\boldsymbol{A}$ 有实的特征值

$$\lambda_1(x,t),\lambda_2(x,t),\cdots,\lambda_p(x,t),$$

而且还存在着一个光滑的非奇异变换 $\boldsymbol{S}=\boldsymbol{S}(x,t)$，使得

$$\boldsymbol{\Lambda}=\boldsymbol{S}^{-1}(x,t)\boldsymbol{A}(x,t)\boldsymbol{S}(x,t)=\begin{bmatrix}\lambda_1(x,t)&&&\\&\lambda_2(x,t)&&\\&&\ddots&\\&&&\lambda_p(x,t)\end{bmatrix}.$$

为简单起见，我们假定 $\boldsymbol{A}$ 仅依赖于 $x$，即 $\boldsymbol{A}=\boldsymbol{A}(x)$. 下面我们简单叙述一下 Lax-Wendroff

格式和迎风格式。

Lax-Wendroff 格式是

$$\boldsymbol{u}_j^{n+1} = \boldsymbol{u}_j^n - \frac{1}{2}\lambda\boldsymbol{A}_j(\boldsymbol{u}_{j+1}^n - \boldsymbol{u}_{j-1}^n)$$

$$+ \frac{1}{2}\lambda^2\boldsymbol{A}_j\left[\boldsymbol{A}_{j+\frac{1}{2}}(\boldsymbol{u}_{j+1}^n - \boldsymbol{u}_j^n) - \boldsymbol{A}_{j-\frac{1}{2}}(\boldsymbol{u}_j^n - \boldsymbol{u}_{j-1}^n)\right], \tag{3.11}$$

其中

$$\boldsymbol{A}_j = \boldsymbol{A}(x_j), \quad \boldsymbol{A}_{j+\frac{1}{2}} = \boldsymbol{A}\left(\frac{1}{2}(x_j + x_{j+1})\right).$$

利用冻结系数方法可以求出差分格式(3.11)的稳定性条件为

$$\max_j \rho(\boldsymbol{A}_j)\lambda \leqslant 1.$$

下面讨论迎风格式. 由双曲型方程组的定义可知,利用非奇异矩阵 $\boldsymbol{S}$ 可以把 $\boldsymbol{A}$ 化为对角阵,从而把方程组化成非耦合的形式. 这样可以按单个方程的方法来建立迎风差分格式. 当然也可以写成矩阵形式,其方法与常系数方程组是一样的. 迎风差分格式为

$$\boldsymbol{u}_j^{n+1} = \boldsymbol{u}_j^n - \frac{1}{2}\lambda\boldsymbol{A}_j(\boldsymbol{u}_{j+1}^n - \boldsymbol{u}_{j-1}^n) + \frac{\lambda}{2}|\boldsymbol{A}_j|(\boldsymbol{u}_{j+1}^n - 2\boldsymbol{u}_j^n + \boldsymbol{u}_{j-1}^n),$$

其中 $\boldsymbol{A}_j = \boldsymbol{A}(x_j)$,$|\boldsymbol{A}_j|$ 表达式同第 2 节中相应的 $|\boldsymbol{A}|$(不是 $\boldsymbol{A}$ 的行列式).

# 4    二阶双曲型方程

在第 1 章第 2 节中引入了二阶双曲型方程,为了讨论差分格式简单起见,仅讨论**波动方程**.

## 4.1    波动方程的初值问题

最简单的二阶双曲型方程是波动方程,初值问题是

$$\begin{cases} \dfrac{\partial^2 u}{\partial t^2} = a^2\dfrac{\partial^2 u}{\partial x^2}, & x \in \mathbb{R}, \ t \in (0, T], & (4.1) \\[2mm] u(x, 0) = f(x), & x \in \mathbb{R}, & (4.2) \\[2mm] \dfrac{\partial u}{\partial t}(x, 0) = g(x), & x \in \mathbb{R}, & (4.3) \end{cases}$$

其解为

$$u(x, t) = \frac{1}{2}\left[f(x+at) + f(x-at)\right] + \frac{1}{2a}\int_{x-at}^{x+at} g(\xi)\mathrm{d}(\xi). \tag{4.4}$$

设常数 $a > 0$,波动方程(4.1)的两族特征线为

$$\begin{cases} x + at = c, \\ x - at = c, \end{cases} \tag{4.5}$$

其中 $c$ 为常数.

初值问题(4.1)式~(4.3)式的解 $u(x,t)$ 在任意一点 $(x,t)$ 的值 $u(x,t)$,由公式(4.4)可以看出,它仅依赖于 $x$ 轴上的区间 $[x-at,x+at]$. 这个区间可以由过点 $(x,t)$ 的两条特征线(4.5)式在 $x$ 轴上的交点所形成. 称这个区间为初值问题的解 $u(x,t)$ 在 $(x,t)$ 的依赖区域,见图 3.9.

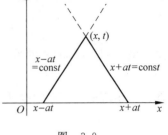

图 3.9

可以把波动方程(4.1)化为一阶对称双曲型方程组. 令

$$v = \frac{\partial u}{\partial t}, \quad w = a\frac{\partial u}{\partial x},$$

那么有

$$\begin{cases} \dfrac{\partial v}{\partial t} - a\dfrac{\partial w}{\partial x} = 0, & (4.6) \\[2mm] \dfrac{\partial w}{\partial t} - a\dfrac{\partial v}{\partial x} = 0. & (4.7) \end{cases}$$

如果令 $\boldsymbol{u} = [v,w]^{\mathrm{T}}$,那么方程组可以写成

$$\frac{\partial \boldsymbol{u}}{\partial t} + \boldsymbol{A}\frac{\partial \boldsymbol{u}}{\partial x} = \boldsymbol{0}, \tag{4.8}$$

其中

$$\boldsymbol{A} = \begin{bmatrix} 0 & -a \\ -a & 0 \end{bmatrix}.$$

这是一个对称矩阵. 因此(4.8)式为对称双曲型方程组,对于方程组(4.8)可以给出初始条件

$$\boldsymbol{u}(x,0) = [g(x), \quad f'(x)]^{\mathrm{T}}. \tag{4.9}$$

这样,(4.8)式和(4.9)式形成了一阶方程组的初值问题.

## 4.2 波动方程的显式格式

将波动方程(4.1)中的偏导数 $\dfrac{\partial^2 u}{\partial t^2}$, $\dfrac{\partial^2 u}{\partial x^2}$ 都用中心差商来逼近,这样得到差分格式

$$\frac{u_j^{n+1} - 2u_j^n + u_j^{n-1}}{\tau^2} - a^2\frac{u_{j+1}^n - 2u_j^n + u_{j-1}^n}{h^2} = 0, \tag{4.10}$$

初始条件的离散如下:

$$\begin{cases} u_j^0 = f(x_j), & (4.11) \\[2mm] \dfrac{u_j^1 - u_j^0}{\tau} = g(x_j). & (4.12) \end{cases}$$

可以看出,(4.10)式逼近(4.1)式的截断误差为 $O(\tau^2 + h^2)$. 而(4.12)式的截断误差为 $O(\tau)$.

考虑到上述截断误差的不匹配,为提高(4.3)式的离散精度,可以用一个虚拟的函数值 $u(x_j,t_{-1})$ 来处理,注意到

$$\frac{\partial u}{\partial t}(x_j,0) = \frac{u(x_j,t_1) - u(x_j,t_{-1})}{2\tau} + O(\tau^2).$$

这样就得到了(4.3)式的另一个逼近

$$u_j^1 - u_j^{-1} = 2\tau g(x_j), \tag{4.13}$$

此式中出现的 $u_j^{-1}$ 必须设法消去. 为此可以在(4.10)式中令 $n=0$,此时有

$$u_j^1 - 2u_j^0 + u_j^{-1} - a^2\lambda^2(u_{j+1}^0 - 2u_j^0 + u_{j-1}^0) = 0,$$

其中 $\lambda = \frac{\tau}{h}$ 为网格比,此式与(4.13)式联立,消去 $u_j^{-1}$ 得到

$$u_j^1 = \frac{1}{2}a^2\lambda^2\left[f(x_{j-1}) + f(x_{j+1})\right] + (1 - a^2\lambda^2)f(x_j) + \tau g(x_j). \tag{4.14}$$

利用(4.10)式,(4.11)式和(4.14)式(或(4.12)式)就可以求解波动方程初值问题(4.1)式,(4.2)式和(4.3)式.

下面来讨论差分格式(4.10)的稳定性,容易验证,(4.10)式等价于逼近方程组(4.8)的一个显式差分格式

$$\begin{cases} \dfrac{v_j^{n+1} - v_j^n}{\tau} - a\dfrac{w_{j+\frac{1}{2}}^n - w_{j-\frac{1}{2}}^n}{h} = 0, \\[2mm] \dfrac{w_{j-\frac{1}{2}}^{n+1} - w_{j-\frac{1}{2}}^n}{\tau} - a\dfrac{v_j^{n+1} - v_{j-1}^{n+1}}{h} = 0, \end{cases} \tag{4.15}$$

其中

$$v_j^n = \frac{u_j^n - u_j^{n-1}}{\tau}, \quad w_{j-\frac{1}{2}}^n = a\frac{u_j^n - u_{j-1}^n}{h}.$$

因此只要讨论差分格式(4.15)的稳定性就可以了.(4.15)式的增长矩阵是

$$\boldsymbol{G}(\tau,k) = \begin{bmatrix} 1 & ic \\ ic & 1-c^2 \end{bmatrix},$$

其中 $c = 2a\lambda\sin\dfrac{kh}{2}$, $\boldsymbol{G}$ 的特征方程是

$$\mu^2 - (2-c^2)\mu + 1 = 0.$$

因此 $\boldsymbol{G}$ 的特征值为

$$\mu_{1,2} = 1 - 2a^2\lambda^2\sin^2\frac{kh}{2} \pm \sqrt{4a^2\lambda^2\sin^2\frac{kh}{2}\left(a^2\lambda^2\sin^2\frac{kh}{2} - 1\right)}.$$

如果 $a\lambda \leqslant 1$,那么有

$$\mu_{1,2} = 1 - 2a^2\lambda^2\sin^2\frac{kh}{2} \pm i\sqrt{4a^2\lambda^2\sin^2\frac{kh}{2}\left(1 - a^2\lambda^2\sin^2\frac{kh}{2}\right)}.$$

从而有

$$| \mu_{1,2} |^2 = \left(1 - 2a^2\lambda^2\sin^2\frac{kh}{2}\right)^2 + \left(1 - a^2\lambda^2\sin^2\frac{kh}{2}\right)4a^2\lambda^2\sin^2\frac{kh}{2} = 1.$$

由此得出,当 $a\lambda \leqslant 1$ 时,差分格式(4.15)满足 von Neumann 条件.注意到 von Neumann条件仍为差分格式稳定的必要条件.

令 $\sigma = kh$,那么有

$$\boldsymbol{G} = \begin{bmatrix} 1 & 2a\lambda \mathrm{i}\sin\frac{\sigma}{2} \\[2mm] 2a\lambda \mathrm{i}\sin\frac{\sigma}{2} & 1 - 4a^2\lambda^2\sin^2\frac{\sigma}{2} \end{bmatrix},$$

$$\frac{\mathrm{d}}{\mathrm{d}\sigma}\boldsymbol{G} = \begin{bmatrix} 0 & a\lambda \mathrm{i}\cos\frac{\sigma}{2} \\[2mm] a\lambda \mathrm{i}\cos\frac{\sigma}{2} & -2a^2\lambda^2\sin\sigma \end{bmatrix}.$$

如果 $a\lambda < 1$, $\sigma \neq 2k\pi$,那么 $\boldsymbol{G}$ 有两个不同的特征值.

如果 $a\lambda < 1$, $\sigma = 2k\pi$,此时

$$\boldsymbol{G} = \begin{bmatrix} 1 & 0 \\ 0 & 1 \end{bmatrix},$$

而

$$\frac{\mathrm{d}}{\mathrm{d}\sigma}\boldsymbol{G} = \begin{bmatrix} 0 & (-1)^k a\lambda \mathrm{i} \\ (-1)^k a\lambda \mathrm{i} & 0 \end{bmatrix},$$

有两个不同的特征值,利用第 2 章定理 3.7 知当 $a\lambda < 1$ 时,von Neumann 条件是稳定性的充分条件.所以差分格式(4.15)稳定.

如果 $a\lambda = 1$,取一组特殊初值

$$v_j^0 = (-1)^j, \quad w_{j+\frac{1}{2}}^0 = 0.$$

由此可求得(4.15)式的解为

$$v_j^n = (-1)^{n+j}(1 - 2n), \quad w_{j+\frac{1}{2}}^n = (-1)^{j+n}2n.$$

当 $n$ 趋于无穷时,这是一组无界的解.由此可知,当 $a\lambda = 1$ 时,差分格式(4.15)是不稳定的.

## 4.3　波动方程差分格式的 C.F.L 条件

我们可以仿一阶双曲型方程的差分格式的讨论,从差分格式解的依赖区域和微分方程初值问题解的依赖区域之间的关系推导出 C.F.L 条件.

我们从差分格式(4.10)出发,先导出这个差分格式的解 $u_j^n$ 在点 $P(x_j, t_n)$ 的依赖区域.我们把差分格式(4.10)写成如下形式

$$u_j^n = -u_j^{n-2} + 2u_j^{n-1} + a^2\lambda^2(u_{j+1}^{n-1} - 2u_j^{n-1} + u_{j-1}^{n-1}).$$

由此看出,要计算 $u_j^n$ 要用到前两层的值 $u_{j-1}^{n-1}, u_j^{n-1}, u_{j+1}^{n-1}$ 及 $u_j^{n-2}$;而它们又依赖于 $u_{j-2}^{n-2}$, $u_j^{n-2}, u_{j+2}^{n-2}, u_{j-1}^{n-3}, u_j^{n-3}, u_{j+1}^{n-3}$ 及 $u_j^{n-4}$. 依次递推下去,差分格式(4.10)的解 $u_j^n$ 依赖于第一层上的 $(2n-1)$ 个网格点上的值 $u_{j-n+1}^1, u_{j-n+2}^1, \cdots, u_j^1, \cdots, u_{j+n-2}^1, u_{j+n-1}^1$ 和初始层上 $(2n-3)$ 个网格点上的值 $u_{j-n+2}^0, u_{j-n+3}^0, \cdots, u_j^0, \cdots, u_{j+n-3}^0, u_{j+n-2}^0$.

利用初始条件的离散(4.11)式及(4.12)式可以知道,在第一层上 $(2n-1)$ 个网格点上的值 $u_{j-n+1}^1, u_{j-n+2}^1, \cdots, u_j^1, \cdots, u_{j+n-2}^1, u_{j+n-1}^1$ 是由初始层上 $(2n-1)$ 个网格点

$$x_{j-n+1}, x_{j-n+2}, \cdots, x_j, \cdots, x_{j+n-2}, x_{j+n-1}$$

上的 $f(x)$ 和 $g(x)$ 的值所确定.

如果采用(4.11)式及(4.14)式来离散初始条件,那么在第一层上 $(2n-1)$ 个点的值依赖于初始层上 $(2n+1)$ 个点

$$x_{j-n}, x_{j-n+1}, \cdots, x_j, \cdots, x_{j+n-1}, x_{j+n}$$

上的 $f(x)$ 和 $g(x)$ 的值.因此 $u_j^n$ 至多依赖于初始函数 $f(x), g(x)$ 在点集

$$x_{j-n}, \cdots, x_j, \cdots, x_{j+n}$$

上的值.这说明 $x$ 轴上含于区间 $[x_{j-n}, x_{j+n}]$ 上的网格点为差分格式(4.10)的解 $u_j^n$ 的依赖区域.它就是过点 $(x_j, t_n)$ 的两条直线

$$x - x_j = \pm \frac{1}{\lambda}(t - t_n)$$

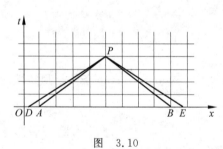

图　3.10

在 $x$ 轴上所截下来的区间 $[A, B]$ 上的网格点,见图 3.10. 对于微分方程初值问题来说,$u(x, t)$ 在点 $P = (x_j, t_n)$ 的依赖区域是过 $P$ 点的两条特征线

$$x - x_j = \pm a(t - t_n)$$

在 $x$ 轴上截出的区间 $[x_j - at_n, \quad x_j + at_n]$. 我们记作 $[D, E]$,见图 3.10. 现在假定沿着 $DA$ 和 $BE$ 的初始条件改变,这些变化将改变偏微分方程初值问题在点 $P$ 的解. 但是,这些初始条件的改变将不会改变差分格式(4.10),(4.11),(4.12)(或(4.14)式)给出的数值解.因此,当 $\lambda = \frac{\tau}{h}$ 固定,$\tau$ 和 $h$ 趋于零时,差分格式的解不可能收敛到偏微分方程初值问题的解. 由此可以得出,差分格式收敛的必要条件是差分格式解的依赖区域(实际上是以依赖区域端点所构成的区间)包含偏微分方程初值问题解的依赖区域.这就是 C.F.L 条件.

上面讨论可知,差分格式解的依赖区域的两个边点是由直线 $x - x_j = \pm \frac{1}{\lambda}(t - t_n)$ 与 $x$ 轴相交而得到,而偏微分方程初值问题解的依赖区域是由直线 $x - x_j = \pm a(t - t_n)$ 在 $x$ 轴上截出的.由此 C.F.L 条件可以表示为 $a\lambda \leqslant 1$.

前面讨论了差分格式的稳定性条件为 $a\lambda < 1$. 根据 Lax 等价定理可知, $a\lambda < 1$ 也是差分格式收敛的充分条件. $a\lambda = 1$, 差分格式不稳定, 所以差分格式不收敛. 这样我们得出, C.F.L 条件是差分格式 (4.10), (4.11), (4.12) 收敛的必要条件, 但不是充分条件.

## 4.4 等价方程组的差分格式

从一阶方程组 (4.8) 来看, 关于双曲型方程组的各种格式均可以使用, 例如 Lax-Friedrichs 格式

$$\frac{\boldsymbol{u}_j^{n+1} - \frac{1}{2}(\boldsymbol{u}_{j+1}^n + \boldsymbol{u}_{j-1}^n)}{\tau} + \boldsymbol{A}\frac{\boldsymbol{u}_{j+1}^n - \boldsymbol{u}_{j-1}^n}{2h} = \boldsymbol{0}.$$

写成分量形式有

$$\begin{cases} \dfrac{v_j^{n+1} - \frac{1}{2}(v_{j+1}^n + v_{j-1}^n)}{\tau} - a\dfrac{w_{j+1}^n - w_{j-1}^n}{2h} = 0, \\[3mm] \dfrac{w_j^{n+1} - \frac{1}{2}(w_{j+1}^n + w_{j-1}^n)}{\tau} - a\dfrac{v_{j+1}^n - v_{j-1}^n}{2h} = 0. \end{cases} \quad (4.16)$$

这是一个显式两层格式. 利用本章第 2 节的结论, (4.16) 的稳定性条件为 $\lambda\rho(\boldsymbol{A}) \leqslant 1$. $\boldsymbol{A}$ 的特征值为 $\pm a$, 由假定 $a > 0$, 因此得稳定性条件为

$$a\lambda \leqslant 1.$$

方程组 (4.8) 的 Lax-Wendroff 格式也是容易写出的, 为

$$\boldsymbol{u}_j^{n+1} = \boldsymbol{u}_j^n - \frac{1}{2}\lambda\boldsymbol{A}(\boldsymbol{u}_{j+1}^n - \boldsymbol{u}_{j-1}^n) + \frac{1}{2}\lambda^2\boldsymbol{A}^2(\boldsymbol{u}_{j+1}^n - 2\boldsymbol{u}_j^n + \boldsymbol{u}_{j-1}^n).$$

用分量代入有

$$\begin{cases} v_j^{n+1} = v_j^n + \dfrac{a\lambda}{2}(w_{j+1}^n - w_{j-1}^n) + \dfrac{1}{2}a^2\lambda^2(v_{j+1}^n - 2v_j^n + v_{j-1}^n), \\[3mm] w_j^{n+1} = w_j^n + \dfrac{a\lambda}{2}(v_{j+1}^n - v_{j-1}^n) + \dfrac{1}{2}a^2\lambda^2(w_{j+1}^n - 2w_j^n + w_{j-1}^n). \end{cases}$$

根据本章第 2 节的结论, (4.17) 式的稳定性条件是 $\lambda\rho(\boldsymbol{A}) \leqslant 1$. 我们计算得 $\rho(\boldsymbol{A}) = a$, 因此差分格式 (4.17) 的稳定性条件可以写成 $a\lambda \leqslant 1$.

# 5  双曲型方程及方程组的初边值问题

在双曲型方程及方程组的初边值问题中, 方程及初值条件的离散已经进行了讨论, 本节主要讨论边界条件的处理. 在初值问题中, 我们没有涉及隐式格式, 而求解初边值问题则可用隐式格式进行求解. 因此将引入一些隐式格式.

## 5.1　二阶双曲型方程的边界处理

我们在第 1 章讨论过波动方程

$$\frac{\partial^2 u}{\partial t^2} = a^2 \frac{\partial^2 u}{\partial x^2}, \quad 0 < x < l, \quad t > 0, \tag{5.1}$$

它的边界条件有三类,即第一类边界条件,第二类边界条件和第三类边界条件. 由于第二类边界条件是第三类边界条件的特殊情况,因此我们仅处理第一、三两类边界条件.

第一类边界条件可以写作

$$u|_{x=0} = \mu_0(t), \quad u|_{x=l} = \mu_1(t). \tag{5.2}$$

第三类边界条件是

$$\left[\frac{\partial u}{\partial x} + \alpha_0(t)u\right]_{x=0} = \eta_0(t), \quad \left[\frac{\partial u}{\partial x} + \alpha_1(t)u\right]_{x=l} = \eta_1(t). \tag{5.3}$$

取网格 $x_j = jh$, $j = 0, 1, \cdots, J$; $t_n = n\tau$, $n \geq 0$. 其中 $h > 0$ 是空间步长,$\tau > 0$ 是时间步长,$h = \dfrac{l}{J}$.

第一类边界条件可以采用直接转移的方法,即

$$u_0^n = \mu_0(n\tau) = \mu_0^n, \quad u_J^n = \mu_1(n\tau) = \mu_1^n. \tag{5.4}$$

第三类边界条件可以作如下处理,利用向前差商来逼近 $\left[\dfrac{\partial u}{\partial x}\right]_{x=0}$,利用向后差商来逼近 $\left[\dfrac{\partial u}{\partial x}\right]_{x=l}$,这样我们就可以得到第三类边界条件的差分逼近

$$\begin{cases} \dfrac{u_1^n - u_0^n}{h} + \alpha_0^n u_0^n = \eta_0^n, \\[2mm] \dfrac{u_J^n - u_{J-1}^n}{h} + \alpha_1^n u_J^n = \eta_1^n. \end{cases} \tag{5.5}$$

对于二阶双曲型方程的初边值问题,有了差分方程,初始条件和边界条件的差分近似就完全可以数值求解了.

求解波动方程也经常采用隐式格式. 对于方程(5.1),在第 $n-1$ 层、$n$ 层和 $n+1$ 层上用中心差商的权平均去逼近 $\dfrac{\partial^2 u}{\partial x^2}$,于是可以得到差分格式

$$\frac{u_j^{n+1} - 2u_j^n + u_j^{n-1}}{\tau^2} = a^2 \left[ \theta \frac{u_{j+1}^{n+1} - 2u_j^{n+1} + u_{j-1}^{n+1}}{h^2} \right.$$
$$\left. + (1-2\theta) \frac{u_{j+1}^n - 2u_j^n + u_{j-1}^n}{h^2} + \theta \frac{u_{j+1}^{n-1} - 2u_j^{n-1} + u_{j-1}^{n-1}}{h^2} \right], \tag{5.6}$$

其中 $0 \leq \theta \leq 1$ 为参数,当 $\theta = 0$ 时就是显式差分格式(4.10). 实际上有兴趣的参数是 $\theta = \dfrac{1}{4}$,并对辅助变量 $v = \dfrac{\partial u}{\partial t}$,$w = a \dfrac{\partial u}{\partial x}$ 进行差分离散

$$
\begin{cases}
v_j^n = \dfrac{u_j^n - u_j^{n-1}}{\tau}, \\[2mm]
w_{j-\frac{1}{2}}^n = \dfrac{1}{2} a \left[ \dfrac{u_j^n - u_{j-1}^n}{h} + \dfrac{u_j^{n-1} - u_{j-1}^{n-1}}{h} \right],
\end{cases}
$$

此时差分格式(5.6)等价于

$$
\begin{cases}
\dfrac{v_j^{n+1} - v_j^n}{\tau} - \dfrac{1}{2} a \left( \dfrac{w_{j+\frac{1}{2}}^{n+1} - w_{j-\frac{1}{2}}^{n+1}}{h} + \dfrac{w_{j+\frac{1}{2}}^n - w_{j-\frac{1}{2}}^n}{h} \right) = 0, \\[4mm]
\dfrac{w_{j-\frac{1}{2}}^{n+1} - w_{j-\frac{1}{2}}^n}{\tau} - \dfrac{1}{2} a \left( \dfrac{v_j^{n+1} - v_{j-1}^{n+1}}{h} + \dfrac{v_j^n - v_{j-1}^n}{h} \right) = 0.
\end{cases}
\tag{5.7}
$$

把上式改写为

$$
\begin{cases}
v_j^{n+1} - \dfrac{1}{2} a\lambda (w_{j+\frac{1}{2}}^{n+1} - w_{j-\frac{1}{2}}^{n+1}) = v_j^n + \dfrac{1}{2} a\lambda (w_{j+\frac{1}{2}}^n - w_{j-\frac{1}{2}}^n), \\[3mm]
w_{j-\frac{1}{2}}^{n+1} - \dfrac{1}{2} a\lambda (v_j^{n+1} - v_{j-1}^{n+1}) = w_{j-\frac{1}{2}}^n + \dfrac{1}{2} a\lambda (v_j^n - v_{j-1}^n).
\end{cases}
\tag{5.8}
$$

由第二个方程中的 $w_{j-\frac{1}{2}}^{n+1}, w_{j+\frac{1}{2}}^{n+1}$(即在第二个方程中以 $j+1$ 代替 $j$)代入第一个方程后可以得到

$$
v_j^{n+1} - \frac{1}{4} a^2 \lambda^2 (v_{j+1}^{n+1} - 2v_j^{n+1} + v_{j-1}^{n+1})
$$

$$
= v_j^n + a\lambda (w_{j+\frac{1}{2}}^n - w_{j-\frac{1}{2}}^n) + \frac{1}{4} a^2 \lambda^2 (v_{j+1}^n - 2v_j^n + v_{j-1}^n).
\tag{5.9}
$$

如果边界条件给定后,那么方程组(5.9)可以用追赶法求解,求出 $v_j^{n+1}$ 后,由(5.8)式的第二式可以得到 $w_{j-\frac{1}{2}}^{n+1}$,此时是显式求解.

初边值问题的差分格式的稳定性应该用能量不等式的方法来讨论,为简单起见,我们不严格地仍用 Fourier 方法来讨论其稳定性. 令

$$
v_j^n = v^n \mathrm{e}^{\mathrm{i}kjh}, \quad w_{j-\frac{1}{2}}^n = w^n \mathrm{e}^{\mathrm{i}k(j-\frac{1}{2})h},
$$

把它们代入(5.8)式有

$$
\begin{cases}
v^{n+1} - \dfrac{1}{2} a\lambda (\mathrm{e}^{\mathrm{i}k\frac{h}{2}} - \mathrm{e}^{-\mathrm{i}k\frac{h}{2}}) w^{n+1} = v^n + \dfrac{1}{2} a\lambda (\mathrm{e}^{\mathrm{i}k\frac{h}{2}} - \mathrm{e}^{-\mathrm{i}k\frac{h}{2}}) w^n, \\[3mm]
\mathrm{e}^{-\mathrm{i}k\frac{h}{2}} w^{n+1} - \dfrac{1}{2} a\lambda (1 - \mathrm{e}^{-\mathrm{i}kh}) v^{n+1} = \mathrm{e}^{-\mathrm{i}k\frac{h}{2}} w^n + \dfrac{1}{2} a\lambda (1 - \mathrm{e}^{-\mathrm{i}kh}) v^n,
\end{cases}
$$

如果令 $\boldsymbol{v}^n = [v^n, \ w^n]^{\mathrm{T}}$,那么有

$$
\begin{bmatrix}
1 & -a\lambda \,\mathrm{i} \sin \dfrac{kh}{2} \\[3mm]
-a\lambda \,\mathrm{i} \sin \dfrac{kh}{2} & 1
\end{bmatrix}
\boldsymbol{v}^{n+1}
=
\begin{bmatrix}
1 & a\lambda \,\mathrm{i} \sin \dfrac{kh}{2} \\[3mm]
a\lambda \,\mathrm{i} \sin \dfrac{kh}{2} & 1
\end{bmatrix}
\boldsymbol{v}^n.
$$

由此可以得到差分格式(5.7)的增长矩阵

$$G(\tau,\omega) = \begin{bmatrix} 1 & -a\lambda\,\mathrm{i}\sin\dfrac{kh}{2} \\[2mm] -a\lambda\,\mathrm{i}\sin\dfrac{kh}{2} & 1 \end{bmatrix}^{-1} \cdot \begin{bmatrix} 1 & a\lambda\,\mathrm{i}\sin\dfrac{kh}{2} \\[2mm] a\lambda\,\mathrm{i}\sin\dfrac{kh}{2} & 1 \end{bmatrix} = \begin{bmatrix} \dfrac{1-\dfrac{c^2}{4}}{1+\dfrac{c^2}{4}} & \dfrac{\mathrm{i}c}{1+\dfrac{c^2}{4}} \\[6mm] \dfrac{\mathrm{i}c}{1+\dfrac{c^2}{4}} & \dfrac{1-\dfrac{c^2}{4}}{1+\dfrac{c^2}{4}} \end{bmatrix},$$

其中 $c=2a\lambda\sin\dfrac{kh}{2}$. $G$ 的特征方程是

$$\left(\frac{1-\dfrac{c^2}{4}}{1+\dfrac{c^2}{4}}-\mu\right)^2 + \frac{c^2}{\left(1+\dfrac{c^2}{4}\right)^2} = 0,$$

即

$$\left(1+\frac{c^2}{4}\right)\mu^2 - 2\left(1-\frac{c^2}{4}\right)\mu + \left(1+\frac{c^2}{4}\right) = 0,$$

由此得到 $G$ 的特征值

$$\mu = \left(1+\frac{c^2}{4}\right)^{-1} \cdot \left[\left(1-\frac{c^2}{4}\right)\pm \mathrm{i}c\right].$$

容易验证 $|\mu|=1$, 因此 von Neumann 条件满足. 此外我们注意到, $G^*G$ 是单位矩阵, 知 $G$ 是酉矩阵, 所以 von Neumann 条件是稳定的充分必要条件. 由此得出, 差分格式(5.7)是无条件稳定的.

## 5.2　一阶双曲型方程及方程组的边界条件

考虑有限区域内的对流方程

$$\frac{\partial u}{\partial t} + a\frac{\partial u}{\partial x} = 0, \quad x\in(0,1), \quad 0<t\leqslant T, \tag{5.10}$$

初始条件为

$$u(x,0)=g(x), \quad x\in(0,1). \tag{5.11}$$

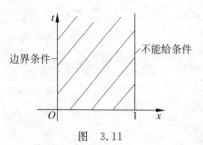

图　3.11

下面来考虑怎样给出边界条件是正确的. 先假定 $a>0$. 由此方程(5.10)的特征线是由初始 $t=0$(即 $x$ 轴)出发向右倾斜, 因此在区域 $\{(x,t)\mid 0\leqslant x\leqslant 1, \ t\geqslant 0\}$ 的右边界不能给边界条件, 而只能在左边界 $x=0$ 处给出边界条件(见图 3.11)

$$u(0,t)=\varphi(t), \quad t>0. \tag{5.12}$$

当然, 我们还要求满足条件 $g(0)=\varphi(0)$.

与上面情况相反,如果 $a<0$,那么特征线的走向换了方向,因此在左边界 $x=0$ 处不能给条件,而在右边界 $x=1$ 处必须给出边界条件.

现在考虑有限区域内的双曲型方程组

$$\frac{\partial \boldsymbol{u}}{\partial t}+\boldsymbol{A}\frac{\partial \boldsymbol{u}}{\partial x}=\boldsymbol{0}, \quad 0<x<1, \quad t>0, \tag{5.13}$$

其中 $\boldsymbol{u}=(u_1,\cdots,u_p)^{\mathrm{T}}$,$\boldsymbol{A}$ 为 $p\times p$ 常数矩阵.

令 $\boldsymbol{S}$ 为 $\boldsymbol{A}$ 的特征向量所组成的矩阵,使得

$$\boldsymbol{S}^{-1}\boldsymbol{A}\boldsymbol{S}=\boldsymbol{\Lambda}=\begin{bmatrix}\boldsymbol{\Lambda}^{\mathrm{I}} & & \\ & \boldsymbol{\Lambda}^{\mathrm{II}} & \\ & & \boldsymbol{\Lambda}^{\mathrm{III}}\end{bmatrix}, \tag{5.14}$$

其中

$$\boldsymbol{\Lambda}^{\mathrm{I}}=\begin{bmatrix}\lambda_1 & & & \\ & \lambda_2 & & \\ & & \ddots & \\ & & & \lambda_r\end{bmatrix}>\boldsymbol{0}, \quad \boldsymbol{\Lambda}^{\mathrm{II}}=\begin{bmatrix}\lambda_{r+1} & & & \\ & \lambda_{r+2} & & \\ & & \ddots & \\ & & & \lambda_{p-s}\end{bmatrix}<\boldsymbol{0}, \quad \boldsymbol{\Lambda}^{\mathrm{III}}\equiv\boldsymbol{0}$$

是对角矩阵.

引入新变量 $\boldsymbol{v}=\boldsymbol{S}^{-1}\boldsymbol{u}$,这样得方程组

$$\frac{\partial \boldsymbol{u}}{\partial t}=\boldsymbol{\Lambda}\frac{\partial \boldsymbol{u}}{\partial x}, \tag{5.15}$$

或写成

$$\frac{\partial}{\partial t}\boldsymbol{v}^{\mathrm{I}}=\boldsymbol{\Lambda}^{\mathrm{I}}\frac{\partial}{\partial x}\boldsymbol{v}^{\mathrm{I}}, \quad \frac{\partial}{\partial t}\boldsymbol{v}^{\mathrm{II}}=\boldsymbol{\Lambda}^{\mathrm{II}}\frac{\partial}{\partial x}\boldsymbol{v}^{\mathrm{II}}, \quad \frac{\partial}{\partial t}\boldsymbol{v}^{\mathrm{III}}=\boldsymbol{0}.$$

利用上面的推导,如果给定了初始条件

$$\boldsymbol{v}(x,0)=\boldsymbol{g}(x), \quad 0<x<1,$$

和边界条件

$$\boldsymbol{v}^{\mathrm{I}}(1,t)=\boldsymbol{\varphi}^{\mathrm{I}}(t), \quad \boldsymbol{v}^{\mathrm{II}}(0,t)=\boldsymbol{\varphi}^{\mathrm{II}}(t),$$

那么我们得到方程组的惟一解.在 $x=0$ 处边界条件数目是等于 $\boldsymbol{\Lambda}$ 的负特征值的数目,在 $x=1$ 处,边界条件的数目等于 $\boldsymbol{\Lambda}$ 的正特征值的数目.相应地对于特征值等于零,不需给出边界条件.

## 5.3 一阶双曲型方程及方程组的数值边界处理

我们知道一阶双曲型方程不是每个边界都给定条件的,因此差分方程所需的边界条件往往要比微分方程的边界条件要多.由此必须加上附加的边界条件,亦称**数值边界条件**.如果这样的条件处理不好,就会影响到内部网格点的计算,从而导致整个计算的不稳

定. 在本小节中我们仅以例子作说明而不进行一般性的讨论.

**例 5.1** 考虑对流方程

$$\frac{\partial u}{\partial t} - \frac{\partial u}{\partial x} = 0, \quad 0 < x < 1, t > 0, \tag{5.16}$$

及定解条件

$$\begin{cases} u(x,0) = g(x), & 0 < x < 1, \\ u(1,t) = \varphi(t), & t > 0. \end{cases}$$

我们采用蛙跳格式

$$u_j^{n+1} = u_j^{n-1} - \lambda(u_{j+1}^n - u_{j-1}^n), \quad j = 1, \cdots, J-1. \tag{5.17}$$

来逼近方程 (5.16). 初边界条件的离散取

$$u_j^n = \varphi(t_n), \tag{5.18}$$

$$u_j^0 = g(x_j). \tag{5.19a}$$

由于蛙跳格式 (5.17) 是一个三层格式, 因此初始条件中还需加上 $u_j^1$ 的值. 注意到

$$u(x, t+\tau) = u(x,t) + \tau \frac{\partial}{\partial t} u(x,t) + O(\tau^2)$$

$$= u(x,t) + \tau \frac{\partial}{\partial x} u(x,t) + O(\tau^2).$$

特别取 $t=0$, 并假定 $g(x)$ 一次连续可微, 则有

$$u(x,\tau) = g(x) + \tau g'(x) + O(\tau^2).$$

这样我们得

$$u_j^1 = g(x_j) + \tau g'(x_j). \tag{5.19b}$$

我们假定利用 (5.19a) 及 (5.19b) 可以得出 $u_j^0, u_j^1, j = 0, \cdots, J$. 这样利用差分格式 (5.17) 及边界条件 (5.18) 可以得出 $u_j^2, j = 1, \cdots, J$. 接下去要计算 $u_j^3$, 当计算 $u_1^3$ 时就必须用到 $u_0^2$, 这个值不可能由差分格式 (5.17) 给出. 于是, 对于差分格式 (5.17) 来说必须增补 $x=0$ 处边界条件. 增补这种边界条件的方法很多, 最容易考虑到的是外推方法

$$u_0^n = 2u_1^n - u_2^n. \tag{5.20}$$

这个方法是否可行呢? 为方便起见我们在四分之一平面 $x \geqslant 0$, $t \geqslant 0$ 上考虑问题. 此时对于方程 (5.16) 来说在 $x=0$ 处不能给条件. 但利用蛙跳格式 (5.17) 来解就必须给出条件. 我们就考虑条件 (5.20). 如果选取特殊的初值

$$u_j^0 = \begin{cases} 1, j = 1 \\ 0, j > 1 \end{cases}, \quad u_j^1 = 0, \quad j = 1, 2, \cdots,$$

那么容易得到

$$\| u(t) \|_h = K \cdot \left( \frac{t}{\tau} \right),$$

其中 $K$ 为一常数，$\|u\|_h^2 = \sum\limits_{j=1}^{\infty} |u_j|^2 h$. 由此看出选取(5.20)作附加边界条件是不行的.

如果我们用数值边界条件

$$u_0^{n+1} = u_0^{n-1} + 2\lambda(u_1^n - u_0^n) \tag{5.21}$$

来代替(5.20)，其结果仍是不行的. 由此看出，我们必须小心处理差分计算中的附加边界问题. 下面我们给出两个可行的附加边界条件

$$u_0^{n+1} = u_0^n + \lambda(u_1^n - u_0^n) \tag{5.22}$$

和

$$u_0^{n+1} = u_0^{n-1} + \lambda\left[u_1^n - \frac{1}{2}(u_0^{n+1} + u_0^{n-1})\right]. \tag{5.23}$$

我们注意到条件(5.22)就是利用迎风格式进行边界处理，一般来说这总是可行的，关于这点我们在例 5.2 中再讨论.

**例 5.2**　考虑微分方程组

$$\frac{\partial \boldsymbol{u}}{\partial t} + \boldsymbol{A}\frac{\partial \boldsymbol{u}}{\partial x} = \boldsymbol{0}, \quad x > 0, \quad t > 0, \tag{5.24}$$

其中

$$\boldsymbol{u} = (u, v)^{\mathrm{T}}, \quad \boldsymbol{A} = \begin{bmatrix} 0 & -1 \\ -1 & 0 \end{bmatrix},$$

定解条件为

$$\begin{cases} u(0,t) = 0, \\ u(x,0) = \varphi(x), \\ v(x,0) = g(x). \end{cases} \tag{5.25}$$

我们知道，对 $v$ 而言，在 $x=0$ 处不能给边界条件，否则将导致微分方程的初边值问题的不适定. 下面我们用 Lax-Wendroff 格式来求解(5.24). 其格式是

$$\begin{cases} u_j^{n+1} = u_j^n + \dfrac{1}{2}\lambda(v_{j+1}^n - v_{j-1}^n) + \dfrac{1}{2}\lambda^2(u_{j+1}^n - 2u_j^n + u_{j-1}^n), \\ v_j^{n+1} = v_j^n + \dfrac{1}{2}\lambda(u_{j+1}^n - u_{j-1}^n) + \dfrac{1}{2}\lambda^2(v_{j+1}^n - 2v_j^n + v_{j-1}^n). \end{cases} \tag{5.26}$$

我们假定在 $t = n\tau$ 时，$u_j^n, v_j^n, j = 0, 1, \cdots$ 是给定的，那么 $u_j^{n+1}, v_j^{n+1}, j = 1, 2, \cdots$ 可以按公式(5.26)计算出来. $u_0^{n+1}$ 是作为 $x=0$ 处边界条件给出的，余下来要求出 $v_0^{n+1}$. 这个条件在微分方程问题中无相应的边界条件. 但这个量在计算 $u_j^{n+2}, v_j^{n+2}$ 时是必须的，因此必须增补这个附加边界条件.

首先我们采用特征概念来处理附加的边界条件. 根据第 2 节的推导，我们可以把(5.24)式化成特征型

$$\frac{\partial \boldsymbol{v}}{\partial t} + \boldsymbol{\Lambda}\frac{\partial \boldsymbol{v}}{\partial x} = \boldsymbol{0}, \tag{5.27}$$

其中

$$\boldsymbol{v} = \boldsymbol{S}^{-1}\boldsymbol{u}, \quad \boldsymbol{\Lambda} = \boldsymbol{S}^{-1}\boldsymbol{A}\boldsymbol{S} = \begin{bmatrix} 1 & 0 \\ 0 & -1 \end{bmatrix}, \quad \boldsymbol{S} = \frac{1}{2}\begin{bmatrix} 1 & 1 \\ -1 & 1 \end{bmatrix}, \quad \boldsymbol{S}^{-1} = \begin{bmatrix} 1 & -1 \\ 1 & 1 \end{bmatrix}.$$

如果令 $\boldsymbol{v} = (\zeta, \eta)^{\mathrm{T}}$，那么 $\zeta = u - v$，$\eta = u + v$. 可以看出, 附加边界条件就是要给出 $\eta_0^{n+1}$.
利用方程组 (5.27) 的解沿特征线是一个常数, 即

$$\eta_0^{n+1} = \eta_Q^n.$$

由于我们取 $\lambda = \frac{\tau}{h} \leqslant 1$, 因此点 $Q$ 落在区间 $[x_0, x_1]$ 上 (见图 3.12). 而 $\eta_Q^n$ 可以利用 $\eta_0^n, \eta_1^n$

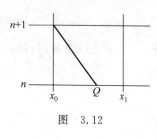

图　3.12

进行插值来求出, 即

$$\eta_0^{n+1} = \eta_Q^n = \eta_0^n + \lambda(\eta_1^n - \eta_0^n). \tag{5.28}$$

当然, 我们还可以利用 $\eta_0^n, \eta_1^n, \eta_2^n$ 来进行插值以求得更为精确的 $\eta_0^{n+1}$. 已经证明, 处理边界点的精度可以比内点低一阶而不影响计算的精度. 因此, 如果内点用二阶精度的格式, 如 Lax-Wendroff 格式, 那么边界处理用 (5.28) 式足够了. 利用 $u_0^{n+1}$ 及 $\eta_0^{n+1}$ 就可以求出 $v_0^{n+1}$.

附加边界条件 (5.28) 可以解释为迎风差分格式, 即

$$\frac{\eta_0^{n+1} - \eta_0^n}{\tau} - \frac{\eta_1^n - \eta_0^n}{h} = 0,$$

其实这样处理更方便.

下面再讨论推导数值边界条件的一些方法.

根据边界条件 $u(0,t) = 0$, $t > 0$, 那么可以得出 $\frac{\partial u(0,t)}{\partial t} = 0$, 利用方程 (5.24) 有 $\frac{\partial v}{\partial x}(0,t) = 0$. 在 $t = (n+1)\tau$ 上使用向前空间差商来逼近, 则可以得到

$$v_0^{n+1} = v_1^{n+1}. \tag{5.29}$$

当然这个逼近是一阶的. 我们利用 Taylor 展式可以构造出二阶的逼近,

$$v(2h, t_{n+1}) = v(0, t_{n+1}) + 2h\left(\frac{\partial v}{\partial x}\right)_0^{n+1} + 2h^2\left(\frac{\partial^2 v}{\partial x^2}\right)_0^{n+1} + O(h^3),$$

$$v(h, t_{n+1}) = v(0, t_{n+1}) + h\left(\frac{\partial v}{\partial x}\right)_0^{n+1} + \frac{h^2}{2}\left(\frac{\partial^2 v}{\partial x^2}\right)_0^{n+1} + O(h^3).$$

由条件 $\left(\frac{\partial v}{\partial x}\right)_0^{n+1} = 0$, 略去 $O(h^3)$, 并使 $\left(\frac{\partial^2 v}{\partial x^2}\right)_0^{n+1}$ 消去就得出边界条件的处理

$$3v_0^{n+1} - 4v_1^{n+1} + v_2^{n+1} = 0. \tag{5.30}$$

如果采用方程组 (5.27) 的第二个方程,

$$\frac{\partial v}{\partial t} = \frac{\partial u}{\partial x}, \tag{5.31}$$

在 $x=0$, $t=(n+1)\tau$ 处建立差分方程有

$$v_0^{n+1} = v_0^n + \lambda(u_1^n - u_0^n).  \tag{5.32}$$

由(5.31)式来构造差分格式也可以用简单的有限体积方法来推导. 取

$$\mathscr{D} = \{(x,t) \mid 0 \leqslant x \leqslant h, \quad n\tau \leqslant t \leqslant (n+1)\tau\},$$

并对方程(5.31)在 $\mathscr{D}$ 上积分

$$\iint_{\mathscr{D}}\left[\frac{\partial v}{\partial t} - \frac{\partial u}{\partial x}\right]\mathrm{d}x\mathrm{d}t = 0,$$

由此推出

$$\int_0^h \left[v(x,t_{n+1}) - v(x,t_n)\right]\mathrm{d}x = \int_{t_n}^{t_{n+1}} \left[u(h,t) - u(0,t)\right]\mathrm{d}t.$$

利用梯形公式近似计算上面的积分, 得到

$$v_0^{n+1} = v_1^n + v_0^n - v_1^{n+1} + \lambda\left[u_1^{n+1} - u_0^{n+1} + u_1^n - u_0^n\right].$$

上面我们通过两个例子给出了推导数值边界条件的一些方法. 这些方法是可以使用的, 但理论上的分析已超出了本书的范围.

# 6  二 维 问 题

我们已经讨论了一维空间变量的双曲型方程和双曲型方程组的差分方法. 原则上都可以推广到二维甚至于三维问题, 但也存在着一定的问题, 特别是稳定性的限制比一维问题严得多.

## 6.1  一阶双曲型方程

考虑双曲型方程的初值问题

$$\begin{cases} \dfrac{\partial u}{\partial t} + a\,\dfrac{\partial u}{\partial x} + b\,\dfrac{\partial u}{\partial y} = 0, & -\infty < x,y < \infty, \quad 0 < t,  \tag{6.1} \\[2mm] u(x,y,0) = g(x,y), & -\infty < x, \quad y < \infty.  \tag{6.2} \end{cases}$$

此初值问题的解为 $u(x,y,t)=g(x-at,y-bt)$. 下面以 Lax-Friedrichs 格式为例, 给出二维差分格式及稳定性分析. 为方便起见, 不妨设 $x$ 方向和 $y$ 方向是等步长的, 即 $\Delta x=\Delta y=h$, 这样初值问题(6.1), (6.2)的 Lax-Friedrichs 格式为

$$\frac{u_{jm}^{n+1} - \frac{1}{4}(u_{j,m+1}^n + u_{j,m-1}^n + u_{j+1,m}^n + u_{j-1,m}^n)}{\tau}$$

$$+ a\,\frac{u_{j+1,m}^n - u_{j-1,m}^n}{2h} + b\,\frac{u_{j,m+1}^n - u_{j,m-1}^n}{2h} = 0,  \tag{6.3}$$

$$u_{jm}^0 = g(x_j, y_m).$$

取 $\lambda=\dfrac{\tau}{h}$ 为常数，易知 Lax-Friedrichs 格式是一阶精度的. 下面讨论(6.3)式的稳定性. 令

$$v_{jm}^n = v^n \mathrm{e}^{\mathrm{i}(k_1 jh + k_2 mh)},$$

代入(6.3)式有

$$v^{n+1} = \left[ \frac{1}{2}(\cos k_1 h + \cos k_2 h) - \mathrm{i}\lambda(a\sin k_1 h + b\sin k_2 h) \right] v^n,$$

所以增长因子为

$$G(\tau,\boldsymbol{k}) = \frac{1}{2}(\cos k_1 h + \cos k_2 h) - \mathrm{i}\lambda(a\sin k_1 h + b\sin k_2 h),$$

其中 $\boldsymbol{k}=(k_1,k_2)$.

$$\begin{aligned}
|G(\tau,\boldsymbol{k})|^2 &= \frac{1}{4}(\cos k_1 h + \cos k_2 h)^2 + \lambda^2(a\sin k_1 h + b\sin k_2 h)^2 \\
&= 1 - (\sin^2 k_1 h + \sin^2 k_2 h)\left[ \frac{1}{2} - \lambda^2(a^2 + b^2) \right] \\
&\quad - \frac{1}{4}(\cos k_1 h - \cos k_2 h)^2 - \lambda^2(a\sin k_1 h - b\sin k_2 h)^2.
\end{aligned}$$

注意到上式第二个等号右边的最后两项是负的，因此有

$$|G(\tau,\boldsymbol{k})|^2 \leqslant 1 - (\sin^2 k_1 h + \sin^2 k_2 h)\left[ \frac{1}{2} - \lambda^2(a^2 + b^2) \right].$$

如果

$$(a^2 + b^2)\lambda^2 \leqslant \frac{1}{2},$$

即

$$\sqrt{a^2 + b^2}\,\lambda \leqslant \frac{\sqrt{2}}{2} \tag{6.4}$$

成立，那么 von Neumann 条件满足，所以格式(6.3)在(6.4)式满足时是稳定的. 如果在方程(6.1)中，令 $b=a$，那么条件(6.4)就化为 $|a|\lambda \leqslant \dfrac{1}{2}$. 由此可以看出，二维问题的 Lax-Friedrichs 格式比一维问题的 Lax-Friedrichs 格式的稳定条件要严.

为了放宽稳定性条件，出现了各种技巧. 在此仅讨论分数步长法，这是一个二步方法. 第一步是由 $x$ 方向的差分把 $t_n$ 推进到 $t_n+\dfrac{\tau}{2}$；第二步是由 $y$ 方向的差分把 $t_n+\dfrac{\tau}{2}$ 推进到 $t_{n+1}$.

$$\begin{cases}
u_{jm}^{n+\frac{1}{2}} = u_{jm}^n + \tau D_1 u_{jm}^n, & (6.5) \\
u_{jm}^{n+1} = u_{jm}^{n+\frac{1}{2}} + \tau D_2 u_{jm}^{n+\frac{1}{2}}, & (6.6)
\end{cases}$$

其中 $D_1$ 和 $D_2$ 分别是关于 $x$ 方向和 $y$ 方向的差分算子. 这样的二步法称为**分数步长法**，亦称**局部一维格式**.

考虑由 Lax-Wendroff 格式来完成这二步算法, 此时

$$D_1 = -a \frac{1}{2h}\Delta_0^x + \frac{\tau}{2}a^2 \frac{1}{h^2}\Delta_+^x \Delta_-^x,$$

$$D_2 = -b \frac{1}{2h}\Delta_0^y + \frac{\tau}{2}b^2 \frac{1}{h^2}\Delta_+^y \Delta_-^y,$$

其中 $\Delta_0^x u_{jm} = u_{j+1,m} - u_{j-1,m}$; $\Delta_+^x u_{jm} = u_{j+1,m} - u_{jm}$; $\Delta_-^x u_{jm} = u_{jm} - u_{j-1,m}$; 对于 $\Delta_0^y, \Delta_+^y, \Delta_-^y$ 可以同样定义.

为了讨论用 Lax-Wendroff 格式构成的分数步长法的精度, 先构造二维问题(6.1)的 Lax-Wendroff 格式. 设 $u$ 是方程(6.1)的充分光滑的解, 那么有

$$\frac{\partial^2 u}{\partial t^2} = a^2 \frac{\partial^2 u}{\partial x^2} + 2ab \frac{\partial^2 u}{\partial x \partial y} + b^2 \frac{\partial^2 u}{\partial y^2},$$

因此有

$$u(x_j, y_m, t_n + \tau) = \left[ I - \tau\left(a \frac{\partial}{\partial x} + b \frac{\partial}{\partial y}\right) + \frac{\tau^2}{2}\left(a^2 \frac{\partial^2}{\partial x^2} \right.\right.$$
$$\left.\left. + 2ab \frac{\partial^2}{\partial x \partial y} + b^2 \frac{\partial^2}{\partial y^2} \right) \right] u(x_j, y_m, t_n) + O(\tau^3).$$

对于上式右边的偏导数皆用中心差商来代替, 就得到逼近(6.1)式的 Lax-Wendroff 格式

$$u_{jm}^{n+1} = \left[ I - \frac{\lambda}{2}(a\Delta_0^x + b\Delta_0^y) \right.$$
$$\left. + \frac{1}{2}\lambda^2 \left( a^2 \Delta_+^x \Delta_-^x + \frac{1}{2}ab\Delta_0^x \Delta_0^y + b^2 \Delta_+^y \Delta_-^y \right) \right] u_{jm}^n. \tag{6.7}$$

易知这是二阶精度的差分格式.

对于分数步长法(6.5)式和(6.6)式, 容易得到

$$u_{jm}^{n+1} = \left[ (I + \tau D_1) + \tau D_2(I + \tau D_1) \right] u_{jm}^n = \left[ I + \tau(D_1 + D_2) + \tau^2 D_2 D_1 \right] u_{jm}^n.$$

用一维的 Lax-Wendroff 格式代入有

$$u_{jm}^{n+1} = \left[ I - \frac{\lambda}{2}(a\Delta_0^x + b\Delta_0^y) + \frac{1}{2}\lambda^2 \left( a^2 \Delta_+^x \Delta_-^x + b^2 \Delta_+^y \Delta_-^y + \frac{1}{2}ab\Delta_0^x \Delta_0^y \right) \right.$$
$$- \frac{1}{2}ab^2\tau^3 \frac{1}{2h}\Delta_0^x \frac{1}{h^2}\Delta_+^y \Delta_-^y - \frac{1}{2}a^2 b\tau^3 \frac{1}{2h}\Delta_0^y \frac{1}{h^2}\Delta_+^x \Delta_-^x$$
$$\left. + \frac{1}{4}a^2 b^2 \tau^4 \frac{1}{h^4}\Delta_+^x \Delta_-^x \Delta_+^y \Delta_-^y \right] u_{jm}^n$$
$$= \left[ I - \frac{\lambda}{2}(a\Delta_0^x + b\Delta_0^y) + \frac{1}{2}\lambda^2(a^2 \Delta_+^x \Delta_-^x + b^2 \Delta_+^y \Delta_-^y \right.$$
$$\left. + \frac{1}{2}ab\Delta_0^x \Delta_0^y) \right] u_{jm}^n + O(\tau^3).$$

此式与(6.7)式相比较, 分数步长法是二阶精度的格式.

分数步长法的稳定性是容易得到的. 设 $G_1(\tau, k_1)$ 是对应于(6.5)式的增长因子,

$G_2(\tau, k_2)$ 是对应于 (6.6) 式的增长因子,因此,整个格式 (6.5) 式和 (6.6) 式的增长因子 $G(\tau, k) = G_2(\tau, k_2) \cdot G_1(\tau, k_1)$. 由一维 Lax-Wendroff 格式的稳定性条件 (1.15) 得,当 $|a|\lambda \leqslant 1$ 时,有 $|G_1(\tau, k_1)| \leqslant 1$;当 $|b|\lambda \leqslant 1$ 时,有 $|G_2(\tau, k_2)| \leqslant 1$. 由此可以得出,用 Lax-Wendroff 方法形成的分数步长法稳定性条件为

$$|a|\lambda \leqslant 1, \quad |b|\lambda \leqslant 1. \tag{6.8}$$

## 6.2　一阶双曲型方程组

考虑最简单的一阶常系数方程组

$$\frac{\partial \boldsymbol{u}}{\partial t} + \boldsymbol{A}\frac{\partial \boldsymbol{u}}{\partial x} + \boldsymbol{B}\frac{\partial \boldsymbol{u}}{\partial y} = \boldsymbol{0}, \tag{6.9}$$

其中 $\boldsymbol{u} = [u_1, \cdots, u_p]^{\mathrm{T}}$,$\boldsymbol{A}, \boldsymbol{B}$ 为实的 $p$ 阶方阵.

我们称方程组 (6.9) 是**双曲型方程组**,如果对所有的 $\alpha, \beta, \alpha + \beta = 1$,有非奇异矩阵 $\boldsymbol{S}$ 使得

$$\boldsymbol{\Lambda} = \boldsymbol{S}(\alpha \boldsymbol{A} + \beta \boldsymbol{B})\boldsymbol{S}^{-1},$$

其中 $\boldsymbol{\Lambda}$ 是对角线元素为实数的对角矩阵.

显然,如果 $\boldsymbol{A}, \boldsymbol{B}$ 是对称矩阵,则方程组 (6.9) 是双曲型方程组,此时称为**对称双曲型方程组**.

仍以 Lax-Wendroff 格式为例来讨论. 仿二维双曲方程的推导,逼近方程组 (6.9) 的 Lax-Wendroff 格式是

$$\boldsymbol{u}_{jm}^{n+1} = \boldsymbol{L}_h \boldsymbol{u}_{jm}^n, \tag{6.10}$$

其中 $\boldsymbol{L}_h$ 是差分算子,

$$\boldsymbol{L}_h = \boldsymbol{I} - \frac{1}{2}\lambda(\boldsymbol{A}\Delta_0^x + \boldsymbol{B}\Delta_0^y) + \frac{1}{2}\lambda^2(\boldsymbol{A}^2\Delta_+^x \Delta_-^x + \boldsymbol{B}^2\Delta_+^y \Delta_-^y) + \frac{1}{2}\lambda^2[(\boldsymbol{AB} + \boldsymbol{BA})\Delta_0^x \Delta_0^y].$$

利用 Fourier 方法来讨论 (6.10) 式的稳定性. 令

$$\boldsymbol{u}_{jm}^n = \boldsymbol{v}^n \mathrm{e}^{\mathrm{i}(k_1 jh + k_2 mh)},$$

代入 (6.10) 式可得增长矩阵

$$\boldsymbol{G}(\tau, \boldsymbol{k}) = \boldsymbol{I} + \mathrm{i}\lambda(\boldsymbol{A}\sin k_1 h + \boldsymbol{B}\sin k_2 h) + \lambda^2[\boldsymbol{A}^2(\cos k_1 h - 1)$$
$$+ \boldsymbol{B}^2(\cos k_2 h - 1)] - \frac{1}{2}\lambda^2(\boldsymbol{AB} + \boldsymbol{BA})\sin k_1 h \sin k_2 h.$$

其中 $\boldsymbol{k} = (k_1, k_2)$. 如果 $\boldsymbol{A}, \boldsymbol{B}$ 是对称矩阵,那么可以证明 Lax-Wendroff 格式的稳定性条件是

$$\lambda\rho(\boldsymbol{A}) \leqslant \frac{1}{2\sqrt{2}}, \quad \lambda\rho(\boldsymbol{B}) \leqslant \frac{1}{2\sqrt{2}}. \tag{6.11}$$

可以看出,比一维 Lax-Wendroff 格式的稳定性条件 $\lambda\rho(\boldsymbol{A}) \leqslant 1$ 要严得多.

为放宽稳定性条件,Lax 和 Wendroff 还提出差分格式

$$\boldsymbol{u}_{jm}^{n+1} = \boldsymbol{L}_h^{(1)} \boldsymbol{u}_{jm}^n, \tag{6.12}$$

其中 $\boldsymbol{L}_h^{(1)}$ 为差分格式,

$$\boldsymbol{L}_h^{(1)} = \boldsymbol{L}_h - \frac{1}{8}\lambda^4(\boldsymbol{A}^2+\boldsymbol{B}^2)\triangle_+^x\triangle_-^x\triangle_+^y\triangle_-^y.$$

格式(6.12)的稳定性条件为 $2\lambda^2\rho(\boldsymbol{A}^2+\boldsymbol{B}^2)\leqslant 1$,此条件虽比条件(6.11)有所放宽,但是放宽甚微. 此外,由于加了一项,因此计算变得复杂了,所以从计算时间上看还是不合算的.

Strang 提出了一个很好的方法,在此稍作讨论. 考虑一维一阶常系数双曲型方程组

$$\frac{\partial \boldsymbol{u}}{\partial t} + \boldsymbol{A}\frac{\partial \boldsymbol{u}}{\partial x} = \boldsymbol{0}. \tag{6.13}$$

逼近它的 Lax-Wendroff 格式可以写作

$$\boldsymbol{u}_j^{n+1} = \boldsymbol{L}_h^x(\tau)\boldsymbol{u}_j^n, \tag{6.14}$$

其中差分算子

$$\boldsymbol{L}_h^x(\tau) = \boldsymbol{I} - \frac{1}{2}\lambda\boldsymbol{A}\triangle_0^x + \frac{1}{2}\lambda^2\boldsymbol{A}^2\triangle_+^x\triangle_-^x.$$

容易看出,差分算子 $\boldsymbol{L}_h^x$ 逼近微分算子

$$\boldsymbol{L}^x = \boldsymbol{I} - \tau\boldsymbol{A}\frac{\partial}{\partial x} + \frac{1}{2}\tau^2\boldsymbol{A}^2\frac{\partial^2}{\partial x^2}.$$

同样地,差分算子

$$\boldsymbol{L}_h^y(\tau) = \boldsymbol{I} - \frac{1}{2}\lambda\boldsymbol{B}\triangle_0^y + \frac{1}{2}\lambda^2\boldsymbol{B}^2\triangle_+^y\triangle_-^y,$$

逼近微分算子

$$\boldsymbol{L}^y = \boldsymbol{I} - \tau\boldsymbol{B}\frac{\partial}{\partial y} + \frac{1}{2}\tau^2\boldsymbol{B}^2\frac{\partial^2}{\partial y^2}.$$

现在引入差分算子

$$\widetilde{\boldsymbol{L}}_h(\tau) = \boldsymbol{L}_h^x\left(\frac{\tau}{2}\right)\boldsymbol{L}_h^y(\tau)\boldsymbol{L}_h^x\left(\frac{\tau}{2}\right)$$

来构造差分格式

$$\boldsymbol{u}_{jm}^{n+1} = \widetilde{\boldsymbol{L}}_h(\tau)\boldsymbol{u}_{jm}^n. \tag{6.15}$$

容易看出,差分格式(6.15)是以二阶精度逼近方程组(6.9).

对于差分算子

$$\boldsymbol{L}_h^x\left(\frac{\tau}{2}\right) = \boldsymbol{I} - \frac{1}{2}\left(\frac{\lambda}{2}\right)\boldsymbol{A}\triangle_0^x + \frac{1}{2}\left(\frac{\lambda}{2}\right)^2\triangle_+^x\triangle_-^x$$

的稳定性条件是 $\lambda\rho(\boldsymbol{A})\leqslant 2$,而 $\boldsymbol{L}_h^y(\tau)$ 的稳定性条件是 $\lambda\rho(\boldsymbol{B})\leqslant 1$,由此看出,差分格式(6.15)的稳定性条件为 $\lambda\rho(\boldsymbol{A})\leqslant 2, \lambda\rho(\boldsymbol{B})\leqslant 1$.

## 6.3 隐式格式和 ADI 格式

显式格式的稳定性是有条件的,并且多维的稳定性条件更严. 为得到稳定性好的格式,隐式格式受到重视. 逼近(6.1)式的最简单隐式格式为

$$\frac{u_{jm}^{n+1} - u_{jm}^{n}}{\tau} + a\frac{u_{j+1,m}^{n+1} - u_{j-1,m}^{n+1}}{2h} + b\frac{u_{j,m+1}^{n+1} - u_{j,m-1}^{n+1}}{2h} = 0. \tag{6.16}$$

容易推得,格式的截断误差为 $O(\tau) + O(h^2)$. 为讨论(6.16)式的稳定性,仍采用 Fourier 分析方法,此格式的增长因子为

$$G(\tau, \boldsymbol{k}) = \frac{1}{1 + ia\lambda\sin k_1 h + ib\lambda\sin k_2 h},$$

由此得

$$|G(\tau, \boldsymbol{k})| = \frac{1}{1 + (a\lambda\sin k_1 h + b\lambda\sin k_2 h)^2} \leqslant 1,$$

因此差分格式(6.16)是无条件稳定的.

为提高精度,可以构造如下格式

$$\frac{u_{jm}^{n+1} - u_{jm}^{n}}{\tau} + \frac{1}{2}\left\{\frac{u_{j+1,m}^{n+1} - u_{j-1,m}^{n+1}}{2h} + \frac{u_{j,m+1}^{n+1} - u_{j,m-1}^{n+1}}{2h}\right.$$
$$\left. + \frac{u_{j+1,m}^{n} - u_{j-1,m}^{n}}{2h} + \frac{u_{j,m+1}^{n} - u_{j,m-1}^{n}}{2h}\right\} = 0. \tag{6.17}$$

此格式称为逼近(6.1)式的 **Crank-Nicolson 格式**. 其截断误差为 $O(\tau^2 + h^2)$.

(6.17)式的增长因子为

$$G(\tau, \boldsymbol{k}) = \frac{1 - i\dfrac{a\lambda}{2}\sin k_1 h - i\dfrac{b\lambda}{2}\sin k_2 h}{1 + i\dfrac{a\lambda}{2}\sin k_1 h + i\dfrac{b\lambda}{2}\sin k_2 h}.$$

显然, $|G(\tau, \boldsymbol{k})|^2 = 1$,因此差分格式(6.17)也是无条件稳定的.

用隐式格式求解二维问题得到的线性方程组其系数矩阵为宽带状,因此求解不甚便利. 采用**交替方向隐式(ADI)格式**可以避免此问题.

先考虑求解(6.1)式、(6.2)式的局部一维格式

$$\left(1 + \frac{a}{2}\lambda\Delta_0^x\right)u_{jm}^{n+\frac{1}{2}} = u_{jm}^{n}, \tag{6.18a}$$

$$\left(1 + \frac{b}{2}\lambda\Delta_0^y\right)u_{jm}^{n+1} = u_{jm}^{n+\frac{1}{2}}. \tag{6.18b}$$

为分析其截断误差,由(6.18a),(6.18b)式消去 $u^{n+\frac{1}{2}}$,由此可以得到,(6.18a)和(6.18b)式等价于

$$\frac{u_{jm}^{n+1} - u_{jm}^{n}}{\tau} + \frac{a}{2h}\Delta_0^x u_{jm}^{n+1} + \frac{b}{2h}\Delta_0^y u_{jm}^{n+1} + \frac{ab\tau}{h^2}\Delta_0^x\Delta_0^y u_{jm}^{n+1} = 0,$$

从而可知,(6.18a)和(6.18b)式的截断误差为 $O(\tau + h^2 + h^2)$.

为讨论(6.18a)和(6.18b)式的稳定性,易得其增长因子为

$$G(\tau, \boldsymbol{k}) = \frac{1}{(1 + ia\lambda\sin k_1 h)(1 + ib\lambda\sin k_2 h)}.$$

其模的平方为

$$|G(\tau,\boldsymbol{k})|^2 = \frac{1}{(1+a^2\lambda^2\sin^2k_1h)(1+b^2\lambda^2\sin k_2h)},$$

所以 $|G(\tau,\boldsymbol{k})|\leqslant 1$. 由此得到差分格式(6.18a)和(6.18b)是无条件稳定的.

下面讨论基于二阶精度的 ADI 格式. 考虑逼近(6.1)式的格式 Crank-Nicolson 格式 (6.17),等价地写成

$$\frac{u_{jm}^{n+1}-u_{jm}^n}{\tau} + \frac{a}{4h}\Delta_0^x(u_{jm}^n+u_{jm}^{n+1}) + \frac{b}{4h}\Delta_0^y(u_{jm}^n+u_{jm}^{n+1}) = 0, \tag{6.19}$$

或写成

$$\left(1+\frac{1}{4}a\lambda\,\Delta_0^x+\frac{1}{4}b\lambda\,\Delta_0^y\right)u_{jm}^{n+1} = \left(1-\frac{1}{4}a\lambda\,\Delta_0^x-\frac{1}{4}b\lambda\,\Delta_0^y\right)u_{jm}^n.$$

此式也等价于

$$\left(1+\frac{1}{4}a\lambda\,\Delta_0^x\right)\left(1+\frac{1}{4}b\lambda\,\Delta_0^y\right)u_{jm}^{n+1} = \left(1-\frac{1}{4}a\lambda\,\Delta_0^x\right)\left(1-\frac{1}{4}b\lambda\,\Delta_0^y\right)u_{jm}^n$$

$$+ \frac{1}{16}ab\lambda^2\,\Delta_0^y\Delta_0^x(u_{jm}^{n+1}-u_{jm}^n).$$

显然,上式中最后一项是 $O(\tau^3)$ 的项. 因此,去掉此项为一个二阶格式,即

$$\left(1+\frac{1}{4}a\lambda\,\Delta_0^x\right)\left(1+\frac{1}{4}b\lambda\,\Delta_0^y\right)u_{jm}^{n+1} = \left(1-\frac{1}{4}a\lambda\,\Delta_0^x\right)\left(1-\frac{1}{4}b\lambda\,\Delta_0^y\right)u_{jm}^n, \tag{6.20}$$

此格式由 Beam 和 Warming 首先研究,也称其为**二维 Beam-Warming 格式**. 由(6.20)式 给出 ADI 格式为

$$\left(1+\frac{1}{4}a\lambda\,\Delta_0^x\right)u_{jm}^* = \left(1-\frac{1}{4}a\lambda\,\Delta_0^x\right)\left(1-\frac{1}{4}b\lambda\,\Delta_0^y\right)u_{jm}^n, \tag{6.21a}$$

$$\left(1+\frac{1}{4}b\lambda\,\Delta_0^y\right)u_{jm}^{n+1} = u_{jm}^*. \tag{6.21b}$$

不难得出,(6.20)式的增长因子为

$$G(\tau,\boldsymbol{k}) = \frac{\left(1-\mathrm{i}\dfrac{a\lambda}{2}\sin k_1h\right)\left(1-\mathrm{i}\dfrac{b\lambda}{2}\sin k_2h\right)}{\left(1+\mathrm{i}\dfrac{a\lambda}{2}\sin k_1h\right)\left(1+\mathrm{i}\dfrac{b\lambda}{2}\sin k_2h\right)},$$

于是, $|G(\tau,\boldsymbol{k})|=1$. 因此二维 Beam-Warming 格式以及相应的 ADI 格式是无条件稳定 的二阶精度格式.

如果在格式(6.20)的两边减去

$$\left(1+\frac{1}{4}a\lambda\,\Delta_0^x\right)\left(1+\frac{1}{4}b\lambda\,\Delta_0^y\right)u_{jm}^n,$$

那么可得另一形式的 ADI 计算公式

$$\left(1+\frac{a}{4}\lambda\Delta_0^x\right)\Delta u_{jm}^* = -\left(\frac{a\lambda}{2}\,\Delta_0^x+\frac{b\lambda}{2}\,\Delta_0^y\right)u_{jm}^n, \tag{6.22a}$$

$$\left(1 + \frac{1}{4} b\lambda \Delta_0^2\right) \Delta u_{jm} = \Delta u_{jm}^*, \tag{6.22b}$$

其中 $\Delta u_{jm} = u_{jm}^{n+1} - u_{jm}^n$，此格式一般称为 **$\delta$-公式**.

# 7　非线性方程

本节简单介绍非线性双曲型方程的一些基本概念及相应的一些差分方法.

## 7.1　守恒律的初值问题

最简单的非线性双曲型方程为 Burgers 方程

$$\frac{\partial u}{\partial t} + u\,\frac{\partial u}{\partial x} = 0. \tag{7.1}$$

此方程是**拟线性双曲型方程**. 等价地可以把 (7.1) 式写成

$$\frac{\partial u}{\partial t} + \frac{\partial}{\partial x}\left(\frac{u^2}{2}\right) = 0. \tag{7.1$'$}$$

此形式称为 (7.1) 式的**守恒形式**. 更一般地考虑

$$\frac{\partial u}{\partial t} + \frac{\partial f(u)}{\partial x} = 0, \quad t > 0, \quad x \in \mathbb{R}, \tag{7.2}$$

其中 $f(u)$ 是 $u$ 的非线性函数. 通常, 假定 $f(u)$ 是严格凸函数, 即 $f''(\xi) > 0, \forall \xi \in \mathbb{R}$. 此方程称为（单个）**守恒律**. 初始条件可设

$$u(x, 0) = u_0(x), \quad x \in \mathbb{R}, \tag{7.3}$$

那么 (7.2) 式, (7.3) 式合起来称为守恒律的初值问题.

设 $u$ 为初值问题 (7.2), (7.3) 式的解, 令

$$a(u) = f'(u),$$

那么 (7.2) 式可以写成

$$\frac{\partial u}{\partial t} + a(u)\,\frac{\partial u}{\partial x} = 0.$$

由此, 此方程（或 (7.2)）的特征线方程为

$$\frac{\mathrm{d}x}{\mathrm{d}t} = a(u). \tag{7.4}$$

在特征线上有

$$\frac{\mathrm{d}u}{\mathrm{d}t} = \frac{\partial u}{\partial t} + \frac{\partial u}{\partial x} \cdot \frac{\mathrm{d}x}{\mathrm{d}t} = \frac{\partial u}{\partial t} + a(u)\,\frac{\partial u}{\partial x} = 0,$$

因此, 在特征线上 $u$ 为常数. 从而推出, 特征线 (7.4) 是直线.

下面考虑守恒律初值问题. 以初值问题 (7.1)$'$ 和 (7.3) 为例进行讨论. 假定 $u_0(x)$ 是充分光滑的函数, 当 $x \leqslant -1$ 时, $u_0(x) = 1$, 当 $x \geqslant 1$ 时 $u_0(x) = 0$, 并且 $u_0'(x) \leqslant 0$. $u_0(x)$ 的

图形如图 3.13. 对此初值问题,可以看出,当 $t$ 较大时,不同的特征线相交,见图 3.14. 这个例子说明:即使 $f,u_0$ 都是充分光滑的函数,初值问题也不可能对时间整体地有连续解存在. 由此我们必须推广守恒律初值问题解的定义.

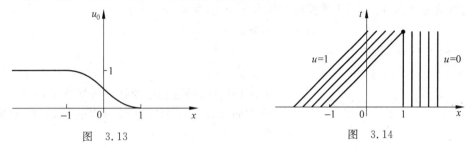

图 3.13          图 3.14

**定义 7.1** 有界函数 $u(x,t)$ 称为初值问题 (7.2),(7.3) 的**弱解**,如果对任一 $\varphi \in C_0^1(\mathbb{R} \times (0,\infty))$ 有

$$\int_0^\infty \int_{-\infty}^\infty \left[ u\,\frac{\partial \varphi}{\partial t} + f(u)\,\frac{\partial \varphi}{\partial x} \right] \mathrm{d}x\mathrm{d}t + \int_{\mathbb{R}} \varphi(x,0)u_0(x)\mathrm{d}x = 0, \tag{7.5}$$

其中 $C_0^1(\mathbb{R} \times (0,\infty))$ 表示连续可微并在某个有界集外为零的函数 $\varphi(x,t)$ 组成的空间.

上述定义的守恒律初值问题的弱解允许存在间断. 假定 $\Gamma$ 是在 $x$-$t$ 平面上的一条光滑曲线,$\Gamma$ 用 $x = \xi(t)$ 来表示. 守恒律初值问题的弱解 $u$ 穿过 $\Gamma$ 有跳跃(即解间断),令 $u_1 = u(\xi(t)-0,t)$,$u_r = u(\xi(t)+0,t)$,那么在 $\Gamma$ 的每一点上有

$$(u_1 - u_r)s = f(u_1) - f(u_r), \tag{7.6}$$

此式称为**跳跃条件**,其中 $s = \dfrac{\mathrm{d}\xi(t)}{\mathrm{d}t}$ 为间断传播速度.

事实上,$u$ 在其连续可微区域满足微分方程. $u$ 在间断线 $x = \xi(t)$ 上满足跳跃条件 (7.6) 式,这是弱解的另一种定义.

守恒律初值问题的弱解推广了微分方程初值问题连续可微解的概念,但这样推广后导致了弱解的不惟一,有的问题甚至可以有无穷多个弱解. 一般物理问题都要求有"物理意义"的解,即要求有惟一解. 从弱解中选出所要求的惟一解,必须在弱解上加条件,即所谓"熵条件".

设 $u$ 定义在上半平面 $t \geqslant 0$ 上,除了在有限条光滑曲线上间断外是连续可微的,这样的函数集合记为 $\mathscr{H}$.

设 $u$ 为守恒律初值问题 (7.2) 式、(7.3) 式的弱解. 如果在间断线 $x = \xi(t)$ 上满足

$$\frac{f(u_1) - f(w)}{u_1 - w} \geqslant \frac{f(u_r) - f(u_1)}{u_r - u_1} \geqslant \frac{f(u_r) - f(w)}{u_r - w}, \quad \forall w \in I \tag{7.7}$$

$I = (\min\{u_1,u_r\}, \max\{u_1,u_r\})$,那么弱解在 $\mathscr{H}$ 中是惟一的. 一般称上述不等式为**熵条件**或**熵不等式**.

由(7.6)式知

$$s = \frac{f(u_{\mathrm{r}}) - f(u_{\mathrm{l}})}{u_{\mathrm{r}} - u_{\mathrm{l}}},$$

$s$ 为间断线传播速度. 在熵不等式的右端令 $w \rightarrow u_{\mathrm{r}}$, 左端令 $w \rightarrow u_{\mathrm{l}}$ 可得

$$f'(u_{\mathrm{l}}) \geqslant s \geqslant f'(u_{\mathrm{r}}),$$

利用 $a(u) = f'(u)$, 那么有

$$a(u_{\mathrm{l}}) \geqslant s \geqslant a(u_{\mathrm{r}}).$$

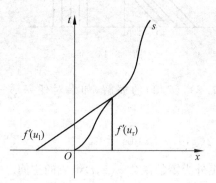

图　3.15

$a(u_{\mathrm{r}})$ 是在间断线右边的特征线斜率的倒数, $a(u_{\mathrm{l}})$ 是在间断线左边的特征线斜率的倒数. 因此熵不等式可以写成

$$\frac{1}{a(u_{\mathrm{l}})} \leqslant \frac{1}{s} \leqslant \frac{1}{a(u_{\mathrm{r}})}. \tag{7.8}$$

此式的几何解释是间断线两边的特征线都"走向"间断线, 见图 3.15.

下面讨论守恒律(7.1)$'$式及初值

$$u(x,0) = u_0(x) = \begin{cases} u_{\mathrm{l}}, & x < 0, \\ u_{\mathrm{r}}, & x > 0. \end{cases} \tag{7.9}$$

这样的初值问题称为 **Riemann** 问题.

如果 $u_{\mathrm{l}} > u_{\mathrm{r}}$, 那么存在惟一的弱解

$$u(x,t) = \begin{cases} u_{\mathrm{l}}, & \text{当 } x < \sigma, \\ u_{\mathrm{r}}, & \text{当 } x > \sigma. \end{cases} \tag{7.10}$$

其中 $\sigma = \frac{1}{2}(u_{\mathrm{l}} + u_{\mathrm{r}})$ 是间断的传播速度, 此时解为激波. 激波图示见图 3.16.

如果 $u_{\mathrm{r}} > u_{\mathrm{l}}$, 则初值问题(7.1),(7.9)有无穷多个弱解, 其中之一仍可用(7.10)式来表示, 但此时解是不稳定的. 另一个弱解可表示为

$$u(x,t) = \begin{cases} u_{\mathrm{l}}, & \text{当 } \dfrac{x}{t} < u_{\mathrm{l}}, \\[2mm] \dfrac{x}{t}, & \text{当 } u_{\mathrm{l}} \leqslant \dfrac{x}{t} \leqslant u_{\mathrm{r}}, \\[2mm] u_{\mathrm{r}}, & \text{当 } \dfrac{x}{t} > u_{\mathrm{r}}, \end{cases} \tag{7.11}$$

称其为**稀疏波**. 稀疏波图示见图 3.17.

一般守恒律及气体动力学方程组的 Riemann 问题可参考文献[9].

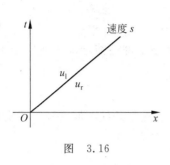

图 3.16

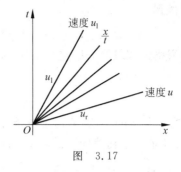

图 3.17

## 7.2 Lax-Friedrichs 差分格式

设 $\mathscr{D}$ 为 $x\text{-}t$ 平面上一有界区域,对守恒律(7.2)式在 $\mathscr{D}$ 上积分并用 Green 公式有

$$\iint_{\mathscr{D}}\Big(\frac{\partial u}{\partial t}+\frac{\partial}{\partial x}f(u)\Big)\mathrm{d}x\mathrm{d}t = \int_{\varGamma}(f\mathrm{d}t - u\mathrm{d}x) = 0,$$

其中 $\varGamma = \partial\mathscr{D}$,即 $\mathscr{D}$ 的边界. 为推导差分格式,取 $\mathscr{D} = \{(x,t) \mid x_{j-1}\leqslant x\leqslant x_{j+1}, t_n\leqslant t\leqslant t_{n+1}\}$,并令节点 $A(x_{j+1},t_n)$,$B(x_{j+1},t_{n+1})$,$C(x_{j-1},t_{n+1})$,$D(x_{j-1},t_n)$ 见图 3.18. $\varGamma$ 为矩形 $ABCD$ 的边界,那么

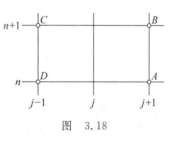

图 3.18

$$\int_{\varGamma}(f\mathrm{d}t - u\mathrm{d}x) = \int_{DA}(-u)\mathrm{d}x + \int_{BC}(-u)\mathrm{d}x$$
$$+ \int_{AB}f(u)\mathrm{d}t + \int_{CD}f(u)\mathrm{d}t,$$

上式右端采用数值积分来近似. 第 1 个积分用梯形公式,第 2 个积分用中矩形公式,第 3、第 4 个积分用下矩形公式,这样可以得到逼近守恒律的 Lax-Friedrichs 格式

$$\frac{u_j^{n+1} - \frac{1}{2}(u_{j-1}^n + u_{j+1}^n)}{\tau} + \frac{f(u_{j+1}^n) - f(u_{j-1}^n)}{2h} = 0. \tag{7.12}$$

在双曲型方程的求解中网格比 $\lambda = \dfrac{\tau}{h}$,Lax-Friedrichs 格式(7.12)的截断误差为 $O(\tau+h)$. (7.12)式为非线性差分格式. 对稳定性不做严格讨论,而采用线性化稳定性分析方法来粗略讨论(7.12)式的稳定性. 先把守恒律(7.2)式写成非守恒形式 $\dfrac{\partial u}{\partial t}+a(u)\dfrac{\partial u}{\partial x}=0$,再设 $a(u)$ 与 $u$ 无关,那么差分格式(7.12)化为

$$\frac{u_j^{n+1} - \frac{1}{2}(u_{j+1}^n + u_{j-1}^n)}{\tau} + a\frac{u_{j+1}^n - u_{j-1}^n}{2h} = 0.$$

此差分格式在常系数双曲型方程中讨论过,其稳定性条件为 $|a|\lambda\leqslant 1$,类似于冻结系数方

法可以得到

$$\max_j |a(u_j^n)| \lambda \leqslant 1. \tag{7.13}$$

此条件为格式(7.12)的稳定性条件. 在实际计算中,上述条件还需增加一些安全系数,如可取

$$\max_j |a(u_j^n)| \lambda \leqslant 1-\varepsilon,$$

其中 $\varepsilon$ 为一个正的小数. 从稳定性条件(7.13)可以看出,这个条件不但依赖于网格点的位置,而且还依赖于初值问题的解 $u$. 由此可知,使用较为复杂.

## 7.3 守恒型差分格式

Lax-Friedrichs 格式(7.12)可以改写为

$$u_j^{n+1} = u_j^n - \lambda(g_{j+\frac{1}{2}}^n - g_{j-\frac{1}{2}}^n),$$

其中

$$g_{j+\frac{1}{2}}^n = g(u_j^n, u_{j+1}^n) = -\frac{1}{2\lambda}(u_{j+1}^n - u_j^n) + \frac{1}{2}[f(u_j^n) + f(u_{j+1}^n)],$$

$$g_{j-\frac{1}{2}}^n = g_{(j-1)+\frac{1}{2}}^n = -\frac{1}{2\lambda}(u_j^n - u_{j-1}^n) + \frac{1}{2}[f(u_{j-1}^n) + f(u_j^n)],$$

并注意到有

$$g(\omega, \omega) = f(\omega), \quad \forall \omega \in \mathbb{R}.$$

此情形以后将常用到.

下面定义逼近守恒律(7.2)式的守恒型差分格式.

**定义 7.2** 称差分格式

$$u_j^{n+1} = u_j^n - \lambda(g_{j+\frac{1}{2}}^n - g_{j-\frac{1}{2}}^n) \tag{7.14}$$

是**守恒型差分格式**,其中

$$g_{j+\frac{1}{2}}^n = g(u_{j-l+1}^n, u_{j-l+2}^n, \cdots, u_{j+l}^n),$$

并称其为**数值通量**.

为了使守恒型差分格式(7.14)与守恒律(7.2)是相容的,$g$ 必须满足

$$g(\omega, \omega, \cdots, \omega) = f(\omega), \quad \omega \in \mathbb{R} \tag{7.15}$$

相容性条件(7.15)在一定意义下反映了数值通量 $g$ 和物理通量 $f$ 的相容性.

差分格式(7.14)可以推广为

$$u_j^{n+1} = u_j^n - \lambda[\theta(g_{j+\frac{1}{2}}^{n+1} - g_{j-\frac{1}{2}}^{n+1}) + (1-\theta)(g_{j+\frac{1}{2}}^n - g_{j-\frac{1}{2}}^n)], \quad 0 \leqslant \theta \leqslant 1. \tag{7.16}$$

当 $\theta=0$ 时,(7.16)式即为(7.14)式,是显式格式;当 $\theta=1$ 时,(7.16)式为隐式格式.

守恒型差分格式是由守恒律推导而得到,即为守恒律的离散化. 它与守恒律一样,可以保持物理量的某种守恒性质.

下面仅举几个常用守恒型差分格式的例子.

**例 7.1** 迎风格式

在守恒律(7.2)中,假定 $a(u) = f'(u) \geqslant 0$,那么构造差分格式

$$u_j^{n+1} = u_j^n - \lambda[f(u_j^n) - f(u_{j-1}^n)].\tag{7.17}$$

此格式称为迎风格式,$g_{j+\frac{1}{2}}^n = g(u_j^n, u_{j+1}^n) = f(u_j^n)$,相容性是显然的.

**例 7.2** Engquist-Osher 格式

在守恒律(7.2)中,令

$$\chi(u) = \begin{cases} 1, & \text{如果 } f'(u) > 0, \\ 0, & \text{如果 } f'(u) < 0. \end{cases}$$

并定义

$$f_+(u) = \int_0^u \chi(s) f'(s) \mathrm{d}s, \quad f_-(u) = \int_0^u (1 - \chi(u)) f'(s) \mathrm{d}s.$$

那么,**Engquist-Osher 格式**定义为

$$u_j^{n+1} = u_j^n - \lambda[\Delta_+ f_-(u_j^n) + \Delta_- f_+(u_j^n)],\tag{7.18}$$

其中 $\Delta_+ f_j = f_{j+1} - f_j$;$\Delta_- f_j = f_j - f_{j-1}$. 取 $l=1$,

$$g_{j+\frac{1}{2}}^n = g(u_j^n, u_{j+1}^n) = f_-(u_{j+1}^n) + f_+(u_j^n),$$

$$g(\omega, \omega) = f_-(\omega) + f_+(\omega)$$

$$= \int_0^\omega \chi(s) f'(s) \mathrm{d}s + \int_0^\omega (1 - \chi(s)) f'(s) \mathrm{d}s$$

$$= \int_0^\omega f'(s) \mathrm{d}s = f(\omega).$$

因此 Engquist-Osher 格式是相容的守恒律差分格式. 其实此格式可看作迎风格式的改进. 由实际计算可以得知,差分格式(7.18)比差分格式(7.17)要好.

**例 7.3** Lax-Wendroff 格式

前面 3 个格式都是一阶精度的差分格式. Lax-Wendroff 格式是二阶精度的格式,这个格式在线性问题中已经进行了讨论,但在守恒律中有些差别,所以重新进行推导.

设 $u(x,t)$ 为守恒律初值问题(7.2)和(7.3)的充分光滑的解,那么有

$$u(x, t+\tau) = u(x,t) + \tau \frac{\partial u}{\partial t} + \frac{\tau^2}{2} \frac{\partial^2 u}{\partial t^2} + O(\tau^3).\tag{7.19}$$

由方程可推得

$$\frac{\partial u}{\partial t} = -\frac{\partial f(u)}{\partial x},$$

$$\frac{\partial^2 u}{\partial t^2} = -\frac{\partial}{\partial t}\left(\frac{\partial f(u)}{\partial x}\right) = -\frac{\partial}{\partial x}\left(\frac{\partial}{\partial t} f(u)\right) = -\frac{\partial}{\partial x}\left(a(u) \frac{\partial u}{\partial t}\right) = \frac{\partial}{\partial x}\left(a(u) \frac{\partial f(u)}{\partial x}\right),$$

其中 $a(u) = f'(u)$. 把上面二式代入(7.19)式并用中心差商逼近偏导数,这样就得

$$u_j^{n+1} = u_j^n - \frac{1}{2}\lambda[f(u_{j+1}^n) - f(u_{j-1}^n)]$$

$$+ \frac{1}{2}\lambda^2 \left\{ a^n_{j+\frac{1}{2}} \left[ f(u^n_{j+1}) - f(u^n_j) \right] - a^n_{j-\frac{1}{2}} \left[ f(u^n_j) - f(u^n_{j-1}) \right] \right\}, \tag{7.20}$$

其中 $a^n_{j+\frac{1}{2}} = a\left( \frac{1}{2}(u^n_j + u^n_{j+1}) \right)$.

差分格式 (7.20) 称为 Lax-Wendroff 格式.

上面推导了 4 个计算守恒律的差分格式, 前面 3 个是一阶精度的方法, 而 Lax-Wendroff 格式是二阶精度的方法. 在线性问题的计算中, 我们知道 Lax-Wendroff 格式会出现不应有的振荡. 对于非线性守恒律有时会出现完全错误的解. 仍考虑 Burgers 方程 (7.1)′, 其初值取为

$$u(x,0) = u_0(x) = \begin{cases} -1, & x < 0, \\ 1, & x > 0. \end{cases}$$

其解按 Riemann 问题的结论 (见 82 页) 进行讨论.

把 Lax-Wendroff 格式写成

$$u^{n+1}_j = u^n_j - \lambda \left[ g^n_{j+\frac{1}{2}} - g^n_{j-\frac{1}{2}} \right],$$

其中

$$g^n_{j+\frac{1}{2}} = \frac{1}{2} \left[ f(u^n_j) + f(u^n_{j+1}) \right] - \frac{1}{2}\lambda a^n_{j+\frac{1}{2}} \left[ f(u^n_{j+1}) - f(u^n_j) \right],$$

$$g^n_{j-\frac{1}{2}} = g^n_{(j-1)+\frac{1}{2}} = \frac{1}{2} \left[ f(u^n_j) + f(u^n_{j-1}) \right] - \frac{1}{2}\lambda a^n_{j-\frac{1}{2}} \left[ f(u^n_j) - f(u^n_{j-1}) \right].$$

注意到, $f(u) = \frac{1}{2}u^2$, 因此 $g^n_{j+\frac{1}{2}} = \frac{1}{2}$ 是不改变的, 从而对所有时间步其解是不变的, 这当然不符合初值问题的解[26].

在守恒律的计算中, 用一阶精度方法来计算精度不高, 而二阶的 Lax-Wendroff 方法会计算出不符合其物理意义的解. 从 20 世纪 70 年代后期开始, 对于双曲型守恒律 (组) 的数值方法有大量深入的研究. 新的方法、概念大量出现, 有兴趣进一步学习的读者可参见文献 [9, 17, 26].

# 习　　题

1. 试讨论对流方程 $\frac{\partial u}{\partial t} + \frac{\partial u}{\partial x} = 0$ 的差分格式

$$\frac{1}{\tau}(u^{n+1}_j - u^n_j) + \frac{1}{\tau}(u^{n+1}_{j+1} - u^n_{j+1}) + \frac{1}{2h}(u^{n+1}_{j+1} - u^{n+1}_{j-1}) + \frac{1}{2h}(u^n_{j+1} - u^n_{j-1}) = 0$$

的精度及稳定性.

2. 直接证明求解 $\frac{\partial u}{\partial t} + \frac{\partial u}{\partial x} = 0$ 的 Lax-Wendroff 格式是二阶精度的格式.

3. 讨论求解 $\dfrac{\partial u}{\partial t}+a\dfrac{\partial u}{\partial x}=0$ 的 Wendroff 隐式差分格式

$$(1+a\lambda)u_{j+1}^{n+1}+(1-a\lambda)u_j^{n+1}-(1-a\lambda)u_{j+1}^n-(1+a\lambda)u_j^n=0$$

的精度及稳定性. 令 $a>0$. 加上初边条件后写出计算步骤, 其中 $\lambda=\dfrac{\tau}{h}$ 为网格比.

4. 讨论求解对流方程 $\dfrac{\partial u}{\partial t}+\dfrac{\partial u}{\partial x}=0$ 的差分格式

(1) $u_j^{n+1}=u_j^n-\dfrac{\lambda}{2}(3u_j^n-4u_{j-1}^n+u_{j-2}^n)$,

(2) $u_j^{n+1}=u_j^n-\dfrac{\lambda}{2}(-3u_j^n+4u_{j+1}^n-u_{j+2}^n)$,

(3) $u_j^{n+1}=u_j^n-\lambda(2u_j^n-3u_{j-1}^n+u_{j-2}^n)$,

(4) $u_j^{n+1}=u_j^n-\lambda(-2u_j^n+3u_{j+1}^n-u_{j+2}^n)$

的截断误差及稳定性.

5. 考虑初值问题

$$\begin{cases} \dfrac{\partial u}{\partial t}+\dfrac{\partial u}{\partial x}=0, \\[2mm] u(x,0)=u_0(x), \end{cases}$$

其中

$$u_0(x)=\begin{cases} 1, & x\in[0.4,0.6], \\ 0, & x\notin[0.4,0.6]. \end{cases}$$

试用迎风格式, Lax-Friedrichs 格式和 Lax-Wendroff 格式计算上述初值问题. 取 $h=0.1$, $\lambda=\tau/h=0.5$, 计算到 $t=0.5,1$.

6. 讨论求解 (1.1) 的 Crank-Nicolson 型格式

$$\dfrac{u_j^{n+1}-u_j^n}{\tau}+a\left(\dfrac{u_{j+1}^n-u_{j-1}^n}{2h}+\dfrac{u_{j+1}^{n+1}-u_{j-1}^{n+1}}{2h}\right)=0$$

的截断误差及稳定性.

7. 试构造求解方程组

$$\dfrac{\partial \boldsymbol{u}}{\partial t}+\boldsymbol{A}\dfrac{\partial \boldsymbol{u}}{\partial x}=\boldsymbol{0},$$

其中 $\boldsymbol{u}=(u,v)^{\mathrm{T}}$, $\boldsymbol{A}=\begin{bmatrix} 0 & -1 \\ -1 & 0 \end{bmatrix}$ 的迎风格式.

8. 讨论求解 $\dfrac{\partial^2 u}{\partial t^2}=\dfrac{\partial^2 u}{\partial x^2}$ 的差分格式

$$\dfrac{u_j^{n+1}-2u_j^n+u_j^{n-1}}{\tau^2}=\dfrac{u_{j+1}^{n+1}-2u_j^{n+1}+u_{j-1}^{n+1}}{4h^2}+\dfrac{u_{j+1}^n-2u_j^n+u_{j-1}^n}{2h^2}+\dfrac{u_{j+1}^{n-1}-2u_j^{n-1}+u_{j-1}^{n-1}}{4h^2}$$

的稳定性.

9. 讨论求解(6.1)的差分格式

$$\frac{u_{jm}^{n+1} - u_{jm}^n}{\tau} + a\frac{u_{j+1,m}^{n+1} - u_{j-1,m}^{n+1}}{2h} + b\frac{u_{j,m+1}^{n+1} - u_{j,m-1}^{n+1}}{2h} = 0$$

的截断误差和稳定性.

10. 讨论求解(6.1)的差分格式

$$u_{jm}^{n+1} = u_{jm}^n - \frac{1}{2}a\lambda(u_{j+1,m}^n - u_{j-1,m}^n) + \frac{1}{2}(a\lambda)^2(u_{j+1,m}^n - 2u_{jm}^n + u_{j-1,m}^n)$$

$$- \frac{1}{2}b\lambda(u_{j,m+1}^n - u_{j,m-1}^n) + \frac{1}{2}(b\lambda)^2(u_{j,m+1}^n - 2u_{jm}^n + u_{j,m-1}^n)$$

($\lambda = \tau/h$,此格式不是 Lax-Wendroff 格式)的截断误差.

# 第4章 抛物型方程的有限差分方法

本章从抛物型方程的最简单模型方程——扩散方程的差分方法进行讨论,给出典型的差分格式并讨论其性质,然后对变系数方程、多维问题、对流扩散问题以及非线性方程等也做了讨论.

## 1 常系数扩散方程

考虑常系数扩散方程

$$\frac{\partial u}{\partial t} = a \frac{\partial^2 u}{\partial x^2}, \quad x \in \mathbb{R} \quad t > 0, \tag{1.1}$$

其中 $a$ 为正常数. 如果给定初始条件

$$u(x,0) = g(x), \quad x \in \mathbb{R} \tag{1.2}$$

那么就构成了初值问题. 先对初值问题(1.1)式,(1.2)式讨论差分格式,然后再讨论初边值问题.

### 1.1 向前差分格式,向后差分格式

在第 2 章中曾经建立了逼近(1.1)式,(1.2)式的向前差分格式

$$\frac{u_j^{n+1} - u_j^n}{\tau} - a \frac{u_{j+1}^n - 2u_j^n + u_{j-1}^n}{h^2} = 0, \tag{1.3}$$

$$u_j^0 = g(x_j), \tag{1.4}$$

并得到其截断误差是 $O(\tau + h^2)$. 下面我们来讨论其稳定性,容易求出(1.3)式的增长因子是

$$G(\tau, k) = 1 - 4a\lambda \sin^2 \frac{kh}{2},$$

其中 $\lambda = \frac{\tau}{h^2}$. 如果 $a\lambda \leqslant \frac{1}{2}$, 那么有 $|G(\tau,k)| \leqslant 1$, 即 von Neumann 条件满足. 由于(1.3)式是单个方程,所以向前差分格式的稳定性条件是 $a\lambda \leqslant \frac{1}{2}$.

在第 2 章中我们也介绍了无条件稳定的向后差分格式

$$\frac{u_j^n - u_j^{n-1}}{\tau} - a \frac{u_{j+1}^n - 2u_j^n + u_{j-1}^n}{h^2} = 0, \tag{1.5}$$

我们知道其截断误差是 $O(\tau+h^2)$.

## 1.2  加权隐式格式

我们把(1.3)式改写为

$$\frac{u_j^n-u_j^{n-1}}{\tau}-a\,\frac{u_{j+1}^{n-1}-2u_j^{n-1}+u_{j-1}^{n-1}}{h^2}=0, \tag{1.3$'$}$$

用 $\theta$ 乘(1.5)式,用 $(1-\theta)$ 乘(1.3)$'$式,把其结果相加就得到一个差分格式

$$\frac{u_j^n-u_j^{n-1}}{\tau}-a\Big[\theta\,\frac{u_{j+1}^n-2u_j^n+u_{j-1}^n}{h^2}+(1-\theta)\,\frac{u_{j+1}^{n-1}-2u_j^{n-1}+u_{j-1}^{n-1}}{h^2}\Big]=0, \tag{1.6}$$

其中 $0\leqslant\theta\leqslant1$,我们称差分格式(1.6)为**加权隐式格式**,其节点分布如图 4.1. 我们可以把(1.6)式写成便于计算的形式

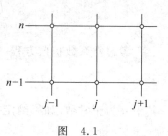

$$-a\lambda\theta u_{j+1}^n+(1+2a\lambda\theta)u_j^n-a\lambda\theta u_{j-1}^n$$
$$=a\lambda(1-\theta)u_{j+1}^{n-1}+[1-2a\lambda(1-\theta)]u_j^{n-1}$$
$$+a\lambda(1-\theta)u_{j-1}^{n-1}, \tag{1.7}$$

图  4.1

其中 $\lambda=\dfrac{\tau}{h^2}$. 下面来求出差分格式(1.6)的截断误差,设 $u(x,t)$ 是方程(1.1)的充分光滑的解,在 $(x_j,t_n)$ 处进行 Taylor 级数展开并经化简有

$$E=a\Big(\frac{1}{2}-\theta\Big)\tau\Big[\frac{\partial^3u}{\partial x^2\partial t}\Big]_j^n+O(\tau^2+h^2).$$

由此可以看出,当 $\theta\neq\dfrac{1}{2}$ 时,截断误差为 $O(\tau+h^2)$. 特别引起注意的是 $\theta=\dfrac{1}{2}$ 的情况,此时差分格式的截断误差是 $O(\tau^2+h^2)$,即差分格式是二阶精度的. 由于此格式经常使用,我们把它单独写出

$$\frac{u_j^{n+1}-u_j^n}{\tau}-\frac{a}{2h^2}\big[(u_{j+1}^{n+1}-2u_j^{n+1}+u_{j-1}^{n+1})+(u_{j+1}^n-2u_j^n+u_{j-1}^n)\big]=0. \tag{1.8}$$

此格式一般称作 **Crank-Nicolson 格式**. 此外我们注意到,当 $\theta=1$ 时,格式(1.6)为**向后差分格式**,当 $\theta=0$ 时,格式(1.6)为**向前差分格式**.

我们用 Fourier 方法分析差分格式(1.6)的稳定性. 容易求出格式(1.6)的增长因子是

$$G(\tau,k)=\frac{1-4(1-\theta)a\lambda\sin^2\dfrac{kh}{2}}{1+4\theta a\lambda\sin^2\dfrac{kh}{2}}.$$

利用第 2 章定理 3.2 的推论 2 知,von Neumann 条件是稳定性的充要条件,因此只验证 $|G(\tau,k)|\leqslant1$. 此要求为

$$-1 \leqslant \frac{1 - 4(1-\theta)a\lambda\sin^2\dfrac{kh}{2}}{1 + 4\theta a\lambda\sin^2\dfrac{kh}{2}} \leqslant 1,$$

右边的不等号对 $\lambda \geqslant 0$ 总是成立的,故我们仅考虑左边的不等式,即要求

$$-1 - 4\theta a\lambda\sin^2\frac{kh}{2} \leqslant 1 - 4(1-\theta)a\lambda\sin^2\frac{kh}{2},$$

此式相当于

$$4a\lambda(1-2\theta)\sin^2\frac{kh}{2} \leqslant 2.$$

考虑到 $\sin^2\dfrac{kh}{2} \leqslant 1$,因此我们要求就化为

$$2a\lambda(1-2\theta) \leqslant 1.$$

这就是差分格式 (1.6) 的稳定性限制. 此条件也可以写得更明确些,即加权隐式差分格式稳定的条件是

$$\begin{cases} 2a\lambda \leqslant \dfrac{1}{1-2\theta}, & \text{当 } 0 \leqslant \theta < \dfrac{1}{2}, \\[2mm] \text{无限制}, & \text{当 } \dfrac{1}{2} \leqslant \theta \leqslant 1. \end{cases}$$

上面讨论也告诉我们,向后差分格式和 Crank-Nicolson 格式是无条件稳定的,而向前差分格式的稳定性条件为 $a\lambda \leqslant \dfrac{1}{2}$.

## 1.3 三层显式格式

在第 1 章中为了提高截断误差,介绍了二阶精度的**三层格式**,即 **Richardson 格式**

$$\frac{u_j^{n+1} - u_j^{n-1}}{2\tau} - a\frac{u_{j+1}^n - 2u_j^n + u_{j-1}^n}{h^2} = 0, \tag{1.9}$$

我们已经证明这个格式是不稳定的格式.

1953 年 Du Fort 和 Frankel 对 Richardson 格式进行了修改,提出了如下的格式

$$\frac{u_j^{n+1} - u_j^{n-1}}{2\tau} - a\frac{u_{j+1}^n - (u_j^{n+1} + u_j^{n-1}) + u_{j-1}^n}{h^2} = 0. \tag{1.10}$$

实际上,格式 (1.10) 仅是用 $u_j^{n+1} + u_j^{n-1}$ 来代替了 Richardson 格式中的 $2u_j^n$,但仍保持了显式的特征. 显然格式 (1.10) 仍是一个三层格式. 我们称差分格式 (1.10) 为 **Du Fort-Frankel 格式**.

在讨论差分格式 (1.10) 的稳定性之前,我们先来考察一下差分格式 (1.10) 与微分方程 (1.1) 的相容性问题,设 $u(x,t)$ 是微分方程 (1.1) 的光滑解,那么 (1.10) 式的截断误差是

$$\frac{u(x_j,t_n+\tau)-u(x_j,t_n-\tau)}{2\tau}$$

$$-a\,\frac{u(x_j+h,t_n)-u(x_j,t_n+\tau)-u(x_j,t_n-\tau)+u(x_j-h,t_n)}{h^2}$$

$$=\left[\frac{\partial u}{\partial t}\right]_j^n-a\left[\frac{\partial^2 u}{\partial x^2}\right]_j^n+a\left(\frac{\tau}{h}\right)^2\left[\frac{\partial^2 u}{\partial t^2}\right]_j^n+O(\tau^2+h^2)+O\left(\frac{\tau^4}{h^2}\right).$$

由此看出,相容性就要求当 $\tau\to 0$ 时有 $\frac{\tau}{h}\to 0$. 这就是说,差分方程(1.10)与微分方程相容的充分且必要的条件是 $\tau$ 趋于 0 的速度要比 $h$ 趋于 0 的速度快. 反之,如果 $\frac{\tau}{h}$ 保持不变, 比如说 $\frac{\tau}{h}=\beta$,那么差分格式(1.10)就不与扩散方程(1.1)相容,而是与双曲型方程

$$\frac{\partial u}{\partial t}-a\,\frac{\partial^2 u}{\partial x^2}+a\beta^2\,\frac{\partial^2 u}{\partial t^2}=0$$

相容.

下面我们来考虑 Du Fort-Frankel 的稳定性. 由于这个格式是三层格式,因此我们先把它化成与其等价的二层差分方程组

$$\begin{cases}(1+2a\lambda)u_j^{n+1}=(1-2a\lambda)v_j^n+2a\lambda(u_{j+1}^n+u_{j-1}^n),\\ v_j^{n+1}=u_j^n.\end{cases}$$

令 $\boldsymbol{u}=(u,v)^{\mathrm{T}}$,则可以把上面的方程组写成向量形式

$$\begin{bmatrix}1+2a\lambda & 0\\ 0 & 1\end{bmatrix}\boldsymbol{u}_j^{n+1}=\begin{bmatrix}2a\lambda & 0\\ 0 & 0\end{bmatrix}\boldsymbol{u}_{j-1}^n+\begin{bmatrix}0 & 1-2a\lambda\\ 1 & 0\end{bmatrix}\boldsymbol{u}_j^n+\begin{bmatrix}2a\lambda & 0\\ 0 & 0\end{bmatrix}\boldsymbol{u}_{j+1}^n.$$

令 $\boldsymbol{u}_j^n=\boldsymbol{v}^n\mathrm{e}^{ikjh}$,代入上式,经运算得增长矩阵

$$\boldsymbol{G}(\tau,k)=\begin{bmatrix}1+2a\lambda & 0\\ 0 & 1\end{bmatrix}^{-1}\begin{bmatrix}4a\lambda\cos kh & 1-2a\lambda\\ 1 & 0\end{bmatrix}=\begin{bmatrix}\dfrac{2\alpha\cos kh}{1+\alpha} & \dfrac{1-\alpha}{1+\alpha}\\ 1 & 0\end{bmatrix},$$

其中 $\alpha=2a\lambda$,$\boldsymbol{G}(\tau,k)$ 的特征方程为

$$\mu^2-\left(\frac{2\alpha}{1+\alpha}\cos kh\right)\mu-\frac{1-\alpha}{1+\alpha}=0. \tag{1.11}$$

为了给出 $\boldsymbol{G}$ 的特征值的估计,先引入一个引理.

**引理 1.1**　实系数二次方程

$$\mu^2-b\mu-c=0$$

的根按其模小于或等于 1 的充分必要条件是

$$|b|\leqslant 1-c,\quad |c|\leqslant 1.$$

**证明**　下面仅对实根情况进行讨论(复根情况请读者作为练习). 先证必要性,令 $\mu_1$, $\mu_2$ 是方程的两个根,并满足 $|\mu_i|\leqslant 1(i=1,2)$. 利用根与系数的关系有

$$\mu_1 \mu_2 = -c,$$

因此有

$$| c | = | \mu_1 | | \mu_2 | \leqslant 1.$$

再次利用根与系数的关系有 $\mu_1 + \mu_2 = b$. 如果 $\mu_1 + \mu_2 \geqslant 0$, 那么有

$$1 - c - | b | = 1 + \mu_1 \mu_2 - (\mu_1 + \mu_2) = (1 - \mu_1)(1 - \mu_2) \geqslant 0.$$

如果 $\mu_1 + \mu_2 < 0$, 那么有

$$1 - c - | b | = 1 + \mu_1 \mu_2 + (\mu_1 + \mu_2) = (1 + \mu_1)(1 + \mu_2) \geqslant 0.$$

由此推出, 不论哪种情况都有 $|b| \leqslant 1 - c$.

再证充分性. 如果 $\mu_1 + \mu_2 \geqslant 0$, 则有

$$1 - c - | b | = (1 - \mu_1)(1 - \mu_2) \geqslant 0.$$

所以 $1 - \mu_1, 1 - \mu_2$ 同时取正号或同时取负号. 此外 $c = -\mu_1 \mu_2$, 所以 $\mu_1, \mu_2$ 不可能同时使其模大于 1. 不妨设 $|\mu_1| > 1$, 那么就有 $|\mu_2| \leqslant 1$. 另一方面, 当 $\mu_1 > 1$ 时, 由于 $1 - \mu_1, 1 - \mu_2$ 同号, 必有 $\mu_2 > 1$, 这是不可能的. 当 $\mu_1 < -1$ 时, 由于假定 $\mu_1 + \mu_2 \geqslant 0$, 从而就要求 $\mu_2 > 1$, 这也不可能. 所以必有 $|\mu_i| \leqslant 1 (i = 1, 2)$.

如果 $\mu_1 + \mu_2 < 0$, 则

$$1 - c - | b | = (1 + \mu_1)(1 + \mu_2) \geqslant 0.$$

由此 $(1 + \mu_1), (1 + \mu_2)$ 必须同号. 由于 $| c | = | \mu_1 \mu_2 | \leqslant 1$, 所以 $|\mu_1|, |\mu_2|$ 中最多只能有一个大于 1. 不妨设 $|\mu_1| > 1$, 则必有 $|\mu_2| \leqslant 1$. 另一方面, 当 $\mu_1 > 1$ 时, 由于 $\mu_1 + \mu_2 < 0$, 所以必有 $\mu_2 < -1$, 这是不可能的. 当 $\mu_1 < -1$ 时, 由 $1 + \mu_1, 1 + \mu_2$ 同号也推得 $\mu_2 < -1$, 这是不可能. 从而有 $|\mu_i| \leqslant 1 (i = 1, 2)$.

**推论** 实系数二次方程

$$\mu^2 - b\mu - c = 0$$

的根, 按其模小于或等于 1 的充分必要条件为

$$| b | \leqslant 1 - c \leqslant 2.$$

现在再回来讨论 Du Fort-Frankel 格式的稳定性. 增长矩阵 $G$ 的特征方程的系数满足引理 1.1, 因此, 特征方程的两个根 $\mu_1, \mu_2$ 满足 $|\mu_i| \leqslant 1 (i = 1, 2)$. 其根的具体表达式为

$$\mu_{1,2} = \frac{\alpha \cos kh \pm \sqrt{1 - \alpha^2 \sin^2 kh}}{1 + \alpha}.$$

我们分两种情况进行讨论:

(1) 重根, $\mu_1 = \mu_2 = \dfrac{\alpha \cos kh}{1 + \alpha}$, 此时我们有 $|\mu_i| < 1 (i = 1, 2)$.

(2) 两根相异, 已经证得 $|\mu_i| \leqslant 1 (i = 1, 2)$.

利用第 2 章定理 3.7 可以得出 Du Fort-Frankel 格式是无条件稳定的.

从上面讨论的我们看到, 从无条件不稳定的显式格式——Richardson 格式出发, 进

行修正得到 Du Fort-Frankel 的三层显式格式是无条件稳定的. 但是我们必须注意到, Du Fort-Frankel 格式的相容性是有条件的. 事实上我们无法构造出无条件相容和无条件稳定的显式格式.

## 1.4 三层隐式格式

三层显式格式在稳定性或相容性方面是受到限制的, 因此我们转向**三层隐式格式**. 我们先考虑

$$\frac{3}{2}\frac{u_j^{n+1}-u_j^n}{\tau}-\frac{1}{2}\frac{u_j^n-u_j^{n-1}}{\tau}-a\frac{u_{j+1}^{n+1}-2u_j^{n+1}+u_{j-1}^{n+1}}{h^2}=0, \tag{1.12}$$

可以改写此式为便于计算的形式

$$(3+4a\lambda)u_j^{n+1}-2a\lambda(u_{j+1}^{n+1}+u_{j-1}^{n+1})=4u_j^n-u_j^{n-1},$$

其中 $\lambda=\dfrac{\tau}{h^2}$. 其节点分布如图 4.2. 容易证明差分格式 (1.12) 以二阶精度逼近微分方程 (1.1). 下面来分析其稳定性. 差分格式 (1.12) 是一个三层格式, 因此首先要化成与其等价的二层差分方程组

$$\begin{cases}(3+4a\lambda)u_j^{n+1}-2a\lambda(u_{j+1}^{n+1}+u_{j-1}^{n+1})=4u_j^n-v_j^n,\\ v_j^{n+1}=u_j^n.\end{cases}$$

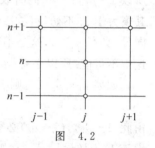

图 4.2

容易求出其增长矩阵

$$\boldsymbol{G}(\tau,k)=\begin{pmatrix}\dfrac{4}{3+8\alpha\sin^2\dfrac{kh}{2}} & \dfrac{-1}{3+8\alpha\sin^2\dfrac{kh}{2}}\\[4mm] 1 & 0\end{pmatrix},$$

其中 $\alpha=a\lambda$, $\boldsymbol{G}$ 的特征方程是

$$\mu^2-\frac{4}{3+8\alpha\sin^2\dfrac{kh}{2}}\mu+\frac{1}{3+8\alpha\sin^2\dfrac{kh}{2}}=0.$$

利用引理 1.1, 可以得到 $|\mu_i|\leqslant1(i=1,2)$. 把 $\mu_i$ 的表达式具体写出是

$$\mu_{1,2}=\frac{2\pm\sqrt{1-8\alpha\sin^2\dfrac{kh}{2}}}{3+8\alpha\sin^2\dfrac{kh}{2}}.$$

如果为重根, 即 $\mu_1=\mu_2=\dfrac{2}{3+8\alpha\sin^2\dfrac{kh}{2}}$, 显然有 $|\mu_i|<1$, 利用第 2 章定理 3.7 就得出差分格式 (1.12) 是无条件稳定的.

再讨论另一个三层隐式格式. 为书写方便采用记号:

$$\delta_x^2 u_j = u_{j+1} - 2u_j + u_{j-1}.$$

现在引入逼近微分方程(1.1)的三层隐式格式

$$\frac{u_j^{n+1} - u_j^{n-1}}{2\tau} - a\frac{1}{3h^2}(\delta_x^2 u_j^{n+1} + \delta_x^2 u_j^n + \delta_x^2 u_j^{n-1}) = 0. \tag{1.13}$$

可以看出, 这是用 $\frac{1}{3}(\delta_x^2 u_j^{n+1} + \delta_x^2 u_j^n + \delta_x^2 u_j^{n-1})$ 来代替了 Richardson 格式中的 $\delta_x^2 u_j^n$ 而得到的. 同样我们也可以把差分格式(1.13)理解为二层的 Crank-Nicolson 格式向三层格式的推广. 差分格式(1.13)的节点分布如图 4.3. 差分格式(1.13)可以应用到非线性方程上去, 这在以后再讨论. 现把(1.13)式改写为如下形式:

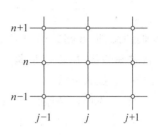

图 4.3

$$\left(1 - \frac{2}{3}a\lambda\delta_x^2\right)u_j^{n+1} = \frac{2}{3}a\lambda\delta_x^2 u_j^n + \left(1 + \frac{2}{3}a\lambda\delta_x^2\right)u_j^{n-1}.$$

为讨论稳定性, 我们把它化为等价的两层差分方程组

$$\begin{cases} \left(1 - \frac{2}{3}a\lambda\delta_x^2\right)u_j^{n+1} = \frac{2}{3}a\lambda\delta_x^2 u_j^n + \left(1 + \frac{2}{3}a\lambda\delta_x^2\right)v_j^n, \\ v_j^{n+1} = u_j^n. \end{cases} \tag{1.14}$$

容易求出(1.14)式的增长矩阵是

$$\boldsymbol{G}(\tau,k) = \begin{bmatrix} 1 + \frac{8}{3}a\lambda\sin^2\frac{kh}{2} & 0 \\ 0 & 1 \end{bmatrix}^{-1} \begin{bmatrix} -\frac{8}{3}a\lambda\sin^2\frac{kh}{2} & 1 - \frac{8}{3}a\lambda\sin^2\frac{kh}{2} \\ 1 & 0 \end{bmatrix}$$

$$= \begin{bmatrix} \dfrac{-\alpha}{1+\alpha} & \dfrac{1-\alpha}{1+\alpha} \\ 1 & 0 \end{bmatrix},$$

其中 $\alpha = \frac{8}{3}a\lambda\sin^2\frac{kh}{2}$. $\boldsymbol{G}$ 的特征方程是

$$\mu^2 + \frac{\alpha}{1+\alpha}\mu - \frac{1-\alpha}{1+\alpha} = 0.$$

利用引理 1.1 有 $|\mu_i| \leqslant 1 (i=1,2)$. 由 $\mu$ 的具体表达式

$$\mu_{1,2} = \frac{-\alpha \pm \sqrt{4 - 3\alpha^2}}{2(1+\alpha)}$$

知, 当有重根时, 有 $|\mu| < 1$. 根据第 2 章定理 3.7 知道差分格式(1.13)是无条件稳定的.

## 1.5 跳点格式

首先把网格点 $(x_j, t_n)$ 按 $n+j=$ 偶数或奇数分成两组, 分别称作**偶数网格点**和**奇数网**

**格点. 跳点法**是在奇偶网格点分组的基础上进行的. 当从时刻 $t_n$ 推进到时刻 $t_{n+1}$ 时, 先在偶数网格点上用向前差分格式

$$\frac{u_j^{n+1} - u_j^n}{\tau} - a\frac{u_{j+1}^n - 2u_j^n + u_{j-1}^n}{h^2} = 0, \quad n+1+j = 偶数, \tag{1.15}$$

求得 $t_{n+1}$ 时的值. 然后在奇数网格点上用隐式格式

$$\frac{u_j^{n+1} - u_j^n}{\tau} - a\frac{u_{j+1}^{n+1} - 2u_j^{n+1} + u_{j-1}^{n+1}}{h^2} = 0, \quad n+1+j = 奇数. \tag{1.16}$$

我们注意到, 在格式 (1.16) 中, $u_{j+1}^{n+1}, u_{j-1}^{n+1}$ 都处于偶数网格点上, 因此已由 (1.15) 式求出了 $t_{n+1}$ 时刻的值. 所以这是偶、奇、显、隐交替的方法. (1.16) 式只是形式上是隐式的, 而实质上是一个显式格式.

　　下面我们来考察格式 (1.15) 和 (1.16) 的精度及稳定性. 当用 (1.16) 式算出奇数网格点上的 $u_j^{n+1}$ 时, 由于 $n+2+j$ 必为偶数, 因此用格式 (1.15)

$$\frac{u_j^{n+2} - u_j^{n+1}}{\tau} - a\frac{u_{j+1}^{n+1} - 2u_j^{n+1} + u_{j-1}^{n+1}}{h^2} = 0. \tag{1.17}$$

此式与 (1.16) 式相减, 得到

$$u_j^{n+2} = 2u_j^{n+1} - u_j^n, \quad n+2+j = 偶数, \tag{1.18}$$

从 (1.18) 及 (1.16) 式中消去 $u_j^{n+1}$, 得到

$$\frac{u_j^{n+2} - u_j^n}{2\tau} - a\frac{u_{j+1}^{n+1} - u_j^{n+2} - u_j^n + u_{j-1}^{n+1}}{h^2} = 0, \quad n+j = 偶数. \tag{1.19}$$

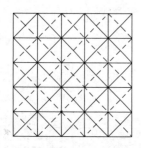

图　4.4

因此可以看出, 当 $n+j = $ 偶数时, (1.19) 式就是 Du Fort-Frankel 格式. 此外我们注意到, 跳点法中奇、偶网格点是两套相互独立的网格, 见图 4.4. 因此跳点法等价于 Du Fort-Frankel 格式, 由此得出其精度和稳定性同 Du Fort-Frankel 格式.

　　最后我们来说明一下, 在算法上跳点格式要比 Du Fort-Frankel 格式优越. 利用 (1.18) 式我们可以看出, 在奇数网格点上值 $u_j^{n+1}$ 算出之后, 不需要保留而直接利用公式 (1.18) 算出下一时间层的偶数网格点上的值 $u_j^{n+2}$. 我们注意到利用公式 (1.18) 比应用格式 (1.15) 简单得多, 从而节省了很多的工作量, 算出的 $u_j^{n+2}$ ($n+2+j =$ 偶数) 给予保留, 以便利用格式 (1.16) 算出奇数网格点上的值. 因此在初始值 $u_j^0$ 的基础上, 首先对 $n=1$ 的时间层的偶数网格点上的值使用显式公式 (1.15) 算出, 然后应用上述算法进行计算, 直至算出最后一个时间层的偶数网格点上的值. 再用隐式格式 (1.16) 补算出该时间层的奇数网格点上的值.

　　上述过程可以看出, 虽然跳点格式与 Du Fort-Frankel 格式是等价的, 但跳点格式省存储, 省计算工作量而且利用格式本身就可以计算出第一时间层上的值, 这就克服了三层

格式的一个缺点.

# 2　初边值问题

在本章第 1 节中给出了扩散方程的各种类型的差分格式,但没有考虑边界条件.本节讨论第一类边界条件和第三类边界条件的数值处理,并给出计算例子.此外讨论了非对称的 Saul′ev 格式和适合于并行计算的 Evans 方法.

## 2.1　第一类边界条件

我们考虑扩散方程的第一边值问题

$$
\begin{cases}
\dfrac{\partial u}{\partial t} - a\,\dfrac{\partial^2 u}{\partial x^2} = 0, & 0 < x < 1,\quad t > 0, \\[2mm]
u(x,0) = g(x), & 0 \leqslant x \leqslant 1, \\[2mm]
u(0,t) = \varphi(t), & t \geqslant 0, \\[2mm]
u(1,t) = \psi(t), & t \geqslant 0.
\end{cases}
\tag{2.1}
$$

由于计算的区域对 $x$ 是 $[0,1]$,因此我们先剖分区间,$0 = x_0 < x_1 < \cdots < x_J = 1$,其中 $Jh = 1$,$x_j = jh$. 对时间变量 $t$ 如前,$t_n = n\tau (n \geqslant 0)$. 第一边值问题的边界处理是简单的,我们可取

$$
\begin{cases}
u_0^n = \varphi(t_n), & n \geqslant 0, \\[2mm]
u_J^n = \psi(t_n), & n \geqslant 0.
\end{cases}
\tag{2.2}
$$

网格点 $(x_0, t_n)$, $(x_J, t_n)$ $(n \geqslant 0)$ 称其为**边界点**. 其余网格点称为**内点**. 但是 $(x_j, t_0)$,$j = 1, \cdots, J-1$,也称为边界点,但此时为初始线上网格点.在初始线上我们用初始条件的离散

$$
u_j^0 = g(x_j) = g_j.
\tag{2.3}
$$

在边界点上用 (2.2) 式,在内点则可用上节讨论的差分格式.总之问题 (2.1) 式可解了.

## 2.2　第三类边界条件

扩散方程的第三边值问题是

$$
\begin{cases}
\dfrac{\partial u}{\partial t} - a\,\dfrac{\partial^2 u}{\partial x^2} = 0, & 0 < x < 1,\quad t > 0, \\[2mm]
u(x,0) = g(x), & 0 \leqslant x \leqslant 1, \\[2mm]
\dfrac{\partial u(0,t)}{\partial x} = \alpha\, u(0,t) + \mu(t), & t \geqslant 0, \\[2mm]
\dfrac{\partial u(1,t)}{\partial x} = \beta\, u(1,t) + \nu(t), & t \geqslant 0.
\end{cases}
\tag{2.4}
$$

在此我们对方程和初始条件就不做考虑了.由于边界条件中包含了导数,故处理比较复杂.下面讨论两种方法:

(1) 在点 $(x_0, t_n)$ 处利用向前差商逼近 $\frac{\partial u}{\partial x}$,而在点 $(x_J, t_n)$ 处利用向后差商来逼近 $\frac{\partial u}{\partial x}$,这样我们得出(2.4)式的边界条件处理

$$\begin{cases} \dfrac{u_1^n - u_0^n}{h} = \alpha u_0^n + \mu(t_n), & (2.5a) \\[3mm] \dfrac{u_J^n - u_{J-1}^n}{h} = \beta u_J^n + \nu(t_n). & (2.5b) \end{cases}$$

容易看出,这样边界条件处理是一阶精度的.

(2) 为了提高在(1)中处理的精度,我们用中心差商来代替(1)中的单侧差商,这样我们就得到了(2.4)式中边界条件的另一个处理

$$\begin{cases} \dfrac{u_1^n - u_{-1}^n}{2h} = \alpha u_0^n + \mu(t_n), & (2.6a) \\[3mm] \dfrac{u_{J+1}^n - u_{J-1}^n}{2h} = \beta u_J^n + \nu(t_n). & (2.6b) \end{cases}$$

可以看出,这样处理边界条件的截断误差是 $O(h^2)$.但是我们也注意到边界处理(2.6)中包含了求解区域之外的点 $(x_{-1}, t_n)$ 及 $(x_{J+1}, t_n)$.因此必须设法消去(2.6)式中的 $u_{-1}^n$ 及 $u_{J+1}^n$.

为了消去 $u_{-1}^n$ 及 $u_{J+1}^n$,就需要另外的方程,如果我们假定扩散方程在边界上也成立,那么可以把内点的差分格式推广到边界上来. 考虑向前差分格式

$$\frac{u_j^{n+1} - u_j^n}{\tau} - a \frac{u_{j+1}^n - 2u_j^n + u_{j-1}^n}{h^2} = 0. \tag{2.7}$$

在左边界 $(x_0, t_n)$ 有

$$u_0^{n+1} = u_0^n + a\lambda(u_1^n - 2u_0^n + u_{-1}^n). \tag{2.8}$$

利用(2.6a)式及(2.8)式消去 $u_{-1}^n$,得到

$$u_0^{n+1} = [1 - 2a\lambda(1 + \alpha h)]u_0^n + 2a\lambda u_1^n - 2a\lambda h \mu(t_n). \tag{2.9}$$

同样,在右边界可以得到

$$u_J^{n+1} = [1 - 2a\lambda(1 - \beta h)]u_J^n + 2a\lambda u_{J-1}^n + 2a\lambda h \nu(t_n). \tag{2.10}$$

公式(2.9)和(2.10)给出了边界(2.6)的处理,并且截断误差是 $O(h^2)$.

## 2.3 数值例子

用简单的例子来考察一些差分格式的数值结果以及边界处理对结果的影响.

**例 2.1** 考虑扩散方程

$$\begin{cases} \dfrac{\partial u}{\partial t} = \dfrac{\partial^2 u}{\partial x^2}, & 0 < x < 1, \quad t > 0, \\[3mm] u(x, 0) = \sin \pi x, & 0 \leqslant x \leqslant 1, \\[2mm] u(0, t) = u(1, t) = 0, & t \geqslant 0. \end{cases} \tag{2.11}$$

用变量分离法可得(2.11)式的解析解为

$$u(x,t) = \mathrm{e}^{-\pi^2 t}\sin\pi x, \quad 0 \leqslant x \leqslant 1, \quad t \geqslant 0.$$

取 $J=10, h=\dfrac{1}{10}, x_j=jh(j=0,1,\cdots,J), \tau$ 为时间步长,$\lambda=\dfrac{\tau}{h^2}$ 为网格比. 对于不同 $\lambda$,用加权隐式格式的计算结果见表 4.1.

**表 4.1 用加权隐式格式计算问题(2.11)解 $u(0.4,0.4)$ 的近似值**

| $\lambda$ | $\theta=0$ (向前差分格式) | $\theta=1$ (向后差分格式) | $\theta=\dfrac{1}{2}$ (Crank-Nicolson) | 解析解 |
|---|---|---|---|---|
| 0.25 | 0.0180544 | 0.0198705 | 0.0189519 | 0.0183519 |
| 0.5 | 0.0171677 | 0.0207988 | 0.0189407 | 0.0183519 |
| 1.0 | $0.278773\times10^{11}$ | 0.0226935 | 0.0188963 | 0.0183519 |
| 2.0 | — | 0.0266211 | 0.0187186 | 0.0183519 |
| 4.0 | — | 0.0349321 | 0.0180093 | 0.0183519 |
| 8.0 | — | 0.0527634 | 0.0152002 | 0.0183519 |

从这个例子可以看出,向前差分格式的稳定性 $\lambda\leqslant\dfrac{1}{2}$;而向后差分格式及 Crank-Nicolson 格式是无条件稳定的,并可看出 Crank-Nicolson 格式的精度比较高.

**例 2.2** 考虑扩散方程的初边值问题

$$\begin{cases} \dfrac{\partial u}{\partial t} = \dfrac{\partial^2 u}{\partial x^2}, & 0 < x < 1, \quad t > 0, \\ u(x,0) = 1, & 0 \leqslant x \leqslant 1, \\ \left(\dfrac{\partial u}{\partial x} - u\right)\Big|_{x=0} = 0, & t \geqslant 0, \\ \left(\dfrac{\partial u}{\partial x} - u\right)\Big|_{x=1} = 0, & t \geqslant 0. \end{cases} \tag{2.12}$$

在内点用向前差分格式,边界条件用两种不同方法来处理,即一阶方法和二阶方法.

网格构造如下

$$x_j = jh, \quad j = 0,1,\cdots,10; \quad h = 0.1.$$

由于内点用向前差分格式,因此网格比 $\lambda$ 必须满足 $\lambda\leqslant\dfrac{1}{2}$. $h=0.1$,必须取 $\tau\leqslant0.005$;在计算中取 $\lambda=\dfrac{1}{4}$,那么可取 $\tau=0.0025$.

内点的向前差分格式为

$$u_j^{n+1} = u_j^n + \frac{1}{4}(u_{j+1}^n - 2u_j^n + u_{j-1}^n).$$

利用公式(2.9)和公式(2.10),得到二阶精度的边界处理

$$u_0^{n+1} = \frac{1}{2}(u_1^n + 0.9u_0^n), \quad u_{10}^{n+1} = \frac{1}{2}(u_9^n + 0.9u_{10}^n).$$

由于初边值问题(2.12)是关于 $x = \frac{1}{2}$ 对称的,因此,我们仅考虑 $x \in \left[0, \frac{1}{2}\right]$ 就可以了.基于上述考虑,形成计算格式

$$u_j^0 = 1, \quad j = 0, 1, \cdots, 5,$$

$$u_j^{n+1} = \frac{1}{4}(u_{j-1}^n + 2u_j^n + u_{j+1}^n), \quad j = 1, 2, 3, 4,$$

$$u_0^{n+1} = \frac{1}{2}(u_1^n + 0.9u_0^n).$$

利用对称性,$u_4^n = u_6^n$,所以

$$u_5^{n+1} = \frac{1}{4}(u_4^n + 2u_5^n + u_6^n), \quad \text{即} \quad u_5^{n+1} = \frac{1}{2}(u_4^n + u_5^n).$$

上述算法称为算法(Ⅰ).

初边值问题(2.12)的解析解

$$u(x, t) = 4\sum_{l=1}^{\infty} \frac{\sec \alpha_l}{3 + 4\alpha_l^2} e^{-4\alpha_l^2} \cos 2\alpha_l\left(x - \frac{1}{2}\right), \quad 0 < x < 1,$$

其中 $\alpha_l$ 为方程 $\alpha \tan \alpha = \frac{1}{2}$ 的正根.

算法(Ⅰ)的计算结果和解析解在 $x = 0.2$ 的比较见表 4.2,可以清楚地看出,对于 $\lambda = \frac{1}{4}$ 时,利用算法(Ⅰ)是很精确的.

表 4.2    用算法(Ⅰ)解问题(2.12)的近似值 $u(0.2, t)$

| 时刻 $t$ | 算法(Ⅰ) | 解析解 | 误差 |
|---|---|---|---|
| 0.005 | 1.0000 | 0.9984 | 0.0016 |
| 0.050 | 0.9126 | 0.9120 | 0.0007 |
| 0.100 | 0.8345 | 0.8342 | 0.0004 |
| 0.250 | 0.6452 | 0.6454 | -0.0003 |
| 0.500 | 0.4205 | 0.4212 | -0.0016 |
| 1.000 | 0.1786 | 0.1794 | -0.0045 |

下面仍将向前差分格式用于内点,但边界条件的处理采用(2.5a),(2.5b)来求解初值问题(2.12).这样的算法称为算法(Ⅱ).计算结果见表 4.3.

表 4.3　用算法（Ⅱ）解问题（2.12）的近似值 $u(0.2, t)$

| 时刻 $t$ | 算法（Ⅱ） | 解析解 | 误差 |
|---|---|---|---|
| 0.005 | 0.9943 | 0.9984 | $-0.004$ |
| 0.050 | 0.8912 | 0.9120 | $-0.023$ |
| 0.100 | 0.8102 | 0.8342 | $-0.029$ |
| 0.250 | 0.6142 | 0.6454 | $-0.048$ |
| 0.500 | 0.3873 | 0.4212 | $-0.080$ |
| 1.000 | 0.1540 | 0.1794 | $-0.142$ |

由表 4.2 和表 4.3 可以看出，算法（Ⅰ）比算法（Ⅱ）要精确，并且也注意到边界的不同处理对内部影响很大. 有些实际问题，边界条件的算法（Ⅱ）也是可以接受的，并且比较简单，因此算法（Ⅱ）还是经常使用的.

## 2.4　关于稳定性分析的附注

在第 2 章中，用矩阵方法对初边值问题的一些差分格式的稳定性进行过分析. 此外也可用能量不等式方法来进行稳定性分析. 一般说来，这样做较为麻烦. 在实际应用中，仍可用 Fourier 方法来进行. 但必须注意到，Fourier 方法仅适用于线性常系数初值问题. 对于一般的初边值问题，我们假定边界处理是准确的，再用 Fourier 方法来作近似分析. 这种近似性方法是简单的，但对于许多实际问题来说，可对计算提供很大帮助.

## 2.5　Saul′ev 算法

我们已经注意到，显式格式的稳定性限制较严，而隐式格式需要求解线性代数方程组. 1957 年，Saul′ev 提出了一个半隐格式，它具有一般隐式格式的稳定性好的特点，又不需要求解线性代数方程组. 近来，采用 Saul′ev 格式构造了许多不同类型的并行计算方法. 因此，这个方法颇受重视.

下面来构造这个格式. 注意到

$$\frac{\partial u}{\partial t}\bigg|_{(x_j, t_n)} = \frac{u(x_j, t_{n+1}) - u(x_j, t_n)}{\tau} + O(\tau), \tag{2.13}$$

$$\frac{\partial^2 u}{\partial x^2}\bigg|_{(x_j, t_n)} = \frac{1}{h}\left(\frac{\partial u}{\partial x}\bigg|_{(x_{j+\frac{1}{2}}, t_n)} - \frac{\partial u}{\partial x}\bigg|_{(x_{j-\frac{1}{2}}, t_n)}\right) + O(h^2). \tag{2.14}$$

应用微分中值定理有

$$\frac{\partial u}{\partial x}\bigg|_{(x_{j-\frac{1}{2}}, t_n)} = \frac{\partial u}{\partial x}\bigg|_{(x_{j-\frac{1}{2}}, t_{n+1})} - \tau\frac{\partial^2 u}{\partial x \partial t}\bigg|_{(x_{j-\frac{1}{2}}, t_n+\theta\tau)},$$
$$0 \leqslant \theta \leqslant 1.$$

将（2.13）式，（2.14）式代入扩散方程（1.1）得

$$\frac{u(x_j,t_{n+1})-u(x_j,t_n)}{\tau}=\frac{1}{h}\left(\frac{\partial u}{\partial x}\Big|_{(x_{j+\frac{1}{2}},t_n)}-\frac{\partial u}{\partial x}\Big|_{(x_{j-\frac{1}{2}},t_{n+1})}\right)+O(\tau+h^2). \quad (2.15)$$

最后,利用中心差商,有

$$\frac{\partial u}{\partial x}\Big|_{(x_{j+\frac{1}{2}},t_n)}=\frac{1}{h}\big[u(x_{j+1},t_n)-u(x_j,t_n)\big]+O(h^2),$$

$$\frac{\partial u}{\partial x}\Big|_{(x_{j-\frac{1}{2}},t_{n+1})}=\frac{1}{h}\big[u(x_j,t_{n+1})-u(x_{j-1},t_{n+1})\big]+O(h^2).$$

把上两式代入(2.15)式得差分格式

$$u_j^{n+1}=\frac{1-a\lambda}{1+a\lambda}u_j^n+\frac{a\lambda}{1+a\lambda}(u_{j-1}^{n+1}+u_{j+1}^n). \quad (2.16)$$

上式中使用的网格点见图 4.5. 从已给定的边界值 $u_0^{n+1}$ 开始,依次可以计算出 $j=1$, $2,\cdots,J-1$ 的值 $u_j^{n+1}$. 在每次应用(2.16)式时,$u_{j-1}^{n+1}$ 已经知道,所以隐式格式可以显式地计算.

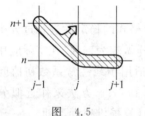

图   4.5                图   4.6

完全类似地推导,按图 4.6 方式有公式

$$u_j^{n+1}=\frac{1-a\lambda}{1+a\lambda}u_j^n+\frac{a\lambda}{1+a\lambda}(u_{j+1}^{n+1}+u_{j-1}^n),\quad j=J-1,J-2,\cdots,1. \quad (2.17)$$

利用(2.17)式进行计算时,从已知的边界值 $u_J^{n+1}$ 开始,从右向左一直计算出 $u_1^{n+1}$,计算同样是显式的.

对于 $n=1,3,5,\cdots$,我们采用(2.17)式,从右向左进行计算;对于 $n=2,4,6,\cdots$,则采用(2.16)式,从左向右进行计算. 交替使用(2.17)式、(2.16)式来进行计算,这样的算法称为 **Saul′ev 算法**. 由算法的推导可以看出,(2.15)式和(2.16)式的截断误差为 $O\left(\frac{\tau}{h}+\tau+h^2\right)$,因此在计算时必须 $\tau\ll h$.

下面来分析 Saul′ev 算法的稳定性. 不考虑边界情况,采用 Fourier 方法进行分析. (2.17)式的增长因子为

$$G^{(1)}(\tau,k)=\frac{1-a\lambda+a\lambda\cos kh-ia\lambda\sin kh}{1+a\lambda-a\lambda\cos kh-ia\lambda\sin kh}.$$

(2.16)式的增长因子为

$$G^{(2)}(\tau,k)=\frac{1-a\lambda+a\lambda\cos kh+ia\lambda\sin kh}{1+a\lambda-a\lambda\cos kh+ia\lambda\sin kh}.$$

因此,$\mathrm{Saul'ev}$ 算法的增长因子为

$$G(\tau,k) = G^{(2)}(\tau,k) \cdot G^{(1)}(\tau,k) = \frac{[1 - a\lambda(1 - \cos kh)]^2 + a^2\lambda^2\sin^2 kh}{[1 + a\lambda(1 - \cos kh)]^2 + a^2\lambda^2\sin^2 kh}.$$

由于 $a\lambda(1 - \cos kh) \geqslant 0$,所以有 $0 \leqslant G(\tau,k) \leqslant 1$. 从而得出 $\mathrm{Saul'ev}$ 算法是无条件稳定的.

## 2.6 分组显式方法

$\mathrm{Saul'ev}$ 格式是绝对稳定的隐式方法,可以从右向左,从左向右显式地交替求解,这样

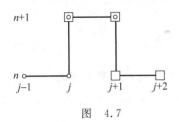

图 4.7

不需要求解线性代数方程组,因而受到重视.并行计算机的出现,发现 $\mathrm{Saul'ev}$ 格式不易使用.1983 年 Evan 等基于 $\mathrm{Saul'ev}$ 格式,构造了分组显式方法(GE 方法或 GE 格式).

在网格点 $(x_j, t_{n+1})$(用"○"表示)建立格式(2.17),在网格点 $(x_{j+1}, t_{n+1})$(用"□"表示)建立差分格式(2.16)(见图 4.7),上述两个格式形成了 2 元联立方程组

$$\begin{cases} (1+r)u_j^{n+1} - ru_{j+1}^{n+1} = (1-r)u_j^n + ru_{j-1}^n, \\ (1+r)u_{j+1}^{n+1} - ru_j^{n+1} = (1-r)u_{j+1}^n + ru_{j+2}^n, \end{cases} \tag{2.18}$$

即

$$\begin{bmatrix} 1+r & -r \\ -r & 1+r \end{bmatrix}\begin{bmatrix} u_j^{n+1} \\ u_{j+1}^{n+1} \end{bmatrix} = \begin{bmatrix} 1-r & 0 \\ 0 & 1-r \end{bmatrix}\begin{bmatrix} u_j^n \\ u_{j+1}^n \end{bmatrix} + r\begin{bmatrix} u_{j-1}^n \\ u_{j+2}^n \end{bmatrix}. \tag{2.18}'$$

解(2.18)式有

$$u_j^{n+1} = \frac{1}{1+2r}[r(1+r)u_{j-1}^n + (1-r^2)u_j^n + r(1-r)u_{j+1}^n + r^2 u_{j+2}^n], \tag{2.19}$$

$$u_{j+1}^{n+1} = \frac{1}{1+2r}[r^2 u_{j-1}^n + r(1-r)u_j^n + (1-r^2)u_{j+1}^n + r(1+r)u_{j+2}^n]. \tag{2.20}$$

由(2.19)式,(2.20)式可知,在第 $n+1$ 时间层上的 $u_j^{n+1}$,利用(2.19)可由第 $n$ 层上的 $u_{j-1}^n, u_j^n, u_{j+1}^n, u_{j+2}^n$ 直接计算出来.同样的,$u_{j+1}^{n+1}$ 可用(2.20)由第 $n$ 层上的 $u_{j-1}^n, u_j^n, u_{j+1}^n, u_{j+2}^n$ 直接计算出来.因此可以看出,计算 $u_j^{n+1}, j=1,2,\cdots,J-1$ 可以独立地、显式计算.由(2.19)式,(2.20)式成形的方法称为**分组显式方法**,简称 **GE 方法**,此方法易于并行计算.

# 3 对流扩散方程

考虑简单的**对流扩散方程**

$$\frac{\partial u}{\partial t} + a\frac{\partial u}{\partial x} = \nu\frac{\partial^2 u}{\partial x^2}, \quad x \in \mathbb{R}, \quad t > 0, \tag{3.1}$$

其中 $a, \nu$ 为常数,$\nu > 0$. 如果给定初值

$$u(x,0) = g(x), \quad x \in \mathbb{R}. \tag{3.2}$$

那么(3.1)式,(3.2)式构成了对流扩散方程的初值问题,我们已经讨论了对流方程和扩散方程的差分方法,两者结合起来就可以得到求解对流扩散方程的差分方法.但另一方面,对流扩散方程也有自己的特点,特别是所谓**对流占优扩散问题**($a \gg \nu$),这类问题的差分方法引起了特别重视.

## 3.1　中心显式格式

时间导数用向前差商、空间导数用中心差商来逼近,那么就得到了(3.1)式的差分格式

$$\frac{u_j^{n+1} - u_j^n}{\tau} + a \frac{u_{j+1}^n - u_{j-1}^n}{2h} = \nu \frac{u_{j+1}^n - 2u_j^n + u_{j-1}^n}{h^2}, \tag{3.3}$$

显然,格式(3.3)的截断误差为 $O(\tau + h^2)$.如果 $\nu = 0$,那么(3.3)式就是对流方程的一个差分格式.我们知道,这是一个不稳定的差分格式.下面对于 $\nu \neq 0$ 来讨论差分格式(3.3)的稳定性,若令

$$\lambda = a \frac{\tau}{h}, \quad \mu = \nu \frac{\tau}{h^2}.$$

那么差分格式(3.3)可改写为

$$u_j^{n+1} = u_j^n - \frac{1}{2}\lambda(u_{j+1}^n - u_{j-1}^n) + \mu(u_{j+1}^n - 2u_j^n + u_{j-1}^n). \tag{3.3}'$$

容易求出这个差分格式的增长因子

$$G(\tau, k) = 1 - 2\mu(1 - \cos kh) - \mathrm{i}\lambda \sin kh,$$

其模的平方

$$\begin{aligned}
|G(\tau, k)|^2 &= [1 - 2\mu(1 - \cos kh)]^2 + \lambda^2 \sin^2 kh \\
&= 1 - 4\mu(1 - \cos kh) + 4\mu^2(1 - \cos kh)^2 + \lambda^2 \sin^2 kh \\
&= 1 - (1 - \cos kh)[4\mu - 4\mu^2(1 - \cos kh) - \lambda^2(1 + \cos kh)].
\end{aligned}$$

由于 $1 - \cos kh \geqslant 0$,所以 $|G(\tau, k)| \leqslant 1$(即差分格式稳定)的充分条件为

$$4\mu - 4\mu^2(1 - \cos kh) - \lambda^2(1 + \cos kh) \geqslant 0.$$

上式可以改写为

$$(2\lambda^2 - 8\mu^2)\frac{1 - \cos kh}{2} + 4\mu - 2\lambda^2 \geqslant 0.$$

注意到 $\frac{1}{2}(1 - \cos kh) \in [0, 1]$,所以上面不等式满足的条件为

$$(2\lambda^2 - 8\mu^2) + 4\mu - 2\lambda^2 \geqslant 0, \quad 4\mu - 2\lambda^2 \geqslant 0.$$

由此得到差分格式(3.3)的稳定性限制为

$$\tau \leqslant \frac{2\nu}{a^2}, \tag{3.4}$$

$$\nu\frac{\tau}{h^2}\leqslant\frac{1}{2}. \tag{3.5}$$

注意到条件(3.5)即为扩散方程向前差格式的稳定性条件. 由于增加了对流项, 因此时间步长 $\tau$ 增加了限制(3.4)式.

## 3.2 修正中心显式格式

设 $u(x,t)$ 为对流扩散方程(3.1)的充分光滑的解, 那么有

$$\frac{\partial^2 u}{\partial t^2} = \nu^2\frac{\partial^4 u}{\partial x^4} - 2a\nu\frac{\partial^3 u}{\partial x^3} + a^2\frac{\partial^2 u}{\partial x^2},$$

$$\frac{\partial^3 u}{\partial t^3} = \nu^3\frac{\partial^6 u}{\partial x^6} - 3a\nu^2\frac{\partial^5 u}{\partial x^5} + 3a^2\nu\frac{\partial^4 u}{\partial x^4} - a^3\frac{\partial^3 u}{\partial x^3}.$$

利用 Taylor 级数展开有

$$\frac{u(x_j,t_{n+1}) - u(x_j,t_n)}{\tau} + a\frac{u(x_{j+1},t_n) - u(x_{j-1},t_n)}{2h}$$

$$- \nu\frac{u(x_{j+1},t_n) - 2u(x_j,t_n) + u(x_{j-1},t_n)}{h^2}$$

$$= \left(\frac{\partial u}{\partial t}\right)_j^n + \frac{\tau}{2}\left(\frac{\partial^2 u}{\partial t^2}\right)_j^n + \frac{\tau^2}{6}\left(\frac{\partial^3 u}{\partial t^3}\right)_j^n + O(\tau^3)$$

$$+ a\left(\frac{\partial u}{\partial x}\right)_j^n + \frac{1}{6}ah^2\left(\frac{\partial^3 u}{\partial x^3}\right)_j^n + O(h^4)$$

$$- \nu\left(\frac{\partial^2 u}{\partial x^2}\right)_j^n - \frac{1}{12}\nu h^2\left(\frac{\partial^4 u}{\partial x^4}\right)_j^n + O(h^4)$$

$$= \left(\frac{\partial u}{\partial t}\right)_j^n + a\left(\frac{\partial u}{\partial x}\right)_j^n - \nu\left(\frac{\partial^2 u}{\partial x^2}\right)_j^n + \frac{\tau}{2}\left[\nu^2\left(\frac{\partial^4 u}{\partial x^4}\right)_j^n - 2a\nu\left(\frac{\partial^3 u}{\partial x^3}\right)_j^n + a^2\left(\frac{\partial^2 u}{\partial x^2}\right)_j^n\right]$$

$$+ \frac{\tau^2}{6}\left[\nu^3\left(\frac{\partial^6 u}{\partial x^6}\right)_j^n - 3a\nu^2\left(\frac{\partial^5 u}{\partial x^5}\right)_j^n + 3a^2\nu\left(\frac{\partial^4 u}{\partial x^4}\right)_j^n - a^3\left(\frac{\partial^3 u}{\partial x^3}\right)_j^n\right]$$

$$+ \frac{a}{6}h^2\left(\frac{\partial^3 u}{\partial x^3}\right)_j^n - \frac{\nu}{12}h^2\left(\frac{\partial^4 u}{\partial x^4}\right)_j^n + O(\tau^3 + h^4)$$

$$= \left(\frac{\partial u}{\partial t}\right)_j^n + a\left(\frac{\partial u}{\partial x}\right)_j^n - \left(\nu - \frac{1}{2}a^2\tau\right)\left(\frac{\partial^2 u}{\partial x^2}\right)_j^n + \frac{1}{6}\nu h^2(1 - 6\mu - \lambda^2)\left(\frac{\partial^3 u}{\partial x^3}\right)_j^n + \cdots.$$

如果略去上式展开中的高阶项, 那么可以看出, 利用中心显式差分格式(3.3)求解(3.1)式也相当于求解微分方程

$$\frac{\partial u}{\partial t} + a\frac{\partial u}{\partial x} = \left(\nu - \frac{\tau}{2}a^2\right)\frac{\partial^2 u}{\partial x^2}. \tag{3.6}$$

显然, 当 $\tau\to 0$ 时, 方程(3.6)就是对流扩散方程(3.1).

在实际计算中, $\tau\neq 0$, 因此采用中心显式差分格式(3.3)来进行计算时, 导致了扩散效

应的减少. 特别当 $\frac{\tau}{2}a^2$ 接近于 $\nu$ 时(稳定性条件保证了 $\nu-\frac{1}{2}a^2 \geqslant 0$)更为显著.

为了使扩散效应不至于减少,设法在差分格式的构造上进行一些补救,由此引入**修正中心显式格式**

$$\frac{u_j^{n+1}-u_j^n}{\tau}+a\frac{u_{j+1}^n-u_{j-1}^n}{2h}=\left(\nu+\frac{\tau}{2}a^2\right)\frac{u_{j+1}^n-2u_j^n+u_{j-1}^n}{h^2}. \qquad (3.7)$$

显然,此差分格式逼近对流扩散方程(3.1)的截断误差为 $O(\tau+h^2)$. 下面来讨论差分格式(3.7)的稳定性. 为方便起见,我们采用中心显式差分格式的稳定性条件进行推导. 差分格式(3.7)与差分格式(3.3)的区别在于用 $\bar{\nu}=\nu+\frac{\tau}{2}a^2$ 来代替 $\nu$. 根据中心显式格式的稳定性条件(3.4)和(3.5)可知,差分格式(3.7)的稳定性条件为

$$\tau \leqslant \frac{2}{a^2}\bar{\nu},$$

和

$$\bar{\nu}\frac{\tau}{h^2} \leqslant \frac{1}{2}.$$

用 $\bar{\nu}$ 代入第一式有 $\tau \leqslant \frac{2}{a^2}\left(\nu+\frac{\tau}{2}a^2\right)$,即 $\tau \leqslant \frac{2\nu}{a^2}+\tau$,显然这是恒成立的. 因此,修正中心显式格式(3.7)的稳定性条件为

$$\nu\frac{\tau}{h^2}+\frac{1}{2}\left(a\frac{\tau}{h}\right)^2 \leqslant \frac{1}{2}. \qquad (3.8)$$

对于修正中心显式格式(3.7),当 $\nu=0$ 时,就化为逼近对流方程的 Lax-Wendroff 格式. Lax-Wendroff 格式的稳定性条件 $|a|\frac{\tau}{h}\leqslant 1$ 也可由(3.8)式得到.

## 3.3　迎风差分格式

由中心显式差分格式的稳定性条件(3.4)可以看出,当 $\frac{\nu}{a^2}$ 小时,时间步长必相当小. 为克服这一不利因素,在一阶空间偏导数的离散中采用单边差商,其办法相当于 $\nu=0$ 的情况. 令 $a>0$,那么逼近(3.1)式的迎风差分格式为

$$\frac{u_j^{n+1}-u_j^n}{\tau}+a\frac{u_j^n-u_{j-1}^n}{h}=\nu\frac{u_{j+1}^n-2u_j^n+u_{j-1}^n}{h^2}. \qquad (3.9)$$

容易看出,(3.9)式的截断误差为 $O(\tau+h)$.

为讨论其稳定性,可以把(3.9)式写成(3.3)式的形式,即

$$\frac{u_j^{n+1}-u_j^n}{\tau}+a\frac{u_{j+1}^n-u_{j-1}^n}{2h}=\left(\nu+\frac{ah}{2}\right)\frac{u_{j+1}^n-2u_j^n+u_{j-1}^n}{h^2}. \qquad (3.9)'$$

令 $\bar{\nu}=\nu+\frac{ah}{2}$,根据中心显式差分格式稳定性的讨论,可以得到(3.9)式的稳定性条件为

$$\tau \leqslant \frac{2}{a^2}\bar{\nu},$$

$$\bar{\nu}\frac{\tau}{h^2} \leqslant \frac{1}{2}.$$

注意到,稳定性的第一个条件等价于 $\dfrac{\tau}{\dfrac{2\nu}{a^2}+\dfrac{h}{a}} \leqslant 1$,而

$$\frac{\tau}{\dfrac{2\nu}{a^2}+\dfrac{h}{a}} = \frac{2\nu\dfrac{\tau}{h^2}\left(\dfrac{ah}{2\nu}\right)^2}{1+\dfrac{ah}{2\nu}}.$$

利用不等式

$$\frac{\left(\dfrac{ah}{2\nu}\right)^2}{1+\dfrac{ah}{2\nu}} \leqslant 1+\frac{ah}{2\nu},$$

这样就得到

$$\frac{\tau}{\dfrac{2\nu}{a^2}+\dfrac{h}{a}} \leqslant 2\nu\frac{\tau}{h^2}\left(1+\frac{ah}{2\nu}\right).$$

利用稳定性的第二个条件可得到 $\dfrac{\tau}{\dfrac{2\nu}{a^2}+\dfrac{h}{a}} \leqslant 1$. 从而可知,稳定性条件的第一个条件可由第二个条件推出. 因此差分格式的稳定性条件为

$$\left(\nu+\frac{ah}{2}\right)\frac{\tau}{h^2} \leqslant \frac{1}{2}. \tag{3.10}$$

迎风格式是一阶精度的差分格式,但在实际计算中还是经常采用的,特别是当对流项系数比扩散项系数大很多的情况,即所谓对流占优扩散问题,采用中心格式已经不能很好计算问题的结果,而用迎风格式可以计算出问题的近似解.

## 3.4 Samarskii 格式

**Samarskii 格式**是具有迎风效应的关于空间的二阶格式. 下面采用 Samarskii 提出的方法来建立差分格式. 为方便起见,设 $a>0$,先对方程(3.1)作扰动,得另一对流扩散方程

$$\frac{\partial u}{\partial t}+a\frac{\partial u}{\partial x} = \frac{1}{1+R}\nu\frac{\partial^2 u}{\partial x^2}, \tag{3.11}$$

其中 $R=\dfrac{1}{2\nu}ha$. 当 $h\to0$ 时,(3.11)式化为(3.1)式.

对于方程(3.11),构造迎风格式

$$\frac{u_j^{n+1} - u_j^n}{\tau} + a\,\frac{u_j^n - u_{j-1}^n}{h} = \frac{1}{1+R}\,\nu\,\frac{u_{j+1}^n - 2u_j^n + u_{j-1}^n}{h^2}. \tag{3.12}$$

差分格式(3.12)称为**逼近对流扩散方程的 Samarskii 格式**.

下面来推导(3.12)式的截断误差,设 $u(x,t)$ 为对流扩散方程(3.1)的充分光滑解,那么

$$T_j^n = \frac{u(x_j,t_{n+1}) - u(x_j,t_n)}{\tau} + a\,\frac{u(x_j,t_n) - u(x_{j-1},t_n)}{h}$$
$$- \frac{1}{1+R}\nu\,\frac{u(x_{j+1},t_n) - 2u(x_j,t_n) + u(x_{j-1},t_n)}{h^2},$$

令

$$\alpha_j^n = \frac{u(x_j,t_{n+1}) - u(x_j,t_n)}{\tau} - \nu\,\frac{u(x_{j+1},t_n) - 2u(x_j,t_n) + u(x_{j-1},t_n)}{h^2},$$

那么,用 Taylor 级数展开有

$$\alpha_j^n = \left(\frac{\partial u}{\partial t}\right)_j^n - \nu\left(\frac{\partial^2 u}{\partial x^2}\right)_j^n + O(\tau + h^2).$$

再令

$$\beta_j^n = a\,\frac{u(x_j,t_n) - u(x_{j-1},t_n)}{h} - \left(\frac{1}{1+R} - 1\right)\nu\,\frac{u(x_{j+1},t_n) - 2u(x_j,t_n) + u(x_{j-1},t_n)}{h^2},$$

用 Taylor 级数展开有

$$\beta_j^n = a\left(\frac{\partial u}{\partial x}\right)_j^n - \frac{ah}{2}\left(\frac{\partial^2 u}{\partial x^2}\right)_j^n + \frac{R}{1+R}\nu\left(\frac{\partial^2 u}{\partial x^2}\right)_j^n + O(h^2)$$
$$= a\left(\frac{\partial u}{\partial x}\right)_j^n - R\nu\left(\frac{\partial^2 u}{\partial x^2}\right)_j^n + \frac{R}{1+R}\nu\left(\frac{\partial^2 u}{\partial x^2}\right)_j^n + O(h^2)$$
$$= a\left(\frac{\partial u}{\partial x}\right)_j^n - \frac{R^2}{1+R}\nu\left(\frac{\partial^2 u}{\partial x^2}\right)_j^n + O(h^2).$$

由于 $\dfrac{R^2}{1+R} = O(h^2)$,所以 $\beta_j^n = a\left(\dfrac{\partial u}{\partial x}\right)_j^n + O(h^2)$.

利用 $T_j^n$ 的表达式得

$$T_j^n = \alpha_j^n + \beta_j^n = \left(\frac{\partial u}{\partial t}\right)_j^n + a\left(\frac{\partial u}{\partial x}\right)_j^n - \nu\left(\frac{\partial^2 u}{\partial x^2}\right)_j^n + O(\tau + h^2)$$
$$= O(\tau + h^2).$$

仿迎风格式的稳定性证明,可以得到 Samarskii 格式的稳定性条件

$$\left(\frac{ah}{2} + \frac{\nu}{1 + \frac{ah}{2\nu}}\right)\frac{\tau}{h^2} \leqslant \frac{1}{2}. \tag{3.13}$$

用 Samarskii 格式进行计算时,其工作量稍多于迎风格式,但是截断误差从 $O(\tau + h)$ 提高到 $O(\tau + h^2)$,因此在计算对流占优扩散问题中采用 Samarskii 格式是有好处的.

## 3.5 指数型差分格式

考虑定态的对流扩散方程

$$d + a\frac{\mathrm{d}u}{\mathrm{d}x} = \nu\frac{\mathrm{d}^2u}{\mathrm{d}x^2}, \tag{3.14}$$

其中 $d$ 为常数,对(3.14)式积分可以得到

$$u = \beta_1 \mathrm{e}^{\lambda x} + \beta_2 - \frac{d}{a}x. \tag{3.15}$$

其中 $\lambda = \dfrac{a}{\nu}$. 通解(3.14)中有两个待定常数. 对空间进行剖分,设 $h$ 为空间步长,$x_j = jh$ $(j = 0, \pm 1, \pm 2, \cdots)$,相应于 $x_j$ 上 $u$ 的值为 $u(x_j)$,那么有

$$u(x_{j-1}) = \beta_1 \mathrm{e}^{\lambda(j-1)h} + \beta_2 - \frac{d}{a}(j-1)h$$

和

$$u(x_{j+1}) = \beta_1 \mathrm{e}^{\lambda(j+1)h} + \beta_2 - \frac{d}{a}(j+1)h.$$

由此可以得到

$$\beta_1 = \frac{u(x_{j+1}) - u(x_{j-1}) + 2h\dfrac{d}{a}}{\mathrm{e}^{\lambda(j-1)h}(\mathrm{e}^{2\lambda h} - 1)},$$

$$\beta_2 = u(x_{j-1}) - \frac{u(x_{j+1}) - u(x_{j-1}) + \dfrac{2dh}{a}}{\mathrm{e}^{2\lambda h} - 1} + \frac{d}{a}(j-1)h.$$

把 $\beta_1, \beta_2$ 代入通解有

$$u(x_j) = \frac{u(x_{j+1}) + \mathrm{e}^{\lambda h}u(x_{j-1})}{1 + \mathrm{e}^{\lambda h}} - d\frac{h(\mathrm{e}^{\lambda h} - 1)}{a(1 + \mathrm{e}^{\lambda h})},$$

上式改变写法有

$$d = \frac{a\{(1 + \mathrm{e}^{\lambda h})u(x_j) - [u(x_{j+1}) + \mathrm{e}^{\lambda h}u(x_{j-1})]\}}{h(1 - \mathrm{e}^{\lambda h})}.$$

再改变其形式

$$d = -a\frac{u(x_{j+1}) - u(x_{j-1})}{2h} - \frac{ah}{2}\frac{1 + \mathrm{e}^{\lambda h}}{1 - \mathrm{e}^{\lambda h}}\frac{u(x_{j+1}) - 2u(x_j) + u(x_{j-1})}{h^2}. \tag{3.16}$$

下面考虑对流扩散方程(3.1),与(3.14)式,(3.16)式相比较,我们给出(3.1)的差分格式

$$\frac{u_j^{n+1} - u_j^n}{\tau} + a\frac{u_{j+1}^n - u_{j-1}^n}{2h} = -\frac{ah}{2}\frac{1 + \mathrm{e}^{\lambda h}}{1 - \mathrm{e}^{\lambda h}}\frac{u_{j+1}^n - 2u_j^n + u_{j-1}^n}{h^2}.$$

注意到

$$\frac{1+e^{\lambda h}}{1-e^{\lambda h}} = -\frac{e^{\frac{\lambda h}{2}}+e^{-\frac{\lambda h}{2}}}{e^{\frac{\lambda h}{2}}-e^{-\frac{\lambda h}{2}}} = -\coth\left(\frac{\lambda h}{2}\right) = -\coth\left(\frac{ah}{2\nu}\right),$$

因此,上面差分格式可以写成

$$\frac{u_j^{n+1}-u_j^n}{\tau} + a\frac{u_{j+1}^n-u_{j-1}^n}{2h} = \nu\sigma\frac{u_{j+1}^n-2u_j^n+u_{j-1}^n}{h^2}, \tag{3.17}$$

其中

$$\sigma = \frac{ah}{2\nu}\coth\left(\frac{ah}{2\nu}\right).$$

一般称 $\sigma$ 为**拟合因子**.差分格式(3.17)称为逼近对流扩散方程(3.1)的**指数型差分格式**,或称 I'lin 格式.

为讨论差分格式(3.17)的截断误差,先把它改变形式.

$$\frac{u_j^{n+1}-u_j^n}{\tau} + a\frac{u_{j+1}^n-u_{j-1}^n}{2h} = \nu\frac{u_{j+1}^n-2u_j^n+u_{j-1}^n}{h^2} + \rho(u_j^n), \tag{3.18}$$

其中

$$\rho(u_j^n) = \nu(\sigma-1)\frac{u_{j+1}^n-2u_j^n+u_{j-1}^n}{h^2}.$$

如果在(3.18)中不考虑 $\rho(u_j^n)$,那么此差分格式就是中心显式格式,所以其截断误差为 $O(\tau+h^2)$.下面考虑 $\rho(u_j^n)$,设 $u$ 为对流扩散方程(3.1)的光滑解,那么

$$\frac{u(x_{j+1},t_n)-2u(x_j,t_n)+u(x_{j-1},t_n)}{h^2} = \left(\frac{\partial^2 u}{\partial x^2}\right)_j^n + O(h^2),$$

此外,利用 Taylor 展开有

$$\coth x = \frac{1}{x} + \frac{x}{3} - \frac{x^3}{45} + \cdots.$$

应用到 $\nu(\sigma-1)$ 有

$$\nu(\sigma-1) = \nu\left\{\frac{ah}{2\nu}\left[\frac{2\nu}{ah} + \frac{1}{3}\left(\frac{ah}{2\nu}\right) + O(h^3)\right] - 1\right\} = O(h^2).$$

由此得 $\rho(u(x_j,t_n)) = O(h^2)$,因此指数格式(3.17)的截断误差为 $O(\tau+h^2)$.

下面讨论指数格式(3.17)的稳定性,与中心显式格式的稳定性条件作形式上的比较可得

$$\tau \leqslant \frac{1}{a^2}2\nu\sigma$$

和

$$\nu\sigma\frac{\tau}{h^2} \leqslant \frac{1}{2}. \tag{3.19}$$

利用(3.19)式可得

$$\frac{\tau a^2}{2\nu\sigma} = \nu\sigma\frac{\tau}{h^2}\left(\frac{a^2 h^2}{2\nu^2\sigma^2}\right) \leqslant \left(\frac{ah}{2\nu\sigma}\right)^2 = \left(\frac{1}{\coth\left(\frac{ah}{2\nu}\right)}\right)^2 \leqslant 1.$$

由此得出稳定性的第一个条件,所以差分格式(3.17)的稳定性条件为(3.19).

当 $\nu \ll |a|$ 时,就是奇异摄动问题(即对流占优),在这类问题的数值求解中,指数型格式具有良好的性质,受到了充分重视.

最后考察指数格式、Samarskii 格式、迎风格式之间的关系,仍设 $a>0$,先把指数格式改写为

$$\frac{u_j^{n+1}-u_j^n}{\tau} + a\frac{u_j^n-u_{j-1}^n}{h} = -\frac{ah}{(1-e^{\lambda h})}\frac{u_{j+1}^n-2u_j^n+u_{j-1}^n}{h^2}, \tag{3.20}$$

其中 $\lambda = \frac{a}{\nu}$.

取 $h$ 充分小,$e^{\lambda h} \approx 1+\lambda h$,由此可以看出,(3.20)式化为迎风差分格式(3.9);如果取 $e^{\lambda h} \approx 1+\lambda h+\frac{(\lambda h)^2}{2}$,那么

$$-\frac{ah}{(1-e^{\lambda h})} \approx \frac{ah}{\lambda h+\frac{(\lambda h)^2}{2}} = \frac{\nu}{1+\frac{ha}{2\nu}}.$$

这样,(3.20)式化为 Samarskii 格式,由此看来,迎风格式、Samarskii 格式都是指数格式在某种情况下的近似.

## 3.6 隐式格式

前面讨论了求解对流扩散方程的一些显式格式,它们都是条件稳定的,为了放松稳定性条件,可以采用**隐式格式**进行求解,先考虑 Crank-Nicolson 型隐式差分格式

$$\frac{u_j^{n+1}-u_j^n}{\tau} + \frac{a}{2}\left(\frac{u_{j+1}^n-u_{j-1}^n}{2h} + \frac{u_{j+1}^{n+1}-u_{j-1}^{n+1}}{2h}\right)$$
$$= \frac{\nu}{2}\left(\frac{u_{j+1}^n-2u_j^n+u_{j-1}^n}{h^2} + \frac{u_{j+1}^{n+1}-2u_j^{n+1}+u_{j-1}^{n+1}}{h^2}\right). \tag{3.21}$$

显然其精度是二阶的.下面我们考虑其稳定性.格式(3.21)的增长因子是

$$G = \frac{(1-\mu+\mu\cos kh) - i\frac{\lambda}{2}\sin kh}{(1+\mu-\mu\cos kh) + i\frac{\lambda}{2}\sin kh},$$

其中 $\lambda = \frac{a\tau}{h}, \mu = \frac{\nu\tau}{h^2}$. 因此

$$| G |^2 = \frac{(1 - \mu + \mu \cos kh)^2 + \left(\frac{\lambda}{2} \sin kh\right)^2}{(1 + \mu - \mu \cos kh)^2 + \left(\frac{\lambda}{2} \sin kh\right)^2}.$$

改写上式

$$| G |^2 - 1 = \frac{-4\mu(1 - \cos kh)}{(1 + \mu - \mu \cos kh)^2 + \left(\frac{\lambda}{2} \sin kh\right)^2}.$$

由于 $1 - \cos kh \geqslant 0$ 及上式的分母为正,所以有

$$| G |^2 - 1 \leqslant 0,$$

即 $|G| \leqslant 1$. 从而得出隐式格式(3.21)是无条件稳定的.

对于迎风格式、Samarskii 格式以及指数格式也容易给出相应的隐式格式,例如

$$\frac{u_j^{n+1} - u_j^n}{\tau} + a \frac{u_{j+1}^{n+1} - u_{j-1}^{n+1}}{2h} = \nu \sigma \frac{u_{j+1}^{n+1} - 2u_j^{n+1} + u_{j-1}^{n+1}}{h^2}. \tag{3.22}$$

此格式是无条件稳定的. 在实际计算中也受到重视. 为提高精度,可以由 Samarskii 格式、指数格式给出相应的 Crank-Nicolson 型格式.

## 3.7　特征差分格式

对流扩散方程中,若对流占优($a \gg \nu$)时,那么对流扩散方程将呈现双曲型方程的特性. 在双曲型方程中,特征线起到了重要的作用. 利用双曲型方程的特征线来构造差分格式已在双曲型方程碰到过. 在对流扩散方程中,迎风格式就是采用双曲型方程的特性来构造的差分格式. 实际上,特征差分格式采用同一思想,但比迎风格式更广泛些.

对流扩散方程(3.1)的对流部分 $\dfrac{\partial u}{\partial t} + a \dfrac{\partial u}{\partial x}$ 相应的特征方向为

$$\boldsymbol{l} = \left( \frac{a}{\sqrt{1 + a^2}}, \frac{1}{\sqrt{1 + a^2}} \right)^{\mathrm{T}}.$$

沿 $\boldsymbol{l}$ 方向的方向导数为

$$\frac{\partial}{\partial \boldsymbol{l}} = \frac{1}{\sqrt{1 + a^2}} \frac{\partial}{\partial t} + \frac{a}{\sqrt{1 + a^2}} \frac{\partial}{\partial x},$$

于是,对流扩散方程(3.1)可以化为

$$\sqrt{1 + a^2} \frac{\partial u}{\partial \boldsymbol{l}} = \nu \frac{\partial^2 u}{\partial x^2}. \tag{3.23}$$

由点 $(x_j, t_{n+1})$ 出发,沿 $\boldsymbol{l}$ 方向的直线与直线 $t = t_n$ 交点的横坐标为

$$\bar{x} = x_j - a\tau,$$

于是,沿特征方向的导数可以作近似

$$\sqrt{1+a^2}\,\frac{\partial u}{\partial l} \approx \sqrt{1+a^2}\,\frac{u(x_j,t_{n+1})-u(\bar{x},t_n)}{\sqrt{(x_j-\bar{x})^2+\tau^2}},$$

化简有

$$\sqrt{1+a^2}\,\frac{\partial u}{\partial l} \approx \frac{u(x_j,t_{n+1})-u(\bar{x},t_n)}{\tau}.$$

此式结合(3.23)式有近似式

$$\frac{u_j^{n+1}-u(\bar{x},t_n)}{\tau} \approx \nu\,\frac{u_{j+1}^{n+1}-2u_j^{n+1}+u_{j-1}^{n+1}}{h^2}.$$

如果 $\bar{x}\in[x_{j-1},x_j]$，那么用线性插值就可以得到迎风格式(3.9)．若 $u(\bar{x},t_n)$ 用 $x_{m-1},x_m$ 上的 $u_{m-1}^n,u_m^n$ 作线性插值，那么就得到

$$\frac{u_j^{n+1}-[\alpha_j^m u_m^n+(1-\alpha_j^m)u_{m-1}^n]}{\tau} = \nu\,\frac{u_j^{n+1}-2u_j^{n+1}+u_{j+1}^{n+1}}{h^2}, \tag{3.24}$$

其中 $\alpha_j^m=\dfrac{\bar{x}-x_{m-1}}{h},m<j$．

下面来讨论差分格式(3.24)的稳定性．先把(3.24)式写成等价形式

$$\left(1+2\nu\frac{\tau}{h^2}\right)u_j^{n+1}-\nu\frac{\tau}{h^2}(u_{j+1}^{n+1}+u_{j-1}^{n+1}) = \alpha_j^m u_m^n+(1-\alpha_j^m)u_{m-1}^n.$$

令 $u_j^n=\lambda^n e^{ik_j h}$，代入上式并记 $\mu=\nu\dfrac{\tau}{h^2}$ 得(3.24)式的增长因子

$$G = \frac{1}{1+4\mu\sin^2\dfrac{kh}{2}}\{1-\alpha_j^m(1-\cos kh)+i\alpha_j^m\sin kh\}e^{ik(m-j-1)h}.$$

由此有

$$|G|^2 \leqslant \frac{1}{\left(1+4\mu\sin^2\dfrac{kh}{2}\right)^2}\left[1-4(1-\alpha_j^m)\alpha_j^m\sin^2\frac{kh}{2}\right].$$

由此得出 $|G|\leqslant1$，从而知差分格式(3.24)无条件稳定．

为提高精度，对 $u(\bar{x},t_n)$ 可用 $x_{m-2},x_{m-1},x_m$ 上的 $u_{m-2}^n,u_{m-1}^n,u_m^n$ 作二次插值多项式来近似，容易得到另一个隐式特征差分格式．

$$\frac{1}{\tau}\left\{u_j^{n+1}-\left[\frac{1}{2}\alpha_j^m(1+\alpha_j^m)u_m^n+(1-\alpha_j^m)(1+\alpha_j^m)u_{m-1}^n+\frac{1}{2}\alpha_j^m(\alpha_j^m-1)u_{m-2}^n\right]\right\}$$
$$= \nu\,\frac{u_{j+1}^{n+1}-2u_j^{n+1}+u_{j-1}^{n+1}}{h^2}. \tag{3.25}$$

仿差分格式(3.24)的稳定性证明，可得差分格式(3.25)是无条件稳定的．

与(3.25)式类似的，$u(\bar{x},t_n)$ 也可以用 $x_{m-1},x_m,x_{m+1}$ 上的 $u_{m-1}^n,u_m^n,u_{m+1}^n$ 作二次插值

来近似,此时有

$$\frac{1}{\tau}\left\{u_j^{n+1}-\left[\frac{1}{2}(1-\alpha_j^m)(2-\alpha_j^m)u_{m-1}^n-\alpha_j^m(\alpha_j^m+2)u_m^n+\frac{1}{2}\alpha_j^m(\alpha_j^m-1)u_{m+1}^n\right]\right\}$$

$$=\nu\frac{u_{j+1}^{n+1}-2u_j^{n+1}+u_{j-1}^{n+1}}{h^2}. \tag{3.26}$$

同样,用 Fourier 方法可证,差分格式(3.26)也是无条件稳定的.

# 4    变系数方程

前面讨论了常系数抛物型方程的差分格式,许多格式都可以推广到**变系数方程**上去.我们通过具体例子介绍几种构造变系方程的差分方法.

## 4.1    Taylor 级数展开方法

考虑初值问题

$$\begin{cases}\dfrac{\partial u}{\partial t}-a(x)\dfrac{\partial^2 u}{\partial x^2}=0,\quad a(x)\geqslant a_0>0, \tag{4.1}\\[2mm] u(x,0)=g(x). \tag{4.2}\end{cases}$$

我们利用 Taylor 级数展开来构造差分格式.注意到

$$\frac{u(x_{j+1},t_n)-2u(x_j,t_n)+u(x_{j-1},t_n)}{h^2}=\left[\frac{\partial^2 u}{\partial x^2}\right]_j^n+O(h^2).$$

利用方程(4.1)有

$$\frac{u(x_{j+1},t_n)-2u(x_j,t_n)+u(x_{j-1},t_n)}{h^2}=\left[\frac{1}{a}\ \frac{\partial u}{\partial t}\right]_j^n+O(h^2).$$

我们引入时间的差商就得到逼近(4.1)式的一个差分格式

$$\frac{1}{a_j}\frac{u_j^{n+1}-u_j^n}{\tau}=\frac{u_{j+1}^n-2u_j^n+u_{j-1}^n}{h^2}, \tag{4.3}$$

显然,其截断误差是 $O(\tau+h^2)$.差分格式(4.3)是向前差分格式的推广,同样我们可以建立类似于向后差分格式的变系数差分格式.

利用这样的方法还可以导出精度更高的差分格式.为此我们假定 $a(x)$ 是二次连续可微的函数.首先引入空间差分

$$\frac{\delta_x^2 u}{h^2}=\frac{\partial^2 u}{\partial x^2}+\frac{h^2}{12}\frac{\partial^4 u}{\partial x^4}+O(h^4),$$

其中 $\delta_x^2 u=u(x+h,t)-2u(x,t)+u(x-h,t)$,因此

$$\frac{(\delta_x^2 u)_j}{h^2}=\left(\frac{1}{a}\ \frac{\partial u}{\partial t}\right)_j+\frac{h^2}{12}\left[\frac{\partial^2}{\partial x^2}\left(\frac{1}{a}\ \frac{\partial u}{\partial t}\right)\right]_j+O(h^4)$$

$$= \left(\frac{1}{a}\frac{\partial u}{\partial t}\right)_j + \frac{h^2}{12}\left[\left\{\frac{\delta_x^2\left(\frac{1}{a}\frac{\partial u}{\partial t}\right)}{h^2}\right\}_j + O(h^2)\right] + O(h^4)$$

$$= \frac{5}{6}\left(\frac{1}{a}\frac{\partial u}{\partial t}\right)_j + \frac{1}{12}\left(\frac{1}{a}\frac{\partial u}{\partial t}\right)_{j+1} + \frac{1}{12}\left(\frac{1}{a}\frac{\partial u}{\partial t}\right)_{j-1} + O(h^4).$$

引入时间差商,我们就很容易得到差分格式

$$\frac{1}{12}\frac{u_{j+1}^{n+1}-u_{j+1}^n}{a_{j+1}\tau} + \frac{5}{6}\frac{u_j^{n+1}-u_j^n}{a_j\tau} + \frac{1}{12}\frac{u_{j-1}^{n+1}-u_{j-1}^n}{a_{j-1}\tau} = \frac{(\delta_x^2 u)_j^{n+1} + (\delta_x^2 u)_j^n}{2h^2}, \quad (4.4)$$

显然,这个格式的截断误差是 $O(\tau^2 + h^4)$.

## 4.2 Keller 盒式格式

1970 年 H. B. Keller 提出了求解抛物型初边值问题的一个**盒式格式**. 这个格式具有二阶精度、无条件稳定和容易编制程序等优点. 在此我们采用简化的方程来讨论这一方法.

考虑初边值问题

$$\begin{cases} \dfrac{\partial u}{\partial t} = \dfrac{\partial}{\partial x}\left(a(x)\dfrac{\partial u}{\partial x}\right), & a(x) \geqslant a_0 > 0, 0 < x < 1, t > 0, \\ u(x,0) = g(x), & 0 \leqslant x \leqslant 1, \\ u(0,t) = f_0(t), & t \geqslant 0, \\ u(1,t) = f_1(t), & t \geqslant 0. \end{cases} \quad (4.5)$$

构造盒式格式的关键一步是把二阶微分方程化为一阶微分方程组

$$\begin{cases} a(x)\dfrac{\partial u}{\partial x} = v, \\ \dfrac{\partial v}{\partial x} = \dfrac{\partial u}{\partial t}. \end{cases} \quad (4.6)$$

我们在矩形区域 $R(T) = \{(x,t) \mid 0 \leqslant x \leqslant 1, 0 \leqslant t \leqslant T\}$ 上考虑问题. 在 $R(T)$ 上网格取

$$R_h(T) = \left\{(x_j, t_n) \,\middle|\, \begin{array}{l} x_j = jh, j = 0, \cdots, J, Jh = 1; \\ t_n = n\tau, n = 0, \cdots, N, N\tau = T. \end{array}\right\}$$

使用记号

(1) $\qquad x_{j\pm\frac{1}{2}} = \frac{1}{2}(x_j + x_{j\pm 1}), \quad t_{n\pm\frac{1}{2}} = \frac{1}{2}(t_n + t_{n\pm 1}),$

(2) $\qquad \phi_{j\pm\frac{1}{2}}^n = \frac{1}{2}(\phi_j^n + \phi_{j\pm 1}^n), \quad \phi_j^{n\pm\frac{1}{2}} = \frac{1}{2}(\phi_j^n + \phi_j^{n\pm 1}),$ $\qquad (4.7)$

其中 $\phi_j^n$ 是定义在 $R_h(T)$ 上的函数. 现在我们在 $R_h(T)$ 上使用中心差分来逼近方程组 (4.6),得

$$\begin{cases} a_{j-\frac{1}{2}} \dfrac{u_j^n - u_{j-1}^n}{h} = v_{j-\frac{1}{2}}^n, \\ \dfrac{v_j^{n-\frac{1}{2}} - v_{j-1}^{n-\frac{1}{2}}}{h} = \dfrac{u_{j-\frac{1}{2}}^n - u_{j-\frac{1}{2}}^{n-1}}{\tau}, \qquad j = 1, 2, \cdots, J; \; n = 1, \cdots, N. \end{cases} \tag{4.8}$$

初始条件的离散是

$$\begin{cases} u_j^0 = g(x_j), \\ v_j^0 = a_j \dfrac{\mathrm{d}g(x_j)}{\mathrm{d}x}, \qquad j = 1, 2, \cdots, J. \end{cases} \tag{4.9}$$

边界条件的离散是直接的,即

$$u_0^n = f_0(t_n), \quad u_J^n = f_1(t_n), \quad 1 \leqslant n \leqslant N. \tag{4.10}$$

Keller 盒式格式也可以应用到非线性问题及间断系数问题.

## 4.3   有限体积法

**有限体积法**是推导差分格式常用方法,它推导出来的差分格式将保持微分方程所具有的一些特征,例如守恒性、对称性等. 对于非均匀网格,特别是多维情况. 有限体积法较为容易地构造出具有良好性质的差分格式.

我们仍考虑上一小节使用的微分方程

$$\frac{\partial u}{\partial t} = \frac{\partial}{\partial x} \Big( a(x) \frac{\partial u}{\partial x} \Big), \quad a(x) \geqslant a_0 > 0. \tag{4.11}$$

令 $w(x,t) = a(x) \dfrac{\partial u}{\partial x}$,那么方程(4.11)变成

$$\frac{\partial u}{\partial t} - \frac{\partial w}{\partial x} = 0. \tag{4.12}$$

记 $x_{j+\frac{1}{2}} = \Big( j + \dfrac{1}{2} \Big) h$,令

$$\mathscr{D} = \{ (x,t) \mid x_{j-\frac{1}{2}} \leqslant x \leqslant x_{j+\frac{1}{2}}, t_n \leqslant t \leqslant t_{n+1} \}.$$

在 $\mathscr{D}$ 上对(4.12)式进行积分有

$$\int_{x_{j-\frac{1}{2}}}^{x_{j+\frac{1}{2}}} \big[ u(x,t_{n+1}) - u(x,t_n) \big] \mathrm{d}x = \int_{t_n}^{t_{n+1}} \big[ w(x_{j+\frac{1}{2}},t) - w(x_{j-\frac{1}{2}},t) \big] \mathrm{d}t. \tag{4.13}$$

由 $w(x,t)$ 的定义有 $\dfrac{\partial u}{\partial x} = \dfrac{w(x,t)}{a(x)}$. 我们在区间 $[x_j, x_{j+1}]$ 上对此式进行积分就得到

$$u(x_{j+1},t) - u(x_j,t) = \int_{x_j}^{x_{j+1}} \frac{w(x,t)}{a(x)} \mathrm{d}x \approx w(x_{j+\frac{1}{2}},t) \int_{x_j}^{x_{j+1}} \frac{1}{a(x)} \mathrm{d}x,$$

因此有

$$w(x_{j+\frac{1}{2}},t) \approx \frac{h}{\displaystyle\int_{x_j}^{x_{j+1}} \frac{1}{a(x)} \mathrm{d}x} \cdot \frac{u(x_{j+1},t) - u(x_j,t)}{h}.$$

如果令

$$A_{j+1} = h \cdot \left( \int_{x_j}^{x_{j+1}} \frac{1}{a(x)} \mathrm{d}x \right)^{-1},\qquad(4.14)$$

那么有

$$w(x_{j+\frac{1}{2}},t) \approx A_{j+1} \frac{u(x_{j+1},t) - u(x_j,t)}{h}.\qquad(4.15)$$

此外,有

$$\int_{x_{j-\frac{1}{2}}}^{x_{j+\frac{1}{2}}} u(x,t_n) \mathrm{d}x \approx h u(x_j,t_n),\qquad(4.16)$$

$$\int_{t_n}^{t_{n+1}} w(x_{j+\frac{1}{2}},t) \mathrm{d}t \approx \tau \left[ \theta w(x_{j+\frac{1}{2}},t_{n+1}) + (1-\theta) w(x_{j+\frac{1}{2}},t_n) \right],\qquad(4.17)$$

其中 $\theta$ 是一个参数, $0 \leqslant \theta \leqslant 1$. 现在将(4.15)~(4.17)式代入(4.13)式,整理有

$$\begin{aligned}\frac{u(x_j,t_{n+1}) - u(x_j,t_n)}{\tau} &- \frac{1}{h^2}\big[\theta \Delta(A_j \nabla u(x_j,t_{n+1})) \\ &+ (1-\theta)\Delta(A_j \nabla u(x_j,t_n))\big] = R_j^n,\end{aligned}\qquad(4.18)$$

其中 $R_j^n$ 为误差项, $\Delta$ 和 $\nabla$ 分别表示关于 $x$ 的向前及向后差分,即

$$\Delta u(x_j,t_n) = u(x_{j+1},t_n) - u(x_j,t_n),$$
$$\nabla u(x_j,t_n) = u(x_j,t_n) - u(x_{j-1},t_n).$$

容易验证,当 $\theta = \frac{1}{2}$ 时, $R_j^n = O(\tau^2 + h^2)$. 当 $\theta \neq \frac{1}{2}$ 时, $R_j^n = O(\tau + h^2)$. 由(4.18)式我们可以得到差分方程

$$\frac{u_j^{n+1} - u_j^n}{\tau} - \frac{1}{h^2}\big[\theta \Delta(A_j \nabla u_j^{n+1}) + (1-\theta)\Delta(A_j \nabla u_j^n)\big] = 0.\qquad(4.19)$$

由差分格式(4.19)可以看出,当 $\theta = 0$ 时,得显式格式;当 $\theta = 1$ 时得隐式格式;当 $\theta = \frac{1}{2}$ 时为 Crank-Nicolson 型格式. 从(4.19)式我们还看到,它包含了计算 $A_j$ 的数值积分. 要引起注意的是,选取的数值积分公式的误差阶至少不低于差分格式的截断误差的阶,否则就会降低差分格式的精度. 一般 $A_j$ 可以使用下面的表达式

$$A_j = a(x_{j-\frac{1}{2}})\qquad(4.20)$$

或

$$A_j = \frac{1}{2}\big[a(x_{j-1}) + a(x_j)\big].\qquad(4.21)$$

　　前面我们对变系数方程推导出了差分格式. 但都未讨论过稳定性问题,一般说来, Fourier 方法是不能应用的. 但在此不给出稳定性的严格论证,而采用与变系数双曲型方程一样的方法,即"冻结"系数法. 作为例子我们讨论(4.19)式的稳定性. 为确定起见令 $\theta = 0$,再令 $a(x) \equiv a$,这样(4.19)式的显式格式就是

$$\frac{u_j^{n+1} - u_j^n}{\tau} = a\,\frac{u_{j+1}^n - 2u_j^n + u_{j-1}^n}{h^2}.$$

我们知道其稳定性条件是 $a\,\dfrac{\tau}{h^2} \leqslant \dfrac{1}{2}$，因此（4.19）式的显式格式的稳定性条件是

$$\max_x |a(x)|\,\lambda \leqslant \frac{1}{2},$$

其中 $\lambda = \dfrac{\tau}{h^2}$.

用同样的方法可以对变系数格式（4.3），（4.4），（4.8）以及（4.19）式的隐式格式和 Crank-Nicolson 格式进行稳定性讨论.

## 4.4　间断系数问题

为更好地理解间断系数的处理方法，考虑微分方程

$$\frac{\partial u}{\partial t} - \frac{\partial}{\partial x}\Big(a(x)\,\frac{\partial u}{\partial x}\Big) + b(x)u = 0, \tag{4.22}$$

其中 $a(x) \geqslant a_0 > 0$. 我们假定在 $x,t$ 的上半平面内的直线 $x = \xi$ 上，$a(x)$ 和 $b(x)$ 可能有第一类间断点. 在间断线上解 $u$ 满足如下的联结条件

$$\begin{cases} u(\xi - 0, t) = u(\xi + 0, t), \\ a(\xi - 0)\,\dfrac{\partial u}{\partial x}(\xi - 0, t) = a(\xi + 0)\,\dfrac{\partial u}{\partial x}(\xi + 0, t). \end{cases} \tag{4.23}$$

我们仅讨论特殊情况，设系数 $a(x), b(x)$ 的间断线与网格线 $x = x_j\,(j = 0, \pm 1, \cdots)$ 重合.

下面我们用有限体积法来推导（4.22）式的差分格式，仍采用上一小节引入的网格剖分和记号，在 $\mathscr{D}$ 上对（4.22）式积分有

$$\int_{x_{j-\frac{1}{2}}}^{x_{j+\frac{1}{2}}} [u(x, t_{n+1}) - u(x, t_n)]\mathrm{d}x = \iint_{\mathscr{D}} \frac{\partial}{\partial x}w(x, t)\mathrm{d}x\mathrm{d}t - \iint_{\mathscr{D}} b(x)u\mathrm{d}x\mathrm{d}t. \tag{4.24}$$

由于 $a(x)$ 和 $b(x)$ 可能在 $x = x_j$ 处间断，因此对等号右边的两个积分必须仔细地处理.

$$\begin{aligned}
\iint_{\mathscr{D}} \frac{\partial}{\partial x}w(x, t)\mathrm{d}x\mathrm{d}t &= \int_{t_n}^{t_{n+1}} \Big[\int_{x_{j-\frac{1}{2}}}^{x_{j+\frac{1}{2}}} \frac{\partial}{\partial x}w(x, t)\mathrm{d}x\Big]\mathrm{d}t \\
&= \int_{t_n}^{t_{n+1}} \Big[\int_{x_{j-\frac{1}{2}}}^{x_j} \frac{\partial}{\partial x}w(x, t)\mathrm{d}x + \int_{x_j}^{x_{j+\frac{1}{2}}} \frac{\partial}{\partial x}w(x, t)\mathrm{d}x\Big]\mathrm{d}t \\
&= \int_{t_n}^{t_{n+1}} \{[w(x_j - 0, t) - w(x_{j-\frac{1}{2}}, t)] + [w(x_{j+\frac{1}{2}}, t) - w(x_j + 0, t)]\}\mathrm{d}t \\
&= \int_{t_n}^{t_{n+1}} \{[w(x_{j+\frac{1}{2}}, t) - w(x_{j-\frac{1}{2}}, t)] - [w(x_j + 0, t) - w(x_j - 0, t)]\}\mathrm{d}t.
\end{aligned}$$

注意到 $w(x, t)$ 的定义及联结条件（4.23）的第二个条件有 $w(x_j + 0, t) = w(x_j - 0, t)$，因

此得到

$$\iint_{\mathscr{D}} \frac{\partial}{\partial x} w(x,t) \mathrm{d}x \mathrm{d}t = \int_{t_n}^{t_{n+1}} \left[ w(x_{j+\frac{1}{2}},t) - w(x_{j-\frac{1}{2}},t) \right] \mathrm{d}t. \tag{4.25}$$

再来考虑(4.24)式右边的第二个积分

$$\iint_{\mathscr{D}} b(x)u(x,t) \mathrm{d}x \mathrm{d}t = \int_{t_n}^{t_{n+1}} \int_{x_{j-\frac{1}{2}}}^{x_{j+\frac{1}{2}}} b(x)u(x,t) \mathrm{d}x \mathrm{d}t$$

$$\approx \int_{t_n}^{t_{n+1}} \frac{h}{2} [b(x_j+0)+b(x_j-0)] u(x_j,t) \mathrm{d}t$$

$$\approx \frac{\tau h}{2} [b(x_j+0)+b(x_j-0)] u(x_j,t_n).$$

留下来可以完全仿上一小节的推导,得到差分格式

$$\frac{u_j^{n+1}-u_j^n}{\tau} - \frac{1}{h^2}\Delta(A_j \nabla u_j^n) + \frac{1}{2}(b_{j+0}+b_{j-0})u_j^n = 0. \tag{4.26}$$

取 $A_j$ 为

$$h \left[ \int_{x_{j-1}}^{x_j} \frac{1}{a(x)} \mathrm{d}x \right]^{-1} \approx a_{j-\frac{1}{2}},$$

那么上述差分格式化为

$$\frac{u_j^{n+1}-u_j^n}{\tau} - \frac{1}{h^2} [a_{j-\frac{1}{2}} u_{j-1}^n - (a_{j-\frac{1}{2}}+a_{j+\frac{1}{2}})u_j^n$$

$$+ a_{j+\frac{1}{2}} u_{j+1}^n] + \frac{1}{2}(b_{j+0}+b_{j-0})u_j^n = 0. \tag{4.27}$$

从差分方程(4.27)可以看出,在系数间数线 $x=x_j$ 处,$b(x)$ 是用它的左极限和右极限的算术平均值来代替. 此外我们也注意到,当 $b \equiv 0$ 时,方程(4.22)化为方程(4.11),并且得到系数 $a(x)$ 间断与否所得差分格式是一致的(当然,这是特殊情况). 由此可以看出有限体积法在构造具有间断系数的情况是很方便的.

## 4.5 隐式方程的解法

我们以差分格式(4.4)为例. 考虑在求解过程中应注意的一些问题. 首先把(4.4)式化为

$$\left( \frac{1}{12a_{j-1}} - \frac{\tau}{2h^2} \right) u_{j-1}^{n+1} + \left( \frac{5}{6a_j} + \frac{\tau}{h^2} \right) u_j^{n+1} + \left( \frac{1}{12a_{j+1}} - \frac{\tau}{2h^2} \right) u_{j+1}^{n+1}$$

$$= \frac{1}{12a_{j-1}} u_{j-1}^n + \frac{5}{6a_j} u_j^n + \frac{1}{12a_{j+1}} u_{j+1}^n + \frac{\tau}{2h^2} \delta_x^n u_j^n. \tag{4.28}$$

为了求解这个方程组,我们必须在边界 $j=0$ 和 $j=J$ 上给出某种类型的边界条件. 令

$$A_j = \frac{1}{12a_{j-1}} - \frac{\tau}{2h^2}, \quad B_j = \frac{5}{6a_j} + \frac{\tau}{h^2}, \quad C_j = \frac{1}{12a_{j+1}} - \frac{\tau}{2h^2},$$

$$D_j = \frac{1}{12a_{j-1}} u_{j-1}^n + \frac{5}{6a_j} u_j^n + \frac{1}{12a_{j+1}} u_{j+1}^n + \frac{\tau}{2h^2} \delta_x^2 u_j^n,$$

那么方程(4.28)可以写作

$$A_j u_{j-1}^{n+1} + B_j u_j^{n+1} + C_j u_{j+1}^{n+1} = D_j, \tag{4.29}$$

其中 $j = 1, 2, \cdots, J-1$. 为简单起见, 令边界条件为

$$u_0^{n+1} = 0, \quad u_J^{n+1} = 0. \tag{4.30}$$

显然方程组(4.29)及边界条件(4.30)就可以求解了. 方程组(4.29)和(4.30)构成了系数矩阵为三对角矩阵的方程组, 利用追赶法求解这个方程组的一个充分条件是

$$\begin{cases} |B_1| > |C_1| > 0, \\ |B_j| \geqslant |A_j| + |C_j|, \quad A_j \cdot C_j \neq 0, \quad j = 2, \cdots, J-2, \\ |B_{J-1}| > |A_{J-1}|. \end{cases} \tag{4.31}$$

如果令 $a_j \dfrac{\tau}{h^2} > \dfrac{1}{6} (j = 1, 2, \cdots, J-1)$, 那么有

$$A_j < 0, \quad B_j > 0, \quad C_j < 0,$$

而且满足条件(4.31)(不妨假定 $a(x)$ 是可微的). 因此方程组(4.29)、(4.30)是可解的. 由此可见, $a_j \dfrac{\tau}{h^2} > \dfrac{1}{6}$ 是可解的一个充分条件. 一般来说, 空间剖分是预先分好的, 因此必须调节时间步长来满足这个条件.

　　上面讨论我们清楚地看到, 许多隐式格式是无条件稳定的, 但求解过程中还要受到一定的制约.

# 5　多维问题

　　在实际问题中, 经常碰到二维和三维的问题. 虽然它们是一维问题的直接推广, 但其差分格式将具有多种多样的变化.

　　考虑扩散方程的初边值问题

$$\begin{cases} \dfrac{\partial u}{\partial t} = a \left( \dfrac{\partial^2 u}{\partial x^2} + \dfrac{\partial^2 u}{\partial y^2} \right), & 0 < x, y < 1, \quad t > 0, \tag{5.1} \\ u(x, y, 0) = u_0(x, y), & 0 < x, y < 1, \tag{5.2} \\ u(0, y, t) = u(1, y, t) = u(x, 0, t) = u(x, 1, t) = 0, & t > 0, \tag{5.3} \end{cases}$$

其中 $a$ 为正常数.

　　先将定义域

$$D = \{(x, y, t) \mid 0 \leqslant x, y \leqslant 1, t \geqslant 0\},$$

剖分为网格

$$D_h = \{(x_j, y_l, t_n) \mid x_j = jh, j = 0, 1, \cdots, J, Jh = 1;$$

$$y_l = lh, \quad l = 0, 1, \cdots, J; \quad t_n = n\tau, n \geqslant 0\},$$

其中 $\tau$ 和 $h$ 分别为时间步长和空间步长. 为了方便起见, 已经取 $x$ 方向和 $y$ 方向的步长相等. 在实际应用中也经常取不同的空间步长.

再引入记号

$$\delta_x^2 u_{jl}^n = u_{j+1,l}^n - 2u_{jl}^n + u_{j-1,l}^n, \quad \delta_y^2 u_{jl}^n = u_{j,l+1}^n - 2u_{jl}^n + u_{j,l-1}^n.$$

## 5.1  一维格式的直接推广

一维扩散方程的各种类型的差分格式可以推广到二、三维扩散方程, 容易想到的是直接推广. 比如, 一维扩散方程的向前差分格式推广到 (5.1) 式上来应是

$$\frac{u_{jl}^{n+1} - u_{jl}^n}{\tau} = a\frac{1}{h^2}(\delta_x^2 u_{jl}^n + \delta_y^2 u_{jl}^n). \tag{5.4}$$

利用 Taylor 级数展开易得差分格式 (5.4) 的截断误差为 $O(\tau + h^2 + h^2)$. 下面我们来分析其稳定性, 为此把 (5.4) 式改写为

$$u_{jl}^{n+1} = u_{jl}^n + a\lambda(\delta_x^2 u_{jl}^n + \delta_y^2 u_{jl}^n), \tag{5.5}$$

其中 $\lambda = \dfrac{\tau}{h^2}$, 用 Fourier 方法来分析 (5.4) 式的稳定性. 二维差分格式的稳定性分析已在双曲型方程中讨论过, 令

$$u_{jl}^n = v^n \mathrm{e}^{\mathrm{i}k_1 jh} \mathrm{e}^{\mathrm{i}k_2 lh},$$

把此式代入 (5.5) 式有

$$v^{n+1} = \{1 + 2a\lambda(\cos k_1 h - 1) + 2a\lambda(\cos k_2 h - 1)\}v^n.$$

因此差分格式 (5.5) 的增长因子是

$$G(\tau, \boldsymbol{k}) = 1 - 4a\lambda\left(\sin^2\frac{k_1 h}{2} + \sin^2\frac{k_2 h}{2}\right),$$

其中 $\boldsymbol{k} = (k_1, k_2)$. 如果 $a\lambda \leqslant \dfrac{1}{4}$, 则有 $|G(\tau, k)| \leqslant 1$. 由此得出差分格式 (5.5)(即 (5.4) 式) 的稳定性条件是

$$a\lambda \leqslant \frac{1}{4}. \tag{5.6}$$

可以看出, 二维情况显式格式的稳定性条件要比一维情况的稳定性条件 $a\lambda \leqslant \dfrac{1}{2}$ 要严得多. 容易证明, $p$ 维显式格式的稳定性条件将是 $a\lambda \leqslant 1/(2p)$. 所以在二维甚至于多维情况采用这样的显式格式是不合适的, 为此我们转向考虑隐式格式. 一维向后差分格式的直接推广是

$$\frac{u_{jl}^n - u_{jl}^{n-1}}{\tau} = \frac{a}{h^2}(\delta_x^2 u_{jl}^n + \delta_y^2 u_{jl}^n). \tag{5.7}$$

此格式的截断误差是 $O(\tau + h^2 + h^2)$，仍用 Fourier 方法分析这个格式的稳定性，仿前可以计算出其增长因子

$$G(\tau, \boldsymbol{k}) = \frac{1}{1 + 4a\lambda \left( \sin^2 \dfrac{k_1 h}{2} + \sin^2 \dfrac{k_2 h}{2} \right)},$$

因此有 $|G(\tau, \boldsymbol{k})| \leqslant 1$，即有差分格式 (5.7) 是无条件稳定的.

为提高精度，对微分方程 (5.1) 也可以采用 Crank-Nicolson 型格式，这也是一维问题的直接推广. 其格式可写为

$$\frac{u_{jl}^{n+1} - u_{jl}^{n}}{\tau} = \frac{a}{2h^2} \left[ \delta_x^2 (u_{jl}^{n+1} + u_{jl}^{n}) + \delta_y^2 (u_{jl}^{n+1} + u_{jl}^{n}) \right]. \tag{5.8}$$

这是二阶精度的格式，其增长因子是

$$G(\tau, \boldsymbol{k}) = \frac{1 - 2a\lambda \sin^2 \dfrac{k_1 h}{2} - 2a\lambda \sin^2 \dfrac{k_2 h}{2}}{1 + 2a\lambda \sin^2 \dfrac{k_1 h}{2} + 2a\lambda \sin^2 \dfrac{k_2 h}{2}},$$

因此，对任何 $\lambda$ 都有 $|G(\tau, \boldsymbol{k})| \leqslant 1$. 所以格式 (5.8) 是绝对稳定的.

现在考虑一下隐式格式 (5.7) 式和 (5.8) 式的求解方法. 我们知道，在一维隐式格式形成的方程组是系数矩阵为三对角矩阵的线性代数方程组，因此用追赶法很容易求解. 而对于 (5.7) 式和 (5.8) 式导出的方程组的系数矩阵不是三对角矩阵，因此，求解就不容易了.

我们对于显式格式和隐式格式的分析知道，在实际使用上都受到限制. 因此构造每层计算量不大的绝对稳定的格式就成为一个具有现实意义并很有兴趣的问题. 在一维中，隐式格式是绝对稳定并可用追赶法容易求解. 由此产生了下面将叙述的交替方向隐式格式及其他算法. 它们都具有绝对稳定、容易求解和有相当精度的特点.

## 5.2    交替方向隐式格式

我们在构造微分方程 (5.1) 的隐式格式和显式格式中，对 $\dfrac{\partial^2 u}{\partial x^2}$ 和 $\dfrac{\partial^2 u}{\partial y^2}$ 做了同样的处理，即或同时在第 $n$ 层取值或同时在第 $n+1$ 层取值. 为了构造出一维形式的隐式格式，对两个二阶导数中的一个，比如 $\dfrac{\partial^2 u}{\partial x^2}$，用 $u$ 在第 $n+1$ 层上的未知值的二阶中心差商来代替，而 $\dfrac{\partial^2 u}{\partial y^2}$ 则用 $u$ 在第 $n$ 层上的已知值的二阶中心差商来代替，这样得到的方程组仅在 $x$ 方向是隐式的，比较容易求解，即用追赶法就可以了. 为对称起见，在下一时间层上，重复上述步骤，即对 $y$ 方向是隐式的，对 $x$ 方向是显式的. 这样相邻的两个时间层合并起来构成一个差分格式. 现在我们在一个时间层上完成上述两步算法：

$$\begin{cases} \dfrac{u_{jl}^{n+\frac{1}{2}} - u_{jl}^{n}}{\dfrac{\tau}{2}} = a\,\dfrac{1}{h^2}(\delta_x^2 u_{jl}^{n+\frac{1}{2}} + \delta_y^2 u_{jl}^{n})\,, \\[4mm] \dfrac{u_{jl}^{n+1} - u_{jl}^{n+\frac{1}{2}}}{\dfrac{\tau}{2}} = a\,\dfrac{1}{h^2}(\delta_x^2 u_{jl}^{n+\frac{1}{2}} + \delta_y^2 u_{jl}^{n+1})\,. \end{cases} \tag{5.9}$$

这是 Peaceman 和 Rachford 在 1955 年首先引入的差分格式,一般称为 **Peaceman-Rachford 格式**或简称 **P-R 格式**.

可以看出,计算 $u_{jl}^{n+1}$ 是由两步组成,每步仅是一个方向的隐式,故用多次追赶法就可以解出 $u_{jl}^{n+1}$ 了.

下面我们考虑 P-R 格式的精度,先设法消去过渡值 $u_{jl}^{n+\frac{1}{2}}$,将(5.9)式的两式相加,得到

$$\frac{u_{jl}^{n+1} - u_{jl}^{n}}{\dfrac{\tau}{2}} = \frac{2a}{h^2}\delta_x^2 u_{jl}^{n+\frac{1}{2}} + \frac{a}{h^2}\delta_y^2(u_{jl}^{n+1} + u_{jl}^{n}). \tag{5.10}$$

把(5.9)式的两式相减有

$$4u_{jl}^{n+\frac{1}{2}} = 2(u_{jl}^{n+1} + u_{jl}^{n}) + \frac{\tau a}{h^2}\delta_y^2(u_{jl}^{n} - u_{jl}^{n+1}).$$

将上式代入(5.10)式,经整理有

$$\left(1 + \frac{1}{4}\frac{\tau^2 a^2}{h^4}\delta_x^2\delta_y^2\right)\frac{u_{jl}^{n+1} - u_{jl}^{n}}{\tau} = \frac{a}{h^2}(\delta_x^2 + \delta_y^2)\frac{u_{jl}^{n+1} + u_{jl}^{n}}{2}. \tag{5.11}$$

设 $u(x,t)$ 为(5.1)式的精确解,并假定 $u(x,t)$ 关于 $t$ 三次连续可微,关于 $x,y$ 四次连续可微,那么利用 Taylor 级数展开可得

$$\left(1 + \frac{1}{4}\frac{\tau^2 a^2}{h^4}\delta_x^2\delta_y^2\right)\frac{u(x_j,y_l,t_{n+1}) - u(x_j,y_l,t_n)}{\tau}$$

$$- \frac{a}{h^2}(\delta_x^2 + \delta_y^2)\frac{u(x_j,y_l,t_{n+1}) + u(x_j,y_l,t_n)}{2}$$

$$= O(\tau^2 + h^2).$$

由此我们得到 P-R 格式是二阶精度的,与二维的 Crank-Nicolson 格式有同样精度.

现在来讨论 P-R 格式的稳定性,为此把(5.11)式改写为

$$\left(1 - \frac{a\lambda}{2}\delta_x^2\right)\left(1 - \frac{a\lambda}{2}\delta_y^2\right)u_{jl}^{n+1} = \left(1 + \frac{a\lambda}{2}\delta_x^2\right)\left(1 + \frac{a\lambda}{2}\delta_y^2\right)u_{jl}^{n}, \tag{5.12}$$

其中 $\lambda = \dfrac{\tau}{h^2}$. 容易求出(5.12)式的增长因子

$$G(\tau, k) = \frac{\left(1 - 2a\lambda\sin^2\dfrac{k_1 h}{2}\right)\left(1 - 2a\lambda\sin^2\dfrac{k_2 h}{2}\right)}{\left(1 + 2a\lambda\sin^2\dfrac{k_1 h}{2}\right)\left(1 + 2a\lambda\sin^2\dfrac{k_2 h}{2}\right)}.$$

显然,对任何 $\lambda$ 都有 $|G(\tau,k)|\leqslant 1$,所以 P-R 格式是绝对稳定的.

以上讨论可以看出,P-R 格式是二阶精度、绝对稳定并易于求解的格式.这样的格式是实际计算中可以使用的.

由(5.12)式出发,我们还可以构造出其他的交替方向隐式格式.例如:

$$\begin{cases} \left(1-\dfrac{a}{2}\lambda\delta_x^2\right)u_{jl}^{n+\frac{1}{2}} = \left(1+\dfrac{a}{2}\lambda\delta_x^2\right)\left(1+\dfrac{a}{2}\lambda\delta_y^2\right)u_{jl}^n, \\[2mm] \left(1-\dfrac{a}{2}\lambda\delta_y^2\right)u_{jl}^{n+1} = u_{jl}^{n+\frac{1}{2}}. \end{cases} \tag{5.13}$$

这个格式也是二阶精度、绝对稳定并易于求解的格式,此格式称为 D'yakonov 格式.

下面来讨论 **Douglas 格式**,为此我们把(5.12)式改变形式

$$\left(1-\frac{a}{2}\lambda\delta_x^2\right)\left(1-\frac{a}{2}\lambda\delta_y^2\right)\frac{u_{jl}^{n+1}-u_{jl}^n}{\tau} = \frac{a}{h^2}(\delta_x^2+\delta_y^2)u_{jl}^n. \tag{5.14}$$

我们把(5.14)式分裂为

$$\left(1-\frac{a}{2}\lambda\delta_x^2\right)\frac{u_{jl}^{n+\frac{1}{2}}-u_{jl}^n}{\tau} = \frac{a}{h^2}(\delta_x^2+\delta_y^2)u_{jl}^n \tag{5.15}$$

及

$$\left(1-\frac{a}{2}\lambda\delta_y^2\right)\frac{u_{jl}^{n+1}-u_{jl}^n}{\tau} = \frac{u_{jl}^{n+\frac{1}{2}}-u_{jl}^n}{\tau}. \tag{5.16}$$

再把(5.16)式变形为

$$\frac{u_{jl}^{n+1}-u_{jl}^{n+\frac{1}{2}}}{\frac{\tau}{2}} = \frac{a}{h^2}\delta_y^2(u_{jl}^{n+1}-u_{jl}^n). \tag{5.17}$$

称格式(5.15)式和(5.17)式为逼近(5.1)式的 Douglas 格式. Douglas 格式也是交替方向隐式格式,精度及稳定性全同于 P-R 格式. Douglas 格式与 P-R 不同之处是在(5.17)式中同时出现了 $u_{jl}^n,u_{jl}^{n+\frac{1}{2}},u_{jl}^{n+1}$,因此存储量比 P-R 格式大,这样看来 P-R 格式比 Douglas 格式好. 但值得注意的是 P-R 格式不能推广到三维问题,而 Douglas 格式是可以推广到三维问题.

## 5.3 局部一维格式

我们对微分方程(5.1)建立下列**局部一维格式**.

$$\begin{cases} \dfrac{1}{2}\dfrac{u_{jl}^{n+\frac{1}{2}}-u_{jl}^n}{\frac{\tau}{2}} = \dfrac{a}{h^2}\delta_x^2\left(\dfrac{u_{jl}^{n+\frac{1}{2}}+u_{jl}^n}{2}\right), \\[3mm] \dfrac{1}{2}\dfrac{u_{jl}^{n+1}-u_{jl}^{n+\frac{1}{2}}}{\frac{\tau}{2}} = \dfrac{a}{h^2}\delta_y^2\left(\dfrac{u_{jl}^{n+1}+u_{jl}^{n+\frac{1}{2}}}{2}\right). \end{cases} \tag{5.18}$$

上面两式也可以改写成

$$\begin{cases} \left(1-\dfrac{a}{2}\lambda\delta_x\right)u_{jl}^{n+\frac{1}{2}} = \left(1+\dfrac{a}{2}\lambda\delta_x\right)u_{jl}^n, \\[2mm] \left(1-\dfrac{a}{2}\lambda\delta_y\right)u_{jl}^{n+1} = \left(1+\dfrac{a}{2}\lambda\delta_y\right)u_{jl}^{n+\frac{1}{2}}. \end{cases} \tag{5.19}$$

为了考虑(5.18)式的精度,设法消去(5.19)式中的中间值 $u_{jl}^{n+\frac{1}{2}}$. 利用(5.19)式可以得到

$$\left(1+\frac{a\lambda}{2}\delta_y^2\right)\left(1-\frac{a\lambda}{2}\delta_x^2\right)u_{jl}^{n+\frac{1}{2}} = \left(1+\frac{a\lambda}{2}\delta_y^2\right)\left(1+\frac{a\lambda}{2}\delta_x^2\right)u_{jl}^n,$$

$$\left(1-\frac{a\lambda}{2}\delta_x^2\right)\left(1-\frac{a\lambda}{2}\delta_x^2\right)u_{jl}^{n+1} = \left(1-\frac{a\lambda}{2}\delta_x^2\right)\left(1+\frac{a\lambda}{2}\delta_y^2\right)u_{jl}^{n+\frac{1}{2}}.$$

由于我们采用的是正方形网格,所以直接计算就得 $\delta_x^2\delta_y^2 u_{jl} = \delta_y^2\delta_x^2 u_{jl}$,因此有

$$\left(1-\frac{a\lambda}{2}\delta_x^2\right)\left(1+\frac{a\lambda}{2}\delta_y^2\right)u_{jl}^{n+\frac{1}{2}} = \left(1+\frac{a\lambda}{2}\delta_y^2\right)\left(1-\frac{a\lambda}{2}\delta_x^2\right)u_{jl}^{n+\frac{1}{2}}.$$

由此我们得到

$$\left(1-\frac{a\lambda}{2}\delta_x^2\right)\left(1-\frac{a\lambda}{2}\delta_y^2\right)u_{jl}^{n+1} = \left(1+\frac{a\lambda}{2}\delta_y^2\right)\left(1+\frac{a\lambda}{2}\delta_x^2\right)u_{jl}^n. \tag{5.20}$$

此外也有

$$\left(1+\frac{a\lambda}{2}\delta_y^2\right)\left(1+\frac{a\lambda}{2}\delta_x^2\right)u_{jl}^n = \left(1+\frac{a\lambda}{2}\delta_x^2\right)\left(1+\frac{a\lambda}{2}\delta_y^2\right)u_{jl}^n.$$

从而得到等式

$$\left(1-\frac{a\lambda}{2}\delta_x^2\right)\left(1-\frac{a\lambda}{2}\delta_y^2\right)u_{jl}^{n+1} = \left(1+\frac{a\lambda}{2}\delta_x^2\right)\left(1+\frac{a\lambda}{2}\delta_y^2\right)u_{jl}^n.$$

此式就是(5.12)式,因此局部一维格式与 P-R 格式等价. 局部一维格式可以推广到三维问题.

## 5.4 预测-校正格式

预测-校正格式曾多次碰到过. 基本思想是从时刻 $t_n$ 推进到时刻 $t_{n+1}$ 分成两步. 首先用稳定性较好的一阶精度格式计算出在 $t_n+\dfrac{\tau}{2}$ 时的近似解 $u_{jl}^{n+\frac{1}{2}}$. 然后在时间区间 $[t_n, t_n+\tau]$ 上用二阶精度格式计算出在 $t_n+\tau$ 时的近似解. 第二步中使用了由第一步得到的不太精确的解 $u_{jl}^{n+\frac{1}{2}}$. 逼近(5.1)式的预测-校正格式是

$$\begin{cases} \dfrac{u_{jl}^{n+\frac{1}{4}} - u_{jl}^{n}}{\frac{\tau}{2}} = \dfrac{a}{h^{2}} \delta_{x}^{2} u_{jl}^{n+\frac{1}{4}} , \\[3mm] \dfrac{u_{jl}^{n+\frac{1}{2}} - u_{jl}^{n+\frac{1}{4}}}{\frac{\tau}{2}} = \dfrac{a}{h^{2}} \delta_{y}^{2} u_{jl}^{n+\frac{1}{2}} , \\[3mm] \dfrac{u_{jl}^{n+1} - u_{jl}^{n}}{\tau} = \dfrac{a}{h^{2}} (\delta_{x}^{2} + \delta_{y}^{2}) u_{jl}^{n+\frac{1}{2}} . \end{cases} \qquad (5.21)$$

前两个算式是预测,后一个算式是校正.显然,差分格式(5.21)仅求解有三对角矩阵为系数的线性代数方程组.最后的算式是显式计算.下面来讨论预测-校正格式(5.21)式的精度及稳定性.由(5.21)式前两式消去 $u_{jl}^{n+\frac{1}{4}}$,可以得到

$$\left(1 - \dfrac{a\lambda}{2} \delta_{x}^{2}\right)\left(1 - \dfrac{a\lambda}{2} \delta_{y}^{2}\right) u_{jl}^{n+\frac{1}{2}} = u_{jl}^{n} . \qquad (5.22)$$

利用上式有

$$\dfrac{a}{h^{2}} (\delta_{x}^{2} + \delta_{y}^{2})\left(1 - \dfrac{a\lambda}{2} \delta_{x}^{2}\right)\left(1 - \dfrac{a\lambda}{2} \delta_{y}^{2}\right) u_{jl}^{n+\frac{1}{2}} = \dfrac{a}{h^{2}} (\delta_{x}^{2} + \delta_{y}^{2}) u_{jl}^{n} .$$

由 $\delta_{x}^{2}\delta_{y}^{2} u_{jl} = \delta_{y}^{2}\delta_{x}^{2} u_{jl}$,从上式可以得出

$$\dfrac{a}{h^{2}} \left(1 - \dfrac{a\lambda}{2} \delta_{x}^{2}\right)\left(1 - \dfrac{a\lambda}{2} \delta_{y}^{2}\right)(\delta_{x}^{2} + \delta_{y}^{2}) u_{jl}^{n+\frac{1}{2}} = \dfrac{a}{h^{2}} (\delta_{x}^{2} + \delta_{y}^{2}) u_{jl}^{n} . \qquad (5.23)$$

利用(5.21)式的第三式及(5.23)式我们得出

$$\left(1 - \dfrac{a\lambda}{2} \delta_{x}^{2}\right)\left(1 - \dfrac{a\lambda}{2} \delta_{y}^{2}\right)\dfrac{u_{jl}^{n+1} - u_{jl}^{n}}{\tau} = \left(1 - \dfrac{a\lambda}{2} \delta_{x}^{2}\right)\left(1 - \dfrac{a\lambda}{2} \delta_{y}^{2}\right)\dfrac{a}{h^{2}} (\delta_{x}^{2} + \delta_{y}^{2}) u_{jl}^{n+\frac{1}{2}}$$

$$= \dfrac{a}{h^{2}} (\delta_{x}^{2} + \delta_{y}^{2}) u_{jl}^{n} .$$

这就是(5.12)式的另一种形式(5.14)式,从而可知预测-校正格式是二阶精度的无条件稳定的格式.

## 5.5  跳点格式

一维跳点格式可以直接推广到二维问题上来,并将保留一维算法的特点,为了简化起见,我们引入差分算子

$$L_{h} u_{jl}^{n} = \dfrac{a}{h^{2}} (\delta_{x}^{2} + \delta_{y}^{2}) u_{jl}^{n} . \qquad (5.24)$$

这样我们可以把逼近(5.1)式的显式格式(5.4)式写成下面形式

$$u_{jl}^{n+1} = u_{jl}^{n} + \tau L_{h} u_{jl}^{n} .$$

隐式格式(5.7)可以写为

$$u_{jl}^{n+1} = u_{jl}^{n} + \tau L_{h} u_{jl}^{n+1} .$$

引入奇-偶函数

$$\theta_{jl}^n = \begin{cases} 1, & n+j+l \quad 为奇数, \\ 0, & n+j+l \quad 为偶数. \end{cases}$$

利用奇-偶函数 $\theta_{jl}^n$, 我们可以把求解二维扩散方程(5.1)的**跳点格式**表示为

$$u_{jl}^{n+1} = u_{jl}^n + \tau \theta_{jl}^n L_h u_{jl}^{n+1} + \tau \theta_{jl}^n L_h u_{jl}^n. \tag{5.25}$$

由(5.25)式可以看出,如果 $n+1+j+l$ 为偶数,则(5.25)式取显式计算. 如果 $n+1+j+l$ 为奇数,则(5.25)式采用隐式计算. 由(5.25)式也可以看出,在相邻的时间层上,对固定空间点 $(x_j, y_l)$ 的算法是改变的. 下面列出两个相邻的时间层上的公式

$$\begin{cases} u_{jl}^{n+1} = u_{jl}^n + \tau \theta_{jl}^{n+1} L_h u_{jl}^{n+1} + \tau \theta_{jl}^n L_h u_{jl}^n, \\ u_{jl}^{n+2} = u_{jl}^{n+1} + \tau \theta_{jl}^{n+2} L_h u_{jl}^{n+2} + \tau \theta_{jl}^{n+1} L_h u_{jl}^{n+1}. \end{cases} \tag{5.26}$$

我们注意到 $\theta_{jl}^{n+2} = \theta_{jl}^n$, 因此上面式子可以改写为

$$\begin{cases} u_{jl}^{n+1} - \tau \theta_{jl}^{n+1} L_h u_{jl}^{n+1} = u_{jl}^n + \tau \theta_{jl}^n L_h u_{jl}^n, \\ u_{jl}^{n+2} - \tau \theta_{jl}^n L_h u_{jl}^{n+2} = u_{jl}^{n+1} + \tau \theta_{jl}^{n+1} L_h u_{jl}^{n+1}. \end{cases} \tag{5.27}$$

这组公式与 P-R 格式类似,从上式的第二式减去第一式有

$$u_{jl}^{n+2} = 2u_{jl}^{n+1} - u_{jl}^n + \tau \theta_{jl}^n L_h u_{jl}^{n+2} - \tau \theta_{jl}^n L_h u_{jl}^n.$$

如果 $n+j+l$ 为偶数,则得

$$u_{jl}^{n+2} = 2u_{jl}^{n+1} - u_{jl}^n. \tag{5.28}$$

　　总起来利用跳点格式可以归纳如下:设在第 $n$ 层上 $u_{jl}^n$ 已知,要求第 $n+1$ 层上的值 $u_{jl}^{n+1}$. 第一步是对 $n+1+j+l$ 为偶数的点利用公式(5.25)按显式计算,第二步是对 $n+1+j+l$ 为奇数的点利用公式(5.25)按隐式计算,但此时 $u_{jl}^{n+1}$ 的四个邻点上的值 $u_{j+1,l}^{n+1}, u_{j-1,l}^{n+1}, u_{j,l+1}^{n+1}, u_{j,l-1}^{n+1}$ 已由第一步求出,故实质上第二步是显式的. 第二步得到的值按公式(5.28)求出第 $n+2$ 时间层上的值 $u_{jl}^{n+2}$, 因此第一步实际上是按公式(5.28)的简单运算而得到的. 由此可见跳点法比交替方向法更省工作量.

　　关于二维跳点格式的精度及稳定性同一维问题的讨论,这里就不再叙述了.

## 5.6　三维问题

　　三维问题基本上与二维问题一样构造格式,因此仅作简单介绍. 考虑三维扩散方程

$$\frac{\partial u}{\partial t} = a\left(\frac{\partial^2 u}{\partial x^2} + \frac{\partial^2 u}{\partial y^2} + \frac{\partial^2 u}{\partial z^2}\right). \tag{5.29}$$

初边条件可按二维问题推广,不再列出.

　　令 $\Delta x = \Delta y = \Delta z = h$, $\delta_z^2 u_{jlm}^n = u_{jl,m+1}^n - 2u_{jlm}^n + u_{jl,m-1}^n$, 那么(5.29)式的向前差分格式为

$$u_{jlm}^{n+1} = u_{jlm}^n + a\lambda(\delta_x^2 + \delta_y^2 + \delta_z^2)u_{jlm}^n, \tag{5.30}$$

其中 $\lambda = \dfrac{\tau}{h^2}$. 显然(5.30)式的截断误差为 $O(\tau + h^2 + h^2 + h^2)$. 稳定性条件为 $a\lambda \leqslant \dfrac{1}{6}$. 相应地, 向后差分格式为

$$u_{jlm}^{n+1} - a\lambda(\delta_x^2 + \delta_y^2 + \delta_z^2)u_{jlm}^{n+1} = u_{jlm}^n, \tag{5.31}$$

其截断误差为 $O(\tau + h^2 + h^2 + h^2)$. 此格式是无条件稳定的.

三维问题的 Crank-Nicolson 格式为

$$u_{jlm}^{n+1} - \frac{1}{2}a\lambda(\delta_x^2 + \delta_y^2 + \delta_z^2)u_{jlm}^{n+1} = u_{jlm}^n + \frac{1}{2}a\lambda(\delta_x^2 + \delta_y^2 + \delta_z^2)u_{jlm}^n. \tag{5.32}$$

此格式是无条件稳定的, 并且有二阶精度, 即其截断误差为 $O(\tau^2 + h^2 + h^2 + h^2)$.

与二维问题同样原因, 在实际上必须构造三维的交替方向隐式格式或局部一维格式. 下面仅举一例说明.

容易想到二维 Peaceman-Rachford 格式的三维推广, 仍设 $\Delta x = \Delta y = \Delta z$, 那么 P-R 格式可以写为

$$\begin{cases} \left(1 - \dfrac{a\lambda}{3}\delta_x^2\right)u_{jlm}^{n+\frac{1}{3}} = \left(1 + \dfrac{a\lambda}{3}\delta_y^2 + \dfrac{a\lambda}{3}\delta_z^2\right)u_{jlm}^n, \\[2mm] \left(1 - \dfrac{a\lambda}{3}\delta_y^2\right)u_{jlm}^{n+\frac{2}{3}} = \left(1 + \dfrac{a\lambda}{3}\delta_x^2 + \dfrac{a\lambda}{3}\delta_z^2\right)u_{jlm}^{n+\frac{1}{3}}, \\[2mm] \left(1 - \dfrac{a\lambda}{3}\delta_z^2\right)u_{jlm}^{n+1} = \left(1 + \dfrac{a\lambda}{3}\delta_x^2 + \dfrac{a\lambda}{3}\delta_y^2\right)u_{jlm}^{n+\frac{2}{3}}. \end{cases} \tag{5.33}$$

求解此格式可通过一系列追赶法来完成, 但是此格式的截断误差为 $O(\Delta t + h^2 + h^2 + h^2)$, 并且是条件稳定的, 因此一般都不采用.

我们知道, Crank-Nicolson 格式的截断误差为 $O(\tau^2 + h^2 + h^2 + h^2)$, 由此可知

$$\left(1 - \frac{1}{2}a\lambda\delta_x^2\right)\left(1 - \frac{1}{2}a\lambda\delta_y^2\right)\left(1 - \frac{1}{2}a\lambda\delta_z^2\right)u_{jlm}^{n+1}$$
$$= \left(1 + \frac{1}{2}a\lambda\delta_x^2\right)\left(1 + \frac{1}{2}a\lambda\delta_y^2\right)\left(1 + \frac{1}{2}a\lambda\delta_z^2\right)u_{jlm}^n \tag{5.34}$$

的截断误差也为 $O(\tau^2 + h^2 + h^2 + h^2)$. 求解(5.34)式可以由多种方法进行.

注意到, (5.34)式等价于

$$\left(1 - \frac{a\lambda}{2}\delta_x^2\right)\left(1 - \frac{a\lambda}{2}\delta_y^2\right)\left(1 - \frac{a\lambda}{2}\delta_z^2\right)(u_{jlm}^{n+1} - u_{jlm}^n)$$
$$= a\lambda(\delta_x^2 + \delta_y^2 + \delta_z^2)u_{jlm}^n + \frac{(a\lambda)^3}{4}\delta_x^2\delta_y^2\delta_z^2 u_{jlm}^n.$$

删去高阶项 $\dfrac{1}{4}(a\lambda)^3\delta_x^2\delta_y^2\delta_z^2 u_{jlm}^n$, 得到一个算法

$$\begin{cases} \left(1-\dfrac{a\lambda}{2}\delta_x^2\right)\Delta u^* = a\lambda\,(\delta_x^2+\delta_y^2+\delta_z^2)u_{jlm}^n, \\[2mm] \left(1-\dfrac{a\lambda}{2}\delta_y^2\right)\Delta u^{**} = \Delta u^*, \\[2mm] \left(1-\dfrac{a\lambda}{2}\delta_z^2\right)\Delta u = \Delta u^{**}, \\[2mm] \Delta u = u_{jlm}^{n+1}-u_{jlm}^n. \end{cases} \tag{5.35}$$

称算法(5.35)为 **Douglas-Gunn 格式**,易知这是无条件稳定的二阶精度的算法.

局部一维可按二维问题直接推广.

# 6　非线性方程

许多物理问题可以用非线性抛物型方程来描述,比如非线性扩散方程、反应-扩散方程、黏性流体力学方程组等,都是典型的非线性抛物型方程,因此数值求解非线性抛物型方程的问题就成为实际中很迫切的问题. 我们考虑如下问题

$$\begin{cases} \dfrac{\partial u}{\partial t}=f\left(x,t,u,\dfrac{\partial u}{\partial x},\dfrac{\partial^2 u}{\partial x^2}\right), & 0<x<1,\quad t>0, \\[2mm] u(x,0)=g(x), & 0\leqslant x\leqslant 1, \\[2mm] u(0,t)=0, & t\geqslant 0, \\[2mm] u(1,t)=0, & t\geqslant 0, \end{cases} \tag{6.1}$$

其中 $\dfrac{\partial f}{\partial u_{xx}}\geqslant a_0>0$.

求解常系数线性抛物型方程的许多方法和技巧都可以推广到非线性抛物型方程上来,但由于非线性的性质,所以必须对具体的方程作某些必要的修改. 对于(6.1)式中的方程容易直接建立显式差分格式

$$\frac{u_j^{n+1}-u_j^n}{\tau}=f\left(x_j,t_n,u_j^n,\frac{u_{j+1}^n-u_{j-1}^n}{2h},\frac{1}{h^2}\delta_x^2 u_j^n\right). \tag{6.2}$$

这个格式看起来好像很方便,使用很简单. 但实际上不是很好的方法. (6.2)式是一个显式格式,因此我们从稳定性来考虑这个问题. 非线性抛物型方程的差分格式的稳定性讨论是异常复杂的. 如果在(6.1)式中的方程右端项取为 $\dfrac{\partial^2 u}{\partial x^2}$,那么方程就是常系数扩散方程,相应的差分格式(6.2)就是向前差分格式,因此稳定性条件是 $\lambda=\dfrac{\tau}{h^2}\leqslant\dfrac{1}{2}$. 如果把问题(6.1)中的方程取作

$$\frac{\partial u}{\partial t}=u\,\frac{\partial^2 u}{\partial x^2},$$

那么相应的差分格式 (6.2) 的稳定性条件就不好直接求出了, 但我们使用非线性双曲型差分格式关于线性化稳定性分析方法, 稳定性条件大致上应是

$$\lambda \max_j \mid u_j^n \mid \leqslant \frac{1}{2}.$$

由此我们立即可以看出, 格式 (6.2) 稳定性条件不但依赖于步长而且还依赖于函数值 $u_j^n$, 进而, 还依赖于 $f$ 的形式. 正因为如此, 一般来说稳定性限制都比较严. 所以很多情况转向用隐式格式进行计算.

我们考虑问题 (6.1) 中方程的 Crank-Nicolson 型格式, 直接写出格式

$$\frac{u_j^{n+1} - u_j^n}{\tau} = f \left\{ x_j, t_{n+\frac{1}{2}}, \frac{1}{2}(u_j^n + u_j^{n+1}), \right.$$
$$\frac{1}{2} \left( \frac{u_{j+1}^{n+1} - u_{j-1}^{n+1}}{2h} + \frac{u_{j+1}^n - u_{j-1}^n}{2h} \right), \tag{6.3}$$
$$\left. \frac{1}{2h^2} \delta_x^2 (u_j^{n+1} + u_j^n) \right\},$$

其中 $t_{n+\frac{1}{2}} = (n+\frac{1}{2})\tau$.

利用线性化稳定性分析可以看出, 差分格式 (6.3) 是无条件稳定的. 但问题是求解 $u_j^{n+1}$ 的代数方程组是非线性的. 而且在每个时间步上必须解这样的方程组. 所以在不少情况下也不容易求解.

从显式、隐式两种情况的分析可以看到, 求解非线性抛物型方程的确存在着一些线性问题中未碰到的情况. 针对这些困难, 提出了不少具体的办法, 究竟采用哪种办法, 无一般原则可循, 具体问题要作具体分析. 有时也靠实践经验. 现在预测-校正方法在求解非线性抛物型方程中受到充分的重视, 但其他方法也是有特色的. 我们仅通过例子介绍一些求解的方法并给出一些常见的非线性抛物型方程的差分格式.

## 6.1　Richtmyer 线性化方法

考虑微分方程

$$\frac{\partial u}{\partial t} = \frac{\partial^2 (u^5)}{\partial x^2}, \tag{6.4}$$

采用加权隐式格式有

$$\frac{u_j^{n+1} - u_j^n}{\tau} = \frac{1}{h^2} [\theta \delta_x^2 (u^5)_j^{n+1} + (1-\theta) \delta_x^2 (u^5)_j^n], \tag{6.5}$$

其中 $0 \leqslant \theta \leqslant 1$. 显然解这个差分方程组必须解非线性方程组, 避免求解非线性方程组的一个办法是先设法对方程组进行线性化. 线性化的方法很多, 我们采用 Richtmyer 的办法, 注意到

$$\left[u(x_j, t_{n+1})\right]^5 = \left[u(x_j, t_n)\right]^5 + \tau \frac{\partial}{\partial t}\left[u(x_j, t_n)\right]^5 + O(\tau^2)$$

$$= \left[u(x_j, t_n)\right]^5 + 5\tau\left[u(x_j, t_n)\right]^4 \frac{\partial u(x_j, t_n)}{\partial t} + O(\tau^2),$$

由此我们得到

$$\left[u(x_j, t_{n+1})\right]^5 = \left[u(x_j, t_n)\right]^5 + 5\left[u(x_j, t_n)\right]^4 (u(x_j, t_{n+1}) - u(x_j, t_n)) + O(\tau^2).$$

此式与(6.5)式结合起来并令 $w_j = u_j^{n+1} - u_j^n$, 我们就得出差分格式

$$\frac{w_j}{\tau} - \frac{5\theta}{h^2}\left[(u^4)_{j+1}^n w_{j+1} - 2(u^4)_j^n w_j + (u^4)_{j-1}^n w_{j-1}\right]$$

$$= \frac{1}{h^2}\left[(u^5)_{j+1}^n - 2(u^5)_j^n + (u^5)_{j-1}^n\right]. \tag{6.6}$$

如果给定边界条件

$$w_0 = u_0^{n+1} - u_0^n, \quad w_J = u_J^{n+1} - u_J^n,$$

那么就可以用追赶法进行求解, 然后应用 $w_j = u_j^{n+1} - u_j^n$, 立即可以求出 $u_j^{n+1}$.

关于格式的稳定性问题, 我们仅作粗略的启示性分析, 把方程(6.4)式改写为

$$\frac{\partial u}{\partial t} = \frac{\partial}{\partial x}\left(5u^4 \frac{\partial u}{\partial x}\right).$$

因此可以把 $5u^4$ 看作一个扩散系数, 当然它不但随 $x, t$ 变化而且还随 $u$ 而变化. 采用类似于"冻结"系数的办法. 可以看出稳定性条件应该是

$$\begin{cases} 5u^4\lambda \leqslant \dfrac{1}{2 - 4\theta}, & \text{当 } 0 \leqslant \theta < \dfrac{1}{2}, \\ \text{无限制,} & \text{当 } 0 \geqslant \dfrac{1}{2}. \end{cases}$$

从这个例子可以看出, 稳定性条件($0 \leqslant \theta < \dfrac{1}{2}$)是随 $u$ 而改变的. 在求解实际问题中, 如果空间步长是给定的, 那么可以随时调整时间步长使得稳定性条件满足, 从而可以使计算能顺利地进行下去. 我们必须再次说明, 上述得到的条件是粗糙的, 一般要依赖于实际计算取得合适的时间步长.

注意到方程(6.4)取自 Richtmyer 的例子. 其实 $u$ 的指数 5 是可以改变的, 更一般可取 $u^\alpha$, $\alpha$ 为大于等于 2 的正整数.

## 6.2  拟线性扩散方程的隐式格式

考虑拟线性扩散方程的初边值问题

$$\begin{cases} \dfrac{\partial u}{\partial t} = \dfrac{\partial}{\partial x}\Big(k(u)\,\dfrac{\partial u}{\partial x}\Big), & 0 < x < 1, t > 0, \\[2mm] u(x,0) = u_0(x), & 0 \leqslant x \leqslant 1, \\[2mm] u(0,t) = u_1(t), & t \geqslant 0, \\[2mm] u(1,t) = u_2(t), & t \geqslant 0, \end{cases} \qquad (6.7)$$

其中 $k(u) > 0$ 为扩散系数.

　　用显式格式

$$\frac{u_j^{n+1} - u_j^n}{\tau} = \frac{1}{h}\Big[ k(u_{j+\frac{1}{2}}^n)\,\frac{u_{j+1}^n - u_j^n}{h} - k(u_{j-\frac{1}{2}}^n)\,\frac{u_j^n - u_{j-1}^n}{h}\Big],$$

其中

$$u_{j+\frac{1}{2}}^n = \frac{1}{2}(u_j^n + u_{j+1}^n),$$

来求解 (6.7) 式, 用上一小节的分析可知, 稳定性条件大致为

$$\max_j k(u_j^n)\,\frac{\tau}{h^2} \leqslant \frac{1}{2}.$$

因此, 如果 $k(u)$ 有时取很大的值, 那么必须采取很小的时间步长, 显然在实际计算中是不合算的. 对于非线性扩散方程, 一般采用无条件稳定的隐式格式, 这样将消除了稳定性对时间步长的限制. 下面构造两种实际使用的隐式格式

$$\frac{u_j^{n+1} - u_j^n}{\tau} = \frac{1}{h}\Big[ a_{j+\frac{1}{2}}(u^n)\,\frac{u_{j+1}^{n+1} - u_j^{n+1}}{h} - a_{j-\frac{1}{2}}(u^n)\,\frac{u_j^{n+1} - u_{j-1}^{n+1}}{h}\Big] \qquad (6.8)$$

和

$$\frac{u_j^{n+1} - u_j^n}{\tau} = \frac{1}{h}\Big[ a_{j+\frac{1}{2}}(u^{n+1})\,\frac{u_{j+1}^{n+1} - u_j^{n+1}}{h} - a_{j-\frac{1}{2}}(u^{n+1})\,\frac{u_j^{n+1} - u_{j-1}^{n+1}}{h}\Big], \qquad (6.9)$$

其中 $a_{j+\frac{1}{2}}(u^n) = a(u_j^n, u_{j+1}^n)$. 例如可取

$$a_{j+\frac{1}{2}}(u^n) = \frac{1}{2}\big[k(u_j^n) + k(u_{j+1}^n)\big], \qquad (6.10)$$

$$a_{j+\frac{1}{2}}(u^n) = k\Big(\frac{u_j^n + u_{j+1}^n}{2}\Big), \qquad (6.11)$$

$$a_{j+\frac{1}{2}}(u^n) = \frac{2k(u_j^n)k(u_{j+1}^n)}{k(u_j^n) + k(u_{j+1}^n)}. \qquad (6.12)$$

　　我们对差分格式 (6.8) 和 (6.9) 进行一下比较. 两个格式的截断误差都是 $O(\tau + h^2)$, 利用线性化稳定性分析知两个格式都是无条件稳定的. 但它们之间也有很大的差别. 对差分格式 (6.8) 来说, 对 $u_j^{n+1}$ 是线性的, 因此相应的差分方程组可以用追赶法求解. 而差分格式 (6.9), 对于 $u_j^{n+1}$ 来说是非线性的. 因此在解相应的差分方程组时必须采用迭代法. 迭代方法可以采取如下格式

$$\frac{u_j^{(s+1)} - u_j^n}{\tau} = \frac{1}{h}\left[a_{j+\frac{1}{2}}(u^{(s)})\frac{u_{j+1}^{(s+1)} - u_j^{(s+1)}}{h} - a_{j-\frac{1}{2}}(u^{(s)})\frac{u_j^{(s+1)} - u_{j-1}^{(s+1)}}{h}\right]. \quad (6.13)$$

对于 $u_j^{(s+1)}$ 来说,迭代格式(6.13)是线性的,因此每次迭代仅需求解具有三对角矩阵为系数的线性方程组,这可用追赶法容易求得的. $n$ 层的函数值作为迭代初值 $u_j^{(0)} = u_j^n$. 对于大多数具有实际意义的 $k(u)$ 来说,迭代是收敛的.在一般情况下,二、三次迭代就够了.使用格式(6.9)和(6.13)进行计算时,或是给定迭代次数,或是给定迭代收敛的精度,即要满足条件

$$\frac{\max_j |u_j^{(s+1)} - u_j^{(s)}|}{\max_j |u_j^{(s+1)}|} \leqslant \varepsilon. \quad (6.14)$$

如果达到规定的迭代次数或满足(6.14)式,那么取 $u_j^{n+1} = u_j^{(s+1)}$.

差分格式(6.9)的缺点是它需要的存储单元比(6.8)式多.这是因为在计算 $u_j^{n+1}$ 时,$u_j^n$ 及 $u_j^{(s)}$ 都要存储.此外用差分格式(6.9)计算 $u_j^{n+1}$ 时在每个时间层上都需要一定次数的迭代.由于差分格式(6.9)和(6.8)都是无条件稳定并具有相同的精度,因此人们自然会想到差分格式(6.8)比差分格式(6.9)好.然而,数值计算的实践已经证明,在很多情况下差分格式(6.9)的实际效果是相当好的.差分格式(6.9)可以使用更大的步长.因而,它虽需迭代,但达到与差分格式(6.8)的同样效果所需要的总运算量比差分格式(6.8)还要少.

我们知道,(6.8)式和(6.9)式的截断误差都是 $O(\tau + h^2)$,为了提高精度,可以采用 Crank-Nicolson 型的格式.这样处理后,其他过程不变,但提高了精度.

## 6.3 三层格式

我们仍考虑拟线性扩散方程

$$\frac{\partial u}{\partial t} = \frac{\partial}{\partial x}\left(k(u)\frac{\partial u}{\partial x}\right), \quad k(u) > 0.$$

最简单的三层格式是

$$\frac{u_j^{n+1} - u_j^{n-1}}{2\tau} = \frac{1}{h^2}\delta_x(k(u_j^n)\delta_x u_j^n), \quad (6.15)$$

其中 $\delta_x u_j = u_{j+\frac{1}{2}} - u_{j-\frac{1}{2}}$,在这个格式中,如果取 $k(u) = 1$,这就是著名的 Richardson 格式,已经证明这是一个不稳定的差分格式.因此(6.15)式是不可取的.在常系数抛物型方程的差分方法讨论中,采用 $\frac{1}{3}\delta_x^2(u_j^{n+1} + u_j^n + u_j^{n-1})$ 来代替 Richardson 格式中的 $\delta_x^2 u_j^n$.根据这一想法来构造(6.7)式的一个三层隐式格式,首先把(6.15)式改写为

$$u_j^{n+1} - u_j^{n-1} = 2\lambda[a_{j+\frac{1}{2}}(u^n)(u_{j+1}^n - u_j^n) - a_{j-\frac{1}{2}}(u^n)(u_j^n - u_{j-1}^n)],$$

其中 $a_{j+\frac{1}{2}}(u^n)$ 可取为(6.10)或(6.11)或(6.12)式.然后把格式中的 $u_{j+1}^n, u_j^n$ 和 $u_{j-1}^n$ 分别用 $\frac{1}{3}(u_{j+1}^{n+1} + u_{j+1}^n + u_{j+1}^{n-1}), \frac{1}{3}(u_j^{n+1} + u_j^n + u_j^{n-1}), \frac{1}{3}(u_{j-1}^{n+1} + u_{j-1}^n + u_{j-1}^{n-1})$ 来代替,这样我们得到了

$$u_j^{n+1} - u_j^{n-1} = \frac{2}{3}\lambda\{a_{j+\frac{1}{2}}(u^n)[(u_{j+1}^{n+1} - u_j^{n+1}) + (u_{j+1}^n - u_j^n)$$
$$+ (u_{j+1}^{n-1} - u_j^{n-1})] - a_{j-\frac{1}{2}}(u^n)[(u_j^{n+1} - u_{j-1}^{n+1})$$
$$+ (u_j^n - u_{j-1}^n) + (u_j^{n-1} - u_{j-1}^{n-1})]\}. \tag{6.16}$$

我们看到,(6.16)式已经避免了解非线性方程组的问题. 对于差分格式(6.16),可以证明对于充分小的 $\tau$ 和 $h$ 有

$$\max_{j,n} \mid u_j^n - u(x_j, t_n) \mid \leqslant c(\tau^2 + h^2),$$

其中 $c$ 为一常数, $u_j^n$ 和 $u(x,t)$ 分别是差分方程(6.16)和微分方程(6.7)的解.

## 6.4  预估-校正方法

前面讲过预估-校正方法. 一般说来,在时刻 $t_n$ 已求出数值的基础上由两步组成. 第一步求出在时刻 $t_{n+1}$ 的预估值,其结果不十分精确. 第二步是校正,利用 $t_n$ 的数值及 $t_{n+1}$ 的预估值用更精确的公式来校正,其结果作为 $t_{n+1}$ 时刻的最终数值、预估-校正方法分两步(或多步)来完成一个时间步长内的计算. 整个过程不需要解非线性方程组并且精度较高,因此这种类型方法受到重视.

考虑拟线性抛物型方程的初边值问题

$$\begin{cases} \dfrac{\partial^2 u}{\partial x^2} = f_1(x,t,u)\dfrac{\partial u}{\partial t} + f_2(x,t,u)\dfrac{\partial u}{\partial x}, & 0 < x < 1, t > 0, \\ u(x,0) = g(x), & 0 \leqslant x \leqslant 1, \\ u(0,t) = \mu_1(t), u(1,t) = \mu_2(t), & t \geqslant 0, \end{cases} \tag{6.17}$$

其中 $f_1(x,t,u) \geqslant a_0 > 0$.

对于(6.17)式中方程,直接应用 Crank-Nicolson 型格式有

$$\frac{1}{2h^2}\delta_x^2(u_j^n + u_j^{n+1}) = f_1\left(x_j, t_{n+\frac{1}{2}}, \frac{1}{2}(u_j^n + u_j^{n+1})\right)\frac{u_j^{n+1} - u_j^n}{\tau}$$
$$+ f_2\left(x_j, t_{n+\frac{1}{2}}, \frac{1}{2}(u_j^n + u_j^{n+1})\right)\frac{1}{2h}\mu\delta_x(u_j^{n+1} + u_j^n). \tag{6.18}$$

其中 $\delta_x u_j = u_{j+\frac{1}{2}} - u_{j-\frac{1}{2}}, \mu u_j = \frac{1}{2}(u_{j+\frac{1}{2}} + u_{j-\frac{1}{2}})$. 这是一个非线性差分方程组,一般要以迭代法求解.

现在给出预估-校正格式:

预估公式

$$\frac{1}{h^2}\delta_x^2 u_j^{n+\frac{1}{2}} = f_1(x_j, t_{n+\frac{1}{2}}, u_j^n)\frac{u_j^{n+\frac{1}{2}} - u_j^n}{\frac{\tau}{2}} + f_2(x_j, t_{n+\frac{1}{2}}, u_j^n)\frac{1}{h}\mu\delta_x u_j^n,$$

$$j = 1, 2, \cdots, J - 1. \tag{6.19}$$

校正公式

$$\frac{1}{2h^2}\delta_x^2(u_j^n + u_j^{n+1}) = f_1(x_j, t_{n+\frac{1}{2}}, u_j^{n+\frac{1}{2}})\frac{u_j^{n+1} - u_j^n}{\tau} + f_2(x_j, t_{n+\frac{1}{2}}, u_j^{n+\frac{1}{2}})\frac{1}{2h}\mu\delta_x(u_j^n + u_j^{n+1}),$$

$$j = 1, 2, \cdots, J-1. \tag{6.20}$$

相应的初始条件和边界条件是

$$\begin{cases} u_j^0 = g(jh), & j = 1, 2, \cdots, J-1, \\ u_0^n = \mu_1(n\tau), & u_J^n = \mu_2(n\tau). \end{cases} \tag{6.21}$$

用 (6.19),(6.20),(6.21)式来求解初边值问题(6.17).公式(6.19)和(6.20)都是线性方程组,其系数矩阵都是三对角阵,用追赶法解(6.19)式得预估值 $u_j^{n+\frac{1}{2}}$, $j = 1, 2, \cdots, J-1$. 把 $u_j^{n+\frac{1}{2}}$ 的值代入(6.20)式,同样用追赶法解之得 $u_j^{n+1}$, $j = 1, 2, \cdots, J-1$.

也可以用

$$\frac{1}{2h^2}\delta_x^2(u_j^{n+\frac{1}{2}} + u_j^n) = f_1(x_j, t_{n+\frac{1}{2}}, u_j^n)\frac{u_j^{n+\frac{1}{2}} - u_j^n}{\frac{\tau}{2}} + f_2(x_j, t_{n+\frac{1}{2}}, u_j^n)\frac{1}{h}\mu\delta_x u_j^n, \tag{6.22}$$

来代替预估公式(6.19).

把上面较为一般的公式应用到 **Burgers 方程**

$$\frac{\partial u}{\partial t} + u\frac{\partial u}{\partial x} = \nu\frac{\partial^2 u}{\partial x^2}. \tag{6.23}$$

其预估-校正格式是

$$\begin{cases} \dfrac{u_j^{n+\frac{1}{2}} - u_j^n}{\frac{\tau}{2}} = -u_j^n\dfrac{\mu\delta_x u_j^n}{h} + \nu\dfrac{\delta_x^2 u_j^{n+\frac{1}{2}}}{h^2}, \\ \dfrac{u_j^{n+1} - u_j^n}{\tau} = -u_j^{n+\frac{1}{2}}\dfrac{\mu\delta_x(u_j^n + u_j^{n+1})}{2h} + \nu\dfrac{\delta_x^2(u_j^n + u_j^{n+1})}{2h^2}. \end{cases} \tag{6.24}$$

此格式是二阶精度并用二次追赶法求解就可以得 $u_j^{n+1}$, $j = 1, \cdots, J-1$.

下面考虑另一形式的非线性抛物型方程

$$\frac{\partial^2 u}{\partial x^2} = g_1\left(x, t, u, \frac{\partial u}{\partial x}\right)\frac{\partial u}{\partial t} + g_2\left(x, t, u, \frac{\partial u}{\partial x}\right). \tag{6.25}$$

此方程的预估-校正格式可以取为

$$\frac{1}{h^2}\delta_x^2 u_j^{n+\frac{1}{2}} = g_1\left(x_j, t_{n+\frac{1}{2}}, u_j^n, \frac{1}{h}\mu\delta_x u_j^n\right)\frac{u_j^{n+\frac{1}{2}} - u_j^n}{\frac{\tau}{2}} + g_2\left(x_j, t_{n+\frac{1}{2}}, u_j^n, \frac{1}{h}\mu\delta_x u_j^n\right), \tag{6.26}$$

和

$$\frac{1}{2h^2}\delta_x^2(u_j^{n+1} + u_j^n) = g_1\left(x_j, t_{n+\frac{1}{2}}, u_j^{n+\frac{1}{2}}, \frac{1}{h}\mu\delta_x u_j^{n+\frac{1}{2}}\right)\frac{u_j^{n+1} - u_j^n}{\tau}$$

$$+ g_2\left(x_j, t_{n+\frac{1}{2}}, u_j^{n+\frac{1}{2}}, \frac{1}{h}\mu\delta_x u_j^{n+\frac{1}{2}}\right). \tag{6.27}$$

预估-校正格式构造方法很多,在此不再讨论了.由于微分方程是非线性的,因此差分格式的稳定性和收敛性讨论比较复杂.一般隐式格式都是有良好的稳定性.Douglas 等已经证明,差分格式(6.19),(6.20)是收敛的,并有

$$| u(x_j, t_n) - u_j^n | \leqslant k_1(\tau^2 + h^2).$$

对于(6.26),(6.27)式也是收敛的,并有

$$| u(x_j, t_n) - u_j^n | \leqslant k_2(\tau^{\frac{3}{2}} + h^2).$$

# 习　题

1. 试讨论扩散方程 $\dfrac{\partial u}{\partial t} = \dfrac{\partial^2 u}{\partial x^2}$ 的差分格式

$$\frac{u_j^{n+1} - \frac{1}{2}(u_{j+1}^n + u_{j-1}^n)}{\tau} = \frac{1}{h^2}\delta_x^2 u_j^n$$

的稳定性.

2. 试讨论扩散方程 $\dfrac{\partial u}{\partial t} = \dfrac{\partial^2 u}{\partial x^2}$ 的差分格式

$$\theta\frac{u_j^{n+1} - u_j^{n-1}}{2\tau} + (1-\theta)\frac{u_j^n - u_j^{n-1}}{\tau} = \frac{1}{h^2}\delta_x^2 u_j^n, \quad 0 \leqslant \theta \leqslant 1$$

的截断误差,并调整 $\theta$ 使差分格式为二阶精度的.

3. 试调整扩散方程的差分格式

$$\frac{u_j^{n+1} - u_j^n}{\tau} = \frac{1}{h^2}\left[\theta\delta_x^2 u_j^{n+1} + (1-\theta)\delta_x^2 u_j^n\right]$$

中的 $\theta$ 使其截断误差为 $O(\tau^2 + h^4)$.

4. 试讨论扩散方程

$$\frac{\partial u}{\partial t} = a\frac{\partial^2 u}{\partial x^2}, \quad a > 0$$

的差分格式

$$\frac{1}{12}\frac{u_{j+1}^{n+1} - u_{j+1}^n}{\tau} + \frac{5}{6}\frac{u_j^{n+1} - u_j^n}{\tau} + \frac{1}{12}\frac{u_{j-1}^{n+1} - u_{j-1}^n}{\tau} = \frac{a}{2h^2}\left[\delta_x^2 u_j^{n+1} + \delta_x^2 u_j^n\right]$$

的截断误差.

5. 利用有限体积法推导扩散方程 $\dfrac{\partial u}{\partial t} = \dfrac{\partial^2 u}{\partial x^2}$ 的 Crank-Nicolson 格式.

6. 试构造变系数抛物型方程

$$\frac{\partial u}{\partial t} = \frac{\partial}{\partial x}\left[(0.1 + \sin^2 x)\frac{\partial u}{\partial x}\right]$$

的一个二阶精度差分格式.

7. 试讨论对流扩散方程 $\frac{\partial u}{\partial t} + \alpha\frac{\partial u}{\partial x} = \beta\frac{\partial^2 u}{\partial x^2}$ 的差分格式

$$\frac{u_j^{n+1} - u_j^{n-1}}{2\tau} + \alpha\frac{u_{j+1}^n - u_{j-1}^n}{2h} = \beta\frac{u_{j+1}^n - (u_j^{n+1} + u_j^{n-1}) + u_{j-1}^n}{h^2}$$

的相容性.

8. 试构造二维扩散方程 $\frac{\partial u}{\partial t} = \frac{\partial^2 u}{\partial x^2} + \frac{\partial^2 u}{\partial y^2}$ 的 Du Fort-Frankel 格式，并讨论其稳定性.

9. 试讨论二维扩散方程 $\frac{\partial u}{\partial t} = \frac{\partial^2 u}{\partial x^2} + \frac{\partial^2 u}{\partial y^2}$ 的 Douglas-Rachford 格式.

$$\left(I - \frac{\lambda}{2}\delta_x^2\right)\bar{u}_{jm}^{n+1} = \left(I + \frac{\lambda}{2}\delta_x^2\right)u_{jm}^n + \lambda\delta_y^2 u_{jm}^n,$$

$$\left(I - \frac{1}{2}\delta_y^2\right)u_{jm}^{n+1} = \bar{u}_{jm}^{n+1} - \frac{\lambda}{2}\delta_y^2 u_{jm}^n$$

的截断误差.

10. 对于初边值问题

$$\begin{cases} \dfrac{\partial u}{\partial t} = \dfrac{\partial^2 u}{\partial x^2}, & 0 < x < 1, \quad t > 0; \\ u(x,0) = \sin\pi x, & 0 < x < 1; \\ u(0,t) = u(1,t) = 0, & t > 0. \end{cases}$$

用向前差分格式、向后差分格式、Crank-Nicolson 格式以及 Du Fort-Frankel 格式来求解，取 $h = 0.1, \lambda = \dfrac{\tau}{h^2}$ 为 0.1 和 0.5 进行计算，并在 $t = 0.1$ 时与准确解 $u(x,t) = \mathrm{e}^{-\pi^2 t}\sin\pi x$ 比较.

# 第5章 椭圆型方程的差分方法

本章主要讨论 Poisson 方程边值问题的差分方法. 涉及差分格式的建立, 边界条件的处理以及差分格式的收敛性问题. 此外, 也简单地讨论了双调和方程的差分方法以及特征值问题.

## 1 Poisson 方程

考虑 Poisson 方程

$$\Delta u = \frac{\partial^2 u}{\partial x^2} + \frac{\partial^2 u}{\partial y^2} = f(x,y), \quad (x,y) \in D, \tag{1.1}$$

其中 $D$ 是 $x$-$y$ 平面内一有界区域, 其边界用 $\partial D$ 来表示, 假定它是分段光滑的曲线所组

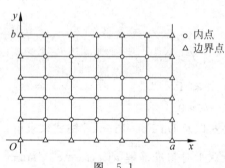

图 5.1

成, 为方便起见, 先取 $D$ 为矩形区域

$$D = \{(x,y) \mid 0 < x < a, 0 < y < b\},$$

其边界 $\partial D$ 是由 4 条直线段所组成

$$\partial D = \{(x,y) \mid x = 0, a, 0 \leqslant y \leqslant b;$$
$$y = 0, b, 0 \leqslant x \leqslant a\}.$$

对 $D$ 剖分网格如下. 设 $x$ 轴方向的步长 $h = \dfrac{a}{(I+1)}$, $y$ 轴方向的步长 $k = \dfrac{b}{(J+1)}$, 那么 $D$ 的内部网格点 (简称为内点) 为

$$D_h = \{(x_i, y_j) \mid x_i = ih, 1 \leqslant i \leqslant I; \ y_j = jk, 1 \leqslant j \leqslant J\}.$$

$D$ 的边界点为

$$\partial D_h = \{(x_i, y_j) \mid x_i = ih, y_j = jk; i = 0, I+1, j = 0, 1, \cdots, J,$$
$$J+1; j = 0, J+1, i = 0, 1, \cdots, I, I+1\}.$$

网格剖分见图 5.1.

## 1.1 五点差分格式

现在我们来建立五点差分格式. 利用 Taylor 级数展开有

$$\frac{1}{h^2}\big[u(x_i + h, y_j) - 2u(x_i, y_j) + u(x_i - h, y_j)\big]$$

$$= \left(\frac{\partial^2 u}{\partial x^2}\right)_{ij} + \frac{h^2}{24}\left[\frac{\partial^4}{\partial x^4}u(\xi_1, y_j) + \frac{\partial^4}{\partial x^4}u(\xi_2, y_j)\right], \tag{1.2}$$

其中 $x_{i-1} \leqslant \xi_1, \xi_2 \leqslant x_{i+1}$，同样地

$$\frac{1}{k^2}\big[u(x_i, y_j + k) - 2u(x_i, y_j) + u(x_i, y_j - k)\big]$$

$$= \Big(\frac{\partial^2 u}{\partial y^2}\Big)_{ij} + \frac{k^2}{24}\Big[\frac{\partial^4}{\partial y^4}u(x_i, \eta_1) + \frac{\partial^4}{\partial y^4}u(x_i, \eta_2)\Big], \tag{1.3}$$

其中 $y_{j-1} \leqslant \eta_1, \eta_2 \leqslant y_{j+1}$.

利用(1.2)式和(1.3)式可以得到(1.1)式的一个差分方程

$$\Delta_h u_{ij} = \frac{u_{i+1,j} - 2u_{ij} + u_{i-1,j}}{h^2} + \frac{u_{i,j+1} - 2u_{ij} + u_{i,j-1}}{k^2} = f_{ij}, \tag{1.4}$$

其中 $f_{ij} = f(x_i, y_j)$，差分方程(1.4)称为**五点差分格式**，其节点分布见图 5.2. 容易看出，差分格式(1.4)的截断误差是 $O(h^2 + k^2)$，由(1.4)式也立即可以写出逼近 Laplace 方程

$$\Delta u = \frac{\partial^2 u}{\partial x^2} + \frac{\partial^2 u}{\partial y^2} = 0 \tag{1.5}$$

的五点差分格式

$$\Delta_h u_{ij} = \frac{u_{i+1,j} - 2u_{ij} + u_{i-1,j}}{h^2} + \frac{u_{i,j+1} - 2u_{ij} + u_{i,j-1}}{k^2} = 0. \tag{1.6}$$

由于我们假定 $D$ 是矩形区域，因此边界条件容易处理，特别是第一类边界条件. Poisson 方程的第一边值问题的差分逼近是

$$\begin{cases} \Delta_h u_{ij} = f_{ij}, & (x_i, y_j) \in D_h, \\ u_{ij} = \alpha_{ij}, & (x_i, y_j) \in \partial D_h, \end{cases}$$

其中 $u(x, y) = \alpha(x, y)$，当 $(x, y) \in \partial D, \alpha_{ij} = \alpha(x_i, y_j)$.

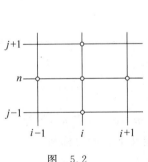

图　5.2

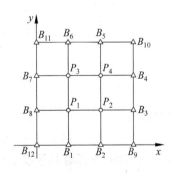

图　5.3

下面我们考虑一个非常简单的数值例子. 求解 Laplace 方程的第一边值问题

$$\begin{cases} \dfrac{\partial^2 u}{\partial x^2} + \dfrac{\partial^2 u}{\partial y^2} = 0, & (x, y) \in D, \\ u(x, y) = \log[(1+x)^2 + y^2], & (x, y) \in \partial D, \end{cases}$$

其中 $D=\{(x,y)\,|\,0{\leqslant}x,y{\leqslant}1\}$.

取特殊的网格,$h=k=\dfrac{1}{3}$. 此时网格点分布见图 5.3,在内点 $P_1$,$P_2$,$P_3$ 和 $P_4$ 上用差分格式(1.6),在其余点,即边界点,取边界条件

$$\alpha(x,y) = \log[(1+x)^2 + y^2]$$

的离散,最后我们得到线性代数方程组

$$\begin{bmatrix} 4 & -1 & -1 & 0 \\ -1 & 4 & 0 & -1 \\ -1 & 0 & 4 & -1 \\ 0 & -1 & -1 & 4 \end{bmatrix} \begin{bmatrix} u_1 \\ u_2 \\ u_3 \\ u_4 \end{bmatrix} = \begin{bmatrix} \alpha_1 + \alpha_8 \\ \alpha_2 + \alpha_3 \\ \alpha_6 + \alpha_7 \\ \alpha_4 + \alpha_5 \end{bmatrix}.$$

解此方程组得出

$$u_1 = 0.634804, \quad u_2 = 1.059993, \quad u_3 = 0.798500, \quad u_4 = 1.169821.$$

## 1.2 九点差分格式

为了提高差分格式的精度,我们考虑**九点差分格式**,为推导简单起见,我们令 $h=k$,节点及标号见图 5.4,令

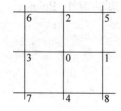

图 5.4

$$\xi = h\frac{\partial}{\partial x}, \quad \eta = h\frac{\partial}{\partial y}, \quad \mathscr{D}^2 = \frac{\partial^2}{\partial x\partial y},$$

那么有

$$\xi^2 + \eta^2 = h^2\Delta, \quad \xi\eta = h^2\mathscr{D}^2,$$
$$\xi^4 + \eta^4 = (\xi^2 + \eta^2)^2 - 2\xi^2\eta^2 = h^4(\Delta^2 - 2\mathscr{D}^4).$$

$u(x+h)$ 的 Taylor 展开可以写作

$$u(x+h) = \left(1 + h\frac{\mathrm{d}}{\mathrm{d}x} + \cdots + \frac{h^n}{n!}\frac{\mathrm{d}^n}{\mathrm{d}x^n} + \cdots\right)u(x)$$
$$= \left(\mathrm{e}^{h\frac{\mathrm{d}}{\mathrm{d}x}}\right)u(x),$$

从而可以得出

$$u_1 = \mathrm{e}^{\xi}u_0, u_2 = \mathrm{e}^{\eta}u_0, u_3 = \mathrm{e}^{-\xi}u_0, u_4 = \mathrm{e}^{-\eta}u_0, u_5 = \mathrm{e}^{\xi+\eta}u_0,\text{等等}.$$

由于 Poisson 方程对其导数是对称的,所以我们定义下面的对称和

$$S_1 = u_1 + u_2 + u_3 + u_4, \quad S_2 = u_5 + u_6 + u_7 + u_8.$$

把 $u_1,u_2,\cdots$ 的表示式代入就有

$$S_1 = \mathrm{e}^{\xi}u_0 + \mathrm{e}^{\eta}u_0 + \mathrm{e}^{-\xi}u_0 + \mathrm{e}^{-\eta}u_0$$
$$= \left(1 + \xi + \frac{\xi^2}{2} + \frac{\xi^3}{3!} + \frac{\xi^4}{4!} + 1 + \eta + \frac{\eta^2}{2} + \frac{\eta^3}{3!} + \frac{\eta^4}{4!}\right.$$

$$\left.+1-\xi+\frac{\xi^2}{2}-\frac{\xi^3}{3!}+\frac{\xi^4}{4!}+1-\eta+\frac{\eta^2}{2}-\frac{\eta^3}{3!}+\frac{\eta^4}{4!}\right)u_0+O(h^6)$$

$$=\left(2+\xi^2+\frac{1}{12}\xi^4+2+\eta^2+\frac{1}{12}\eta^4\right)u_0+O(h^6)$$

$$=4u_0+h^2\Delta u_0+\frac{1}{12}h^4(\Delta^2-2\mathscr{D}^4)u_0+O(h^6).$$

同样可得

$$S_2=4u_0+2h^2\Delta u_0+\frac{1}{6}h^4(\Delta^2+4\mathscr{D}^4)u_0+O(h^6).$$

在 $S_1$ 和 $S_2$ 之间消去 $\mathscr{D}^4u_0$, 得

$$\Delta u_0=\frac{4S_1+S_2-20u_0}{6h^2}-\frac{1}{12}h^2\Delta^2u_0+O(h^4).$$

注意到

$$\Delta u_0=f,\quad \Delta^2u_0=\Delta f.$$

因此我们得到九点差分格式

$$4S_1+S_2-20u_0=6h^2f+\frac{1}{2}h^4\Delta f. \tag{1.7}$$

由上面推导可知,差分格式(1.7)是四阶精度的格式.

## 1.3 极坐标下的差分格式

如果要求在圆、环、扇形或环状扇形区域内求解 Poisson 方程或 Laplace 方程时,采用极坐标是方便的. 此时 Poisson 方程可以写为

$$\Delta_{r\theta}u=\frac{1}{r}\frac{\partial}{\partial r}\left(r\frac{\partial u}{\partial r}\right)+\frac{1}{r^2}\frac{\partial^2 u}{\partial\theta^2}=f(r,\theta), \tag{1.8}$$

其中 $r=\sqrt{x^2+y^2}$, $\tan\theta=\dfrac{y}{x}$. 整个 $x$-$y$ 平面映射为 $r,\theta$ 平面上的半带形域 $\{0\leqslant r<\infty,0\leqslant\theta\leqslant 2\pi\}$.

方程(1.8)的系数当 $r=0$ 时具有奇异性,因此为了选出我们感兴趣的解,需补充 $u$ 在 $r=0$ 处有界的条件,可设 $u$ 满足

$$\lim_{r\to 0^+}r\frac{\partial u}{\partial r}=0. \tag{1.9}$$

对于变量 $r,\theta$ 分别取等步长 $\Delta r$ 和 $\Delta\theta$,令

$$r_i=(i+0.5)\Delta r,\quad i=0,1,2,\cdots,$$

$$\theta_j=j\Delta\theta,j=0,1,\cdots,J-1;\ \Delta\theta=\frac{2\pi}{J}.$$

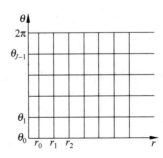

图 5.5

这样就在半带形域上形成了网格点 $(r_i, \theta_j)$，它们在 $r$-$\theta$ 平面上分布如图 5.5.

对任意一点 $(r_i, \theta_j)(i > 0)$，用中心差商公式

$$\left[\frac{1}{r}\frac{\partial}{\partial r}\left(r\frac{\partial u}{\partial r}\right)\right]_{ij} \approx \frac{1}{r_i(\Delta r)^2}\big[r_{i+\frac{1}{2}}u(r_{i+1},\theta_j)$$
$$- (r_{i+\frac{1}{2}} + r_{i-\frac{1}{2}})u(r_i,\theta_j) + r_{i-\frac{1}{2}}u(r_{i-1},\theta_j)\big],$$

$$\left[\frac{1}{r^2}\frac{\partial^2 u}{\partial \theta^2}\right]_{ij} \approx \frac{1}{r_i^2}\frac{u(r_i,\theta_{j+1}) - 2u(r_i,\theta_j) + u(r_i,\theta_{j-1})}{(\Delta\theta)^2}.$$

我们就得逼近 (1.8) 式的差分方程

$$\frac{1}{r_i}\frac{r_{i+\frac{1}{2}}u_{i+1,j} - (r_{i+\frac{1}{2}} + r_{i-\frac{1}{2}})u_{ij} + r_{i-\frac{1}{2}}u_{i-1,j}}{(\Delta r)^2}$$
$$+ \frac{1}{r_i^2}\frac{u_{i,j+1} - 2u_{ij} + u_{i,j-1}}{(\Delta\theta)^2} = f(r_i,\theta_j). \tag{1.10}$$

下面我们用有限体积法来推导在 $(r_0,\theta_j)$ 的差分方程，用 $r$ 乘方程 (1.8)，并对得到的方程在

$$D_\varepsilon = \{(r,\theta) \mid \varepsilon \leqslant r \leqslant \Delta r, \theta_{j-\frac{1}{2}} \leqslant \theta \leqslant \theta_{j+\frac{1}{2}}\}$$

上积分

$$\int_{\theta_{j-\frac{1}{2}}}^{\theta_{j+\frac{1}{2}}}\left\{\int_\varepsilon^{\Delta r}\left[\frac{\partial}{\partial r}\left(r\frac{\partial u}{\partial r}\right) + \frac{1}{r}\frac{\partial^2 u}{\partial\theta^2}\right]\mathrm{d}r\right\}\mathrm{d}\theta = \int_\varepsilon^{\Delta r}\left[\int_{\theta_{j-\frac{1}{2}}}^{\theta_{j+\frac{1}{2}}}rf(r,\theta)\mathrm{d}\theta\right]\mathrm{d}r,$$

$$\text{等式的左边} = \int_{\theta_{j-\frac{1}{2}}}^{\theta_{j+\frac{1}{2}}}\left(r\frac{\partial u}{\partial r}\right)\Big|_\varepsilon^{\Delta r}\mathrm{d}\theta + \int_\varepsilon^{\Delta r}\left(\frac{1}{r}\frac{\partial u}{\partial\theta}\right)\Big|_{\theta_{j-\frac{1}{2}}}^{\theta_{j+\frac{1}{2}}}\mathrm{d}r$$

$$= \int_{\theta_{j-\frac{1}{2}}}^{\theta_{j+\frac{1}{2}}}\left[\Delta r\frac{\partial}{\partial r}u(\Delta r,\theta) - \varepsilon\frac{\partial}{\partial r}u(\varepsilon,\theta)\right]\mathrm{d}\theta$$

$$+ \int_\varepsilon^{\Delta r}\left[\frac{1}{r}\frac{\partial}{\partial\theta}u(r,\theta_{j+\frac{1}{2}}) - \frac{1}{r}\frac{\partial}{\partial\theta}u(r,\theta_{j-\frac{1}{2}})\right]\mathrm{d}r,$$

令 $\varepsilon \to 0$ 并利用 (1.9) 式有

$$\int_{\theta_{j-\frac{1}{2}}}^{\theta_{j+\frac{1}{2}}}\Delta r\frac{\partial}{\partial r}u(\Delta r,\theta)\mathrm{d}\theta + \int_0^{\Delta r}\frac{1}{r}\left[\frac{\partial}{\partial\theta}u(r,\theta_{j+\frac{1}{2}}) - \frac{\partial}{\partial\theta}u(r,\theta_{j-\frac{1}{2}})\right]\mathrm{d}r$$

$$= \int_0^{\Delta r}\left[\int_{\theta_{j-\frac{1}{2}}}^{\theta_{j+\frac{1}{2}}}rf(r,\theta)\mathrm{d}\theta\right]\mathrm{d}r$$

对上述积分利用中矩形公式求积就可以得到

$$\Delta r\frac{\partial}{\partial r}u(\Delta r,\theta_j) \cdot \Delta\theta + \Delta r \cdot \frac{2}{\Delta r}\left[\frac{\partial}{\partial\theta}u\left(\frac{\Delta r}{2},\theta_{j+\frac{1}{2}}\right)\right.$$

$$\left. - \frac{\partial}{\partial\theta}u\left(\frac{\Delta r}{2},\theta_{j-\frac{1}{2}}\right)\right] = \Delta r \cdot \Delta\theta \cdot \frac{\Delta r}{2}f\left(\frac{\Delta r}{2},\theta_j\right).$$

用中心差商代替上面的微商，就得到在点 $(r_0,\theta_j)$ 的差分方程

$$\Delta r \Delta \theta \frac{u_{1,j} - u_{0,j}}{\Delta r} + 2 \frac{u_{0,j+1} - 2u_{0,j} + u_{0,j-1}}{\Delta \theta} = \frac{(\Delta r)^2}{2} \Delta \theta f_{0,j}.$$

用 $\frac{1}{2}(\Delta r)^2 \Delta \theta$ 除以上式有

$$\frac{2}{\Delta r} \frac{u_{1,j} - u_{0,j}}{\Delta r} + \frac{4}{(\Delta r)^2} \frac{u_{0,j+1} - 2u_{0,j} + u_{0,j-1}}{(\Delta \theta)^2} = f_{0,j}. \tag{1.11}$$

这样我们构造出了逼近(1.8)式的差分方程(1.10)式,(1.11)式.

# 2 差分格式的性质

我们以 Poisson 方程第一边值问题的五点差分格式

$$\Delta_h u_{ij} = f_{ij}, (x_i, y_j) \in D_h, \tag{2.1}$$

$$u_{ij} = \alpha_{ij}, (x_i, y_j) \in \partial D_h, \tag{2.2}$$

为例讨论差分格式的一些重要性质,其中 $D_h$ 和 $\partial D_h$ 为上节所定义.

## 2.1 存在惟一性问题

首先我们证明差分算子 $\Delta_h$ 的**极值原理**.

**定理 2.1** 设 $u_{ij}$ 是定义在 $D_h \bigcup \partial D_h$ 上的函数

(1) 如果 $u_{ij}$ 满足

$$\Delta_h u_{ij} \geqslant 0, \quad (x_i, y_j) \in D_h,$$

则有

$$\max_{D_h} u_{ij} \leqslant \max_{\partial D_h} u_{ij};$$

(2) 如果 $u_{ij}$ 满足

$$\Delta_h u_{ij} \leqslant 0, \quad (x_i, y_j) \in D_h,$$

则有

$$\min_{D_h} u_{ij} \geqslant \min_{\partial D_h} u_{ij}.$$

**证明** 先用反证法来证(1). 设在 $D_h$ 内存在一点 $P(x_{i_0}, y_{j_0})$ 及一个常数 $M$ 使得 $u(x_{i_0}, y_{j_0}) = M$ 并有 $M \geqslant u_{ij}, (x_i, y_j) \in D_h$ 和 $M > u_{ij}, (x_i, y_j) \in \partial D_h$ 考虑

$$\Delta_h u_{i_0, j_0} = \frac{u_{i_0+1, j_0} - 2u_{i_0, j_0} + u_{i_0-1, j_0}}{h^2} + \frac{u_{i_0, j_0+1} - 2u_{i_0, j_0} + u_{i_0, j_0-1}}{k^2}$$

$$= \frac{1}{h^2}(u_{i_0+1, j_0} + u_{i_0-1, j_0}) \frac{1}{k^2}(u_{i_0, j_0+1} + u_{i_0, j_0-1}) - 2\left(\frac{1}{h^2} + \frac{1}{k^2}\right)u_{i_0, j_0}.$$

由假定,$\Delta_h u_{i_0, j_0} \geqslant 0$,所以我们有

$$M = u_{i_0, j_0} \leqslant \frac{1}{\frac{1}{h^2} + \frac{1}{k^2}} \left[ \frac{u_{i_0+1, j_0} + u_{i_0-1, j_0}}{2h^2} + \frac{u_{i_0, j_0+1} + u_{i_0, j_0-1}}{2k^2} \right].$$

但 $M \geqslant u_{ij}, (x_i, y_j) \in D_h$, 因此可以得出

$$u_{i_0+1, j_0} = u_{i_0-1, j_0} = u_{i_0, j_0-1} = u_{i_0, j_0+1} = M.$$

我们把点 $(x_{i_0+1}, y_{j_0}), (x_{i_0-1}, y_{j_0}), (x_{i_0}, y_{j_0+1}), (x_{i_0}, y_{j_0-1})$ 中任意一个点按上述证明可以得出同样结论. 如果上述点的邻点中也有边界点, 即在 $\partial D_h$ 上的点, 那么在这些点上同样有 $u_{ij} = M$, 继续这个过程就可以推出

$$u_{ij} = M, \quad (x_i, y_j) \in D_h \bigcup \partial D_h.$$

这就矛盾于假设 $M > u_{ij}, (x_i, y_j) \in \partial D_h$, 即 (1) 证得.

对于 (2) 的证明, 我们注意到

$$\max(-u_{ij}) = -\min u_{ij},$$

及

$$\Delta_h(-u_{ij}) = -\Delta_h u_{ij}.$$

因此, 如果 $u_{ij}$ 满足 (2) 的假定, 那么对于 $-u_{ij}$ 就满足 (1) 的假定. 利用 (1) 关于 $-u_{ij}$ 的结论就得 (2) 关于 $u_{ij}$ 的结论.

下面来讨论解的存在惟一性.

**定理 2.2**　差分方程边值问题 (2.1), (2.2) 的解存在惟一.

**证明**　为了证明差分方程边值问题有惟一解, 只需证明相应的齐次问题只有零解就可以了. 相应于 (2.1) 式, (2.2) 式的齐次问题是

$$\Delta_h u_{ij} = 0, \quad (x_i, y_j) \in D_h,$$
$$u_{ij} = 0, \quad (x_i, y_j) \in \partial D_h.$$

利用定理 2.1 的 (1) 可知

$$\max_{D_h} u_{ij} \leqslant \max_{\partial D_h} u_{ij} = 0.$$

由此推出

$$u_{ij} \leqslant 0, \quad (x_i, y_j) \in D_h \bigcup \partial D_h. \tag{2.3}$$

利用定理 2.1 的 (2) 可知

$$\min_{D_h} u_{ij} \geqslant \min_{\partial D_h} u_{ij} = 0.$$

由此推出

$$u_{ij} \geqslant 0, \quad (x_i, y_j) \in D_h \bigcup \partial D_h. \tag{2.4}$$

由 (2.3) 式及 (2.4) 式得到 $u_{ij} = 0, (x_i, y_j) \in D_h \bigcup \partial D_h$.

## 2.2　差分方程解的收敛性

所谓收敛性就是当步长 $h, k \to 0$ 时, 差分方程的解逼近于微分方程的解.

**定理 2.3**　设 $u_{ij}$ 是定义在 $D_h \bigcup \partial D_h$ 上的函数, 那么有

$$\max_{D_h}\mid u_{ij}\mid\leqslant\max_{\partial D_h}\mid u_{ij}\mid+\frac{a^2}{2}\max_{D_h}\mid\Delta_h u_{ij}\mid, \tag{2.5}$$

其中 $a$ 为矩形区域 $D$ 的 $x$ 方向的边长.

**证明** 我们引进函数

$$\phi(x,y)=\frac{1}{2}x^2,$$

那么在 $D_h\bigcup\partial D_h$ 上有

$$0\leqslant\phi_{ij}\leqslant\frac{a^2}{2},\quad\Delta_h\phi_{ij}=1.$$

定义函数 $u_{ij}^+,u_{ij}^-$ 如下：

$$u_{ij}^{\pm}=\pm u_{ij}+A\phi_{ij},$$

其中

$$A=\max_{D_h}\mid\Delta_h u_{ij}\mid.$$

对于 $(x_i,y_j)\in D_h$ 有

$$\Delta_h u_{ij}^{\pm}=\pm\Delta_h u_{ij}+A\geqslant 0.$$

应用定理 2.1 有

$$\max_{D_h}u_{ij}^{\pm}\leqslant\max_{\partial D_h}u_{ij}^{\pm}=\max_{\partial D_h}[\pm u_{ij}+A\phi_{ij}]\leqslant\max_{\partial D_h}\Big[\pm u_{ij}+\frac{a^2}{2}A\Big].$$

由此得到

$$u_{ij}^+\leqslant\max_{\partial D_h}[\pm u_{ij}]+\frac{a^2}{2}A.$$

由定义知，对于 $(x_i,y_j)\in D_h$ 有

$$\pm u_{ij}\leqslant u_{ij}^{\pm}.$$

结合上面两式有

$$\pm u_{ij}\leqslant\max_{\partial D_h}(\pm u_{ij})+\frac{a^2}{2}A\leqslant\max_{\partial D_h}\mid u_{ij}\mid+\frac{a^2}{2}A.$$

从而式 (2.5) 得出.

**定理 2.4** 如果第一边值问题

$$\begin{cases}\dfrac{\partial^2 u}{\partial x^2}+\dfrac{\partial^2 u}{\partial y^2}=f(x,y),&(x,y)\in D,\\ u(x,y)=\alpha(x,y),&(x,y)\in\partial D\end{cases} \tag{2.6}$$

的解在 $D\bigcup\partial D$ 上有四阶连续的偏导数，则五点差分格式 (1.4) 收敛并有估计式

$$\max_{D_h}\mid u_{ij}-u(x_i,y_j)\mid\leqslant K(h^2+k^2). \tag{2.7}$$

**证明** 设 $u(x,y)$ 是 (2.6) 式之解，$u_{ij}$ 是 (2.1) 式和 (2.2) 式之解，令

$$E[u(x_i,y_j)]=\Delta_h u(x_i,y_j)-\Delta u(x_i,y_j),\quad(x_i,y_j)\in D_h.$$

由假定知

$$\Delta u(x_i, y_j) = f(x_i, y_j),$$

因此有

$$\Delta_h u(x_i, y_j) = E[u(x_i, y_j)] + f(x_i, y_j).$$

由(2.1)式减去此式得

$$\Delta_h[u_{ij} - u(x_i, y_j)] = -E[u(x_i, y_j)], \quad (x_i, y_j) \in D_h.$$

注意到,在边界$\partial D_h$上有

$$u_{ij} - u(x_i, y_j) = 0, \quad (x_i, y_j) \in \partial D_h.$$

现在我们对函数$u_{ij} - u(x_i, y_j)$应用定理 2.3,得到

$$\max_{D_h} |u_{ij} - u(x_i, y_j)| \leqslant \frac{a^2}{2} \max_{D_h} |E[u(x_i, y_j)]|. \tag{2.8}$$

利用 Taylor 级数展开有

$$u(x_i \pm h, y_j) = u(x_i, y_j) \pm h \frac{\partial}{\partial x} u(x_i, y_j) + \frac{h^2}{2} \frac{\partial^2}{\partial x^2} u(x_i, y_j)$$

$$\pm \frac{h^3}{3!} \frac{\partial^3}{\partial x^3} u(x_i, y_j) + \frac{h^4}{4!} \frac{\partial^4}{\partial x^4} u(x_i + \theta_\pm h, y_j),$$

其中$|\theta_\pm| \leqslant 1$. 于是

$$\frac{u(x_{i+1}, y_j) - 2u(x_i, y_j) + u(x_{i-1}, y_j)}{h^2} - \frac{\partial^2}{\partial x^2} u(x_i, y_j) = \frac{h^2}{12} \frac{\partial^4}{\partial x^4} u(x_i + \theta_1 h, y_j),$$

其中$|\theta_1| \leqslant 1$. 同样地有

$$\frac{u(x_i, y_{j+1}) - 2u(x_i, y_j) + u(x_i, y_{j-1})}{k^2} - \frac{\partial^2}{\partial y^2} u(x_i, y_j) = \frac{k^2}{12} \frac{\partial^4}{\partial y^4} u(x_i, y_j + \theta_2 k),$$

其中$|\theta_2| \leqslant 1$,因此我们得到

$$E[u(x_i, y_j)] = \Delta_h u(x_i, y_j) - \Delta u(x_i, y_j)$$

$$= \frac{1}{12} \left\{ h^2 \frac{\partial^4}{\partial x^4} u(x_i + \theta_1 h, y_j) + k^2 \frac{\partial^4}{\partial y^4} u(x_i, y_j + \theta_2 k) \right\}.$$

利用不等式(2.8)就得到(2.7)式. 定理证毕.

# 3   边界条件的处理

我们仍考虑 Poisson 方程的各种边界条件的处理,先考虑简单的矩形区域,然后讨论一般曲线为边界的区域.

## 3.1   矩形区域

假定 $D, \partial D, \partial D_h$ 和 $D_h$ 为第 1 节中定义.

对于第一类边界条件,即

$$u(x, y) = \alpha(x, y), \quad (x, y) \in \partial D. \tag{3.1}$$

我们已讨论过

$$u_{ij} = \alpha_{ij}, \quad (x_i, y_j) \in \partial D_h. \tag{3.2}$$

对于第三类边界条件,即

$$\frac{\partial u}{\partial n} + \gamma u = \beta(x, y), \quad (x, y) \in \partial D. \tag{3.3}$$

当 $\gamma = 0$ 时化为第二类边界条件,先把网格扩充到 $D_h \bigcup \partial D_h$ 之外,即在 $D_h \bigcup \partial D_h$ 四周增加一排节点,(3.3)式的离散是

$$\begin{cases} \dfrac{u_{I+2,j} - u_{Ij}}{2h} + \gamma_{I+1,j} u_{I+1,j} = \beta_{I+1,j}, \quad 0 \leqslant j \leqslant J+1, \\[2mm] \dfrac{u_{-1,j} - u_{1,j}}{2h} + \gamma_{0,j} u_{0,j} = \beta_{0,j}, \\[2mm] \dfrac{u_{i,J+2} - u_{iJ}}{2k} + \gamma_{i,J+1} u_{i,J+1} = \beta_{i,J+1}, \quad 0 \leqslant i \leqslant I+1, \\[2mm] \dfrac{u_{i,-1} - u_{i,1}}{2k} + \gamma_{i,0} u_{i,0} = \beta_{i,0} \end{cases} \tag{3.4}$$

关于 $D_h \bigcup \partial D_h$ 之外的函数值 $u_{i,-1}, u_{i,J+2}, u_{I+2,j}, u_{-1,j}$ 可以用内点的差分格式在边界上成立而得到的有关等式与(3.4)式相应的式子来消去.

## 3.2 一般区域

由于 $D$ 是一般曲线边界围成的区域,因此不可能采用前面的方法来构造网格了,这里采用第 2 章的例子中所用的方法,取沿 $x$ 轴方向和 $y$ 轴方向的步长为 $h$ 和 $k$,作两族与坐标轴平行的直线:

$$x_i = ih, \quad i = 0, \pm 1, \cdots,$$
$$y_j = jk, \quad j = 0, \pm 1, \cdots.$$

两族直线的交点 $(ih, jk)$ 即为网格点,记为 $(x_i, y_j)$ 或 $(i, j)$,令

$$D_h = \{(x_i, y_j) \mid (x_i, y_j) \in D, 并且(x_{i+1}, y_j), (x_{i-1}, y_j), (x_i, y_{j-1}), (x_i, y_{j+1}) \in D\}.$$

属于 $D_h$ 的点为内部网格点,即内点.令

$$\partial D_h = \{(x_i, y_j) \mid (x_i, y_j) \in D\} \backslash D_h.$$

属于 $\partial D_h$ 中的网格点为边界节点.内点和边界节点分布见图 2.3.

可以看出,这里已经不可能使 $\partial D_h$ 的点全部落在 $\partial D$ 上了.由此产生了边界条件的转换,当然如果边界节点落在 $\partial D$ 上就不用转换.由于边界条件从 $\partial D$ 上转换到 $\partial D_h$ 上就有误差,我们总希望取网格 $D_h$ 充分逼近 $D$.

先考虑第一边界条件

$$u(x,y) = \alpha(x,y), \quad (x,y) \in \partial D.$$

(1) 直接转移

若边界节点 $S$ 正好落在 $\partial D$ 上,见图 5.6,此时有 $u_S = \alpha(S)$.

如果边界节点 $P$ 不落在 $\partial D$ 上,见图 5.6,我们设与 $P$ 最靠近的 $\partial D$ 与网格线的交点是 $T$,那么取 $u_P = \alpha(T)$.

(2) 线性插值

例如在 $P$ 点,见图 5.6,可以用 $T,Q$ 两点作线性插值,设 $TP = \delta < k$,则有

$$u_P = \frac{k}{k+\delta}u(T) + \frac{\delta}{k+\delta}u(Q).$$

下面我们讨论第三类边界条件(第二类边界条件是其特例,不做特别讨论),

$$\frac{\partial u}{\partial n} + \gamma u = \beta(x,y), \quad (x,y) \in \partial D.$$

为方便起见,我们采用正方形网格,即 $k = h$.

(1) 边界节点 $P$ 在 $\partial D$ 上.

如果外法线与坐标轴平行,例如

$$\frac{\partial u}{\partial n} = -\frac{\partial u}{\partial x}(见图 5.7) \quad 或 \quad \frac{\partial u}{\partial n} = \frac{\partial u}{\partial y}(见图 5.8).$$

对此我们可取

$$\frac{u(P) - u(Q)}{h} + \gamma(P)u(P) = \beta(P).$$

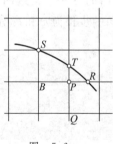
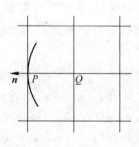
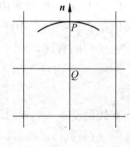

图 5.6        图 5.7        图 5.8

如果外法线不与坐标轴平行,情况就比较复杂(见图 5.9),注意到

$$\frac{\partial u(P)}{\partial n} = \frac{\partial u}{\partial x}\cos(n,x) + \frac{\partial u}{\partial y}\cos(n,y)$$

$$= -\left(\frac{\partial u}{\partial x}\cos\theta_1 + \frac{\partial u}{\partial y}\cos\theta_2\right).$$

因此边界条件的离散是

$$\frac{u(P)-u(Q)}{h}\cos\theta_1 + \frac{u(P)-u(R)}{h}\cos\theta_2 + \gamma(P)u(P) = \beta(P).$$

（2）边界节点不在 $\partial D$ 上.

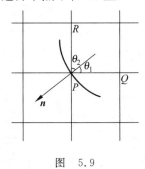

图 5.9

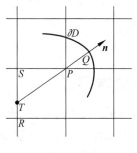

图 5.10

设 $P$ 是一个边界节点,但不在 $\partial D$ 上,过 $P$ 点作 $\partial D$ 的外法线交 $\partial D$ 于 $Q$,而交内部网格线 $SR$ 于 $T$（见图 5.10）.令

$$ST = \delta_3 h, \quad TR = \delta_2 h, \quad PT = \delta_1 h,$$

其中 $\delta_2+\delta_3=1, 1\leqslant\delta_1\leqslant\sqrt{2}$. 在 $Q$ 处外法向导数 $\dfrac{\partial u}{\partial \boldsymbol{n}}$ 近似地取为

$$\frac{u_P - u_T}{\delta_1 h} + \gamma(Q)u(Q) = \beta(Q),$$

或者可以写成

$$\frac{1}{\delta_1 h}\left[u_P - \frac{\delta_3 u_R + \delta_2 u_S}{\delta_2 + \delta_3}\right] + \gamma(Q)u(Q) = \beta(Q).$$

# 4 变系数方程

我们考虑变系数椭圆型方程

$$\frac{\partial}{\partial x}\left(a(x,y)\frac{\partial u}{\partial x}\right) + \frac{\partial}{\partial y}\left(b(x,y)\frac{\partial u}{\partial y}\right) - c(x,y)u = f(x,y), \quad (x,y)\in D, \quad (4.1)$$

其中 $a(x,y)>0, b(x,y)>0, c(x,y)>0$,取第一类边界条件

$$u(x,y) = \alpha(x,y), \quad (x,y)\in \partial D. \tag{4.2}$$

我们假定

$$D = \{(x,y) \mid 0 < x < a, 0 < y < b\},$$

$$\partial D = \{(x,y) \mid y = 0, b, 0 \leqslant x \leqslant a; x = 0, a, 0 \leqslant y \leqslant b\}.$$

## 4.1　直接差分方法

对于方程(4.1)我们可以用差商来逼近微商,直接可以得到相应的差分方程.

$$\frac{1}{h^2}\delta_x(a_{ij}\delta_x u_{ij}) + \frac{1}{k^2}\delta_y(b_{ij}\delta_y u_{ij}) - c_{ij}u_{ij} = f_{ij} \quad (x_i, y_j) \in D_h, \tag{4.3}$$

边界条件的离散是

$$u_{ij} = \alpha_{ij}, \quad (x_i, y_j) \in \partial D_h. \tag{4.4}$$

## 4.2　有限体积法

对于形如(4.1)式这样的微分方程,推导差分格式的方法通常还有有限体积法. 这个方法前面多次用过,它具有一定的好处,如系数有间断,步长不等距等情况较容易处理,而且得到的差分方程将更好地保持了微分方程(4.1)的一些特性.

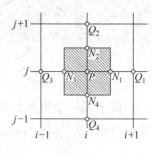

图　5.11

设 $P(x_i, y_j)$ 为 $D_h$ 的内点,其四个邻点是 $Q_1(x_{i+1}, y_j)$, $Q_2(x_i, y_{j+1})$, $Q_3(x_{i-1}, y_j)$, $Q_4(x_i, y_{j-1})$,用 $N_i$ 表示 $PQ_i$ 的中点,$i=1,2,3,4$,见图 5.11,在有阴影区域 $D_{i,j}$ 上对方程(4.1)进行积分.

$$\iint\limits_{D_{i,j}} \frac{\partial}{\partial x}\left(a(x,y)\frac{\partial u}{\partial x}\right)\mathrm{d}x\mathrm{d}y = \int_{y_{j-\frac{1}{2}}}^{y_{j+\frac{1}{2}}}\left[a(x_{i+\frac{1}{2}}, y)\frac{\partial u}{\partial x}(x_{i+\frac{1}{2}}, y) - a(x_{i-\frac{1}{2}}, y)\frac{\partial u}{\partial x}(x_{i-\frac{1}{2}}, y)\right]\mathrm{d}y.$$

利用中梯形公式有

$$\iint\limits_{D_{i,j}} \frac{\partial}{\partial x}\left(a(x,y)\frac{\partial u}{\partial x}\right)\mathrm{d}x\mathrm{d}y \approx \left[a(x_{i+\frac{1}{2}}, y_j)\frac{\partial}{\partial x}u(x_{i+\frac{1}{2}}, y_j) - a(x_{i-\frac{1}{2}}, y_j)\frac{\partial}{\partial x}u(x_{i-\frac{1}{2}}, y_j)\right]k,$$

类似地有

$$\iint\limits_{D_{i,j}} \frac{\partial}{\partial y}\left(b(x,y)\frac{\partial u}{\partial y}\right)\mathrm{d}x\mathrm{d}y \approx \left[b(x_i, y_{j+\frac{1}{2}})\frac{\partial}{\partial y}u(x_i, y_{j+\frac{1}{2}}) - b(x_i, y_{j-\frac{1}{2}})\frac{\partial}{\partial y}u(x_i, y_{j-\frac{1}{2}})\right]h,$$

此外有

$$\iint\limits_{D_{i,j}} c(x,y)u\mathrm{d}x\mathrm{d}y \approx c(x_i, y_j)u(x_i, y_j)hk,$$

$$\iint\limits_{D_{i,j}} f(x,y)\mathrm{d}x\mathrm{d}y \approx f(x_i, y_j)hk.$$

利用上面的 4 个积分近似式并用差商代替近似式中出现的偏导数,我们就得到(4.1)式的差分方程

$$\frac{1}{h^2}\left[a_{i+\frac{1}{2}, j}(u_{i+1, j} - u_{ij}) - a_{i-\frac{1}{2}, j}(u_{ij} - u_{i-1, j})\right]$$

$$+ \frac{1}{k^2} \left[ b_{i,j+\frac{1}{2}} (u_{i,j+1} - u_{ij}) - b_{i,j-\frac{1}{2}} (u_{ij} - u_{i,j-1}) \right] - c_{ij} u_{ij} = f_{ij}. \quad (4.5)$$

两种方法得到的差分格式(4.3)和(4.5)是一致的,而且如果 $a,b$ 为常数,$c$ 为零,那么这一节的差分格式就化为前面讨论过的五点格式.

# 5  双调和方程

作为高阶椭圆型方程的例子,考虑**双调和方程**的边值问题

$$\begin{cases} \Delta^2 u = \dfrac{\partial^4 u}{\partial x^4} + 2 \dfrac{\partial^4 u}{\partial x^2 \partial y^2} + \dfrac{\partial^4 u}{\partial y^4} = 0, \quad (x,y) \in D, & (5.1) \\[3mm] u = f(x,y), \quad (x,y) \in \partial D, & (5.2) \\[3mm] \dfrac{\partial u}{\partial \boldsymbol{n}} = g(x,y), \quad (x,y) \in \partial D. & (5.3) \end{cases}$$

为方便起见,设 $D$ 为单位正方形,$D = \{(x,y) \mid 0 < x < 1, 0 < y < 1\}$. 我们采用正方形网格,即 $k = h = \dfrac{1}{N}$,$D_h$ 和 $\partial D_h$ 如前. 双调和方程(5.1)的差分格式是容易建立的,直接写出有

$$\frac{1}{h^4} \delta_x^4 u_{ij} + \frac{2}{h^4} \delta_{x^2} \delta_{y^2} u_{ij} + \frac{1}{h^4} \delta_{y^4} u_{ij} = 0, \quad (5.4)$$

其中 $\delta_x^4 = \delta_x^2(\delta_x^2)$,$\delta_y^4 = \delta_y^2(\delta_y^2)$. 下面把(5.4)式写成更详细的形式

$$20 u_{ij} - 8 (u_{i+1,j} + u_{i-1,j} + u_{i,j+1} + u_{i,j-1}) + 2 (u_{i+1,j+1} + u_{i+1,j-1} + u_{i-1,j+1} + u_{i-1,j-1})$$
$$+ u_{i+2,j} + u_{i-2,j} + u_{i,j+2} + u_{i,j-2} = 0. \quad (5.5)$$

这是一个 13 点差分方程,其节点分布见图 5.12.

我们注意到使用差分方程(5.4)(或(5.5)式)时,它包含了 $u_{i\pm2,j}$ 和 $u_{i,j\pm2}$,这样对于某些内点来说就要使用区域 $D \cup \partial D$ 之外的点上的函数值. 这当然是不允许的. 为补救这种情况,只能用边界条件的离散来消去 $u_{i\pm2,j}$ 和 $u_{i,j\pm2}$,我们以 $h = \dfrac{1}{4}$ 为例来说明如何用边界条件的离散来处理这种情况,假定节点分布如图 5.13. 在 $P_1$ 点建立差分方程,有

$$20 u_{1,2} - 8 (u_{2,2} + u_{0,2} + u_{1,3} + u_{1,1}) + 2 (u_{2,3} + u_{2,1} + u_{0,3} + u_{0,1})$$
$$+ u_{3,2} + u_{-1,2} - u_{1,4} + u_{1,0} = 0. \quad (5.6)$$

可以看出,$u_{-1,2}$ 已经出了求解区域了,边界条件处理如下,由条件(5.2)有

$$u_{0,1} = f_{0,1}, \ u_{0,2} = f_{0,2}, \ u_{0,3} = f_{0,3}, \ u_{1,0} = f_{1,0}. \quad (5.7)$$

对于条件(5.3),在边 $x = 0$ 上有 $\dfrac{\partial u}{\partial \boldsymbol{n}} = -\dfrac{\partial u}{\partial x}$,因此有

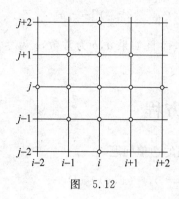
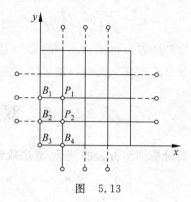

图　5.12                       图　5.13

$$- \frac{u_{1,2} - u_{-1,2}}{2h} = g_{0,2}. \tag{5.8}$$

把(5.6)和(5.7)及(5.8)式结合起来有

$$21u_{1,2} - 8(u_{2,2} + u_{1,3} + u_{1,1}) + 2(u_{2,3} + u_{2,1}) + u_{3,2} + u_{1,4}$$
$$= 8f_{0,2} - 2(f_{0,3} + f_{0,1}) - f_{1,0} - 2hg_{0,2}. \tag{5.9}$$

对其他靠近边界的内点可作同样处理.

对于双调和方程也可以提如下的边界条件

$$\begin{cases} u = g(x,y), & (x,y) \in \partial D , \tag{5.2} \\ \dfrac{\partial^2 u}{\partial n^2} = f(x,y), & (x,y) \in \partial D . \end{cases} \tag{5.10}$$

处理方法同前面,所以不再详细讨论了.

# 6　特征值问题

Laplace 算子 $\Delta$ 的特征值问题是求

$$\begin{cases} -\Delta u = \lambda u, & (x,y) \in D, \tag{6.1} \\ u = 0, & (x,y) \in \partial D \end{cases} \tag{6.2}$$

的非零解(特征函数 $u$)及参数(特征值 $\lambda$).当然边界条件(6.2)还可以换成第二、三类的齐次边界条件.

我们仍假定 $D$ 为单位正方形

$$D = \{(x,y) \mid 0 \leqslant x \leqslant 1, 0 \leqslant y \leqslant 1\}.$$

取网格也为正方形网格, $k = h = \dfrac{1}{N}$ ,这样我们可以得到 $D_h$ 及 $\partial D_h$ .

容易证明,函数

$$u_{pq} = \sin p\pi x \sin q\pi y \quad (p, q = 1, 2, \cdots)$$

是与特征值

$$\lambda_{pq} = (p^2 + q^2)\pi^2 \quad (p, q = 1, 2, \cdots)$$

相对应的(6.1)式和(6.2)式的特征函数,本节中我们用差分方法来求解(6.1)式和(6.2)式.

采用简单的五点差分格式

$$\begin{cases} u_{i-1,j} + u_{i+1,j} + u_{i,j+1} + u_{i,j-1} + (\bar{\lambda}h^2 - 4)u_{ij} = 0, \\ \qquad (x_i, y_j) \in D_h, \quad i, j = 0, 1, \cdots, N-1, \\ u_{ij} = 0, \ (x_i, y_j) \in \partial D_h, \end{cases} \tag{6.3}$$

其中 $\bar{\lambda}$ 为差分方程的特征值.

容易看出,(6.3)式可以进行分离变量且有解,

$$u_{ij}^{(p,q)} = \sin\frac{p\pi i}{N}\sin\frac{q\pi j}{N},$$

$$\bar{\lambda}_{pq} = \frac{4}{h^2}\left(\sin^2\frac{p\pi}{2N} + \sin^2\frac{q\pi}{2N}\right), \quad p, q = 1, 2, \cdots, N-1. \tag{6.4}$$

注意到微分问题有无限多个特征值,而相应的差分问题仅有 $(N-1)^2$ 个特征值.一般它们逼近微分问题中那些最小的特征值.利用 Taylor 级数展开有

$$\bar{\lambda}_{p,q} = \lambda_{p,q} + O(h^2).$$

微分问题的前五个特征值(不计重数)与当 $N=10$ 时差分问题的特征值比较见表 5.1. 可以看出,最小的特征值逼近比较好,而物理上具有意义的正是这个最小的特征值,因此这样的近似求解是有价值的.

表　5.1

| $\lambda$ | $\bar{\lambda}$ |
|---|---|
| 19.739 | 19.577 |
| 49.348 | 47.985 |
| 78.957 | 76.393 |
| 128.305 | 120.640 |
| 177.653 | 164.886 |

# 习　　题

1. 用五点差分格式求解 Poisson 方程的边值问题

$$\begin{cases} \Delta u = 16, \quad (x, y) \in D, \\ u = 0, \qquad (x, y) \in \partial D, \end{cases}$$

其中 $D=\{(x,y)\mid |x|,|y|<1\}$.

(1) 用正方形网格($k=h$)列出相应的差分方程;

(2) 对 $h=1,h=\dfrac{1}{2}$ 分别求解.

2. 列出用五点差分格式求解 Laplace 方程的第三边值问题

$$\begin{cases} \Delta u = 0, & 0 < x,y < 1, \\ u_x - u = 1 + y, & x = 0, 0 \leqslant y \leqslant 1, \\ u_x + u = 2 - y, & x = 1, 0 \leqslant y \leqslant 1, \\ u_y - u = -1 - x, & y = 0, 0 \leqslant x \leqslant 1, \\ u_y + u = -2 + x, & y = 1, 0 \leqslant x \leqslant 1 \end{cases}$$

($h=k=\dfrac{1}{2}$)的线性代数方程组.

3. 试求出解 Poisson 方程 $-\Delta u = f(x,y)$ 的差分格式

$$-(u_{i+1,j+1} + u_{i+1,j-1} + u_{i-1,j+1} + u_{i-1,j-1} - 4u_{ij}) = 2h^2 f_{ij}$$

的截断误差.

4. 在 $D=\{(x,y)\mid 0 \leqslant x,y \leqslant 1\}$ 上给出边值问题

$$\begin{cases} -\left(\dfrac{\partial^2 u}{\partial x^2} + \dfrac{\partial^2 u}{\partial y^2}\right) = 16, & 0 < x,y < 1, \\ u\big|_{x=1} = 0, \dfrac{\partial u}{\partial y}\bigg|_{y=1} = -u, \\ \dfrac{\partial u}{\partial x}\bigg|_{x=0} = \dfrac{\partial u}{\partial y}\bigg|_{y=0} = 0. \end{cases}$$

取 $h=\dfrac{1}{4}$,试用五点差分格式求此问题的数值解.

5. 用柱坐标表示的 Poisson 方程的形式为

$$\frac{1}{r}\frac{\partial}{\partial r}\left(r\frac{\partial u}{\partial r}\right) + \frac{1}{r^2}\frac{\partial^2 u}{\partial \varphi^2} + \frac{\partial^2 u}{\partial z^2} = -f(r,\varphi,z),$$

其中 $r=\sqrt{x^2+y^2}$,$\tan\varphi=\dfrac{y}{x}$. 试写出逼近上述方程的一个差分格式.

# 第6章　数学物理方程的变分原理

人们常用微分方程来描述自然界的一些物理现象,例如以上各章讨论过的一些典型的偏微分方程.差分方法的离散化就是直接基于这些微分方程的.但是在很多情况下,描述同一个物理过程或现象,也可以有不同的形式.例如从物理上的守恒定律出发可以导出变分原理.虽然变分问题与微分方程定解问题在某种意义下等价,但是分别由它们导出的计算方法有时是不等效的,由变分原理出发会更真实地反映物理的现实,具有更多的优点.有限元方法就是基于变分原理的一种离散计算方法.

在本章,我们要介绍数学物理方程基本的变分原理以及近似计算的一般原则,为下一章的有限元计算方法作准备.

# 1　变分问题介绍

## 1.1　古典变分问题

变分方法有比较悠久的历史,它的发展和力学、物理学等学科的发展有很密切的关系.下面介绍几个古典变分问题的例子.

**例 1.1**(最速降线问题)　这是 Bernoulli 1696 年提出的问题.如图 6.1,设点 $A(0,0)$ 和 $B(x_1,y_1)$ 不同在一条与 $y$ 轴平行的直线上.有一质点受重力作用从 $A$ 到 $B$ 沿曲线路径自由下滑,求质点下降最快的路径.问题中不考虑摩擦阻力.

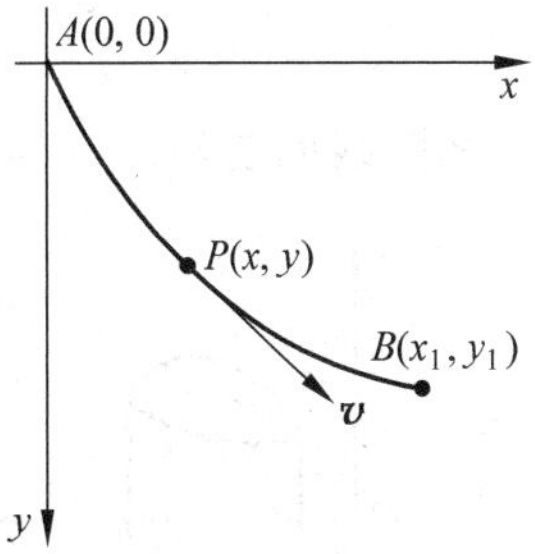

下降最快即所需时间最短,我们先写出从 $A$ 到 $B$ 沿任一光滑曲线

$$l: \quad y = y(x), \quad 0 \leqslant x \leqslant x_1$$

下滑所需时间.设从 $A$ 点至曲线上任意一点 $P(x,y)$,达到了

图　6.1

速率 $v = \dfrac{\mathrm{d}s}{\mathrm{d}t}$,质点质量为 $m$.到达 $P$ 点时失去的势能为 $mgy$,得到的动能为 $\dfrac{1}{2}mv^2$,根据能量守恒原理有

$$\frac{1}{2}m\left(\frac{\mathrm{d}s}{\mathrm{d}t}\right)^2 = mgy.$$

这可写成

$$\sqrt{1+y'^2}\,\frac{\mathrm{d}x}{\mathrm{d}t} = \sqrt{2gy},$$

或者

$$\mathrm{d}t = \sqrt{\frac{1 + y'^2}{2gy}}\,\mathrm{d}x.$$

所以,从 $A$ 沿 $l$ 下滑至 $B$ 所需时间为

$$T = \int_0^{\mathrm{T}} \mathrm{d}t = \int_0^{x_1} \sqrt{\frac{1 + y'^2}{2gy}}\,\mathrm{d}x. \tag{1.1}$$

式中的 $T$ 是一个包含函数 $y = y(x)$ 的积分式. 当 $y$ 在某一个函数集合 $K$ 中取定一个函数时,从(1.1)式就得到一个确定的实数值 $T$. 也就是(1.1)式确定了函数集合 $K$ 到实数集 $\mathbb{R}$ 的一个映射. 我们称 $T$ 是 $K$ 上的一个**泛函**,记成

$$T(y) = \int_0^{x_1} \sqrt{\frac{1 + y'^2}{2gy}}\,\mathrm{d}x.$$

问题中的函数集合 $K$ 应该怎样确定呢? 显然,函数对应的曲线应该是光滑的,而且端点在 $A$ 和 $B$ 点. 所以 $K$ 取为

$$K = \{y \mid y \in C^1[0, x_1], \quad y(0) = 0, \quad y(x_1) = y_1\}.$$

这样,最速降线问题就表示为

$$\begin{cases} 求 \ y_0 \in K, \quad 使得 \\ T(y_0) \leqslant T(y), \quad \forall \ y \in K. \end{cases} \tag{1.2}$$

或写成

$$\begin{cases} 求 \ y_0 \in K, \quad 使得 \\ T(y_0) = \min_{y \in K} T(y). \end{cases} \tag{1.3}$$

最速降线问题(1.2)(或(1.3))就是一个在函数集合 $K$ 中求泛函极小值的问题.

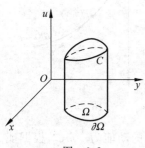

图 6.2

**例 1.2**(最小曲面问题)　如图 6.2,设 $x, y$ 平面上有开区域 $\Omega$,其边界为 $\partial\Omega$,在 $\partial\Omega$ 上给定条件 $u\,|_{\partial\Omega} = \varphi(x, y)$,其中 $\varphi(x, y)$ 是 $\partial\Omega$ 上的已知函数. 这样就给出了三维空间中的一条封闭曲线 $C$,最小曲面问题就是求张紧在曲线 $C$ 的曲面中,其面积最小的曲面.

记 $\overline{\Omega} = \Omega \cup \partial\Omega$,设曲面的方程写成

$$u = u(x, y), \quad (x, y) \in \overline{\Omega}.$$

对应 $u$ 的曲面面积为

$$S(u) = \iint_{\Omega} \sqrt{1 + \left(\frac{\partial u}{\partial x}\right)^2 + \left(\frac{\partial u}{\partial y}\right)^2}\,\mathrm{d}x\mathrm{d}y, \tag{1.4}$$

$u$ 所属的集合应取为

$$K = \{u \mid u \in C^1(\overline{\Omega}), u\,|_{\partial\Omega} = \varphi(x, y)\}.$$

这样,$S$ 就是 $K$ 上确定的一个泛函. 最小曲面问题可以写成下面的求泛函极小值的问题:

$$\begin{cases} 求\ u_0 \in K, & 使得 \\ S(u_0) \leqslant S(u), & \forall u \in K. \end{cases} \tag{1.5}$$

**例 1.3**(等周问题) 在长度为一定的所有平面光滑封闭曲线中,求所围面积为最大的曲线(图 6.3).

设曲线方程为

$$\begin{cases} x = x(s), \\ y = y(s), \end{cases} s_1 \leqslant s \leqslant s_2,$$

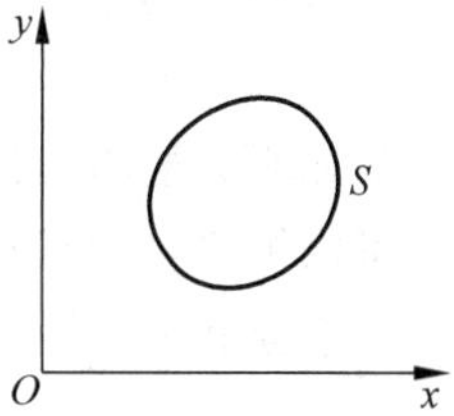

且满足 $x(s_1) = x(s_2), y(s_1) = y(s_2)$. 等周问题是在条件

$$\int_{s_1}^{s_2} \sqrt{\left(\frac{\mathrm{d}x}{\mathrm{d}s}\right)^2 + \left(\frac{\mathrm{d}y}{\mathrm{d}s}\right)^2}\,\mathrm{d}s = l$$

下,在函数集合

$$\{(x,y) \mid x,y \in C^1[s_1,s_2], x(s_1) = x(s_2), y(s_1) = y(s_2)\}$$

图 6.3

中求出使

$$S(x,y) = \frac{1}{2}\int_{x_1}^{x_2}\left(x\,\frac{\mathrm{d}y}{\mathrm{d}s} - y\,\frac{\mathrm{d}x}{\mathrm{d}s}\right)\mathrm{d}s$$

最大的函数 $x(s), y(s)$.

所谓**变分问题**,就是像以上例子那样在一个函数集合中求泛函的极小或极大的问题. 以上例子中,函数集合 $K$ 可以是一个一元函数(例 1.1)或一个多元函数(例 1.2)的集合. 也可以是多个一元或多元函数的集合(例 1.3). 可以是一般的极值问题,也可以是条件极值的问题(例 1.3). 函数集合 $K$ 根据问题的提法取不同的函数集合. 下面我们可以看到,这些变分问题和微分方程的定解问题以及特征值问题联系起来.

## 1.2 变分问题解的必要条件

这里给出变分问题解的一个必要条件——**Euler 方程**. 首先引入变分法的基本引理. 记

$$C_0^1[a,b] = \{v \mid v \in C^1[a,b], v(a) = 0, v(b) = 0\}.$$

**引理 1.1**(变分法的基本引理) 设 $u \in C[a,b]$,且

$$\int_a^b u(x)v(x)\mathrm{d}x = 0, \quad \forall v \in C_0^1[a,b],$$

则有 $u(x) \equiv 0 \quad (a \leqslant x \leqslant b)$.

**证** 用反证法,设有 $\xi \in (a,b)$,使 $u(\xi) \neq 0$,不妨设 $u(\xi) > 0$. 由 $u$ 的连续性,存在 $\xi$ 的一个邻域 $(\xi_1, \xi_2) \subset (a,b)$,在 $[\xi_1, \xi_2]$ 上有 $u(x) > 0$. 取函数

$$v(x) = \begin{cases} 0, & a \leqslant x < \xi_1, \\ (x-\xi_1)^2(x-\xi_2)^2, & \xi_1 \leqslant x \leqslant \xi_2, \\ 0, & \xi_2 < x \leqslant b. \end{cases} \tag{1.6}$$

显然, $v \in C_0^1[a,b]$, 而且

$$\int_a^b u(x)v(x)\mathrm{d}x = \int_{\xi_1}^{\xi_2} u(x)(x-\xi_1)^2(x-\xi_2)^2\mathrm{d}x > 0,$$

这与假设条件矛盾, 所以在 $[a,b]$ 有 $u(x) \equiv 0$.

引理中的条件 $v \in C_0^1[a,b]$ 若改为 $v \in C_0^n[a,b]$, 结论仍然成立, 其中

$$C_0^n[a,b] = \{v \mid v \in C^n[a,b], \quad v^{(k)}(a) = v^{(k)}(b) = 0, \quad k = 0,1,\cdots,n-1\}.$$

它的证明只要将 (1.6) 式中 $v(x)$ 的表达式的幂指数 2 改为 $n+1$ 或 $n+2$ 即可. 同时, 引理还可以推广到二维或三维的情形, 我们在后面要用到, 请读者自行叙述和证明.

下面我们讨论最简单的变分问题, 推导其解满足的必要条件. 考虑函数集合

$$K = \{y \mid y \in C^1[a,b], \quad y(a) = y_a, \quad y(b) = y_b\}. \tag{1.7}$$

这是一个对应两端固定的光滑曲线的函数集合, 其中 $y_a$ 和 $y_b$ 是确定的数. 考虑与 $y$ 和 $y'$ 有关的泛函

$$J(y) = \int_a^b F(x,y,y')\mathrm{d}x, \tag{1.8}$$

其中 $F$ 为对各自变量的偏导数均连续的函数. 讨论

**变分问题** (Ⅰ): 求 $y \in K$, 使得 $J(y) \leqslant J(w), \quad \forall w \in K$.

显然, 例 1.1 就属此类问题.

设 $y$ 是变分问题 (Ⅰ) 的解, 则 $y \in K$. 对一切 $\eta \in C_0^1[a,b]$, 因 $\eta(a) = \eta(b) = 0$, 有 $y + \alpha\eta \in K$, 其中任意实数 $\alpha \in \mathbb{R}$. 因 $y$ 是使 $J(y)$ 达到极小的函数, 所以有

$$J(y) \leqslant J(y+\alpha\eta), \quad \forall \alpha \in \mathbb{R}. \tag{1.9}$$

把 $J(y+\alpha\eta)$ 看成 $\alpha$ 的一元函数, 记

$$\varphi(\alpha) = J(y+\alpha\eta) = \int_a^b F(x,y(x)+\alpha\eta(x),y'(x)+\alpha\eta'(x))\mathrm{d}x.$$

把函数 $\varphi(\alpha)$ 在 $\alpha = 0$ 的一阶导数值称为泛函 $J$ 的一阶变分, 记为 $\delta J$. 如果再设 $y \in C^2(a,b)$, 有

$$\delta J = \frac{\mathrm{d}\varphi}{\mathrm{d}\alpha}\Big|_{\alpha=0} = \int_a^b \left(\frac{\partial F(x,y,y')}{\partial y}\eta + \frac{\partial F(x,y,y')}{\partial y'}\eta'\right)\mathrm{d}x.$$

由 (1.9) 式可推出 $\varphi(0) \leqslant \varphi(\alpha), \forall \alpha \in \mathbb{R}$. 也就是说 $\varphi(\alpha)$ 在 $\alpha = 0$ 达到极小. 根据一元函数极值的必要条件, 有

$$\int_a^b \left(\frac{\partial F}{\partial y}\eta + \frac{\partial F}{\partial y'}\eta'\right)\mathrm{d}x = 0, \quad \forall \eta \in C_0^1[a,b].$$

积分式中第二项经过分部积分, 并注意 $\eta(a) = \eta(b) = 0$, 可得到

$$\int_a^b \left[\frac{\partial F}{\partial y} - \frac{\mathrm{d}}{\mathrm{d}x}\left(\frac{\partial F}{\partial y'}\right)\right]\eta\,\mathrm{d}x = 0, \quad \forall \eta \in C_0^1[a,b]. \tag{1.10}$$

根据变分法的基本引理, 得到

$$\frac{\partial F}{\partial y} - \frac{\mathrm{d}}{\mathrm{d}x}\left(\frac{\partial F}{\partial y'}\right) = 0. \tag{1.11}$$

这就是函数 $y$ 在集合 $K$ 内使泛函 $J(y)$ 达到极小的必要条件,通常称为 **Euler 方程**. 至于一般的泛函极值的充分条件,我们不在这里讨论.

**例 1.4** 设 $K$ 仍如 (1.7) 式所示,且

$$J(y) = \frac{1}{2}\int_a^b\left[p(x)\left(\frac{\mathrm{d}y}{\mathrm{d}x}\right)^2 + q(x)y^2 - 2f(x)y\right]\mathrm{d}x,$$

求 $J(y)$ 在 $K$ 的极值. 如果取到极值的函数 $y \in C^2[a,b]$,则 $y$ 满足的 Euler 方程为

$$-\frac{\mathrm{d}}{\mathrm{d}x}\left[p(x)\frac{\mathrm{d}y}{\mathrm{d}x}\right] + q(x)y - f(x) = 0.$$

在例 1.4 中,$F(x,y,y')$ 式中头两项是 $y$ 及 $y'$ 的平方项,我们称这种形式的泛函 $J(y)$ 为**二次泛函**. 从这个例子可以看到二次泛函对应的 Euler 方程是一个线性的微分方程,加上边界条件 $y(a)=y_a, y(b)=y_b$ 构成一个定解问题. 如果是例 1.1 那样的泛函,对应的 Euler 方程是一个比较复杂的非线性方程.

以上讨论的变分问题中,函数集合 $K$ 的函数是两端固定的情形. 如果我们把 $K$ 换成为

$$K_1 = \{y \mid y \in C^1[a,b], \quad y(a) = y_a\}, \tag{1.12}$$

也就是 $y$ 只在左端点固定,而在右端点没有限制. 我们可以同样求泛函 (1.8) 式的极小. 即讨论

    **变分问题**(Ⅱ):求 $y \in K_1$,使得 $J(y) \leqslant J(w), \quad \forall w \in K_1$.

在解的必要条件推导过程中,我们规定

$$\eta \in \{v \mid v \in C^1[a,b], \quad v(a) = 0\}, \tag{1.13}$$

类似的推导得到

$$\delta J = \frac{\mathrm{d}\varphi}{\mathrm{d}\alpha}\Big|_{\alpha=0} = \int_a^b\left[\frac{\partial F}{\partial y} - \frac{\mathrm{d}}{\mathrm{d}x}\left(\frac{\partial F}{\partial y'}\right)\right]\eta\,\mathrm{d}x + \left[\eta\frac{\partial F}{\partial y'}\right]_{x=b} = 0, \tag{1.14}$$

这个式子对一切满足 (1.13) 式的 $\eta$ 成立. 当然,对一切 $\eta \in C_0^1[a,b]$ 也成立. 这样我们又得到 (1.10) 式,同样导出 Euler 方程 (1.11). 将它代回 (1.14) 式,有

$$\left[\eta\frac{\partial F}{\partial y'}\right]_{x=b} = 0, \quad \forall \eta \in \{v \mid v \in C^1[a,b], \quad v(a) = 0\}.$$

由于 $\eta(b)$ 的任意性,可得到

$$\frac{\partial F}{\partial y'}\Big|_{x=b} = 0. \tag{1.15}$$

(1.15) 式是在右端点 $x=b$ 上的边界条件. 它不是像在左端点的 $y(a)=y_a$ 那样预先规定的条件,而是 $J(y)$ 极值函数自然满足的边界条件. 它和 Euler 方程都是变分问题(Ⅱ)解的必要条件. 这种条件称为**自然边界条件**. 我们导出了变分问题(Ⅱ)的解 $y$ 满足定解

问题

$$\begin{cases} -\dfrac{\mathrm{d}}{\mathrm{d}x}\left(\dfrac{\partial F}{\partial y'}\right)+\dfrac{\partial F}{\partial y} = 0, \\[3mm] y(a) = y_a, \quad \dfrac{\partial F}{\partial y'}\bigg|_{x=b} = 0. \end{cases}$$

如果将变分问题(Ⅱ)应用到例 1.4 的二次泛函 $J(y)$,我们得到(1.15)式为

$$\left[ p(x)\,\frac{\mathrm{d}y}{\mathrm{d}x} \right]_{x=b} = 0.$$

如果规定 $p(x) \geqslant p_0 > 0 (a \leqslant x \leqslant b)$,在 $x=b$ 的自然边界条件就是 $\dfrac{\mathrm{d}y}{\mathrm{d}x}\bigg|_{x=b} = 0$,这是第二类的边界条件.

我们讨论了最简单的情形,其中 $J(y)$ 是用(1.8)式表示的泛函. 如果我们考虑依赖于多个函数的泛函

$$J(y_1, \cdots, y_n) = \int_a^b F(x, y_1, \cdots, y_n;\ y'_1, \cdots, y'_n)\mathrm{d}x,$$

其中

$$(y_1, \cdots, y_n) \in \{(y_1, \cdots, y_n) \mid y_i \in C^1[a,b], y_i(a) = y_{ia}, y_i(b) = y_{ib}, i = 1, \cdots, n\}.$$

或者是依赖于高阶导数的泛函,例如

$$J(y) = \int_a^b F(x, y, y', y'')\mathrm{d}x,$$

其中

$$y \in \{y \mid y \in C^2[a,b], y(a) = y_a, y(b) = y_b, y'(a) = y'_a, y'(b) = y'_b\}.$$

也可以考虑依赖于多元函数的泛函,例如

$$J(u) = \iint_{\Omega} F(x, y, u, u_x, u_y)\mathrm{d}x\mathrm{d}y,$$

其中函数

$$u = u(x, y) \in \{u \mid u \in C^1(\bar{\Omega}), u|_{\partial\Omega} = \varphi(x, y)\}.$$

对应于这些情形,都可以分别讨论其极值必要条件,即 Euler 方程. 留给读者练习.

## 1.3  $\mathbb{R}^n$ 中的变分问题

我们要回顾多元二次函数极值问题的一些性质,并且和线性代数方程组联系起来,作为讨论数学物理变分问题的一些准备.

设向量 $\boldsymbol{x} = (x_1, \cdots, x_n)^{\mathrm{T}} \in \mathbb{R}^n$,矩阵 $\boldsymbol{A} = [a_{ij}] \in \mathbb{R}^{n \times n}$,并设 $\det\boldsymbol{A} \neq 0$,方程组 $\boldsymbol{A}\boldsymbol{x} = \boldsymbol{b}$ 有惟一解,其中已知的向量 $\boldsymbol{b} \in \mathbb{R}^n$. 我们考虑下面的几个命题.

**命题 1.1**  $\boldsymbol{x} \in \mathbb{R}^n$,满足 $\boldsymbol{A}\boldsymbol{x} - \boldsymbol{b} = \boldsymbol{0}$.

**命题 1.2**  $(\boldsymbol{A}\boldsymbol{x} - \boldsymbol{b}, \boldsymbol{y}) = 0, \quad \forall \boldsymbol{y} \in \mathbb{R}^n$.

显然,如果命题 1.1 成立,则命题 1.2 成立,反之,若命题 1.2 成立,令 $\boldsymbol{y}=\boldsymbol{e}_i, i=1,\cdots,n$,即 $\boldsymbol{y}$ 取各坐标轴上的单位向量,则可推出 $\boldsymbol{Ax}-\boldsymbol{b}=\boldsymbol{0}$.所以命题 1.1 和命题 1.2 是相互等价的命题.

考虑以 $\boldsymbol{x}$ 为自变量的二次函数

$$J(\boldsymbol{x}) = \frac{1}{2}\sum_{i,j=1}^{n}a_{ij}x_ix_j - \sum_{i=1}^{n}b_ix_i.$$

写成矩阵形式为

$$J(\boldsymbol{x}) = \frac{1}{2}(\boldsymbol{Ax},\boldsymbol{x}) - (\boldsymbol{b},\boldsymbol{x}).$$

现在设 $\boldsymbol{A}$ 对称,有 $(\boldsymbol{Ax},\boldsymbol{y})=(\boldsymbol{Ay},\boldsymbol{x})$.对于 $\alpha\in\mathbb{R}$ 有

$$J(\boldsymbol{x}+\alpha\boldsymbol{y}) = \frac{1}{2}(\boldsymbol{Ax}+\alpha\boldsymbol{Ay},\boldsymbol{x}+\alpha\boldsymbol{y}) - (\boldsymbol{b},\boldsymbol{x}+\alpha\boldsymbol{y})$$

$$= J(\boldsymbol{x}) + \alpha(\boldsymbol{Ax}-\boldsymbol{b},\boldsymbol{y}) + \frac{\alpha^2}{2}(\boldsymbol{Ay},\boldsymbol{y}),$$

其中用到了 $\boldsymbol{A}$ 的对称性.我们考虑下面的变分问题

**命题 1.3** $\boldsymbol{x}\in\mathbb{R}^n$ 使得 $J(\boldsymbol{x})\leqslant J(\boldsymbol{y})$, $\quad\forall\,\boldsymbol{y}\in\mathbb{R}^n$.

显然,若命题 1.3 成立,即 $\boldsymbol{x}$ 使 $J(\boldsymbol{x})$ 达到极小,则 $\alpha$ 的函数 $\varphi(\alpha)=J(\boldsymbol{x}+\alpha\boldsymbol{y})$ 在 $\alpha=0$ 取到极小值,此时有

$$\frac{\mathrm{d}}{\mathrm{d}\alpha}J(\boldsymbol{x}+\alpha\boldsymbol{y})\big|_{\alpha=0} = 0.$$

由此得到

$$(\boldsymbol{Ax}-\boldsymbol{b},\boldsymbol{y}) = 0, \quad \forall\,\boldsymbol{y}\in\mathbb{R}^n,$$

也就是命题 1.2 成立.

进一步,设 $\boldsymbol{A}$ 对称正定,即 $(\boldsymbol{Ax},\boldsymbol{x})>0$,$\forall\,\boldsymbol{x}\neq\boldsymbol{0}$.如果命题 1.2 成立,就有

$$J(\boldsymbol{x}+\alpha\boldsymbol{y}) = J(\boldsymbol{x}) + \frac{\alpha^2}{2}(\boldsymbol{Ay},\boldsymbol{y}), \quad \forall\,\boldsymbol{y}\in\mathbb{R}^n, \alpha\in\mathbb{R},$$

如果令 $\alpha=1,\boldsymbol{w}=\boldsymbol{x}+\boldsymbol{y}$,就有

$$J(\boldsymbol{x}) \leqslant J(\boldsymbol{w}), \quad \forall\,\boldsymbol{w}\in\mathbb{R}^n,$$

也就是命题 1.3 成立.以上我们分析了若 $\boldsymbol{A}$ 对称则命题 1.3 可推出命题 1.2,如果 $\boldsymbol{A}$ 对称正定,则命题 1.2 可推出命题 1.3.但不论 $\boldsymbol{A}$ 是否对称,命题 1.1 和命题 1.2 总是等价的.如果 $\boldsymbol{A}$ 对称正定,则 3 个命题都是等价的.

关于矩阵的特征值问题,即求数 $\lambda$ 和非零向量 $\boldsymbol{x}\in\mathbb{R}^n$,满足

$$\boldsymbol{Ax} = \lambda\boldsymbol{x}.$$

它也有对应的变分问题.可以证明,如果 $\boldsymbol{A}$ 对称正定,则 $\boldsymbol{A}$ 的特征值是实的,满足

$$\lambda_1 \geqslant \lambda_2 \geqslant \cdots \geqslant \lambda_n > 0,$$

$x_k$ 是对应 $\lambda_k$ 的特征向量. 定义关于 $A$ 的 **Rayleigh** 商为

$$R(x) = \frac{(Ax, x)}{(x, x)}, \quad x \in \mathbb{R}^n, \quad x \neq 0.$$

$R(x)$ 的最大、最小值对应 $A$ 的最大、最小特征值.

$$\lambda_1 = R(x_1) = \max_{x \neq 0} R(x),$$

其他的特征值 $(k > 1)$

$$\lambda_k = R(x_k) = \max_{\substack{x \neq 0 \\ (x_1, x) = \cdots = (x_{k-1}, x) = 0}} R(x).$$

$$\lambda_n = R(x_n) = \min_{x \neq 0} R(x).$$

从上面结论可以看到, 最大特征值 $\lambda_1$ 可以看成条件 $(x, x) = 1$ 下求 $(Ax, x)$ 极值的条件极值问题的解. 求出 $\lambda_1$ 及 $x_1$ 后, $\lambda_2$ 可以看成条件 $(x, x) = 1$ 和 $(x_1, x) = 0$ 下求 $(Ax, x)$ 极值的条件极值问题的解.

# 2　一维数学物理问题的变分问题

本节我们讨论与常微分方程两点边值问题有关的变分问题.

在第 1 章我们提到弦振动方程, 如果自由项 $F$ 及边界条件都与时间无关, 就得到定常的弦平衡方程, 位移 $u(x)(0 \leqslant x \leqslant l)$ 满足

$$-T \frac{\mathrm{d}^2 u}{\mathrm{d} x^2} = f(x),$$

其中 $T$ 是弦的张力, $f(x)$ 是在 $x$ 处垂直方向的外力密度, 即单位长度弦所受的外力.

在力学有所谓的"最小势能原理", 如果弦满足固定或自由的边界条件 $\Big($ 例如, 在 $x = l$ 处 $u = 0$ 或 $\dfrac{\mathrm{d}u}{\mathrm{d}x} = 0\Big)$, 弦的总势能是

$$J(u) = \frac{1}{2} \int_0^l \Big[ T \Big( \frac{\mathrm{d}u}{\mathrm{d}x} \Big)^2 - 2uf \Big] \mathrm{d}x.$$

如果是第三类边界条件, 例如在 $x = l$ 处 $\dfrac{\mathrm{d}u}{\mathrm{d}x} + \alpha u = 0$, 即边界有弹性支承的情形, 还要考虑支承对势能的贡献. 最小势能原理指出处于平衡位置的 $u(x)$ 一定使 $J(u)$ 达到最小. 显然这就是一个变分问题. 同时力学也有所谓的"虚功原理", 即平衡位置 $u(x)$ 对任意满足齐次边界约束条件的虚位移, 惯性力和外力所做功之和为零, 这是另外一种形式的变分问题. 下面我们要对更一般的自伴型二阶微分方程的边值问题讨论这两种变分问题和边值问题的关系.

## 2.1 两点边值问题的变分形式

在 $[a,b]$ 上考虑较一般的二阶自伴微分算子 $L$,其定义为

$$Lu = -\frac{\mathrm{d}}{\mathrm{d}x}\left(p(x)\frac{\mathrm{d}u}{\mathrm{d}x}\right) + q(x)u, \tag{2.1}$$

其中 $p \in C^1[a,b]$, $p(x) \geqslant p_0 > 0$, $q \in C[a,b]$, $q(x) \geqslant 0$. 设 $f \in C[a,b]$,对于方程 $Lu = f$,再加上两端边界条件,就得微分方程的一个两点边值问题. 在这里我们先以左端点为第一类齐次边界条件,右端点为第二类齐次边界条件为例,提出下面的两点边值问题,记为问题 $(P_1)$.

$$(P_1) \quad \begin{cases} -\dfrac{\mathrm{d}}{\mathrm{d}x}\left(p(x)\dfrac{\mathrm{d}u}{\mathrm{d}x}\right) + q(x)u = f(x), & a < x < b, \\[2mm] u(a) = 0, \quad \dfrac{\mathrm{d}u(b)}{\mathrm{d}x} = 0. \end{cases}$$

我们分几步讨论与 $(P_1)$ 有关的变分问题.

(1) 设 $u \in C^1[a,b] \bigcap C^2(a,b)$, $u$ 是问题 $(P_1)$ 的解,$(P_1)$ 中的微分方程写成

$$Lu - f = 0.$$

方程两边乘函数 $v(x)$,再积分. 记函数的内积为

$$(u,v) = \int_a^b u(x)v(x)\mathrm{d}x,$$

这样我们有

$$(Lu - f, v) = 0,$$

即

$$-\int_a^b v\frac{\mathrm{d}}{\mathrm{d}x}\left(p\frac{\mathrm{d}u}{\mathrm{d}x}\right)\mathrm{d}x + \int_a^b quv\,\mathrm{d}x - \int_a^b fv\,\mathrm{d}x = 0.$$

如果 $v$ 有连续的一阶导数,上式第一项经过分部积分,再利用边界条件 $\dfrac{\mathrm{d}u(b)}{\mathrm{d}x}=0$,得到

$$\int_a^b p\frac{\mathrm{d}u}{\mathrm{d}x}\frac{\mathrm{d}v}{\mathrm{d}x}\mathrm{d}x + \left(p\frac{\mathrm{d}u}{\mathrm{d}x}v\right)\bigg|_{x=a} + \int_a^b quv\,\mathrm{d}x - \int_a^b fv\,\mathrm{d}x = 0.$$

对函数 $v(x)$,如果规定 $v(a) = 0$,上式第二项就不出现. 我们记函数集合

$$S_0^1 = \{v \mid v \in C^1[a,b], \quad v(a) = 0\}. \tag{2.2}$$

并且记

$$D(u,v) = \int_a^b \left(p\frac{\mathrm{d}u}{\mathrm{d}x}\frac{\mathrm{d}v}{\mathrm{d}x} + quv\right)\mathrm{d}x, \tag{2.3}$$

$$F(v) = \int_a^b fv\,\mathrm{d}x, \tag{2.4}$$

式中 $u, v \in S_0^1$,这样我们就推出 $u$ 是以下问题 $(P_2)$ 的解.

$$(\mathrm{P}_2) \quad \begin{cases} \text{求 } u \in S_0^1 \text{,使得} \\ D(u,v) - F(v) = 0, \quad \forall v \in S_0^1. \end{cases}$$

从(2.4)式看到,$f$ 是给定的函数,当任取一个函数 $v \in S_0^1$ 时,就对应一个实数值 $F(v)$. 所以 $S_0^1$ 到 $\mathbb{R}$ 的映射 $F$ 是一个泛函,它满足

$$F(v_1 + v_2) = F(v_1) + F(v_2),$$

$$F(cv) = cF(v), \quad \forall c \in \mathbb{R}.$$

我们称它是一个**线性泛函**.同理,$D$ 是 $S_0^1 \times S_0^1$ 到 $\mathbb{R}$ 的映射,当 $u$ 或 $v$ 有一者固定时,$D(u,v)$ 是另一者的线性泛函.我们称 $D$ 是 $S_0^1 \times S_0^1$ 上的**双线性泛函**,(2.3)式定义的 $D$ 还满足

$$D(u,v) = D(v,u),$$

所以称 $D$ 是 $S_0^1 \times S_0^1$ 上的一个**对称双线性泛函**.同时,$D$ 还满足

$$D(v,v) \geqslant 0, \quad \forall v \in S_0^1,$$

当且仅当 $v=0$ 时等式成立.

以上我们推导了:若 $u$ 是问题$(\mathrm{P}_1)$的解,则 $u$ 是问题$(\mathrm{P}_2)$的解,下面再反过来推导.应该注意,问题$(\mathrm{P}_1)$中,$u$ 应该有二阶连续导数,而在$(\mathrm{P}_2)$的提法中,$u$ 只出现一阶导数.

（2）设 $u$ 是$(\mathrm{P}_2)$的解,且 $u \in C^1[a,b] \bigcap C^2(a,b)$,则有

$$\int_a^b p \frac{\mathrm{d}u}{\mathrm{d}x} \frac{\mathrm{d}v}{\mathrm{d}x} \mathrm{d}x + \int_a^b quv \mathrm{d}x - \int_a^b fv \mathrm{d}x = 0, \quad \forall v \in S_0^1.$$

此式又可化成

$$-\int_a^b v \frac{\mathrm{d}}{\mathrm{d}x}\left(p \frac{\mathrm{d}u}{\mathrm{d}x}\right)\mathrm{d}x + \left(p \frac{\mathrm{d}u}{\mathrm{d}x} v\right)\Big|_{x=b} - \left(p \frac{\mathrm{d}u}{\mathrm{d}x} v\right)\Big|_{x=a}$$

$$+ \int_a^b quv \mathrm{d}x - \int_a^b fv \mathrm{d}x = 0, \quad \forall v \in S_0^1. \tag{2.5}$$

如果我们选择 $S_0^1$ 的一个子集 $V = \left\{ v \mid v \in S_0^1, v(b)=0 \right\}$,即 $V = C_0^1[a,b]$,(2.5)式对一切 $v \in V$ 当然也成立,这就得到

$$\int_a^b (Lu - f)v \mathrm{d}x = 0, \quad \forall v \in C_0^1[a,b].$$

根据变分法的基本引理,就得到 $Lu - f = 0$,所以 $u$ 满足问题$(\mathrm{P}_1)$中的微分方程,因 $u \in S_0^1$,有 $u(a)=0$,$u$ 满足$(\mathrm{P}_1)$中的左端边界条件.我们把方程 $Lu - f = 0$ 代回(2.5)式,并注意 $v(a)=0$,得到

$$\left(p \frac{\mathrm{d}u}{\mathrm{d}x} v\right)\Big|_{x=b} = 0, \quad \forall v \in S_0^1.$$

由于 $p(b) \geqslant P_0 > 0$,而且 $v(b)$ 是任意的,所以有

$$\frac{\mathrm{d}u}{\mathrm{d}x}\Big|_{x=b} = 0.$$

$u$ 满足$(\mathrm{P}_1)$的右端边界条件,以上导出了 $u$ 是问题$(\mathrm{P}_1)$的解.

应该注意,在($P_2$)的提法中,边界上只要求 $u(a)=0$. 若 $u$ 是($P_2$)的解,且 $u \in C^1[a,b] \bigcap C^2(a,b)$,则 $u$ 满足($P_1$),其中的右端边界条件 $\dfrac{\mathrm{d}u}{\mathrm{d}x}\Big|_{x=b}=0$ 是自然满足的**自然边界条件**. 这类边界条件(包括第二、三类条件)在力学问题中是关于力的边界条件,而第一类边界条件我们称为**约束边界条件**,或**本质的边界条件**,它是几何的条件.

(3) 考虑

$$J(u) = \frac{1}{2}D(u,u) - F(u) = \frac{1}{2}\int_a^b \left[ p\left(\frac{\mathrm{d}u}{\mathrm{d}x}\right)^2 + qu^2 - 2fu \right]\mathrm{d}x. \tag{2.6}$$

它代表一维问题在($P_1$)的边界条件下的总势能. 我们从最小势能原理出发,考虑下面的问题($P_3$):

($P_3$)
$$\begin{cases} 求 \ u \in S_0^1,使得 \\ J(u) \leqslant J(w), \quad \forall w \in S_0^1. \end{cases}$$

($P_3$)是一个上节讨论过的典型变分问题,也就是求二次泛函 $J$ 在 $S_0^1$ 上极小的问题,它和例 1.4 只是边界条件的不同.

设 $u$ 是问题($P_3$)的解,则对任意的 $v \in S_0^1$ 和 $\alpha \in \mathbb{R}$,令 $w = u + \alpha v$,有 $w \in S_0^1$,所以

$$J(u) \leqslant J(u + \alpha v).$$

利用 $J$ 的定义和 $F$ 的线性性质及 $D$ 的对称双线性性质,有

$$J(u + \alpha v) = \frac{1}{2}D(u + \alpha v, u + \alpha v) - F(u + \alpha v)$$

$$= J(u) + \alpha[D(u,v) - F(v)] + \frac{\alpha^2}{2}D(v,v). \tag{2.7}$$

$J(u + \alpha v)$ 可以看成 $\alpha$ 的一元函数 $\varphi(\alpha)$,因为 $u$ 是($P_3$)的解,所以函数 $\varphi(\alpha)$ 在 $\alpha = 0$ 达到极小,有

$$\frac{\mathrm{d}}{\mathrm{d}\alpha}J(u + \alpha v)\Big|_{\alpha=0} = 0.$$

根据(2.7)式,最后得到

$$D(u,v) - F(v) = 0, \quad \forall v \in S_0^1.$$

所以,我们的结论是:若 $u$ 是($P_3$)的解,则 $u$ 必是($P_2$)的解.

(4) 反过来,设 $u$ 是($P_2$)的解,则 $u \in S_0^1$. 因(2.7)式对任意的 $v \in S_0^1$ 成立,所以有

$$J(u + \alpha v) = J(u) + \frac{\alpha^2}{2}D(v,v).$$

而对一切 $v \in S_0^1$,有 $D(v,v) \geqslant 0$,所以 $J(u) \leqslant J(u + \alpha v)$ 对一切 $\alpha \in \mathbb{R}$ 和 $v \in S_0^1$ 成立,可以写成

$$J(u) \leqslant J(w), \quad \forall w \in S_0^1.$$

这就导出了 $u$ 是($P_3$)的解.

通过以上(1)~(4)的讨论,我们得到和上节$\mathbb{R}^n$中二次函数极值问题相似的结论. 在这里 $S_0^1$ 是由一类函数构成的线性空间,$F$ 是其上的线性泛函,$D$ 是 $S_0^1 \times S_0^1$ 上的对称双线性泛函,且 $D(v,v) \geqslant 0$,我们的结论是

(1) ($P_2$)和($P_3$)是等价的.

(2) 若 $u$ 是($P_1$)的解,则 $u$ 是($P_2$)的解.

(3) 若 $u$ 是($P_2$)的解,且 $u \in C^1[a,b] \bigcap C^2(a,b)$,则 $u$ 是($P_1$)的解.

在其他的例子里,各有不同的函数空间及 $D$ 和 $F$,但是讨论的方法是相似的.

($P_1$)是微分方程的两点边值问题,对应力学的平衡方程定解问题,($P_2$)称为对应($P_1$)的 **Galerkin 变分问题**,它对应力学的**虚功原理**. ($P_3$)称为 **Ritz 变分问题**,它对应最小**势能原理**,在我们的例子中,$D(u,v)$ 是对称的,($P_2$)与($P_3$)等价. 有时遇到非对称的情形,仍然有($P_1$)和($P_2$)的关系,所以对一般的情形来说,Galerkin 形式的变分问题更具有广泛性.

在讨论($P_1$)时,我们要处理 $u$ 的二阶导数,要求 $u \in C^2(a,b) \bigcap C^1[a,b]$,而讨论($P_2$)时,只要处理 $u$ 的一阶导数,要求 $u \in C^1[a,b]$,这是解变分问题的优点之一. 另一个优点是不必对 $u$ 预先规定第二、三类边界条件 $\left( \text{上例中} \dfrac{du}{dx}\Big|_{x=b} = 0 \right)$,它们是自然边界条件.

其实,上例变分问题($P_2$)的提法中,$v \in C^1[a,b]$ 的要求也可以降低,只要积分 $\displaystyle\int_a^b v^2 \mathrm{d}x$ 和 $\displaystyle\int_a^b \left(\dfrac{\mathrm{d}v}{\mathrm{d}x}\right)^2 \mathrm{d}x$ 存在,再加上约束边界条件即可,我们可将(2.2)式 $S_0^1$ 的定义改为

$$S_0^1 = \left\{ v \mid \int_a^b \left[ v^2 + \left(\dfrac{\mathrm{d}v}{\mathrm{d}x}\right)^2 \right] \mathrm{d}x \text{ 有意义}, v(a) = 0 \right\}. \tag{2.8}$$

这样($P_2$)就有意义,且可证明其解是存在惟一的,这样的变分问题($P_2$)称为边值问题($P_1$)的**弱形式**,($P_2$)的解称为($P_1$)的**弱解**,或称**广义解**.

在改换了 $S_0^1$ 之后,同样可以写出问题($P_3$),而且可证明($P_1$)、($P_2$)和($P_3$)之间关系仍如上所述,有关这些问题的数学理论,涉及所谓的 Sobolev 空间及其在微分方程理论中的应用,这也和有限元方法的数学理论有关. 有兴趣的读者可以参阅文献[13]等专门著作.

## 2.2　非齐次约束边界条件的处理

考虑含有第一类非齐次边界条件的定解问题,讨论对应的变分问题. 设定解问题为

$$\begin{cases} -\dfrac{\mathrm{d}}{\mathrm{d}x}\left(p(x)\dfrac{\mathrm{d}u}{\mathrm{d}x}\right) + q(x)u = f(x), & a < x < b, \\ u(a) = u_0, \quad \dfrac{\mathrm{d}u(b)}{\mathrm{d}x} = 0. \end{cases}$$

为了导出它对应的变分问题,方法之一是先使边界条件齐次化,令 $\bar{u}=u-u_0$,则 $\bar{u}$ 满足

$$
\begin{cases}
-\dfrac{\mathrm{d}}{\mathrm{d}x}\Big(p(x)\,\dfrac{\mathrm{d}\bar{u}}{\mathrm{d}x}\Big)+q(x)\bar{u}=f(x)-q(x)u_0, & a<x<b, \\
\bar{u}(a)=0, \quad \dfrac{\mathrm{d}\bar{u}(b)}{\mathrm{d}x}=0 .
\end{cases}
$$

这就是上一小节讨论过的问题,我们可以写出 $\bar{u}$ 满足的 Galerkin 和 Ritz 变分问题.

对于非齐次约束条件定解问题,也可以直接按上一小节的方法,推导出对应的变分问题,我们记集合

$$
S=\{v\mid v\in C^1[a,b],v(a)=u_0\}.
$$

Galerkin 变分问题是

$$
\begin{cases}
求\ u\in S,使得 \\
D(u,v)-F(v)=0, \quad \forall\, v\in S_0^1.
\end{cases}
$$

而 Ritz 变分问题是

$$
\begin{cases}
求\ u\in S,使得 \\
J(u)\leqslant J(w), \quad \forall\, w\in S.
\end{cases}
$$

以上的 $S_0^1,D(u,v),F(v)$ 和 $J(u)$ 的定义与上一小节相同.

## 2.3　第二、三类边界条件

考虑定解问题

$$
\begin{cases}
-\dfrac{\mathrm{d}}{\mathrm{d}x}\Big(p(x)\,\dfrac{\mathrm{d}u}{\mathrm{d}x}\Big)+q(x)u=f(x), & a<x<b, \\
u(a)=0, \quad p(b)\dfrac{\mathrm{d}u(b)}{\mathrm{d}x}+\alpha u(b)=g ,
\end{cases}
$$

其中 $p(x)\geqslant p_0>0,q(x)\geqslant 0$,常数 $\alpha\geqslant 0$,在 $x=b$ 的边界条件包括了第二类和第三类边界条件.用 2.1 小节的方法,完全可以推导出对应的变分问题,这留给读者作为练习.演算时应注意:

$$
D(u,v)=\int_a^b\Big[p\,\frac{\mathrm{d}u}{\mathrm{d}x}\,\frac{\mathrm{d}v}{\mathrm{d}x}+quv\Big]\mathrm{d}x+\alpha u(b)v(b),
$$

$$
F(v)=\int_a^b fv\,\mathrm{d}x+gv(b).
$$

同时注意 $F$ 的线性,$D$ 的双线性、对称和非负性质.

# 3　高维数学物理问题的变分问题

本节主要以 Poisson 方程定解问题为例,推导二维问题的变分形式,至于三维或更高维的情形,可以类似讨论.

## 3.1　第一类边值问题的变分问题

设 $\Omega$ 是一个平面有界区域，$\partial\Omega$ 是 $\Omega$ 的边界，$\overline{\Omega}=\Omega\bigcup\partial\Omega$. 考虑 Poisson 方程齐次边界条件的第一边值问题

$$(\mathrm{P}_1)\qquad\begin{cases}-\Delta u=f,\quad(x,y)\in\Omega,\\[2mm]u\Big|_{\partial\Omega}=0.\end{cases}$$

类似在一维的情形，我们讨论对应$(\mathrm{P}_1)$的变分问题，推导过程用到的 Green 公式（或称散度定理）是

$$\iint\limits_{\Omega}\mathrm{div}\boldsymbol{F}\mathrm{d}x\mathrm{d}y=\oint\limits_{\partial\Omega}\boldsymbol{F}\cdot\boldsymbol{n}\mathrm{d}s,\tag{3.1}$$

其中向量函数 $\boldsymbol{F}=(F_1,F_2)$，$\mathrm{div}\boldsymbol{F}=\nabla\cdot\boldsymbol{F}=\dfrac{\partial F_1}{\partial x}+\dfrac{\partial F_2}{\partial y}$，$\boldsymbol{n}$ 是边界$\partial\Omega$ 上外法向单位向量，$\partial\Omega$上的积分是逆时针方向的曲线积分.

（1）设 $u\in C^1(\overline{\Omega})\bigcap C^2(\Omega)$，$u$ 为$(\mathrm{P}_1)$的解，记

$$C_0^1(\overline{\Omega})=\left\{v\mid v\in C^1(\overline{\Omega}),v\Big|_{\partial\Omega}=0\right\}.\tag{3.2}$$

取 $S_0^1=C_0^1(\overline{\Omega})$，则有

$$-\iint\limits_{\Omega}(\Delta u+f)v\mathrm{d}x\mathrm{d}y=0,\quad\forall\,v\in S_0^1.\tag{3.3}$$

相当于一维情形的分部积分，我们注意到

$$-\frac{\partial^2 u}{\partial x^2}v=-\frac{\partial}{\partial x}\Big(v\frac{\partial u}{\partial x}\Big)+\frac{\partial u}{\partial x}\frac{\partial v}{\partial x},\quad-\frac{\partial^2 u}{\partial y^2}v=-\frac{\partial}{\partial y}\Big(v\frac{\partial u}{\partial y}\Big)+\frac{\partial u}{\partial y}\frac{\partial v}{\partial y}.$$

由此可得到

$$-\iint\limits_{\Omega}(\Delta u+f)v\mathrm{d}x\mathrm{d}y=\iint\limits_{\Omega}\Big(\frac{\partial u}{\partial x}\frac{\partial v}{\partial x}+\frac{\partial u}{\partial y}\frac{\partial v}{\partial y}-fv\Big)\mathrm{d}x\mathrm{d}y$$

$$-\iint\limits_{\Omega}\Big[\frac{\partial}{\partial x}\Big(v\frac{\partial u}{\partial x}\Big)+\frac{\partial}{\partial y}\Big(v\frac{\partial u}{\partial y}\Big)\Big]\mathrm{d}x\mathrm{d}y\,.$$

上式右端第一项用$\nabla$ 的符号，第二项用 Green 公式表示，(3.3)式成为

$$\iint\limits_{\Omega}(\nabla u\cdot\nabla v-fv)\mathrm{d}x\mathrm{d}y-\oint\limits_{\partial\Omega}v\frac{\partial u}{\partial n}\mathrm{d}s=0,\quad\forall\,v\in S_0^1.$$

因 $v\in S_0^1$，在$\partial\Omega$ 上 $v(x,y)=0$，所以$\partial\Omega$ 上积分项为零，我们记

$$D(u,v)=\iint\limits_{\Omega}\nabla u\cdot\nabla v\mathrm{d}x\mathrm{d}y,\tag{3.4}$$

$$F(v)=\iint\limits_{\Omega}fv\mathrm{d}x\mathrm{d}y\,.\tag{3.5}$$

这样, $u$ 满足的 Galerkin 变分问题是

$$(\mathrm{P}_2) \qquad \begin{cases} 求 u \in S_0^1, 使得 \\ D(u,v) - F(v) = 0, \quad \forall v \in S_0^1. \end{cases}$$

这里 $D$ 是 $S_0^1 \times S_0^1$ 上的对称双线性泛函,满足 $D(v,v) \geqslant 0$. $F$ 是 $S_0^1$ 上的线性泛函.

在问题($\mathrm{P}_2$)中,只要处理 $v$ 的一阶导数,进一步可以将 $S_0^1$ 定义中的条件 $C^1(\bar{\Omega})$ 降低,即将 $S_0^1$ 的定义改为

$$S_0^1 = \left\{ v \left| \iint\limits_{\Omega} \left[ v^2 + \left(\frac{\partial v}{\partial x}\right)^2 + \left(\frac{\partial v}{\partial y}\right)^2 \right] \mathrm{d}x\mathrm{d}y 有意义, v \Big|_{\partial\Omega} = 0 \right. \right\}. \tag{3.6}$$

这样,问题($\mathrm{P}_2$)就有意义.

(2) 设 $u$ 是($\mathrm{P}_2$)的解,且 $u \in C^1(\bar{\Omega}) \bigcap C^2(\Omega)$. 可以从 $D(u,v) - F(v) = 0$ 出发,利用 Green 公式得到

$$-\iint\limits_{\Omega} (\Delta u + f) v \mathrm{d}x\mathrm{d}y = 0, \quad \forall v \in C_0^1(\bar{\Omega}).$$

再用变分法的基本引理,就推导出 $u$ 满足方程

$$\Delta u + f = 0.$$

同时,因 $u$ 是($\mathrm{P}_2$)的解,有 $u \in S_0^1$,满足 $u \big|_{\partial\Omega} = 0$,所以 $u$ 一定是($\mathrm{P}_1$)的解.

(3) 问题($\mathrm{P}_1$)可以理解为固定边界的膜平衡方程的定解问题,对应膜的势能是泛函

$$J(u) = \frac{1}{2} D(u,u) - F(u) = \frac{1}{2} \iint\limits_{\Omega} \left[ \left(\frac{\partial u}{\partial x}\right)^2 + \left(\frac{\partial u}{\partial y}\right)^2 - 2fu \right] \mathrm{d}x\mathrm{d}y. \tag{3.7}$$

把最小势能原理写成

$$(\mathrm{P}_3) \qquad \begin{cases} 求 u \in S_0^1, 使得 \\ J(u) \leqslant J(w), \quad \forall w \in S_0^1. \end{cases}$$

问题($\mathrm{P}_3$)也可以写成

$$\begin{cases} 求 u \in S_0^1, 使得 \\ J(u) \leqslant J(u + \alpha v), \quad \forall v \in S_0^1, \quad \alpha \in \mathbb{R} \end{cases}$$

因为

$$\begin{aligned} J(u + \alpha v) &= \frac{1}{2} D(u + \alpha v, u + \alpha v) - F(u + \alpha v) \\ &= J(u) + \alpha \left[ D(u,v) - F(v) \right] + \frac{\alpha^2}{2} D(v,v), \end{aligned} \tag{3.8}$$

若 $u$ 是($\mathrm{P}_3$)的解,则有

$$\frac{\mathrm{d}}{\mathrm{d}\alpha} J(u + \alpha v) \Big|_{\alpha=0} = 0.$$

由此可得

$$D(u,v) - F(v) = 0, \quad \forall v \in S_0^1.$$

所以 $u$ 必是 $(P_2)$ 的解

(4) 若 $u$ 是问题 $(P_2)$ 的解,从 (3.8) 式,因为对一切 $v \in S_0^1$,有 $D(v,v) \geqslant 0$,所以有

$$J(u) \leqslant J(u + \alpha v), \quad \forall v \in S_0^1, \alpha \in \mathbb{R}.$$

即有

$$J(u) \leqslant J(w), \quad \forall w \in S_0^1.$$

这样我们推出 $u$ 是 $(P_3)$ 的解.

类似一维情形,以上我们得到 Galerkin 变分原理 $(P_2)$ 与 Ritz 变分原理 $(P_3)$ 的等价性. 在力学问题中它们就是虚功原理和最小势能原理,在这里两者等价的关系是由于 $D$ 的对称性和 $D(v,v) \geqslant 0$. 以上我们也得到了类似一维情形的 $(P_1)$ 与 $(P_2)$ 的关系.

## 3.2  其他边值问题

(1) 非齐次边界条件的第一边值问题对于定解问题

$$(P_1) \qquad \begin{cases} -\Delta u = f, \ (x,y) \in \Omega, \\ u\big|_{\partial\Omega} = \varphi(x,y). \end{cases}$$

我们可以找一个定义在 $\bar{\Omega}$ 上的函数 $u_0(x,y)$,使得 $u_0\big|_{\partial\Omega} = \varphi(x,y)$. 令 $\bar{u} = u - u_0$,则 $\bar{u}$ 满足齐次边界条件 $\bar{u}\big|_{\partial\Omega} = 0$ 和方程 $-\Delta\bar{u} = f + \Delta u_0$. 这样就可以对 $\bar{u}$ 的定解问题列出变分问题.

也可以直接按上一小节的推导,设

$$S = \left\{ v \Big| \iint\limits_{\Omega} \Big[ v^2 + \Big(\frac{\partial v}{\partial x}\Big)^2 + \Big(\frac{\partial v}{\partial y}\Big)^2 \Big] \mathrm{d}x\mathrm{d}y \ \text{有意义}, v\big|_{\partial\Omega} = \varphi(x,y) \right\},$$

可以得到

$$(P_2) \qquad \begin{cases} \text{求 } u \in S, \text{使得} \\ D(u,v) - F(v) = 0, \quad \forall v \in S_0^1; \end{cases}$$

$$(P_3) \qquad \begin{cases} \text{求 } u \in S, \text{使得} \\ J(u) \leqslant J(w), \qquad \forall w \in S. \end{cases}$$

以上的 $S_0^1, D(u,v), F(v)$ 和 $J(u)$ 的定义同上一小节.

(2) 第三类边值问题

设第三类边界条件的定解问题

$$(\mathrm{P_1})\qquad \begin{cases} -\Delta u = f, \ (x,y) \in \Omega, \\ \left(\dfrac{\partial u}{\partial \boldsymbol{n}} + \alpha u\right)\Big|_{\partial\Omega} = g(x,y), \end{cases}$$

其中 $\alpha = \alpha(x,y) \geqslant 0$，$\boldsymbol{n}$ 是 $\partial\Omega$ 上的外法线方向.

可以推导对应的变分问题，只要注意

$$D(u,v) = \iint_{\Omega} \nabla u \cdot \nabla v \,\mathrm{d}x\mathrm{d}y + \int_{\partial\Omega} \alpha uv \,\mathrm{d}s,$$

$$F(v) = \iint_{\Omega} fv \,\mathrm{d}x\mathrm{d}y + \int_{\partial\Omega} gv \,\mathrm{d}s,$$

$$S = \left\{ v \,\Big|\, \iint_{\Omega} \left[ v^2 + \left(\frac{\partial v}{\partial x}\right)^2 + \left(\frac{\partial v}{\partial y}\right)^2 \right] \mathrm{d}x\mathrm{d}y \text{ 有意义} \right\},$$

其中 $S$ 是不含边界条件的函数集合. 我们得到变分问题

$$(\mathrm{P_2})\qquad \begin{cases} 求 \ u \in S, 使得 \\ D(u,v) - F(v) = 0, \quad \forall v \in S. \end{cases}$$

若 $\alpha = \alpha(x,y) \equiv 0$，定解问题是第二类边值问题，在对应的变分问题中，若 $v$ 满足 $v(x) \equiv 1$，则有 $D(u,v) = 0$，且 $F(v) = 0$，即得

$$\iint_{\Omega} f \,\mathrm{d}x\mathrm{d}y + \int_{\partial\Omega} g \,\mathrm{d}s = 0.$$

这是第二类边值问题有解的必要条件. 第二类边值问题的解不是惟一的，若 $u$ 是问题的解，则 $u + c$ 也是问题的解，其中 $c$ 是任意的常数. 反之，也可以证明问题任意两个解之差必为常数. 为了得到解的惟一性，可以附加条件：$\iint_{\Omega} u \,\mathrm{d}x\mathrm{d}y$ 为指定的常数.

对于混合的边值问题，例如，$\partial\Omega$ 分为不相重叠的两部分 $\partial\Omega_1$ 和 $\partial\Omega_2$，其上分别加上第一、三类边界条件

$$u\big|_{\partial\Omega_1} = \varphi(x,y), \ \left(\frac{\partial u}{\partial \boldsymbol{n}} + \alpha u\right)\Big|_{\partial\Omega_2} = g(x,y).$$

也可以类似推出 Galerkin 和 Ritz 变分问题，这留给读者练习.

## 3.3 间断系数问题——有内边界的情形

很多物理问题可描述为含有间断系数的问题，例如由不同介质拼成的膜的平衡问题，或不同介质组成的物体的热传导问题等. 如图 6.4，设 $\Omega$ 分成不重叠的 $\Omega_1$ 与 $\Omega_2$ 两部分，其分界线为 $\Gamma$，在 $\Gamma$ 上规定一个法向 $\boldsymbol{n}$. $\partial\Omega$ 也对应分为 $\partial\Omega_1$ 和 $\partial\Omega_2$ 两部分.

我们考虑定解问题

$$(\mathrm{P}_1)\begin{cases} -\left[\dfrac{\partial}{\partial x}\left(k\dfrac{\partial u}{\partial x}\right)+\dfrac{\partial}{\partial y}\left(k\dfrac{\partial u}{\partial y}\right)\right]=f,\quad (x,y)\in\Omega\\[2mm] u\big|_{\partial\Omega}=0,\\[2mm] u^1=u^2,\quad \left(k\dfrac{\partial u}{\partial n}\right)^1=\left(k\dfrac{\partial u}{\partial n}\right)^2\quad(在\,\Gamma\,上). \end{cases}$$

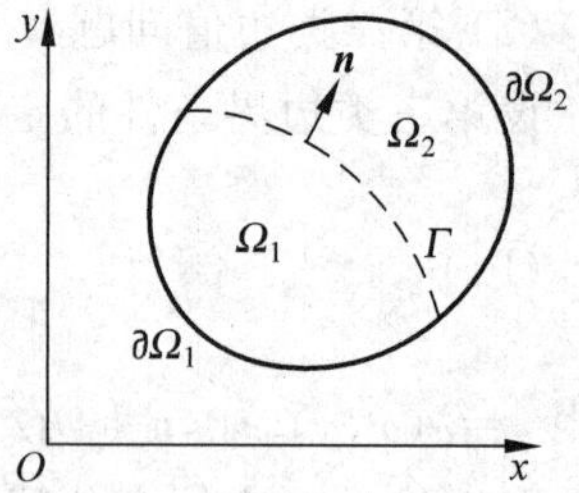

图 6.4

问题中 $k=k(x,y)\geqslant k_0>0$ ,

$$k(x,y)=\begin{cases} k_1(x,y),\quad (x,y)\in\Omega_1,\\ k_2(x,y),\quad (x,y)\in\Omega_2, \end{cases}$$

$\Gamma$ 是 $k(x,y)$ 的间断线. 在定解问题 $(\mathrm{P}_1)$ 中,条件 $u\big|_{\partial\Omega}=0$ 是在边界 $\partial\Omega=\partial\Omega_1\bigcup\partial\Omega_2$ 上的边界条件,在 $\Gamma$ 上的两个条件是连接条件,带上标的量 $(\cdot)^i$ 表示该量从 $\Omega_i$ 趋于 $\Gamma$ 的极限值 $(i=1,2)$ . 连接条件说明 $u$ 在 $\Gamma$ 上是连续的,而其法向导数不一定连续,但 $k\dfrac{\partial u}{\partial n}$ 是连续的. 在热传导问题中,这表示温度 $u$ 和沿 $\Gamma$ 的热流量是连续的.

仍取 $S_0^1=C_0^1(\overline{\Omega})$ ,若 $u$ 是 $(\mathrm{P}_1)$ 的解,则对任意的 $v\in S_0^1$ ,

$$-\iint\limits_{\Omega}\left[\frac{\partial}{\partial x}\left(k\frac{\partial u}{\partial x}\right)+\frac{\partial}{\partial y}\left(k\frac{\partial u}{\partial y}\right)+f\right]v\mathrm{d}x\mathrm{d}y=-\iint\limits_{\Omega_1\bigcup\Omega_2}\left[\frac{\partial}{\partial x}\left(k\frac{\partial u}{\partial x}v\right)+\frac{\partial}{\partial y}\left(k\frac{\partial u}{\partial y}v\right)\right]\mathrm{d}x\mathrm{d}y$$
$$+\iint\limits_{\Omega}\left[k\frac{\partial u}{\partial x}\frac{\partial v}{\partial x}+k\frac{\partial u}{\partial y}\frac{\partial v}{\partial y}-fv\right]\mathrm{d}x\mathrm{d}y,$$

其中右端第一项可分为 $\Omega_1$ 和 $\Omega_2$ 上的两项积分

$$\iint\limits_{\Omega_1}\left[\frac{\partial}{\partial x}\left(k\frac{\partial u}{\partial x}v\right)+\frac{\partial}{\partial y}\left(k\frac{\partial u}{\partial y}v\right)\right]\mathrm{d}x\mathrm{d}y=\oint_{\Gamma\bigcup\partial\Omega_1}\left(k\frac{\partial u}{\partial n}\right)v\mathrm{d}s=\int_\Gamma\left(k\frac{\partial u}{\partial n}\right)^1 v\mathrm{d}s,$$

$$\iint\limits_{\Omega_2}\left[\frac{\partial}{\partial x}\left(k\frac{\partial u}{\partial x}v\right)+\frac{\partial}{\partial y}\left(k\frac{\partial u}{\partial y}v\right)\right]\mathrm{d}x\mathrm{d}y=-\int_\Gamma\left(k\frac{\partial u}{\partial n}\right)^2 v\mathrm{d}s.$$

由于 $u$ 满足 $\Gamma$ 上的连接条件,所以这两项积分之和为零. 令

$$D(u,v)=\iint\limits_{\Omega}k\left(\frac{\partial u}{\partial x}\frac{\partial v}{\partial x}+\frac{\partial u}{\partial y}\frac{\partial v}{\partial y}\right)\mathrm{d}x\mathrm{d}y,\quad F(v)=\iint\limits_{\Omega}fv\mathrm{d}x\mathrm{d}y.$$

我们得到变分问题

$$(\mathrm{P}_2)\begin{cases} 求\,u\in S_0^1,使得\\ D(u,v)-F(v)=0,\quad \forall v\in S_0^1. \end{cases}$$

同理也可以写出 Ritz 变分问题 $(\mathrm{P}_3)$ .

　　我们看到,对于间断系数问题,在微分方程定解问题 $(\mathrm{P}_1)$ 中,必须提内边界 $\Gamma$ 上的连接条件,如果用差分方法离散定解问题,要对连接条件做离散化处理. 但是对变分问题而言,其形式与没有内边界条件的问题相比并没有什么特殊之处,不增加什么困难. 所以根据变分问题求解计算,比用原来的定解问题 $(\mathrm{P}_1)$ 有更多的优点.

在本小节二维问题的讨论中,推导变分问题$(P_2)$和$(P_3)$,所取函数集合$S, S_0^1$等,原先的条件$v \in C^1(\overline{\Omega})$,可以改写为$v$满足

$$\iint_\Omega \left[ v^2 + \left(\frac{\partial v}{\partial x}\right)^2 + \left(\frac{\partial v}{\partial y}\right)^2 \right] \mathrm{d}x\mathrm{d}y \text{ 有意义.}$$

这样问题$(P_2)$和$(P_3)$就有意义,我们称$(P_2)$的解为$(P_1)$的**广义解**或**弱解**,可以证明它的解是存在惟一的. 而且,如上改换了$S, S_0^1$等函数集合的定义之后,$(P_1)$,$(P_2)$和$(P_3)$的关系仍如上所述,这些问题的证明要用到更多的数学理论和工具,已超出了本书的范围,所以我们不多加讨论,但是以下讨论的变分问题,我们均作这样的理解. 如要详细了解这方面的理论,请参考文献[13]等.

## 3.4 重调和方程边值问题的变分问题

这里讨论一个四阶方程的例子,为此先对 Green 公式做进一步处理,类似 3.1 小节的推导,利用(3.1)式有

$$-\iint_\Omega v \Delta u \mathrm{d}x\mathrm{d}y = \iint_\Omega \nabla u \cdot \nabla v \mathrm{d}x\mathrm{d}y - \oint_{\partial\Omega} v \frac{\partial u}{\partial \boldsymbol{n}} \mathrm{d}s .$$

上式将$u$与$v$互换,得到的式子与上式相减,便有

$$\iint_\Omega (u\Delta v - v\Delta u) \mathrm{d}x\mathrm{d}y = \oint_{\partial\Omega} \left( u \frac{\partial v}{\partial \boldsymbol{n}} - v \frac{\partial u}{\partial \boldsymbol{n}} \right) \mathrm{d}s . \tag{3.9}$$

(3.9)式成立的条件是$u, v \in C^2(\overline{\Omega})$,如果$u \in C^4(\overline{\Omega})$,$v \in C^2(\overline{\Omega})$,用$\Delta u$代替(3.9)式中的$u$,有

$$\iint_\Omega \Delta u \Delta v \mathrm{d}x\mathrm{d}y = \iint_\Omega v \Delta^2 u \mathrm{d}x\mathrm{d}y - \oint_{\partial\Omega} v \frac{\partial \Delta u}{\partial \boldsymbol{n}} \mathrm{d}s + \oint_{\partial\Omega} \Delta u \frac{\partial v}{\partial \boldsymbol{n}} \mathrm{d}s . \tag{3.10}$$

(3.9)式和(3.10)式也称为 Green 公式,其中$\Delta^2 u = \Delta(\Delta u)$.

现在考虑变分问题

$(\overline{P}_2)$ $\qquad \begin{cases} \text{求 } u \in S_0^2, \text{使得} \\ D(u,v) - F(v) = 0, \quad \forall v \in S_0^2. \end{cases}$

其中

$$S_0^2 = \left\{ v \mid v \in C^2(\overline{\Omega}), v \big|_{\partial\Omega} = 0, \frac{\partial v}{\partial \boldsymbol{n}} \Big|_{\partial\Omega} = 0 \right\},$$

$$D(u,v) = \iint_\Omega \Delta u \Delta v \mathrm{d}x\mathrm{d}y, \quad F(v) = \iint_\Omega f v \mathrm{d}x\mathrm{d}y.$$

如果$u$是$(P_2)$的解,且$u \in C^4(\overline{\Omega})$,利用公式(3.10)和变分法基本引理,可知$u$满足定解问题

$(P_1)$ $\qquad \begin{cases} \Delta^2 u = f, \quad (x,y) \in \Omega, \\ u \big|_{\partial\Omega} = 0, \quad \dfrac{\partial u}{\partial \boldsymbol{n}} \Big|_{\partial\Omega} = 0. \end{cases}$

这是重调和方程的一个定解问题,这类问题常常在力学问题中出现.

在变分问题($P_2$)的提法中,函数集合 $S_0^2$ 中条件 $v \in C^2(\overline{\Omega})$,可以用"$v$ 及其一、二阶偏导数的平方积分都有意义"来代替,这样提法($P_2$)便有意义,且可证明其解存在惟一,我们称这样的($P_2$)是问题($P_1$)的弱形式,($P_2$)的解称为($P_1$)的弱解或广义解.

也可以在 $S_0^2$ 上讨论泛函

$$J(w) = \frac{1}{2} \iint\limits_{\Omega} (\Delta w)^2 \mathrm{d}x\mathrm{d}y - \iint\limits_{\Omega} fw\,\mathrm{d}x\mathrm{d}y$$

的极小问题,这就是 Ritz 变分问题($P_3$),留给读者作为练习.

如果上述问题中的 $D(u,v)$ 改为

$$D(u,v) = \iint\limits_{\Omega} \left[ \sigma \Delta u \Delta v + (1-\sigma)\left( \frac{\partial^2 u}{\partial x^2} \frac{\partial^2 v}{\partial x^2} + 2\,\frac{\partial^2 u}{\partial x \partial y} \frac{\partial^2 v}{\partial x \partial y} + \frac{\partial^2 u}{\partial y^2} \frac{\partial^2 v}{\partial y^2} \right) \right] \mathrm{d}x\mathrm{d}y \,.$$

其中 $\sigma$ 满足 $0 < \sigma < \dfrac{1}{2}$,对应的($P_2$)是一个边界固定的平板位移的变分问题,它也对应重调和方程定解问题($P_1$),这些问题在弹性力学中有应用.

# 4　变分问题的近似计算

早在有限元方法出现之前,就存在用变分原理解数学物理问题的数值计算方法,包括 **Ritz 方法**和 **Galerkin 方法**等.以上我们讨论过的变分问题中,$S_0^1, S_0^2$ 等符合某些条件的函数集合都构成了一个线性空间.现在我们一般地设 $K$ 是一个无穷维的线性空间,$F(\cdot)$ 是其上的一个线性泛函,$D(\cdot, \cdot)$ 是 $K \times K$ 上的对称双线性泛函,而且 $D(u,u)$ 对一切非零的 $u$ 都是大于零的,在这样一般的假设下,我们讨论用 Ritz 方法和 Galerkin 方法近似计算变分问题的一般原理.

## 4.1　Ritz 方法

考虑 Ritz 形式的变分问题

$$\begin{cases} \text{求 } u \in K, \text{使得} \\ J(u) \leqslant J(w)\,, \quad \forall\, w \in K, \end{cases} \tag{4.1}$$

其中

$$J(w) = \frac{1}{2} D(w,w) - F(w)\,. \tag{4.2}$$

因 $K$ 是无穷维的函数空间,直接解问题(4.1)有困难,我们来求问题(4.1)的近似解.为此,假设在 $K$ 中找到一个有限维的子空间 $S_N$,其维数为 $N$,设 $S_N$ 上一组基函数为 $\{\varphi_1, \cdots, \varphi_N\}$,即

$$S_N = \mathrm{span}\{\varphi_1, \cdots, \varphi_N\} \subset K\,.$$

我们有

$$w_N = \sum_{i=1}^{N} c_i \varphi_i, \quad \forall\, w_N \in S_N, \tag{4.3}$$

其中系数 $c_1, \cdots, c_N$ 是实常数,我们称 $S_N$ 为**试探函数空间**.

以 $S_N$ 代替 $K$,在 $S_N$ 上讨论极小问题,得到问题(4.1)的近似问题是

$$\begin{cases} \text{求 } u_N \in S_N, \text{使得} \\ J(u_N) \leqslant J(w_N)\, , \quad \forall\, w_N \in S_N. \end{cases} \tag{4.4}$$

根据 $D$ 和 $F$ 的性质,对一切 $w_N \in S_N$,有

$$\begin{aligned} J(w_N) &= \frac{1}{2} D(w_N, w_N) - F(w_N) \\ &= \frac{1}{2} D\Big( \sum_{i=1}^{N} c_i \varphi_i, \sum_{j=1}^{N} c_j \varphi_j \Big) - F\Big( \sum_{i=1}^{N} c_i \varphi_i \Big) \\ &= \frac{1}{2} \sum_{i,j=1}^{N} D(\varphi_i, \varphi_j) c_i c_j - \sum_{i=1}^{N} F(\varphi_i) c_i. \end{aligned} \tag{4.5}$$

(4.5)式中 $\varphi_1, \cdots, \varphi_N$ 是已知的基函数,所以 $F(\varphi_i)$ 和 $D(\varphi_i, \varphi_j)$ 是已知的实数,这样,求 $J(w_N)$ 的极小问题就化为求以 $c_1, \cdots, c_N$ 为自变量的二次函数的极值问题. 这就是 1.3 小节讨论过的 $\mathbb{R}^N$ 上的变分问题. 现在系数矩阵是

$$[a_{ij}] = [D(\varphi_i, \varphi_j)] \in \mathbb{R}^{N \times N}.$$

它是一个对称矩阵. 我们验证它的正定性,对任意的非零向量

$$\boldsymbol{c} = [c_1, \cdots, c_N]^{\mathrm{T}} \in \mathbb{R}^N,$$

函数 $u_N = \sum\limits_{i=1}^{N} c_i \varphi_i$ 是非零的函数,由 $D$ 的性质得

$$D(u_N, u_N) = D\Big( \sum_{i=1}^{N} c_i \varphi_i, \sum_{j=1}^{N} c_j \varphi_j \Big) = \boldsymbol{c}^{\mathrm{T}} [D(\varphi_i, \varphi_j)] \boldsymbol{c} > 0,$$

所以矩阵 $[D(\varphi_i, \varphi_j)]$ 是对称正定矩阵.

如果 $u_N = \sum\limits_{j=1}^{N} c_j^0 \varphi_j$ 是近似变分问题(4.4)的解,则有

$$\left. \frac{\partial J(w_N)}{\partial c_i} \right|_{(c_1^0, \cdots, c_N^0)} = 0, \quad i = 1, \cdots, N,$$

即

$$\sum_{j=1}^{N} D(\varphi_i, \varphi_j) c_j^0 - F(\varphi_i) = 0, \quad i = 1, \cdots, N. \tag{4.6}$$

方程组(4.6)有惟一的解 $c_1^0, \cdots, c_N^0$. 根据 1.3 小节的讨论,这个方程组和极小问题(4.4)是等价的,(4.4)式的解就是

$$u_N = \sum_{i=1}^{N} c_j^0 \varphi_j.$$

## 4.2 Galerkin 方法

考虑 Galerkin 变分问题

$$\begin{cases} \text{求 } u \in K\text{,使得} \\ D(u,v) - F(v) = 0, \quad \forall v \in K. \end{cases} \tag{4.7}$$

和上面一样,取 $K$ 的有限维子空间 $S_N$,以 $S_N$ 代替 $K$ 得近似变分问题

$$\begin{cases} \text{求 } u_N \in S_N\text{,使得} \\ D(u_N, v_N) - F(v_N) = 0, \quad \forall v_N \in S_N. \end{cases} \tag{4.8}$$

现在设 $S_N$ 任意的元素为 $v_N = \sum\limits_{i=1}^{N} c_i \varphi_i$,变分问题(4.8)的解为 $u_N = \sum\limits_{j=1}^{N} c_j^0 \varphi_j$,我们来确定 $c_1^0, \cdots, c_N^0$,将 $u_N$ 和 $v_N$ 的表示式代入(4.8)式,有

$$D(u_N, v_N) - F(v_N) = \sum_{i,j=1}^{N} D(\varphi_j, \varphi_i) c_j^0 c_i - \sum_{i=1}^{N} c_i F(\varphi_i)$$

$$= \sum_{i=1}^{N} \Big[ \sum_{j=1}^{N} D(\varphi_j, \varphi_i) c_j^0 - F(\varphi_i) \Big] c_i = 0.$$

此式对任意的 $v_N \in S_N$ 成立,即对任意的 $N$ 维向量 $[c_1, \cdots, c_N]^{\mathrm{T}} \in \mathbb{R}^N$ 都成立,所以有

$$\sum_{j=1}^{N} D(\varphi_j, \varphi_i) c_j^0 - F(\varphi_i) = 0, \quad i = 1, \cdots, N. \tag{4.9}$$

由方程组(4.9)可解出 $c_1^0, \cdots, c_N^0$,其实这里的(4.9)式和(4.8)式就是 1.3 小节的命题 1.1 和命题 1.2 所描述的问题,它们是等价的,同时我们看到,在 $D(u,v)$ 是对称的情况下,方程组(4.9)和(4.6)是同样的方程组,也就是 Ritz 方法和 Galerkin 方法得到的结果是一样的. 如果 $D(u,v)$ 不是对称的,我们仍可求解 Galerkin 变分问题.

## 4.3 古典变分方法的数值例子

在变分问题中,上面讨论的函数集合 $K$ 一般是具有若干阶导数,再满足齐次边界条件的函数空间. 一般地,一个连续函数(或平方可积的函数)可以用多项式函数或三角多项式函数(Fourier 级数的部分和)来逼近,所以在古典变分方法的计算中,$K$ 的有限维子空间常常取为多项式函数空间或三角多项式函数空间,下面介绍一个简单的例子.

**例 4.1** 两点边值问题

$$\begin{cases} -\dfrac{\mathrm{d}^2 u}{\mathrm{d}x^2} = x^2, \quad 0 < x < 1, \\ u(0) = 0, \quad u(1) = 0. \end{cases}$$

在这个例子中,取 $K = C_0^1[0,1]$,

$$D(u,v) = \int_0^1 \frac{\mathrm{d}u}{\mathrm{d}x} \frac{\mathrm{d}v}{\mathrm{d}x} \mathrm{d}x, \quad F(v) = \int_0^1 x^2 v \mathrm{d}x.$$

考虑近似变分问题,我们取 $K$ 的有限维子空间为多项式的函数空间. 例如,如果用二次函数或三次函数来近似 $u$,再考虑边界条件 $u(0)=0$,$u(1)=0$,这样的二次和三次多项式可以分别选取为 $c_1x(1-x)$ 和 $x(1-x)(c_1+c_2x)$. 如果考虑更高次的多项式,可考虑 $x(1-x)(c_1+c_2x+\cdots+c_Nx^{N-1})$,也就是说,子空间 $S_N$ 的基函数是 $x^i(1-x)$,$i=1,\cdots,N$.

先讨论 $N=1$ 的情形,设 $\varphi_1=x(1-x)$,则 $S_1=\text{span}\{\varphi_1\}$,$S_1$ 中的函数均可写成 $v_1=c_1\varphi_1$. 显然,$S_1$ 是 $K$ 的一个一维子空间. 这样,由 Galerkin 方法(或 Ritz 方法)得到的代数方程组是

$$D(\varphi_1,\varphi_1)c_1^0-F(\varphi_1)=0.$$

其中

$$D(\varphi_1,\varphi_1)=\int_0^1\left(\frac{\mathrm{d}\varphi_1}{\mathrm{d}x}\right)^2\mathrm{d}x=\int_0^1(1-2x)^2\mathrm{d}x=\frac{1}{3},$$

$$F(\varphi_1)=\int_0^1x^3(1-x)\mathrm{d}x=\frac{1}{20}.$$

所以得到的方程是

$$\frac{1}{3}c_1^0-\frac{1}{20}=0.$$

解出 $c_1^0=\frac{3}{20}$,最后得近似解

$$u_1=\frac{3}{20}x(1-x).$$

再来看 $N=2$ 的情形,设 $\varphi_1=x(1-x)$,$\varphi_2=x^2(1-x)$,则 $S_2=\text{span}\{\varphi_1,\varphi_2\}$,若 $v_2\in S_2$,则 $v_2=c_1\varphi_1+c_2\varphi_2$. 显然 $S_2$ 是 $K$ 的一个二维的子空间,我们可得到

$$D(\varphi_1,\varphi_1)=\int_0^1\left(\frac{\mathrm{d}\varphi_1}{\mathrm{d}x}\right)^2\mathrm{d}x=\int_0^1(1-2x)^2\mathrm{d}x=\frac{1}{3},$$

$$D(\varphi_1,\varphi_2)=D(\varphi_2,\varphi_1)=\int_0^1\frac{\mathrm{d}\varphi_1}{\mathrm{d}x}\frac{\mathrm{d}\varphi_2}{\mathrm{d}x}\mathrm{d}x$$

$$=\int_0^1(1-2x)(2x-3x^2)\mathrm{d}x=\frac{1}{6},$$

$$D(\varphi_2,\varphi_2)=\int_0^1\left(\frac{\mathrm{d}\varphi_2}{\mathrm{d}x}\right)^2\mathrm{d}x=\int_0^1(2x-3x^2)^2\mathrm{d}x=\frac{2}{15},$$

$$F(\varphi_1)=\int_0^1x^3(1-x)\mathrm{d}x=\frac{1}{20},\quad F(\varphi_2)=\int_0^1x^4(1-x)\mathrm{d}x=\frac{1}{30}.$$

所以得到的方程组为

$$\begin{bmatrix}\dfrac{1}{3}&\dfrac{1}{6}\\[2mm]\dfrac{1}{6}&\dfrac{2}{15}\end{bmatrix}\begin{bmatrix}c_1^0\\[2mm]c_2^0\end{bmatrix}=\begin{bmatrix}\dfrac{1}{20}\\[2mm]\dfrac{1}{30}\end{bmatrix}.$$

解出 $c_1^0 = \dfrac{1}{15}$，$c_2^0 = \dfrac{1}{6}$. 最后得到近似解

$$u_2 = \frac{1}{15}x(1-x) + \frac{1}{6}x^2(1-x) = \frac{1}{30}x(1-x)(2+5x).$$

本例的精确解为 $u = \dfrac{x}{12}(1-x^3)$，下面列出它和 $u_1, u_2$ 在几个点的值做比较.

| $x$ | 0 | 0.25 | 0.5 | 0.75 | 1 |
|---|---|---|---|---|---|
| $u_1$ | 0 | 0.0281 | 0.0375 | 0.0281 | 0 |
| $u_2$ | 0 | 0.0203 | 0.0375 | 0.0359 | 0 |
| $u$ | 0 | 0.0205 | 0.0365 | 0.0361 | 0 |

从这个例子看到了古典变分方法的计算过程，表上看出 $u_2$ 是比 $u_1$ 更好的近似解，如果我们要提高近似解的准确度，一般来说，我们想到提高子空间 $S_N$ 的维数，但是这有一个收敛性的问题，即当 $N \to \infty$ 时，$\| u - u_N \|$ 是否趋于零的问题，这是一个重要的数学问题，本书不准备涉及.

# 5　权余量方法及其他方法

以上几节我们讨论了变分原理及 Galerkin-Ritz 近似计算方法的原则. 还有一些其他的近似方法，如权余量方法等，在某些情况下有它们的应用. 为了介绍一般的原理，我们假设 $\Omega$ 是一维或高维空间上的有界区域，$\partial\Omega$ 为其边界，$x$ 表示 $\Omega \cup \partial\Omega$ 上的点，积分号表示一维或高维的积分，考虑的微分方程边值问题是

$$\begin{cases} Lu = f, & x \in \Omega \\ B_0 u = \cdots = B_{m-1} u = 0, & x \in \partial\Omega, \end{cases} \tag{5.1}$$

其中 $L$ 是一个 $2m$ 阶的椭圆型微分算子，$B_0, \cdots, B_{m-1}$ 分别表示边界 $\partial\Omega$ 上的一个算子，这里我们给出的是齐次边界条件，本章上面几节讨论过的 Poisson 方程和重调和方程的边值问题都是这种形式问题的例子.

记内积 $(u, v) = \displaystyle\int_\Omega u(x)v(x)\mathrm{d}x$. 在 (5.1) 式的方程两边分别与函数 $v$ 作内积，有

$$(Lu, v) = (f, v). \tag{5.2}$$

在边值问题中，$u$ 满足方程，应提 $u \in C^{2m}(\overline{\Omega})$ 的条件，在积分式 (5.2) 中，条件可降低到 $u$ 及其直至 $2m$ 阶导数都平方可积，我们记这样的函数集合为 $H^{2m}(\Omega)$，所以对应 (5.2) 式，应该要求 $u$ 属于

$$U = \left\{ u \,\middle|\, u \in H^{2m}(\Omega), B_0 u = \cdots = B_{m-1} u = 0 \right\},$$

而 $v$ 只要求属于

$$V = \left\{ v \,\Big|\, \int_\Omega v^2 \,\mathrm{d}x \text{ 有意义} \right\}.$$

像在第 2 节和第 3 节那样,对于 (5.2) 式,我们用 Green 公式(一维情形是分部积分)可以将 $u$ 的 $2m$ 阶导数转移一半到 $v$,得到变分问题

$$\begin{cases} \text{求 } u \in V, \text{使得} \\ D(u,v) = F(v), \quad \forall v \in V. \end{cases} \tag{5.3}$$

这里 $V$ 是 $H^m(\Omega)$ 的一个子空间,$H^m(\Omega)$ 是函数本身及其直至 $m$ 阶导数都平方可积的函数空间. 从变分问题 (5.3) 式出发,我们可以讨论求问题近似解的 Galerkin 方法.

和 Galerkin 方法不尽相同,一般的权余量方法可以看成是基于 (5.2) 式的一类方法,我们可以提出它的近似问题是

$$\begin{cases} \text{求 } u_h \in U_h, \text{使得} \\ (Lu_h - f, v_h) = 0, \quad \forall v_h \in V_h, \end{cases} \tag{5.4}$$

其中的有限维子空间 $U_h \subset U, V_h \subset V$,而且

$$R(u_h) = Lu_h - f$$

是方程的**剩余**,或称**余量**,如果 $u_h$ 刚好是方程的准确解,则对应的剩余为零.

**权余量方法**中,选择子空间 $U_h$ 和 $V_h$ 的维数相同. 设 $\dim U_h = \dim V_h = N$,$U_h$ 的一组基为 $\{\varphi_1, \cdots, \varphi_N\}$,$V_h$ 的一组基为 $\{\psi_1, \cdots, \psi_N\}$,所以

$$u_h = \sum_{j=1}^N c_j \varphi_j, \quad \forall u_h \in U_h, \tag{5.5}$$

$$v_h = \sum_{i=1}^N b_i \psi_i, \quad \forall v_h \in V_h. \tag{5.6}$$

将 (5.5) 和 (5.6) 式代入 (5.2) 式,由 $v_h$ 的任意性得

$$\int_\Omega R(u_h) \psi_i \,\mathrm{d}x = 0, \quad i = 1, \cdots, N. \tag{5.7}$$

也就是剩余的 $N$ 个带权积分为零,这里的权函数是 $\psi_i, i = 1, \cdots, N$,进一步可列出 $c_1, \cdots, c_N$ 的 $N$ 个方程的方程组

$$\sum_{j=1}^N M_{ji} c_j = F_i, \quad i = 1, \cdots, N$$

其中

$$M_{ji} = (L\varphi_j, \psi_i), \quad F_i = (f, \psi_i).$$

可以将权余量方法看成在 $V$ 中找 $N$ 个线性无关的函数 $\psi_1, \cdots, \psi_N$,使 (5.7) 式成立. 下面更具体地讨论.

**最小二乘法**的原理是使剩余的平方在平均的意义下最小. 仍设 $u_h$ 如 (5.5) 式所示,则

剩余 $R(u_h) = Lu_h - f$ 是 $x$ 和 $c_1, \cdots, c_N$ 的函数,我们要使 $\int_{\Omega} [R(u_h)]^2 \mathrm{d}x$ 对系数 $c_1, \cdots, c_N$ 为最小,这样得到 $N$ 个代数方程

$$\frac{\partial}{\partial c_i} \int_{\Omega} R^2 \mathrm{d}x = \int_{\Omega} 2R \frac{\partial R}{\partial c_i} \mathrm{d}x = 0, \quad i = 1, \cdots, N.$$

所以,最小二乘法就是取权为 $\psi_i = \dfrac{\partial R}{\partial c_i}$ 的权余量方法,而

$$\frac{\partial R}{\partial c_i} = \frac{\partial}{\partial c_i} \Big( L\Big(\sum_{j=1}^{N} c_j \varphi_j\Big) - f \Big) = L(\varphi_j), \quad i = 1, \cdots, N.$$

所以最小二乘法相当于在问题(5.4)中取

$$V_h = \mathrm{span}\{L(\varphi_1), \cdots, L(\varphi_N)\},$$

其中 $\{\varphi_1, \cdots, \varphi_N\}$ 是 $U_h$ 的基.

**配置法**预先规定好 $\Omega$ 内的 $N$ 个配置点 $x_1, \cdots, x_N$,取权 $\psi_i$ 为点 $x_i$ 上的 Dirac-$\delta$ 函数 $\delta(x - x_i)$,这函数有这样的性质,在 $x \neq x_i$ 时其值为零,而对任意的函数 $f$ 有

$$\int_{\Omega} f(x) \delta(x - x_i) \mathrm{d}x = f(x_i).$$

应用这样的权函数到权余量法,得到离散方程组

$$L(u_h(x_i)) - f(x_i) = 0, \quad i = 1, \cdots, N.$$

这其实就是剩余在指定的 $N$ 个配置点上之值为零,这和差分方法有点类似,差分方法是在节点上满足方程,但是其中节点上的导数用差分近似.

**子区域配置法**是把 $\Omega$ 划分为 $N$ 个子域,$\Omega = \bigcup_{i=1}^{N} \Omega_i$,引入权函数

$$\psi_i(x) = \begin{cases} 1, & x \in \Omega_i, \\ 0, & \text{其他}, \end{cases} \quad i = 1, \cdots, N.$$

用到权余量法,得到的离散方程组是

$$\int_{\Omega_i} (L(u_h) - f) \mathrm{d}x = 0, \quad i = 1, \cdots, N.$$

权余量法基于(5.2)式和问题(5.4),如果 $L$ 是 $2m$ 阶微分算子,它要求 $U_h$ 是 $H^{2m}(\Omega)$ 的一个子空间,所以这类方法至少在原则上的一个优点是解具有较大的光滑度. 例如,对于例 4.1 的一维边值问题,$U_h$ 可以选择为 $\mathrm{span}\{\varphi_1, \cdots, \varphi_N\}$,其中 $\varphi_i(x) = x^i(1-x)$,或者是 $\psi_i(x) = \sin i\pi x$ 等,读者可以练习将例 4.1 用最小二乘、配置法和子区域配置法所得到的代数方程组.

权余量方法的讨论基于(5.2)式,在其中 $u$ 和 $v$ 分属不同的函数空间 $U$ 和 $V$,但是上几节讨论的 Galerkin 方法则是基于问题(5.3)的,因为经过分部积分运算,$u$ 和 $v$ 都同属一个 $H^m(\Omega)$ 的子空间,也可认为 $U = V$,像例 4.1 那样的例子中,(5.3)式的近似变分问题形式为

$$\begin{cases} 求\ u_h \in V_h, 使得 \\ D(u_h, v_h) - F(v_h) = 0, \quad \forall\, v_h \in V_h. \end{cases}$$

这就是 Galerkin 近似方法. 但是, 虽然在问题(5.3)那里有 $U = V$, 如果逼近子空间 $U_h$ 和 $V_h$ 不同, 它们分别都是 $V$ 的 $N$ 维子空间, 分别有 $U_h = \mathrm{span}\{\varphi_1, \cdots, \varphi_N\}$, $V_h = \mathrm{span}\{\psi_1, \cdots, \psi_N\}$, 近似变分问题是

$$\begin{cases} 求\ u_h \in U_h, 使得 \\ D(u_h, v_h) - F(v_h) = 0, \quad \forall\, v_h \in V_h. \end{cases}$$

由它可以推导出一个代数方程组

$$\boldsymbol{K}^{\mathrm{T}} \boldsymbol{c} = \boldsymbol{F},$$

其中矩阵 $\boldsymbol{K}$ 的元素 $k_{ij} = D(\varphi_i, \psi_j)$, 向量 $\boldsymbol{F}$ 的分量 $F_i = (f, \psi_i)$, 这样的方法称为 **Petrov-Galerkin 方法**(当然, $U_h = V_h$ 时就是 Galerkin 方法).

在某些情况下, 用 Petrov-Galerkin 方法给出的近似解会有某些优点. 例如, 对于对流扩散方程

$$a \frac{\partial u}{\partial x} - k \frac{\partial^2 u}{\partial x^2} = f$$

的定解问题, 特别是对流占优的情形, Galerkin 方法给出的解会有非物理的摆动. 而在 Petrov-Galerkin 方法中适当选择 $U_h$ 和 $V_h$, 将会克服上述困难.

# 习　　题

1. 试推导下列泛函在集合 $K$ 中达到极值的必要条件, 列出对应的 Euler 方程或方程组.

(1) $J(y_1, \cdots, y_n) = \displaystyle\int_a^b F(x;\ y_1, \cdots, y_n;\ y_1', \cdots, y_n')\,\mathrm{d}x$,

$K = \{(y_1, \cdots, y_n) \mid y_i \in C^2[a, b], y_i(a) = y_{ia}, y_i(b) = y_{ib}, i = 1, \cdots, n\}$.

(2) $J(y) = \displaystyle\int_a^b F(x;\ y, y', y'')\,\mathrm{d}x$,

$K = \{y \mid y \in C^4[a, b], y(a) = y_a, y(b) = y_b, y'(a) = y_a', y'(b) = y_b'\}$.

(3) $J(u) = \displaystyle\iint_\Omega F\left(x, y;\ u, \frac{\partial u}{\partial x}, \frac{\partial u}{\partial y}\right)\,\mathrm{d}x\mathrm{d}y$,

$K = \{u \mid u \in C^2(\overline{\Omega}),\quad u|_{\partial\Omega} = \varphi(x, y)\}$.

2. 试列出最小曲面问题的 Euler 方程.

3. 对于两点边值问题

$$\begin{cases} -\dfrac{\mathrm{d}^2 u}{\mathrm{d}x^2} = 1, \quad 0 < x < 1, \\ u(0) = 0, \quad u'(1) = 0, \end{cases}$$

找出其准确解 $\bar{u}(x)$,求出对应的 $J(\bar{u})$ 之值. 另外任选满足边界条件的光滑函数 $w(x)$,验证 $J(\bar{u}) < J(w)$.

4. 有弹性基础的梁,位移 $u(x)$ 满足边界条件 $u(0) = u(l) = 0, u'(0) = u'(l) = 0$. 其总势能可表示为

$$J(u) = \frac{1}{2} \int_0^l \left( ku^2 + EI \left( \frac{\mathrm{d}^2 u}{\mathrm{d}x^2} \right)^2 + 2fu \right) \mathrm{d}x.$$

试从最小势能原理列出 $u$ 所满足的微分方程定解问题.

5. 微分方程的定解问题

$$\begin{cases} -\dfrac{\mathrm{d}}{\mathrm{d}x} \left( p(x) \dfrac{\mathrm{d}u}{\mathrm{d}x} \right) + qu = f, & a < x < b, \\ u(a) = 0, u(b) = 0, \end{cases}$$

其中 $p(x) \geqslant p_0 > 0, q(x) \geqslant 0$. 试推导对应的 Ritz 形式及 Galerkin 形式的变分问题,叙述及证明三个问题之间的关系.

6. 将上题的边界条件换成下列条件:

(1) $u(a) = 0, p(b) \dfrac{\mathrm{d}u(b)}{\mathrm{d}x} + \alpha u(b) = g$,其中 $\alpha \geqslant 0$.

(2) $p(a) \dfrac{\mathrm{d}u(a)}{\mathrm{d}x} - \alpha u(a) = g, \dfrac{\mathrm{d}u(b)}{\mathrm{d}x} = 0$,其中 $\alpha \geqslant 0$.

(3) $u(a) = u_0, u(b) = u_1$.

其他要求同上题.

7. 二维的微分方程定解问题

$$\begin{cases} -\nabla \cdot (k \nabla u) = f, & (x,y) \in \Omega, \\ u|_{\partial\Omega} = 0, \end{cases}$$

其中 $k = k(x,y) \geqslant k_0 > 0$,试推导对应的 Ritz 及 Galerkin 形式的变分问题. 叙述及证明 3 个问题之间的关系.

8. 平面区域 $\Omega$ 的边界 $\partial\Omega$ 分为互不重叠的两部分 $\partial\Omega_1$ 和 $\partial\Omega_2$. 微分方程的定解问题为

$$\begin{cases} -\Delta u = f, & (x,y) \in \Omega, \\ u|_{\partial\Omega_1} = 0, & \left[ \dfrac{\partial u}{\partial \boldsymbol{n}} + \alpha u \right]_{\partial\Omega_2} = g. \end{cases}$$

其中 $\alpha \geqslant 0, \boldsymbol{n}$ 为 $\partial\Omega$ 上的外法向,试推导对应的 Ritz 及 Galerkin 形式的变分问题,叙述及证明 3 个问题之间的关系.

9. 轴对称的定常温度场 $u = u(r,z)$ 满足下面的方程和边界条件:

$$\begin{cases} -\left[ \dfrac{1}{r} \dfrac{\partial}{\partial r} \left( r \dfrac{\partial u}{\partial r} \right) + \dfrac{\partial^2 u}{\partial z^2} \right] = f, & (r,z) \in \Omega, \\ -k \dfrac{\partial u}{\partial \boldsymbol{n}} \Big|_{\partial\Omega} = \alpha(u - u_0) \Big|_{\partial\Omega}. \end{cases}$$

试推导对应的 Ritz 及 Galerkin 形式的变分问题,其中 $\Omega$ 如图 6.5.

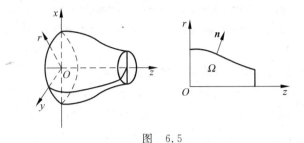

图　6.5

10. 设 $J(u)=\dfrac{1}{2}\iint\limits_{\Omega}(\Delta u)^2\,\mathrm{d}x\mathrm{d}y-\iint\limits_{\Omega}fu\,\mathrm{d}x\mathrm{d}y$ 在 $K=\left\{u\,\middle|\,u\in C^2(\overline{\Omega}),u|_{\partial\Omega}=\dfrac{\partial u}{\partial\boldsymbol{n}}\bigg|_{\partial\Omega}=0\right\}$ 达

到最小,且 $u\in C^4(\overline{\Omega})$. 试推导对应的微分方程定解问题.

11. 用 Ritz 方法或 Galerkin 方法解以下各题:

(1) $\begin{cases}-\dfrac{\mathrm{d}^2u}{\mathrm{d}x^2}=x^2,&0<x<1,\\[2mm]u(0)=0,&u(1)=0.\end{cases}$

用试探函数 $\displaystyle\sum_{i=1}^{3}c_ix^i(1-x)$.

(2) $\begin{cases}-\dfrac{\mathrm{d}^2u}{\mathrm{d}x^2}=x^2,&0<x<1,\\[2mm]u(0)=0,&u'(1)=0.\end{cases}$

① 用满足约束边界条件的试探函数 $c_1x+c_2x^2$.

② 用满足约束边界条件和自然边界条件的试探函数 $c_1x\left(1-\dfrac{x}{2}\right)$.

(3) $\begin{cases}-\dfrac{\mathrm{d}^2u}{\mathrm{d}x^2}=x^2,&0<x<1,\\[2mm]u(0)=1,&u'(1)+2u(1)=1.\end{cases}$

用二次的试探函数.

(4) $\begin{cases}-\dfrac{\mathrm{d}^2u}{\mathrm{d}x^2}=\mathrm{e}^x,&0<x<1,\\[2mm]u(0)=0,&u(1)=0.\end{cases}$

① 用试探函数 $c_1x(1-x)+c_2x^2(1-x)$.

② 用试探函数 $c_1x(\mathrm{e}^x-\mathrm{e})$.

12. 用 Ritz 方法或 Galerkin 方法解二维边值问题

$$\begin{cases}-\Delta u=xy,&(x,y)\in\Omega\\u|_{\partial\Omega}=0,\end{cases}$$

其中 $\Omega = \{(x,y) \mid 0 < x < 1, 0 < y < 1\}$. 试探函数空间的基选为

$$\varphi_1 = \sin\pi x \sin\pi y, \qquad \varphi_2 = \sin\pi x \sin 2\pi y,$$
$$\varphi_3 = \sin 2\pi x \sin\pi y, \qquad \varphi_4 = \sin 2\pi x \sin 2\pi y,$$

(注意基函数的正交性).

13. 用 Ritz 方法或 Galerkin 方法解二维边值问题

$$\begin{cases} -\Delta u = 2(x+y) - 4, & (x,y) \in \Omega, \\ u(0,y) = y^2, & u(x,0) = x^2, \\ \dfrac{\partial u}{\partial x}(1,y) = 2 - 2y - y^2, & \dfrac{\partial u}{\partial y}(x,1) = 2 - x - x^2. \end{cases}$$

其中 $\Omega = \{(x,y) \mid 0 < x < 1, 0 < y < 1\}$.

① 设近似解为 $x^2 + y^2 + c_1 xy$.

② 设近似解为 $x^2 + y^2 + c_1 xy + c_2 xy(x+y)$.

14. 对于边值问题

$$\begin{cases} -\dfrac{\mathrm{d}^2 u}{\mathrm{d}x^2} = f(x), & 0 < x < 1 \\ u(0) = 0, & u(1) = 0. \end{cases}$$

分别取基函数 $\varphi_i(x) = \sin i\pi x, i = 1, \cdots, N$ 和 $\varphi_i(x) = x^i(1-x), i = 1, \cdots, N$, 用

(1) 最小二乘法.

(2) 配置法, 其中配置点取为等距的

$$x_i = (i-1)/(N-1), \quad i = 1, \cdots, N.$$

(3) 子区域配置法, 其中子区域取为等分的区间 $\left[\dfrac{i-1}{N}, \dfrac{i}{N}\right], i = 1, \cdots, N.$

试列出所得到的代数方程组.

# 第7章 有限元离散方法

一般来说,用差分方法解偏微分方程,解得的结果就是方程的准确解函数在节点上的近似值.而用上一章讨论的变分近似方法求解,是将近似解表示成有限维子空间中基函数的线性组合.在古典变分方法中,这样的基函数一般采用幂函数和三角函数等初等函数,又要求在区域的边界上满足边界条件,如果是二维或三维的不规则区域,这样的基函数往往很难构造出来.所以,古典的变分方法虽然是得到近似的解析解(与差分方法不同),但是对一般的区域,却往往难以实现.以下我们讨论的有限元方法,也是基于变分原理,由于选择了特殊的基函数,使它能适用于较一般的区域.这种基函数是与区域的剖分有关的,近似解 $u$ 表示为基函数的线性组合,而线性组合中的系数,又是剖分节点上 $u$ 或其导数的近似值.所以有限元方法既是基于变分原理,又具有差分方法的一些特点,并且适合于较复杂的区域和不同粗细的网络.正是因为具有这些特点,20 世纪 60 年代以来,有限元方法的理论和应用得到迅速的发展,适用范围也愈来愈广泛.

下面我们先就简单情形讨论基函数的选取和有限元方法的全部计算过程,然后讨论较复杂的基函数.和第 6 章一样,我们分别讨论一维和二维的情形.

## 1 一维问题的有限元方法、线性元

本节主要通过一个例子说明一维问题的有限元方法.我们要讨论的微分方程边值问题是

$(P_1)$
$$\begin{cases} -\dfrac{\mathrm{d}}{\mathrm{d}x}\left(p(x)\,\dfrac{\mathrm{d}u}{\mathrm{d}x}\right)+q(x)u=f, \quad a<x<b, & (1.1) \\ u(a)=0, \quad p(b)\,\dfrac{\mathrm{d}u(b)}{\mathrm{d}x}+\alpha u(b)=g, & (1.2) \end{cases}$$

其中 $p,q,f$ 是 $[a,b]$ 上的函数,$p\in C^1[a,b]$,$q,f\in C[a,b]$,$p(x)\geqslant p_0>0$,$q(x)\geqslant 0$,$\alpha\geqslant 0$,$p_0$ 是一个常数.对应 $(P_1)$ 的 Galerkin 变分问题是

$(P_2)$
$$\begin{cases} \text{求 } u\in S_0^1, \quad \text{使得} \\ D(u,v)-F(v)=0, \quad \forall\, v\in S_0^1. \end{cases} \quad (1.3)$$

其中

$$S_0^1=\left\{v\,\bigg|\,\int_a^b\left[v^2+\left(\frac{\mathrm{d}v}{\mathrm{d}x}\right)^2\right]\mathrm{d}x \text{ 有意义},v(a)=0\right\}, \quad (1.4)$$

$$D(u,v) = \int_a^b \left( p\, \frac{\mathrm{d}u}{\mathrm{d}x} \frac{\mathrm{d}v}{\mathrm{d}x} + quv \right) \mathrm{d}x + \alpha u(b)v(b), \tag{1.5}$$

$$F(v) = \int_a^b fv\,\mathrm{d}x + gv(b). \tag{1.6}$$

当然我们也可以写出对应（$P_1$）的 Ritz 变分问题（$P_3$），但是我们以下的讨论都从（$P_2$）出发.

## 1.1　单元剖分及试探函数空间的构造

我们对 $[a,b]$ 进行剖分，设节点 $x_0, x_1, \cdots, x_N$ 满足

$$a = x_0 < x_1 < \cdots < x_N = b,$$

这样得到的子区间 $e_i = [x_{i-1}, x_i]$（$i = 1, 2, \cdots, N$）称为"**单元**". 单元 $e_i$ 的长度 $h_i = x_i - x_{i-1}$. 设 $h = \max\limits_i h_i$.

在上述剖分的基础上，我们来构造 $S_0^1$ 的有限维子空间. 仍然考虑比较简单的基函数，例如多项式. 在数值分析课程中我们知道（例如，参考文献[2]），构造次数很高的多项式通常并没有优点，所以我们先考虑在每个单元上为线性的函数，即考虑 $[a,b]$ 上的分段线性函数 $v_h$，它满足：$v_h$ 在 $[a,b]$ 上连续，而且在每个 $e_i$ 上是线性函数（$i = 1, 2, \cdots, N$），所有满足这些条件的函数构成集合 $U_h$.

**定义 1.1**　$U_h = \{v_h \mid v_h \in C[a,b], v_h$ 在每个 $e_i$ 上为线性函数$\}$.

当然，这样定义的集合和剖分是有关的，所以我们加上了下标 $h$，容易验证，$U_h$ 是实数域上的一个线性空间，若记

$$S^1 = \left\{ v \,\middle|\, \int_a^b \left[ v^2 + \left( \frac{\mathrm{d}v}{\mathrm{d}x} \right)^2 \right] \mathrm{d}x \text{ 有意义} \right\},$$

则 $U_h$ 是 $S^1$ 的一个线性子空间. $U_h$ 中的函数图形如图 7.1 所示.

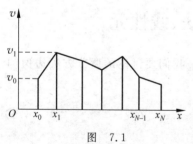

图　7.1

不难验证，$U_h$ 的维数是 $N+1$，其上的一组基函数可以选为以下的一组 $N+1$ 个线性无关的函数：

$$\phi_0(x) = \begin{cases} \dfrac{x_1 - x}{h_1}, & x_0 \leqslant x < x_1, \\ 0, & x_1 \leqslant x \leqslant x_N, \end{cases}$$

$$\phi_i(x) = \begin{cases} 0, & x_0 \leqslant x < x_{i-1}, \\ \dfrac{x - x_{i-1}}{h_i}, & x_{i-1} \leqslant x < x_i, \\ \dfrac{x_{i+1} - x}{h_{i+1}}, & x_i \leqslant x < x_{i+1}, \\ 0, & x_{i+1} \leqslant x \leqslant x_N, \end{cases} \qquad i = 1, 2, \cdots, N-1,$$

$$\phi_N(x) = \begin{cases} 0, & x_0 \leqslant x < x_{N-1}, \\ \dfrac{x - x_{N-1}}{h_N}, & x_{N-1} \leqslant x \leqslant x_N. \end{cases} \tag{1.7}$$

这组基函数的图形如图 7.2 所示.

我们看到,基函数 $\phi_i(x)$ 只在节点 $x_i$ 附近函数值非零. 而在各节点上基函数的函数值为 0 或 1,即

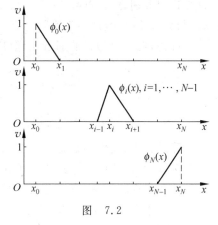

$$\phi_i(x_k) = \begin{cases} 1, & i = k, \\ 0, & i \neq k, \end{cases} \quad i, k = 0, 1, \cdots, N. \tag{1.8}$$

$U_h$ 中的任意函数 $v_h$ 可以表示为基函数的线性组合,即

$$v_h(x) = v_0 \phi_0(x) + v_1 \phi_1(x) + \cdots$$
$$+ v_N \phi_N(x), \quad x \in [x_0, x_N], \tag{1.9}$$

图  7.2

其中 $v_j = v_h(x_j), j = 0, 1, \cdots, N$,即(1.9)式中线性组合的系数 $v_0, v_1, \cdots, v_N$ 分别是函数 $v_h$ 在节点 $x_0, x_1, \cdots, x_N$ 上的值,而在单元 $e_i$ 上,有

$$v_h(x) = v_{i-1} \phi_{i-1}(x) + v_i \phi_i(x)$$
$$= v_{i-1} \frac{x_i - x}{h_i} + v_i \frac{x - x_{i-1}}{h_i}, \quad x \in [x_{i-1}, x_i]. \tag{1.10}$$

$U_h$ 是 $S^1$ 的一个 $N+1$ 维的子空间,如果我们要找到变分问题($P_2$)中函数空间 $S_0^1$ 的一个有限维子空间,可以在 $U_h$ 中的函数 $v_h$ 加上 $v_h(a) = 0$ 的条件.

**定义 1.2**  $V_h = \{ v_h \mid v_h \in U_h, v_h(a) = 0 \}$.

在所作的剖分下,$V_h$ 是所有满足左端齐次边界条件的连续分段线性函数组成的集合,它是 $S_0^1$ 的一个 $N$ 维子空间,它的基函数可以选择为 $\{ \phi_1(x), \phi_2(x), \cdots, \phi_N(x) \}$,$V_h$ 中的任一函数可以表示为

$$v_h(x) = v_1 \phi_1(x) + \cdots + v_N \phi_N(x), \quad x \in [x_0, x_N],$$

其中       $v_h(x_j) = v_j, \quad j = 1, 2, \cdots, N.$

## 1.2  有限元方程的形成

我们已经构造了 $S_0^1$ 的一个 $N$ 维子空间 $V_h$,和一般的 Galerkin 近似方法一样,可以考虑变分问题($P_2$)的一个逼近问题:

$$(\widetilde{P}_2) \quad \begin{cases} 求 \ u_h \in V_h, 使得 \\ D(u_h, v_h) - F(v_h) = 0, \quad \forall v_h \in V_h. \end{cases} \tag{1.11}$$

设 $V_h$ 中的函数 $u_h(x)$ 为($\widetilde{P}_2$)的解,$v_h(x)$ 为 $V_h$ 中任意的函数,以

$$u_h(x) = \sum_{j=1}^N u_j \phi_j(x), \qquad v_h(x) = \sum_{i=1}^N v_i \phi_i(x)$$

代入(1.11)式,便得到 $u_1,\cdots,u_N$ 满足的线性代数方程组

$$\sum_{j=1}^{N} D(\phi_i,\phi_j)u_j - F(\phi_i) = 0, \quad i = 1,2,\cdots,N. \tag{1.12}$$

只要我们分别算出 $D(\phi_i,\phi_j)$ 和 $F(\phi_i)(i,j=1,2,\cdots,N)$,就可从(1.12)式解出 $u_1,u_2,\cdots$,$u_N$,得到 $u_h(x)$,但是用于实际计算的有限元程序,往往采用如下逐元计算的过程.

首先,把(1.11)式的逼近问题($\widetilde{\mathrm{P}}_2$)写成:求 $u_h \in V_h$,使得

$$\sum_{i=1}^{N}\int_{e_i} \left( p\,\frac{\mathrm{d}u_h}{\mathrm{d}x}\,\frac{\mathrm{d}v_h}{\mathrm{d}x} + qu_hv_h \right)\mathrm{d}x + \alpha u_h(b)v_h(b) \tag{1.13}$$

$$= \sum_{i=1}^{N}\int_{e_i} fv_h\,\mathrm{d}x + gv_h(b), \qquad \forall\, v_h \in V_h.$$

在计算过程中,我们不是把方程组(1.12)系数矩阵的每个元素 $D(\phi_i,\phi_j)$ 按 $i$ 和 $j$ 顺序依次计算,而是按照(1.13)式逐个单元计算其积分值,再累加起来得到方程组(1.12)的系数矩阵和非齐次项向量.下面分几步具体描述.

(1) 计算"单元刚度矩阵"和"单元荷载向量".

我们先考虑 $u_h,v_h \in U_h$ 的情形,即 $u_0$ 和 $v_0$ 暂时不必为零,推导出的计算公式最后才加上 $u_0 = v_0 = 0$ 的约束条件.

对于 $v_h \in U_h$,在 $e_i$ 上有

$$v_h(x) = v_{i-1}\phi_{i-1}(x) + v_i\phi_i(x), \quad x \in [x_{i-1},x_i],$$

用矩阵运算的记号,记为

$$v_h(x) = \boldsymbol{N}\boldsymbol{v}_{e_i}$$

其中 $\boldsymbol{N}$ 是一个 $1\times 2$ 的矩阵,$\boldsymbol{v}_{e_i}$ 是一个 $2\times 1$ 的矩阵,或看成一个二维的列向量:

$$\boldsymbol{N} = [N_i(x),M_i(x)] = \left[\frac{x_i - x}{h_i},\frac{x - x_{i-1}}{h_i}\right], \quad \boldsymbol{v}_{e_i} = \begin{bmatrix} v_{i-1} \\ v_i \end{bmatrix}.$$

容易得到

$$\frac{\mathrm{d}v_h}{\mathrm{d}x} = \boldsymbol{B}\boldsymbol{v}_{e_i},$$

其中

$$\boldsymbol{B} = \left[\frac{\mathrm{d}N_i(x)}{\mathrm{d}x},\frac{\mathrm{d}M_i(x)}{\mathrm{d}x}\right] = \left[-\frac{1}{h_i},\frac{1}{h_i}\right].$$

同理有

$$u_h(x) = \boldsymbol{N}\boldsymbol{u}_{e_i}, \quad \frac{\mathrm{d}u_h(x)}{\mathrm{d}x} = \boldsymbol{B}\boldsymbol{u}_{e_i},$$

其中

$$\boldsymbol{u}_{e_i} = \begin{bmatrix} u_{i-1} \\ u_i \end{bmatrix}.$$

引入上述记号后,$(\widetilde{P}_2)$ 中 (1.13) 式左边的积分式可表示为

$$\int_{e_i} \left[ p \left( \frac{\mathrm{d}v_h}{\mathrm{d}x} \right)^{\mathrm{T}} \left( \frac{\mathrm{d}u_h}{\mathrm{d}x} \right) + q (v_h)^{\mathrm{T}} (u_h) \right] \mathrm{d}x$$

$$= \int_{e_i} \left[ p (\boldsymbol{B} \boldsymbol{v}_{e_i})^{\mathrm{T}} (\boldsymbol{B} \boldsymbol{u}_{e_i}) + q (\boldsymbol{N} \boldsymbol{v}_{e_i})^{\mathrm{T}} (\boldsymbol{N} \boldsymbol{u}_{e_i}) \right] \mathrm{d}x$$

$$= \boldsymbol{v}_{e_i}^{\mathrm{T}} \left\{ \int_{e_i} \left[ p \boldsymbol{B}^{\mathrm{T}} \boldsymbol{B} + q \boldsymbol{N}^{\mathrm{T}} \boldsymbol{N} \right] \mathrm{d}x \right\} \boldsymbol{u}_{e_i}$$

$$= \boldsymbol{v}_{e_i}^{\mathrm{T}} \boldsymbol{K}_{e_i} \boldsymbol{u}_{e_i}, \tag{1.14}$$

其中

$$\boldsymbol{K}_{e_i} = \int_{x_{i-1}}^{x_i} (p \boldsymbol{B}^{\mathrm{T}} \boldsymbol{B} + q \boldsymbol{N}^{\mathrm{T}} \boldsymbol{N}) \mathrm{d}x = \begin{bmatrix} k_{i-1,i-1}^{e_i} & k_{i-1,i}^{e_i} \\ k_{i,i-1}^{e_i} & k_{i,i}^{e_i} \end{bmatrix}, \tag{1.15}$$

$$k_{i-1,i-1}^{e_i} = \frac{1}{h_i^2} \int_{x_{i-1}}^{x_i} p(x) \mathrm{d}x + \int_{x_{i-1}}^{x_i} q(x) N_i^2(x) \mathrm{d}x,$$

$$k_{i,i-1}^{e_i} = k_{i-1,i}^{e_i} = -\frac{1}{h_i^2} \int_{x_{i-1}}^{x_i} p(x) \mathrm{d}x + \int_{x_{i-1}}^{x_i} q(x) N_i(x) M_i(x) \mathrm{d}x,$$

$$k_{i,i}^{e_i} = \frac{1}{h_i^2} \int_{x_{i-1}}^{x_i} p(x) \mathrm{d}x + \int_{x_{i-1}}^{x_i} q(x) M_i^2(x) \mathrm{d}x.$$

注意到 (1.13) 式中左端除积分项还有 $\alpha u_h(b) v_h(b)$ 的一项,所以在最后一个单元 $e_N$ 的积分加上一项

$$\alpha u_h(b) v_h(b) = \boldsymbol{v}_{e_N}^{\mathrm{T}} \begin{bmatrix} 0 & 0 \\ 0 & \alpha \end{bmatrix} \boldsymbol{u}_{e_N},$$

这只要在 (1.15) 式的 $K_{e_N}$ 中,将元素 $k_{N,N}^{e_N}$ 改为

$$k_{N,N}^{e_N} = \frac{1}{h_N^2} \int_{x_{N-1}}^{x_N} p(x) \mathrm{d}x + \int_{x_{N-1}}^{x_N} q(x) M_N^2(x) \mathrm{d}x + \alpha.$$

这样就把 (1.13) 式左端的 $\alpha u_h(b) v_h(b)$ 一项"吸收"到最后一个单元 $e_N$ 的积分式中去了.

类似的计算可将 (1.13) 式右端的积分式表示为

$$\int_{e_i} f v_h \mathrm{d}x = \int_{e_i} (\boldsymbol{N} \boldsymbol{v}_{e_i})^{\mathrm{T}} f \mathrm{d}x = \boldsymbol{v}_{e_i}^{\mathrm{T}} \boldsymbol{F}_{e_i}, \tag{1.16}$$

其中

$$\boldsymbol{F}_{e_i} = \int_{x_{i-1}}^{x_i} \boldsymbol{N}^{\mathrm{T}} f \mathrm{d}x = \begin{bmatrix} F_{i-1}^{e_i} \\ F_i^{e_i} \end{bmatrix}, \tag{1.17}$$

$$F_{i-1}^{e_i} = \int_{x_{i-1}}^{x_i} N_i(x) f(x) \mathrm{d}x, \quad F_i^{e_i} = \int_{x_{i-1}}^{x_i} M_i(x) f(x) \mathrm{d}x.$$

同上的分析,最后一个单元 $e_N$ 上的积分应该加上一项

$$g v_h(b) = \boldsymbol{v}_{e_N}^{\mathrm{T}} \begin{bmatrix} 0 \\ g \end{bmatrix},$$

这只要把元素 $F_N^e$ 改为

$$F_N^e = \int_{x_{N-1}}^{x_N} M_N(x)f(x)\mathrm{d}x + g.$$

在有限元方法中,一般借用力学的名词,$\boldsymbol{K}_{e_i}$ 称为"单元刚度矩阵",$\boldsymbol{F}_{e_i}$ 称为"单元荷载向量".从 $\boldsymbol{K}_{e_i}$ 的表达式,可以看到它是一个 2 阶的对称矩阵.而且对任意的二维向量 $\boldsymbol{v}_{e_i} = [v_{i-1}, v_i]^\mathrm{T}$,若 $i \neq N$,有

$$\boldsymbol{v}_{e_i}^\mathrm{T} \boldsymbol{K}_{e_i} \boldsymbol{v}_{e_i} = \int_{e_i} \left[ p\left(\frac{\mathrm{d}v_h}{\mathrm{d}x}\right)^2 + q v_h^2 \right]\mathrm{d}x \geqslant 0,$$

所以对 $i = 1, 2, \cdots, N-1$,$\boldsymbol{K}_{e_i}$ 是非负定(或称半正定)的矩阵.如果 $q(x) \not\equiv 0$,则它是正定的.对于 $\boldsymbol{K}_{e_N}$ 也有同样的结论,而且,当 $\alpha > 0$ 时,$\boldsymbol{K}_{e_N}$ 亦正定.

(2) 计算"总刚度矩阵"和"总荷载向量"

这一步可以称为**总体合成**.经过上面的分析,我们可以把逼近问题 $(\widetilde{P}_2)$ 写成:

$$\begin{cases} 求 \ u_h(x) = \sum_{j=1}^{N} u_j \phi_j(x), 使得 \\ \sum_{i=1}^{N} \boldsymbol{v}_{e_i}^\mathrm{T} \boldsymbol{K}_{e_i} \boldsymbol{u}_{e_i} = \sum_{i=1}^{N} \boldsymbol{v}_{e_i}^\mathrm{T} \boldsymbol{F}_{e_i}, \quad \forall v_h \in V_h, \end{cases}$$

这里在 $V_h$ 中取遍所有的 $v_h$,也就是在

$$v_h(x) = v_1 \phi_1(x) + v_2 \phi_2(x) + \cdots + v_N \phi_N(x)$$

中取遍不同的系数组 $\{v_1, v_2, \cdots, v_N\}$,仍然像上面那样先考虑 $v_h \in U_h$.因为上面两边的和式中各项的 $\boldsymbol{v}_{e_i}^\mathrm{T}$ 和 $\boldsymbol{u}_{e_i}$ 没有公因式,不便相加,我们引入两个列向量

$$\boldsymbol{u} = [u_0, u_1, \cdots, u_N]^\mathrm{T} \in \mathbb{R}^{N+1}, \quad \boldsymbol{v} = [v_0, v_1, \cdots, v_N]^\mathrm{T} \in \mathbb{R}^{N+1}.$$

再引入矩阵

$$\boldsymbol{C}_{e_i} = \begin{bmatrix} 0 & \cdots & 0 & 1 & 0 & \cdots & 0 & 0 \\ 0 & 0 & \cdots & 0 & 1 & 0 & \cdots & 0 \end{bmatrix} \in \mathbb{R}^{2 \times (N+1)}.$$
$$\quad\quad\quad\quad\quad\quad 第 \quad 第$$
$$\quad\quad\quad\quad\quad\quad i-1 \quad i$$
$$\quad\quad\quad\quad\quad\quad 列 \quad 列$$

容易看到

$$\boldsymbol{u}_{e_i} = \begin{bmatrix} u_{i-1} \\ u_i \end{bmatrix} = \boldsymbol{C}_{e_i}\boldsymbol{u}, \quad \boldsymbol{v}_{e_i} = \begin{bmatrix} v_{i-1} \\ v_i \end{bmatrix} = \boldsymbol{C}_{e_i}\boldsymbol{v}.$$

这样,(1.14)式进一步写成

$$\boldsymbol{v}_{e_i}^\mathrm{T}\boldsymbol{K}_{e_i}\boldsymbol{u}_{e_i} = \boldsymbol{v}^\mathrm{T}(\boldsymbol{C}_{e_i}^\mathrm{T}\boldsymbol{K}_{e_i}\boldsymbol{C}_{e_i})\boldsymbol{u} = \boldsymbol{v}^\mathrm{T}\bar{\boldsymbol{K}}_{e_i}\boldsymbol{u}, \tag{1.18}$$

其中 $\bar{\boldsymbol{K}}_{e_i} = \boldsymbol{C}_{e_i}^\mathrm{T}\boldsymbol{K}_{e_i}\boldsymbol{C}_{e_i}$ 是一个 $N+1$ 阶矩阵,容易计算得

$$\overline{\boldsymbol{K}}_{e_i} = \begin{bmatrix} & \vdots & & \vdots & \\ \cdots & k_{i-1,i-1}^{e_i} & k_{i-1,i}^{e_i} & \cdots \\ \cdots & k_{i,i-1}^{e_i} & k_{i,i}^{e_i} & \cdots \\ & \vdots & & \vdots & \end{bmatrix} \begin{matrix} \text{第 } i-1 \text{ 行} \\ \text{第 } i \text{ 行} \end{matrix},$$

$$\text{第 } i-1 \text{ 列 \ 第 } i \text{ 列}$$

其中除了标明的 4 个元素外,其他元素均为 0. 实际上,$\overline{\boldsymbol{K}}_{e_i}$ 只是 $\boldsymbol{K}_{e_i}$ 的一种"扩大",即把 $\boldsymbol{K}_{e_i}$ 的 4 个元素对应放在一个 $N+1$ 阶矩阵的第 $i-1$ 和 $i$ 行(列)的 2 阶对角块之中,而 $\overline{\boldsymbol{K}}_{e_i}$ 的其他元素均为 0. 上面引入的 $\boldsymbol{C}_{e_i}$ 只是为了书写的方便,实际的程序只要把 $\boldsymbol{K}_{e_i}$ 的 4 个元素放到 $\overline{\boldsymbol{K}}_{e_i}$ 相应位置即可.

同理,可将(1.16)式右端进一步写成

$$\boldsymbol{v}_{e_i}^{\mathrm{T}} \boldsymbol{F}_{e_i} = \boldsymbol{v}^{\mathrm{T}} \overline{\boldsymbol{F}}_{e_i}, \tag{1.19}$$

其中

$$\overline{\boldsymbol{F}}_{e_i} = \boldsymbol{C}_{e_i}^{\mathrm{T}} \boldsymbol{F}_{e_i} = \begin{bmatrix} \vdots \\ F_{i-1}^{e_i} \\ F_i^{e_i} \\ \vdots \end{bmatrix} \begin{matrix} \text{第 } i-1 \text{ 行} \\ \text{第 } i \text{ 行} \end{matrix},$$

未标明的元素均为 0. $\overline{\boldsymbol{F}}_{e_i}$ 是 $N+1$ 维的向量,它也只是 $\boldsymbol{F}_{e_i}$ 的"扩大",即把 $\boldsymbol{F}_{e_i}$ 的两个元素放到 $N+1$ 维向量对应的位置上.

将(1.18)式和(1.19)式代入 $(\widetilde{\mathrm{P}}_2)$ 的等式

$$\sum_{i=1}^{N} \boldsymbol{v}_{e_i}^{\mathrm{T}} \boldsymbol{K}_{e_i} \boldsymbol{u}_{e_i} = \sum_{i=1}^{N} \boldsymbol{v}_{e_i}^{\mathrm{T}} \boldsymbol{F}_{e_i},$$

就得到

$$\boldsymbol{v}^{\mathrm{T}} (\boldsymbol{K}\boldsymbol{u} - \boldsymbol{F}) = 0, \tag{1.20}$$

其中

$$\boldsymbol{K} = \sum_{i=1}^{N} \overline{\boldsymbol{K}}_{e_i} \in \mathbb{R}^{(N+1)\times(N+1)}, \quad \boldsymbol{F} = \sum_{i=1}^{N} \overline{\boldsymbol{F}}_{e_i} \in \mathbb{R}^{(N+1)\times 1}.$$

$\boldsymbol{K}$ 和 $\boldsymbol{F}$ 分别称为**总刚度矩阵**和**总荷载向量**. 其实,$\boldsymbol{K}$ 的计算,只要将 $\boldsymbol{K}_{e_i} (i=1,2,\cdots,N)$ 各自的 4 个元素分别在适当的位置上"对号入座"地累加. $\boldsymbol{F}$ 亦类似.

(3) 约束条件的处理

前面两步只考虑 $u_h \in U_h, v_h \in U_h$. 为了满足变分逼近问题 $(\widetilde{\mathrm{P}}_2)$ 中 $u_h, v_h \in V_h$ 的要求,令 $u_0 = 0, v_0 = 0$,(1.20)式写成

$$[0,v_1,\cdots,v_N]\begin{bmatrix} k_{00} & k_{01} & 0 & \cdots & 0 \\ k_{10} & & & & \\ 0 & & \widetilde{K} & & \\ \vdots & & & & \\ 0 & & & & \end{bmatrix}\begin{bmatrix} u_0 \\ u_1 \\ \vdots \\ \vdots \\ u_N \end{bmatrix} - \begin{bmatrix} F_0 \\ \\ \widetilde{F} \\ \\ \end{bmatrix} = 0,$$

或写成

$$\widetilde{\boldsymbol{v}}^{\mathrm{T}}(\widetilde{\boldsymbol{K}}\widetilde{\boldsymbol{u}} - \widetilde{\boldsymbol{F}}) = 0, \tag{1.21}$$

其中 $\widetilde{\boldsymbol{K}}$ 是 $\boldsymbol{K}$ 划去第一行和第一列所得到的 $N$ 阶矩阵,而 $\widetilde{\boldsymbol{v}}$ ,$\widetilde{\boldsymbol{u}}$ 和 $\widetilde{\boldsymbol{F}}$ 则分别是 $\boldsymbol{v},\boldsymbol{u}$ 和 $\boldsymbol{F}$ 划去第一个元素得到的 $N$ 维列向量.

由于 $(\widetilde{\mathrm{P}}_2)$ 中 $(1.13)$ 式要求对一切 $v_h \in V_h$ 成立,所以 $(1.21)$ 式要求对任意的向量 $\widetilde{\boldsymbol{v}} = [v_1,\cdots,v_N]^{\mathrm{T}} \in \mathbb{R}^N$ 均成立,我们得到 $\widetilde{\boldsymbol{u}} = [u_1,\cdots,u_N]^{\mathrm{T}}$ 满足的线性方程组

$$\widetilde{\boldsymbol{K}}\widetilde{\boldsymbol{u}} - \widetilde{\boldsymbol{F}} = \boldsymbol{0}. \tag{1.22}$$

线性方程组 $(1.22)$ 的系数矩阵 $\widetilde{\boldsymbol{K}}$ 是对称的三对角阵,而且 $\widetilde{\boldsymbol{K}}$ 也是正定的. 这是因为对任意的 $\widetilde{\boldsymbol{v}} = [v_1,\cdots,v_N]^{\mathrm{T}} \in \mathbb{R}^N$,令 $v_0 = 0$,有

$$\widetilde{\boldsymbol{v}}^{\mathrm{T}}\widetilde{\boldsymbol{K}}\widetilde{\boldsymbol{v}} = [0,v_1,\cdots,v_N]\boldsymbol{K}\begin{bmatrix} 0 \\ v_1 \\ \vdots \\ v_N \end{bmatrix}$$

$$= [v_0,v_1,\cdots,v_N]\Big(\sum_{i=1}^{N}\overline{\boldsymbol{K}}_{e_i}\Big)\begin{bmatrix} v_0 \\ v_1 \\ \vdots \\ v_N \end{bmatrix}$$

$$= \sum_{i=1}^{N} \boldsymbol{v}_{e_i}^{\mathrm{T}}\boldsymbol{K}_{e_i}\boldsymbol{v}_{e_i}$$

$$= \sum_{i=1}^{N}\int_{x_{i-1}}^{x_i}[p(x)(\boldsymbol{B}\boldsymbol{v}_{e_i})^2 + q(x)(\boldsymbol{N}\boldsymbol{v}_{e_i})^2]\mathrm{d}x + \alpha u_N^2 \geqslant 0.$$

这里用到条件 $p(x) \geqslant p_0 > 0, q(x) \geqslant 0$ 和 $\alpha \geqslant 0$. 若上式等于 $0$,则有

$$\boldsymbol{B}\boldsymbol{v}_{e_i} = \boldsymbol{0}, \quad i = 1,2,\cdots,N,$$

即

$$\Big[-\frac{1}{h_i},\frac{1}{h_i}\Big]\begin{bmatrix} v_{i-1} \\ v_i \end{bmatrix} = 0, \quad i = 1,2,\cdots,N,$$

因此有 $v_0 = v_1 = \cdots = v_N$. 又 $v_0 = 0$,所以有 $v_1 = v_2 = \cdots = v_N = 0$,即 $\widetilde{\boldsymbol{v}}$ 只能是 $\mathbb{R}^N$ 中的零向量,这说明了 $\widetilde{\boldsymbol{K}}$ 的正定性. 从而,三对角线性方程组 $(1.22)$ 有惟一的解 $u_1,u_2,\cdots,u_N$.

上面的约束处理方法,是将 $N+1$ 阶矩阵 $\boldsymbol{K}$ 划去第一行和第一列,得到 $N$ 阶的矩阵

$\tilde{K}$. 在实际的程序中,将要重新排列矩阵元素的存储次序,会引起一些麻烦.另一种做法可以保持一个 $N+1$ 阶的方程组,即在 $K$ 中将 $k_{00}$ 改变为 1,第一行和第一列其他元素变为 0,$F_0$ 也改变为 0,这样得到的线性方程组是

$$\begin{bmatrix} 1 & 0^{\mathrm{T}} \\ 0 & \tilde{K} \end{bmatrix} \begin{bmatrix} u_0 \\ \tilde{u} \end{bmatrix} = \begin{bmatrix} 0 \\ \tilde{F} \end{bmatrix}, \tag{1.23}$$

其系数矩阵仍然是对称正定的.解出 $u_0=0$,而 $u_1,\cdots,u_N$ 则和(1.22)式的解完全相同.这样要解的方程组虽然高了一阶,但程序比较简单.在各种有限元程序中,还有其他约束处理的具体方法.

以上我们是在单元剖分的基础上,利用分段线性插值函数构造出有限维子空间.然后按单元计算单元刚度矩阵和荷载向量,即每个单元对总刚度矩阵和总荷载向量的贡献,再将它们对应累加起来,得到总刚度矩阵和总荷载向量.最后进行约束处理,形成了有限元方法的代数方程组,从方程组解出的 $u_1,\cdots,u_N$ 就是 $u(x)$ 在节点上的近似值,而近似解可以表示成 $u_1\phi_1(x)+\cdots+u_N\phi_N(x)$.如果认为这个近似解不够精确,我们可以使剖分更细,即节点取得更多.这样就有一个收敛性与误差估计的问题,这方面的问题用到的数学工具较多,理论也较深,本书就不讨论了.另一方面,我们也自然想到,如果不采用分段的线性插值,而采用分段的高次插值,将会得到更好的近似.在后面还会讨论高次插值问题.

上面所举的例子,在一端的边界条件是第一类的齐次条件,另一端是第三类的边界条件.至于非齐次的第一类条件和第二类条件等其他边界条件的情形,也可类似地计算.这些情形对应的变分问题已经在上一章讨论过了,至于有限元方法的具体计算公式,留给读者作为练习,本章习题中有这方面的例子.此外,我们的推导是从 Galerkin 变分原理出发的,若从 Ritz 变分原理出发,也可得到同样的结果,这也留给感兴趣的读者做练习.

## 1.3 数值例子

我们用一个简单的例子来复习一遍一维问题的计算过程.考虑边值问题

$$\begin{cases} -\dfrac{\mathrm{d}^2 u}{\mathrm{d}x^2} = 2, & 0 < x < 1, \\ u(0) = 0, & u'(1) = 0. \end{cases}$$

对应的变分问题是

$$\begin{cases} 求 u \in S_0^1,使得 \\ \int_0^1 \dfrac{\mathrm{d}u}{\mathrm{d}x}\dfrac{\mathrm{d}v}{\mathrm{d}x}\mathrm{d}x - \int_0^1 2v\mathrm{d}x = 0, & \forall v \in S_0^1. \end{cases}$$

其中

$$S_0^1 = \left\{ v \,\middle|\, \int_0^1 \left[ v^2 + \left(\dfrac{\mathrm{d}v}{\mathrm{d}x}\right)^2 \right]\mathrm{d}x \text{ 有意义},v(0)=0 \right\}.$$

将区间 $[0,1]$ 等分为 4 个子区间,节点和单元编号如图 7.3.显然

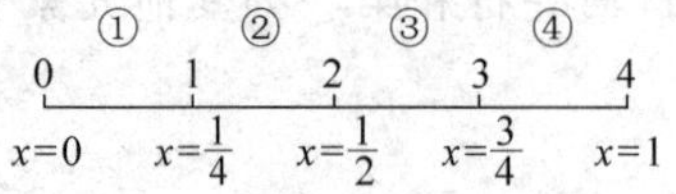

图 7.3

$$h_i = h = \frac{1}{4}, \quad i = 1, 2, 3, 4,$$

$$\boldsymbol{N} = \frac{1}{h}[x_i - x, x - x_{i-1}],$$

$$\dot{\boldsymbol{B}} = \frac{1}{h}[-1, 1].$$

所以单元刚度矩阵

$$\boldsymbol{K}_{e_i} = \int_e \boldsymbol{B}^{\mathrm{T}} \boldsymbol{B} \mathrm{d}x = \frac{1}{h} \begin{bmatrix} -1 \\ 1 \end{bmatrix} [-1, 1] = \frac{1}{h} \begin{bmatrix} 1 & -1 \\ -1 & 1 \end{bmatrix}, \quad i = 1, 2, 3, 4.$$

单元荷载向量

$$\boldsymbol{F}_{e_i} = \int_{e_i} \boldsymbol{N}^{\mathrm{T}} f \mathrm{d}x = 2 \begin{bmatrix} \displaystyle\int_{x_{i-1}}^{x_i} \frac{x_i - x}{h} \mathrm{d}x \\ \displaystyle\int_{x_{i-1}}^{x_i} \frac{x - x_{i-1}}{h} \mathrm{d}x \end{bmatrix} = h \begin{bmatrix} 1 \\ 1 \end{bmatrix}, \quad i = 1, 2, 3, 4.$$

如果把单元刚度矩阵"扩大",得到

$$\bar{\boldsymbol{K}}_{e_1} = \frac{1}{h} \begin{bmatrix} 1 & -1 & & & \\ -1 & 1 & & & \\ & & 0 & & \\ & & & 0 & \\ & & & & 0 \end{bmatrix}, \quad \bar{\boldsymbol{K}}_{e_2} = \frac{1}{h} \begin{bmatrix} 0 & & & & \\ & 1 & -1 & & \\ & -1 & 1 & & \\ & & & 0 & \\ & & & & 0 \end{bmatrix},$$

$\bar{\boldsymbol{K}}_{e_3}$ 和 $\bar{\boldsymbol{K}}_{e_4}$ 也可类似写出. 单元荷载向量的"扩大"为

$$\boldsymbol{F}_{e_1} = h \begin{bmatrix} 1 \\ 1 \\ 0 \\ 0 \\ 0 \end{bmatrix}, \quad \boldsymbol{F}_{e_2} = h \begin{bmatrix} 0 \\ 1 \\ 1 \\ 0 \\ 0 \end{bmatrix},$$

$\boldsymbol{F}_{e_3}$ 和 $\boldsymbol{F}_{e_4}$ 也可类似写出. 然后进行叠加, 得到总刚度矩阵和总荷载向量

$$\boldsymbol{K} = \sum_{i=1}^{4} \bar{\boldsymbol{K}}_{e_i} = \frac{1}{h} \begin{bmatrix} 1 & -1 & & & 0 \\ -1 & 1+1 & -1 & & \\ & -1 & 1+1 & -1 & \\ & & -1 & 1+1 & -1 \\ 0 & & & -1 & 1 \end{bmatrix}$$

$$= \frac{1}{h} \begin{bmatrix} 1 & -1 & & & 0 \\ -1 & 2 & -1 & & \\ & -1 & 2 & -1 & \\ & & -1 & 2 & -1 \\ 0 & & & -1 & 1 \end{bmatrix},$$

$$\boldsymbol{F} = \sum_{i=1}^{4} \overline{\boldsymbol{F}}_{e_i} = h \begin{bmatrix} 1 \\ 1+1 \\ 1+1 \\ 1+1 \\ 1 \end{bmatrix} = h \begin{bmatrix} 1 \\ 2 \\ 2 \\ 2 \\ 1 \end{bmatrix}.$$

最后,考虑到约束条件 $u(0)=0$,即令 $u_0=0$,并在 $\boldsymbol{K}$ 中划去第一行和第一列,$\boldsymbol{F}$ 中划去第一行,得到线性方程组

$$4 \begin{bmatrix} 2 & -1 & 0 & 0 \\ -1 & 2 & -1 & 0 \\ 0 & -1 & 2 & -1 \\ 0 & 0 & -1 & 1 \end{bmatrix} \begin{bmatrix} u_1 \\ u_2 \\ u_3 \\ u_4 \end{bmatrix} = \frac{1}{4} \begin{bmatrix} 2 \\ 2 \\ 2 \\ 1 \end{bmatrix}.$$

可以解出 $u_1 = \frac{7}{16}, u_2 = \frac{12}{16}, u_3 = \frac{15}{16}, u_4 = 1$.

顺便指出,在这个例子中,矩阵 $\boldsymbol{K}$ 不是正定的,其行列式之值为零,经过约束处理后得到的方程组,其系数矩阵才是正定的,这时方程组有惟一的解.

# 2 二维问题、三角形线性元

用有限元方法解二维问题,首先要对二维区域 $\Omega$ 进行剖分,这比剖分一维的区间更为复杂,也可以有更多的剖分方法.这里我们首先介绍比较简单而且实用的三角形剖分,在每个三角形元上用线性插值.本节我们以 Poisson 方程第三边值问题为例说明基本的运算方法.我们讨论的定解问题是

$$\begin{cases} -\Delta u = f, & (x,y) \in \Omega, & \text{(2.1)} \\ \dfrac{\partial u}{\partial n} + \alpha u = g, & (x,y) \in \partial\Omega, & \text{(2.2)} \end{cases}$$

其中 $\boldsymbol{n}$ 是 $\partial\Omega$ 上的外法线方向. $\alpha$ 和 $g$ 是 $\partial\Omega$ 上的连续函数,$\alpha = \alpha(x,y) \geqslant 0$. 引入记号

$$S^1 = \left\{ v \Big| \iint\limits_{\Omega} \left[ v^2 + \left( \frac{\partial v}{\partial x} \right)^2 + \left( \frac{\partial v}{\partial y} \right)^2 \right] \mathrm{d}x\mathrm{d}y \text{ 有意义} \right\},$$

对应于边值问题(2.1),(2.2)式的变分问题是

$$\begin{cases} \text{求 } u \in S^1, \quad \text{使得} \\ D(u,v) - F(v) = 0, \quad \forall v \in S^1, \end{cases} \tag{2.3}$$

其中

$$D(u,v) = \iint_{\Omega} \nabla u \cdot \nabla v \mathrm{d}x\mathrm{d}y + \int_{\partial\Omega} \alpha u v \mathrm{d}s, \tag{2.4}$$

$$F(v) = \iint_{\Omega} f v \mathrm{d}x\mathrm{d}y + \int_{\partial\Omega} g v \mathrm{d}s. \tag{2.5}$$

## 2.1  单元剖分及试探函数空间的构造

（1）三角形剖分

我们将 $\Omega$ 剖分为一组三角形的组合，这些三角形除了它们的边外，内部是互不重叠的. 在这样的剖分下，用折线代替 $\partial\Omega$，也就是把 $\Omega$ 近似看成一个多角形区域. 每一个三角形称为一个单元，它们的顶点称为节点，每一个单元的顶点，只能是相邻单元的顶点，而不要是相邻单元的非顶点. 同时要注意剖分时尽量不要出现大钝角的三角形，这样的三角形有一条边与其他边相比很大，将会影响计算的精确度. 如果事先能估计到在 $\Omega$ 中未知函数 $u$ 变化剧烈的部分，可以在该处网格分得密些. 在 $u$ 变化平缓的部分，网格可以分得稀些，这样的剖分比一般的差分方法更灵活，见图 7.4.

对于方程有间断系数的情形（如第 6 章 3.3 节所述），应该用折线逼近间断的内边界，并使折线的每段都成为三角形单元的边. 如果边界条件中也出现间断，间断点也应取为节点.

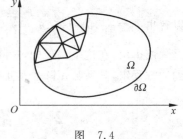

图　7.4

划分好单元之后，对单元进行编号，一般的单元记为 $e_k, k=1,2,\cdots,N_e$. 这里 $N_e$ 是单元的总数. 对节点也进行编号，一般的节点记为 $P_i$，其坐标为 $(x_i, y_i), i=1,2,\cdots,N_p$，这里节点共有 $N_p$ 个. 在编好号以后，$x_i$ 和 $y_i$ 是规定好了的值. 应该注意节点的编号顺序对下面将要讨论的总刚度矩阵的带宽有关，所以要适当地编号，在本章习题中将看到这方面的例子.

（2）试探函数空间的构造

按以上的剖分方法，我们认为 $\Omega$ 是一个多角形区域，它的边界 $\partial\Omega$ 是一条封闭的折线. 记 $\overline{\Omega} = \Omega \cup \partial\Omega$. 我们希望边值问题的近似解函数在 $\overline{\Omega}$ 上是一个连续函数，而在每个三角形单元上，它是一个 $x,y$ 的线性函数. 这样，我们便可以构造试探函数空间 $U_h$，其中 $h$ 记上述剖分中所有三角形的最大边长. 如果 $h \to 0$，那就表示了剖分无限进行的过程. 对于一种三角形剖分，作下面的定义.

**定义 2.1**　$U_h = \{v_h \mid v_h \in C(\overline{\Omega})$，在每个 $e_k$ 上 $v_h$ 是线性函数$\}$.

显然,若 $v_h \in U_h$,$v_h$ 就是 $\overline{\Omega}$ 上的连续分片线性函数,$v_h$ 在 $e_k$ 上是 $x,y$ 的一次多项式. 它在 $e_k$ 上的几何图形就是一个平面上对应于 $e_k$ 的三角形部分,如图 7.5,而在 $\overline{\Omega}$ 上的图形就是由这样的三角形拼接起来的. 而且,可以验证这样的分片线性函数空间 $U_h$ 是 $S^1$ 的一个有限维的子空间.

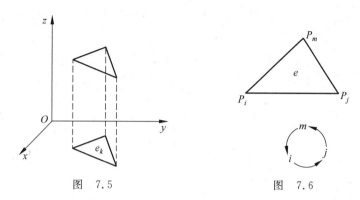

图 7.5          图 7.6

(3) 单元上的线性插值多项式

我们先讨论 $U_h$ 中的函数在一个单元 $e$ 上的表达式. 设 $e$ 是任意一个三角形单元,其顶点为 $P_i,P_j,P_m$. 我们规定 $i,j,m$ 按逆时针顺序排列,如图 7.6 所示. 在 $e$ 上的线性函数 $u_h(x,y)$ 的表示式为

$$u_h(x,y)=ax+by+c, \quad (x,y)\in e. \tag{2.6}$$

其中 $a,b,c$ 为待定的常数. 设 $u_h(x,y)$ 在 $P_i,P_j$ 和 $P_m$ 上的函数值分别为

$$\begin{cases} u_i = u_h(x_i,y_i), \\ u_j = u_h(x_j,y_j), \\ u_m = u_h(x_m,y_m). \end{cases}$$

根据 $u_i,u_j$ 和 $u_m$ 可以定出 $a,b,c$. 为此,将上式代入(2.6)式,得到

$$\begin{cases} ax_i+by_i+c=u_i, \\ ax_j+by_j+c=u_j, \\ ax_m+by_m+c=u_m. \end{cases} \tag{2.7}$$

(2.7)式是以 $a,b,c$ 为未知数的线性方程组. 当 $i,j,m$ 按逆时针顺序时,$e$ 的面积

$$\Delta_e = \frac{1}{2} \begin{vmatrix} x_i & y_i & 1 \\ x_j & y_j & 1 \\ x_m & y_m & 1 \end{vmatrix}. \tag{2.8}$$

所以(2.7)式的解可表示为

$$\begin{cases} a = \dfrac{1}{2\Delta_e}(a_i u_i + a_j u_j + a_m u_m), \\ b = \dfrac{1}{2\Delta_e}(b_i u_i + b_j u_j + b_m u_m), \\ c = \dfrac{1}{2\Delta_e}(c_i u_i + c_j u_j + c_m u_m), \end{cases}$$

其中

$$\begin{cases} a_i = \begin{vmatrix} y_j & 1 \\ y_m & 1 \end{vmatrix}, \quad a_j = \begin{vmatrix} y_m & 1 \\ y_i & 1 \end{vmatrix}, \quad a_m = \begin{vmatrix} y_i & 1 \\ y_j & 1 \end{vmatrix}, \\ b_i = -\begin{vmatrix} x_j & 1 \\ x_m & 1 \end{vmatrix}, \quad b_j = -\begin{vmatrix} x_m & 1 \\ x_i & 1 \end{vmatrix}, \quad b_m = -\begin{vmatrix} x_i & 1 \\ x_j & 1 \end{vmatrix}, \\ c_i = \begin{vmatrix} x_j & y_j \\ x_m & y_m \end{vmatrix}, \quad c_j = \begin{vmatrix} x_m & y_m \\ x_i & y_i \end{vmatrix}, \quad c_m = \begin{vmatrix} x_i & y_i \\ x_j & y_j \end{vmatrix}. \end{cases}$$

代回(2.6)式,得到

$$u_h(x,y) = N_i(x,y)u_i + N_j(x,y)u_j + N_m(x,y)u_m, \tag{2.9}$$

其中

$$N_i(x,y) = \frac{1}{2\Delta_e}(a_i x + b_i y + c_i),$$

同理可有 $N_j(x,y)$ 和 $N_m(x,y)$ 的一次函数表示式,最后写成

$$\begin{cases} N_i(x,y) = \dfrac{1}{2\Delta_e}\begin{vmatrix} x & y & 1 \\ x_j & y_j & 1 \\ x_m & y_m & 1 \end{vmatrix}, \\ N_j(x,y) = \dfrac{1}{2\Delta_e}\begin{vmatrix} x & y & 1 \\ x_m & y_m & 1 \\ x_i & y_i & 1 \end{vmatrix}, \\ N_m(x,y) = \dfrac{1}{2\Delta_e}\begin{vmatrix} x & y & 1 \\ x_i & y_i & 1 \\ x_j & y_j & 1 \end{vmatrix}. \end{cases} \tag{2.10}$$

我们注意到,在这些公式中,如果我们写出了第一个式子(例如,(2.10)式中 $N_i(x,y)$ 式),则其他的式子($N_j(x,y)$ 和 $N_m(x,y)$ 式)可以通过 $i,j,m$ 的脚标轮换得到. 即将第一式的脚标 $i$ 换为 $j$,$j$ 换为 $m$,$m$ 换为 $i$ 就可得到第二式. 再换一次得第三式.

引入 $1\times3$ 的矩阵 $\boldsymbol{N}$ 和列向量 $\boldsymbol{u}_e$:

$$\boldsymbol{N} = [N_i(x,y), N_j(x,y), N_m(x,y)], \tag{2.11}$$

$$\boldsymbol{u}_e = [u_i, u_j, u_m]^{\mathrm{T}}, \tag{2.12}$$

则在 $e$ 上有

$$u_h = u_h(x,y) = \boldsymbol{N}\boldsymbol{u}_e, \qquad (2.13)$$

并且 $u_h(x,y)$ 的梯度向量可以表示为

$$\nabla u_h = \begin{bmatrix} \dfrac{\partial u_h}{\partial x} \\ \dfrac{\partial u_h}{\partial y} \end{bmatrix} = \boldsymbol{B}\boldsymbol{u}_e, \qquad (2.14)$$

其中

$$\boldsymbol{B} = \begin{bmatrix} \dfrac{\partial N_i}{\partial x} & \dfrac{\partial N_j}{\partial x} & \dfrac{\partial N_m}{\partial x} \\ \dfrac{\partial N_i}{\partial y} & \dfrac{\partial N_j}{\partial y} & \dfrac{\partial N_m}{\partial y} \end{bmatrix} = \frac{1}{2\Delta_e}\begin{bmatrix} a_i & a_j & a_m \\ b_i & b_j & b_m \end{bmatrix}. \qquad (2.15)$$

(2.9)式和(2.13)式就是 $e$ 上根据三角形的三个顶点上的函数值 $u_i, u_j, u_m$ 作出的线性插值函数. 而 $e$ 上任意一个一次函数都可以写成(2.9)式那样的 $N_i, N_j$ 和 $N_m$ 三个函数的线性组合, 其系数正好是函数在对应顶点上的值. 我们称 $N_i(x,y), N_j(x,y), N_m(x,y)$ 为 $e$ 上的线性插值基函数. 不难验证

$$N_k(x_l, y_l) = \begin{cases} 0, & k \neq l, \\ 1, & k = l, \end{cases} \qquad k,l = i,j,m.$$

它们的图形如图 7.7 所示. 在很多著作中,(2.9)式的 $u_h(x,y)$ 称为 $e$ 上的形函数, $N$ 称为形函数矩阵.

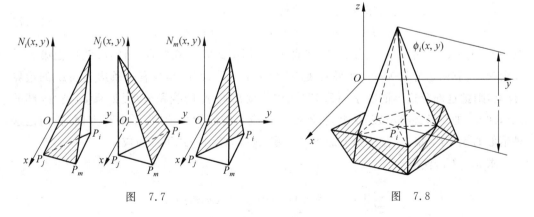

图   7.7                    图   7.8

如果(2.9)式中的 $u_h(x,y)$ 在 $e$ 上分别取为函数 $1, x$ 和 $y$, 就得到恒等式

$$\begin{cases} N_i + N_j + N_m = 1, \\ x_i N_i + x_j N_j + x_m N_m = x, \\ y_i N_i + y_j N_j + y_m N_m = y. \end{cases} \tag{2.16}$$

也就是说零次和一次函数 $1, x$ 和 $y$ 的线性插值函数就是它们自己.

(4) 试探函数空间的基函数

上面已经定义了 $U_h$ 是三角形剖分下连续分片线性函数的集合, 它构成了实数域上的线性空间. 在每个单元 $e_n$ 上 $u_h(x, y)$ 的表示式已经写清楚了. 不难看到, $\bar{\Omega}$ 上的每一个分片连续函数, 即 $U_k$ 中的每一个函数, 都可以表示成 $U_h$ 中的基函数 $\phi_i(x, y)$ $(i = 1, 2, \cdots, N_p)$ 的线性组合. 而基函数 $\phi_i(x, y)$ 是如图 7.8 所示的高度为 1 的"角锥函数". 如果点 $P_i$ 是在 $\partial \Omega$ 上, 则"角锥"的某些平面将是平行于 $z$ 轴的铅直平面.

我们注意到, 每一个基函数对应一个节点, 所以 $U_h$ 是一个 $N_p$ 维的空间. $U_h$ 中的每一个函数 $u_h(x, y)$ 均可表示为

$$u_h(x, y) = \sum_{i=1}^{N_p} u_i \phi_i(x, y), \quad (x, y) \in \bar{\Omega},$$

其中 $u_i$ 是 $u_h(x, y)$ 在 $P_i$ 点的函数值, 每一个基函数 $\phi_i(x, y)$, 在 $P_i$ 点的函数值为 1, 而且在 $\bar{\Omega}$ 上只有在 $P_i$ 点附近函数值不为零.

## 2.2 有限元方程的形成

试探函数空间选定后, 变分问题 (2.3) 就用下面的近似变分问题代替.

$$\begin{cases} 求 \ u_h \in U_h, 使得 \\ D(u_h, v_h) - F(v_h) = 0, \quad \forall v_h \in U_h, \end{cases} \tag{2.17}$$

其中的 $D$ 和 $F$ 仍用 (2.4) 式和 (2.5) 式表示, 它们中的积分式要逐元计算. 我们把第 $n$ 个元记为 $e_n$, 它的边界记为 $\partial e_n$. 如果 $e_n$ 是"边界上的元", 即 $\partial e_n$ 至少有一条边是在 $\Omega$ 的边界 $\partial \Omega$ 上, 则把这部分边界记成 $\gamma_n$, (2.17) 式中将要出现 $\gamma_n$ 的线积分项. 如果 $e_n$ 是"内部的元", 即 $\partial e_n$ 的三条边都不在 $\partial \Omega$ 上, 将不出现对应它的线积分项. 为了书写方便, 我们记这种情形的 $\gamma_n$ 为空集 $\varnothing$, 在空集上的积分为零. 这样, (2.17) 式可以写成:

求 $u_h \in U_h$, 使得

$$\sum_{n=1}^{N_e} \iint_{e_n} \nabla u_h \cdot \nabla v_h \, dx dy + \sum_{n=1}^{N_e} \int_{\gamma_n} \alpha u_h v_h \, ds$$

$$= \sum_{n=1}^{N_e} \iint_{e_n} f v_h \, dx dy + \sum_{n=1}^{N_e} \int_{\gamma_n} g v_h \, ds, \quad \forall v_h \in U_h. \tag{2.18}$$

和一维问题类似, 以下先逐元计算积分, 再把它们叠加起来.

（1）单元刚度矩阵和单元荷载向量的计算

设单元 $e_n$ 为 $\triangle P_i P_j P_m$，在其三个顶点上，$u_h(x,y)$ 和 $v_h(x,y)$ 的函数值分别为 $u_i, u_j$，$u_m$ 和 $v_i, v_j, v_m$. 记向量

$$\boldsymbol{u}_{e_n} = [u_i, u_j, u_m]^{\mathrm{T}}, \quad \boldsymbol{v}_{e_n} = [v_i, v_j, v_m]^{\mathrm{T}}.$$

据（2.13）式和（2.14）式，在 $e_n$ 上有 $\boldsymbol{u}_h = \boldsymbol{N}\boldsymbol{u}_{e_n}$，$\nabla \boldsymbol{u}_h = \boldsymbol{B}\boldsymbol{u}_{e_n}$，同理 $\boldsymbol{v}_h = \boldsymbol{N}\boldsymbol{v}_{e_n}$，$\nabla \boldsymbol{v}_h = \boldsymbol{B}\boldsymbol{v}_{e_n}$. 其中矩阵 $\boldsymbol{N}$ 和 $\boldsymbol{B}$ 如（2.11）式和（2.15）式所示.

（2.18）式左端单元 $e_n$ 上的积分可写成

$$\iint_{e_n} \nabla \boldsymbol{v}_h \cdot \nabla \boldsymbol{u}_h \mathrm{d}x \mathrm{d}y = \iint_{e_n} (\nabla \boldsymbol{v}_h)^{\mathrm{T}} (\nabla \boldsymbol{u}_h) \mathrm{d}x \mathrm{d}y$$

$$= \iint_{e_n} (\boldsymbol{B}\boldsymbol{v}_{e_n})^{\mathrm{T}} (\boldsymbol{B}\boldsymbol{u}_{e_n}) \mathrm{d}x \mathrm{d}y$$

$$= \boldsymbol{v}_{e_n}^{\mathrm{T}} \bar{\boldsymbol{K}}_{e_n} \boldsymbol{u}_{e_n}, \tag{2.19}$$

其中矩阵

$$\bar{\boldsymbol{K}}_{e_n} = \iint_{e_n} \boldsymbol{B}^{\mathrm{T}} \boldsymbol{B} \mathrm{d}x \mathrm{d}y = \Delta_{e_n} \boldsymbol{B}^{\mathrm{T}} \boldsymbol{B} = \frac{1}{4\Delta_{e_n}} \begin{bmatrix} a_i & b_i \\ a_j & b_j \\ a_m & b_m \end{bmatrix} \begin{bmatrix} a_i & a_j & a_m \\ b_i & b_j & b_m \end{bmatrix}.$$

将三阶矩阵 $\bar{\boldsymbol{K}}_{e_n}$ 写成

$$\bar{\boldsymbol{K}}_{e_n} = \begin{bmatrix} \bar{k}_{ii}^e & \bar{k}_{ij}^e & \bar{k}_{im}^e \\ \bar{k}_{ji}^e & \bar{k}_{jj}^e & \bar{k}_{jm}^e \\ \bar{k}_{mi}^e & \bar{k}_{mj}^e & \bar{k}_{mn}^e \end{bmatrix}. \tag{2.20}$$

容易验证 $\bar{\boldsymbol{K}}_{e_n}$ 的元素

$$\bar{k}_{st}^e = \frac{1}{4\Delta_{e_n}} (a_s a_t + b_s b_t), \quad s, t = i, j, m. \tag{2.21}$$

如果 $e_n$ 是"边界上的元"，还应计算（2.18）式中 $\gamma_n$ 上的积分. 现设 $\gamma_n$ 就是边 $\overline{P_i P_j}$（如果是其他边，只需将下列计算公式稍作改变. 如果 $\gamma_n$ 含有 $\triangle P_i P_j P_m$ 的两条或三条边，就要计算类似的两个或三个积分）. 以下设 $|\overline{P_i P_j}| = l$，我们在 $\overline{P_i P_j}$ 上引入参数 $t$ 为 $\overline{P_i P_j}$ 上线段弧长，对应 $P_i$ 点有 $t = 0$，而对应 $P_j$ 点有 $t = l$. $\triangle P_i P_j P_m$ 上的线性函数 $N_i(x,y)$ 在 $\overline{P_i P_j}$ 上可以化为 $t$ 的一次函数，只要注意到 $N_i(x_i, y_i) = 1$ 和 $N_i(x_j, y_j) = 0$，就可写出

$$N_i \big|_{\overline{P_i P_j}} = 1 - \frac{t}{l},$$

同理有

$$N_j \big|_{\overline{P_i P_j}} = \frac{t}{l}, \quad N_m \big|_{\overline{P_i P_j}} = 0.$$

这样，$\gamma_n$（这里为 $\overline{P_i P_j}$）上的积分就可以计算出来：

$$\int_{\gamma_n} \alpha u_h v_h \mathrm{d}s = \int_0^l \alpha (\boldsymbol{N} \boldsymbol{v}_{e_n})^{\mathrm{T}} (\boldsymbol{N} \boldsymbol{u}_{e_n}) \mathrm{d}t = \boldsymbol{v}_{e_n}^{\mathrm{T}} \widetilde{\boldsymbol{K}}_{e_n} \boldsymbol{u}_{e_n},$$

其中

$$\widetilde{\boldsymbol{K}}_{e_n} = \int_0^l \alpha \boldsymbol{N}^{\mathrm{T}} \boldsymbol{N} \mathrm{d}t = \begin{bmatrix} \tilde{k}_{ii}^e & \tilde{k}_{ij}^e & \tilde{k}_{im}^e \\ \tilde{k}_{ji}^e & \tilde{k}_{jj}^e & \tilde{k}_{jm}^e \\ \tilde{k}_{mi}^e & \tilde{k}_{mj}^e & \tilde{k}_{mm}^e \end{bmatrix}, \tag{2.22}$$

$$\begin{cases} \tilde{k}_{ii}^e = \int_0^l \alpha \left(1 - \dfrac{t}{l}\right)^2 \mathrm{d}t, \\[2mm] \tilde{k}_{ij}^e = \tilde{k}_{ji}^e = \int_0^l \alpha \left(1 - \dfrac{t}{l}\right) \dfrac{t}{l} \mathrm{d}t, \\[2mm] \tilde{k}_{jj}^e = \int_0^l \alpha \left(\dfrac{t}{l}\right)^2 \mathrm{d}t, \\[2mm] \tilde{k}_{mi}^e = \tilde{k}_{mj}^e = \tilde{k}_{im}^e = \tilde{k}_{jm}^e = \tilde{k}_{mn}^e = 0. \end{cases} \tag{2.23}$$

这样, 若 $e_n$ 是边界上的单元, 就可以计算出边界项的积分. 若 $e_n$ 是内部单元, 只要 $\widetilde{\boldsymbol{K}}_{e_n} = \boldsymbol{0}$ 即可. 总的来说得到

$$\iint_{e_n} \nabla u_h \cdot \nabla v_h \mathrm{d}x\mathrm{d}y + \int_{r_n} \alpha u_h v_h \mathrm{d}s = \boldsymbol{v}_{e_n}^{\mathrm{T}} \boldsymbol{K}_{e_n} \boldsymbol{u}_{e_n}, \tag{2.24}$$

其中

$$\boldsymbol{K}_{e_n} = \overline{\boldsymbol{K}}_{e_n} + \widetilde{\boldsymbol{K}}_{e_n},$$

它的元素

$$k_{st}^e = \bar{k}_{st}^e + \tilde{k}_{st}^e, \quad s,t = i,j,m.$$

我们把 $K_{e_n}$ 称为**单元刚度矩阵**.

同理可以计算 (2.18) 式右端的积分项

$$\iint_{e_n} f v_h \mathrm{d}x\mathrm{d}y = \iint_{e_n} (\boldsymbol{N} \boldsymbol{v}_{e_n})^{\mathrm{T}} f \mathrm{d}x\mathrm{d}y = \boldsymbol{v}_{e_n}^{\mathrm{T}} \overline{\boldsymbol{F}}_{e_n},$$

其中

$$\overline{\boldsymbol{F}}_{e_n} = \iint_{e_n} \boldsymbol{N}^{\mathrm{T}} f \mathrm{d}x\mathrm{d}y = \begin{bmatrix} \overline{F}_i^e \\ \overline{F}_j^e \\ \overline{F}_m^e \end{bmatrix}, \tag{2.25}$$

$$\overline{F}_s^e = \iint_{e_n} N_s f \mathrm{d}x\mathrm{d}y, \quad s = i,y,m. \tag{2.26}$$

若 $e_n$ 是边界上的单元, 仍设 $\gamma_n$ 为 $\overline{P_i P_j}$, 则

$$\int_{\gamma_n} g v_h \mathrm{d}s = \int_{\gamma_n} (\boldsymbol{N} \boldsymbol{v}_{e_n})^{\mathrm{T}} g \mathrm{d}s = \boldsymbol{v}_{e_n}^{\mathrm{T}} \widetilde{\boldsymbol{F}}_{e_n},$$

其中

$$\widetilde{\boldsymbol{F}}_{e_n} = \int_{\gamma_n} \boldsymbol{N}^{\mathrm{T}} g \, \mathrm{d}s = \begin{bmatrix} \widetilde{F}_i^e \\ \widetilde{F}_j^e \\ \widetilde{F}_m^e \end{bmatrix} = \begin{bmatrix} \int_0^l \left(1 - \dfrac{t}{l}\right) g \, \mathrm{d}t \\ \int_0^l \dfrac{t}{l} g \, \mathrm{d}t \\ 0 \end{bmatrix}.$$

若 $e_n$ 是内部单元,我们就令 $\widetilde{\boldsymbol{F}}_{e_n} = \boldsymbol{0}$. 总的来说就得到

$$\iint_{e_n} f v_h \, \mathrm{d}x \mathrm{d}y + \int_{\gamma_n} g v_h \, \mathrm{d}s = \boldsymbol{v}_{e_n}^{\mathrm{T}} \boldsymbol{F}_{e_n}, \tag{2.27}$$

其中

$$\boldsymbol{F}_{e_n} = \overline{\boldsymbol{F}}_{e_n} + \widetilde{\boldsymbol{F}}_{e_n},$$

其元素为

$$F_s^e = \overline{F}_s^e + \widetilde{F}_s^e, \quad s = i, j, m,$$

我们称 $\boldsymbol{F}_{e_n}$ 为**单元荷载向量**.

(2) 总刚度矩阵和总荷载向量的计算

上面把(2.18)式的每个积分式都表示清楚了,我们要按元叠加起来. 设

$$\boldsymbol{v} = (v_1, v_2, \cdots, v_{N_p})^{\mathrm{T}}, \quad \boldsymbol{u} = (u_1, u_2, \cdots, u_{N_p})^{\mathrm{T}},$$

它们都是 $N_p$ 个元素的列向量.

对于一个单元 $e_n$ 来说,节点 $i, j, m$ 是逆时针排列,但是它们在总的节点编号中有它的编号. 举例来说,$P_i, P_j, P_m$ 对应的节点编号可能是 $101, 102, 95$. 当然,在单元剖分完成之时,我们就应该得到每个单元三个节点的坐标及其编号的信息. 在图 7.9 举例的情况下,有

$$\boldsymbol{v}_{e_n} = \begin{bmatrix} v_i \\ v_j \\ v_m \end{bmatrix} = \boldsymbol{C}_{e_n} \boldsymbol{v},$$

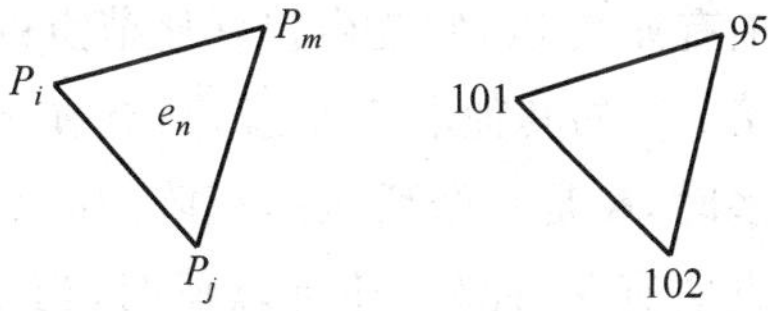

其中 $\boldsymbol{C}_{e_n}$ 是一个 $3 \times N_p$ 的矩阵,例中为

$$\boldsymbol{C}_{e_n} = \begin{bmatrix} 0 & \cdots & \cdots & \cdots & \cdots & \cdots & 0 & 1 & 0 & 0 & \cdots & 0 \\ 0 & \cdots & \cdots & \cdots & \cdots & \cdots & 0 & 0 & 1 & 0 & \cdots & 0 \\ 0 & \cdots & 0 & 1 & \cdots & \cdots & \cdots & \cdots & \cdots & \cdots & \cdots & 0 \end{bmatrix}.$$

$$\begin{matrix} 95 & & 101 & 102 \\ (m) & & (i) & (j) \end{matrix}$$

一般来说,$3 \times N_p$ 的矩阵 $\boldsymbol{C}_{e_n}$ 在第一行对应 $i$ 的列,第二行对应 $j$ 的列和第三行对应 $m$ 的列处的元素为 $1$,其余元素为 $0$.

同理,我们可以写出

$$\boldsymbol{u}_{e_n} = \boldsymbol{C}_{e_n} \boldsymbol{u}.$$

这样,(2.18)式的左端为

图 7.9

$$\sum_{n=1}^{N_e} \boldsymbol{v}_{e_n}^{\mathrm{T}} \boldsymbol{K}_{e_n} \boldsymbol{u}_{e_n} = \sum_{n=1}^{N_e} \boldsymbol{v}^{\mathrm{T}} \boldsymbol{C}_{e_n}^{\mathrm{T}} \boldsymbol{K}_{e_n} \boldsymbol{C}_{e_n} \boldsymbol{u} = \boldsymbol{v}^{\mathrm{T}} \boldsymbol{K} \boldsymbol{u},$$

其中

$$\boldsymbol{K} = \sum_{n=1}^{N_e} \boldsymbol{C}_{e_n}^{\mathrm{T}} \boldsymbol{K}_{e_n} \boldsymbol{C}_{e_n}. \tag{2.28}$$

利用 $\boldsymbol{C}_{e_n}$ 的定义, 就可作出矩阵的乘积 $\boldsymbol{C}_{e_n}^{\mathrm{T}} \boldsymbol{K}_{e_n} \boldsymbol{C}_{e_n}$, 在上面举例的情况下有

$$\boldsymbol{C}_{e_n}^{\mathrm{T}} \boldsymbol{K}_{e_n} \boldsymbol{C}_{e_n} = \begin{bmatrix} & \vdots & & \vdots & \vdots & \\ \cdots & k_{mm}^{e_n} & \cdots & k_{mi}^{e_n} & k_{mj}^{e_n} & \cdots \\ & \vdots & & \vdots & \vdots & \\ \cdots & k_{im}^{e_n} & \cdots & k_{ii}^{e_n} & k_{ij}^{e_n} & \cdots \\ \cdots & k_{jm}^{e_n} & \cdots & k_{ji}^{e_n} & k_{jj}^{e_n} & \cdots \\ & \vdots & & \vdots & \vdots & \end{bmatrix}.$$

它只是 $\boldsymbol{K}_{e_n}$ 的 9 个元素在总节点编号下的重新排列和"扩大", 其他元素均为 0. 在实际的程序中, 当然不必进行如上的矩阵运算, 而只要把每个 $\boldsymbol{K}_{e_n}$ 中的 9 个元素, 根据单元和节点编号时所得到的信息, 送到 $\boldsymbol{K}$ 中对应的单元叠加起来, 我们引入 $\boldsymbol{C}_{e_n}$ 只是为了叙述的方便.

(2.28)式中的 $N_p$ 阶矩阵 $\boldsymbol{K}$ 称为**总刚度矩阵**, 它由各单元刚度矩阵在对应位置上叠加而得, 即把各单元在总刚度矩阵的贡献叠加起来. 我们看第 $s$ 个节点, 对应在 $\boldsymbol{K}$ 的对角线上有元素 $k_{ss}$, 它是由包含比节点的各单元上的单元刚度矩阵各项 $k_{ss}^e$ 叠加而得. 而在 $\boldsymbol{K}$ 中第 $s$ 行的其他非零元素, 只有在 $s$ 节点附近的单元才会有所贡献. 所以, 当节点数目较多时, $\boldsymbol{K}$ 是一个稀疏的矩阵. 如果把它看成一个带状矩阵, 那么它的带宽与节点的编号方法有关. 此外, 还可以证明, 当 $\alpha \geqslant 0$ 且 $\alpha \not\equiv 0$ 时, $\boldsymbol{K}$ 是一个对称正定矩阵, 这留给读者证明.

对于(2.18)式的右端, 可写成

$$\sum_{n=1}^{N_e} \boldsymbol{v}_{e_n}^{\mathrm{T}} \boldsymbol{F}_{e_n} = \sum_{n=1}^{N_e} \boldsymbol{v}^{\mathrm{T}} \boldsymbol{C}_{e_n}^{\mathrm{T}} \boldsymbol{F}_{e_n} = \boldsymbol{v}^{\mathrm{T}} \boldsymbol{F},$$

其中

$$\boldsymbol{F} = \sum_{n=1}^{N_e} \boldsymbol{C}_{e_n}^{\mathrm{T}} \boldsymbol{F}_{e_n},$$

和式中每一项都是 $N_p$ 维的列向量, 在上面举例的情况有

$$C_{e_n}^{\mathrm{T}} F_{e_n} = \begin{bmatrix} \vdots \\ F_m^{e_n} \\ \vdots \\ F_i^{e_n} \\ F_j^{e_n} \\ \vdots \end{bmatrix},$$

事实上它就是 $F_{e_n}$ 中的 3 个分量按节点总编号重新排列,并扩大成 $N_p$ 维的向量(其他元素为 0). $F$ 是每个单元上单元荷载向量的叠加,称为**总荷载向量**.

把(2.18)式的左端和右端分别代入,对于一切 $v_h \in U_h$ 有

$$v^{\mathrm{T}} Ku = v^{\mathrm{T}} F,$$

所以

$$v^{\mathrm{T}}(Ku - F) = 0, \quad \forall v \in \mathbb{R}^{N_p}.$$

这就得到 $u$ 满足的线性方程组

$$Ku - F = 0. \tag{2.29}$$

对应第三类边界条件的定解问题(2.1),(2.2)矩阵 $K$ 是对称正定的,所以(2.29)式有惟一的解 $u = (u_1, u_2, \cdots, u_{N_p})^{\mathrm{T}}$,其中 $u$ 的分量 $u_1, u_2, \cdots, u_{N_p}$ 分别是函数 $u_h(x, y)$ 在各节点的函数值,求出它们之后就有

$$u_h(x, y) = \sum_{i=1}^{N_p} u_i \phi_i(x, y),$$

其中 $\phi_i(x, y)$ 是对应第 $i$ 个节点的基函数.

(3) 约束条件的处理

上面讨论的定解问题(2.1),(2.2)是第三类边值问题,没有约束条件. 如果是讨论第一类边值问题:

$$\begin{cases} -\Delta u = f, & (x, y) \in \Omega, \\ u = 0, & (x, y) \in \partial\Omega. \end{cases} \tag{2.30}$$

则变分问题为:求 $u \in S_0^1$,使得

$$D(u, v) - F(v) = 0, \quad \forall v \in S_0^1. \tag{2.31}$$

其中

$$S_0^1 = \left\{ v \Big| \iint_\Omega \left[ v^2 + \left( \frac{\partial v}{\partial x} \right)^2 + \left( \frac{\partial v}{\partial y} \right)^2 \right] \mathrm{d}x\mathrm{d}y \ \text{有意义}, v\big|_{\partial\Omega} = 0 \right\},$$

$$D(u, v) = \iint_\Omega \nabla u \cdot \nabla v \mathrm{d}x\mathrm{d}y, \quad F(v) = \iint_\Omega fv\mathrm{d}x\mathrm{d}y.$$

对于这个问题,我们同样作三角形剖分. 为了叙述的方便,节点编号时将约束边界上的节点编在最前面,即设 $P_1, P_2, \cdots, P_l$ 是约束边界上的节点,$P_{l+1}, P_{l+2}, \cdots, P_{N_p}$ 是其他

的节点.

在处理变分问题(2.31)的近似问题时,试探函数仍属于定义 2.1 规定的 $U_h$,但要加上在 $\partial\Omega$ 的节点上为零的条件,所以取试探函数空间为

$$V_h = \{v_h \mid v_h \in U_h, v_h \mid_{P_i} = 0, i = 1, 2, \cdots, l\}.$$

显然,$V_h$ 是 $U_h$ 的一个子空间. 对任意的 $v_h \in V_h$,有

$$v_h(x, y) = \sum_{i=l+1}^{N_p} v_i \phi_i(x, y).$$

现在近似变分问题是

$$\begin{cases} \text{求 } u_h \in V_h, \quad \text{使得} \\ D(u_h, v_h) - F(v_h) = 0, \quad \forall\, v_h \in V_h. \end{cases}$$

为了列出近似变分问题对应的代数方程组,我们仍先在 $U_h$ 上计算,同上面的推导,得到

$$v^{\mathrm{T}}(Ku - F) = 0, \tag{2.32}$$

其中 $u, v$ 仍为 $N_p$ 维向量. 但现在应该有 $v_h \in V_h$,所以 $v_1 = v_2 = \cdots = v_l = 0$,即

$$v = (0, \cdots, 0, v_{l+1}, \cdots, v_{N_p})^{\mathrm{T}}.$$

把 $v$ 写成分块形式,向量 $u, F$ 也类似,

$$v = \begin{bmatrix} \mathbf{0} \\ v_{\mathrm{II}} \end{bmatrix}, \quad u = \begin{bmatrix} u_{\mathrm{I}} \\ u_{\mathrm{II}} \end{bmatrix}, \quad F = \begin{bmatrix} F_{\mathrm{I}} \\ F_{\mathrm{II}} \end{bmatrix},$$

其中 $u_{\mathrm{I}}$ 和 $F_{\mathrm{I}}$ 由 $u$ 和 $F$ 的开头 $l$ 个分量组成,$v$ 的这部分分量都等于 $0$,其余的分量组成 $v_{\mathrm{II}}, u_{\mathrm{II}}$ 和 $F_{\mathrm{II}}$. 在齐次边界条件情况下应该有 $u_{\mathrm{I}} = \mathbf{0}$,但是上面这种写法还可以包含非齐次边界条件的情况. 将矩阵 $K$ 也写成对应的分块形式

$$K = \begin{bmatrix} K_{11} & K_{12} \\ K_{21} & K_{22} \end{bmatrix},$$

其中

$$K_{11} = \begin{bmatrix} k_{11} & \cdots & k_{1l} \\ \vdots & & \vdots \\ k_{l1} & \cdots & k_{ll} \end{bmatrix}, \quad K_{22} = \begin{bmatrix} k_{l+1,l+1} & \cdots & k_{l+1,N_p} \\ \vdots & & \vdots \\ k_{N_p,l+1} & \cdots & k_{N_p,N_p} \end{bmatrix}.$$

这样,(2.32)式可以写成

$$\begin{bmatrix} \mathbf{0} & v_{\mathrm{II}}^{\mathrm{T}} \end{bmatrix} \left( \begin{bmatrix} K_{11} & K_{12} \\ K_{21} & K_{22} \end{bmatrix} \begin{bmatrix} u_{\mathrm{I}} \\ u_{\mathrm{II}} \end{bmatrix} - \begin{bmatrix} F_{\mathrm{I}} \\ F_{\mathrm{II}} \end{bmatrix} \right) = 0.$$

又可写成

$$v_{\mathrm{II}}^{\mathrm{T}}(K_{22} u_{\mathrm{II}} - F_{\mathrm{II}} + K_{21} u_{\mathrm{I}}) = 0$$

它对一切 $N_p\text{-}l$ 维的向量 $v_{\mathrm{II}}$ 成立,所以最后得到

$$\boldsymbol{K}_{22}\boldsymbol{u}_{\mathrm{II}} = \boldsymbol{F}_{\mathrm{II}} - \boldsymbol{K}_{21}\boldsymbol{u}_{\mathrm{I}}, \tag{2.33}$$

这是一个 $N_p-l$ 个未知数的方程组,它的系数矩阵是从 $\boldsymbol{K}$ 中划去开头 $l$ 行和开头 $l$ 列而得.可以证明,经过这样的处理,$\boldsymbol{K}_{22}$ 是对称正定的,所以方程组(2.33)有惟一的解.

在实际计算中,若节点编号时约束边界点不是编在开头的 $l$ 个,则 $\boldsymbol{K}_{22}$ 是将 $\boldsymbol{K}$ 对应的 $l$ 行和 $l$ 列划去而得的 $N_p-l$ 阶方阵,(2.33)式的右端亦相应处理.如果原边值问题的边界条件(2.2)是非齐次的,即 $u|_{\partial\Omega}=g(x,y)$,则在(2.33)式右端的 $\boldsymbol{u}_{\mathrm{I}}$ 根据 $g(x,y)$ 来确定.

在以上的约束处理方法中,方程组的系数矩阵将 $\boldsymbol{K}$ 改为 $\boldsymbol{K}_{22}$ 时,要重新存储矩阵的元素.有时在实际的程序中,也可以保留 $\boldsymbol{K}$ 的阶数,将方程组改写成

$$\begin{bmatrix} \boldsymbol{I}_l & \boldsymbol{0} \\ \boldsymbol{0} & \boldsymbol{K}_{22} \end{bmatrix}\begin{bmatrix} \boldsymbol{u}_{\mathrm{I}} \\ \boldsymbol{u}_{\mathrm{II}} \end{bmatrix} = \begin{bmatrix} \boldsymbol{u}_{\mathrm{I}}^0 \\ \boldsymbol{F}_{\mathrm{II}} - \boldsymbol{K}_{21}\boldsymbol{u}_{\mathrm{I}}^0 \end{bmatrix}, \tag{2.34}$$

其中 $\boldsymbol{I}_l$ 为 $l$ 阶单位阵,$\boldsymbol{u}_{\mathrm{I}}=(u_1,\cdots,u_l)^{\mathrm{T}}$,$\boldsymbol{u}_{\mathrm{II}}=(u_{l+1},\cdots,u_{N_p})^{\mathrm{T}}$,$\boldsymbol{u}_{\mathrm{I}}^0=(u_1^0,\cdots,u_l^0)^{\mathrm{T}}$,其分量是对应的边界约束节点 $P_1,\cdots,P_l$ 上 $g(x,y)$ 的函数值,在齐次边界条件情形,$u_i^0=0,i=1,\cdots,l$.

如果求解的是含有第一类和第三类边界条件的混合边值问题,对于约束条件的处理也可以类似地进行.

## 2.3 例子

我们用一个简单的例子来具体说明二维问题有限元方法的计算过程.这个例子的解析解是很容易求出的,有限元计算也可以手算完成,这样就便于结果的比较.

设在矩形域 $\{(x,y)|0<x<2,0<y<2\}$ 上给出 Laplace 方程,它的物理意义可以解释为平面区域上无热源的定常温度场.这个例子在区域的边界上,两边给出温度值,另两边给出绝热条件.定解问题是

$$\begin{cases} \Delta u = 0 \quad (0<x<2,0<y<2), \\ u|_{y=0}=50, \quad u|_{y=2}=100, \\ \left.\dfrac{\partial u}{\partial x}\right|_{x=0}=0, \quad \left.\dfrac{\partial u}{\partial x}\right|_{x=2}=0. \end{cases}$$

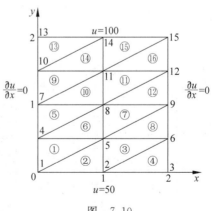

图 7.10

对于所给定的区域,我们用图 7.10 所示的三角形剖分,共有 16 个三角形单元和 15 个节点.将节点坐标列成表,如表 7.1 所示.

表 7.1　节点坐标

| 节点号 | $(x,y)$ | 节点号 | $(x,y)$ | 节点号 | $(x,y)$ |
|---|---|---|---|---|---|
| 1 | $(0,0)$ | 6 | $(2,0.5)$ | 11 | $(1,1.5)$ |
| 2 | $(1,0)$ | 7 | $(0,1)$ | 12 | $(2,1.5)$ |
| 3 | $(2,0)$ | 8 | $(1,1)$ | 13 | $(0,2)$ |
| 4 | $(0,0.5)$ | 9 | $(2,1)$ | 14 | $(1,2)$ |
| 5 | $(1,0.5)$ | 10 | $(0,1.5)$ | 15 | $(2,2)$ |

对于每个单元,我们规定好它的顶点 $P_i,P_j,P_m$(注意逆时针方向),用图 7.11 所示的方式,分别表示编号为奇数和编号为偶数的单元中的节点排列顺序.对应于每个单元的参数

图　7.11

$$a_i = y_j - y_m, \quad a_j = y_m - y_i, \quad a_m = y_i - y_j,$$
$$b_i = x_m - x_j, \quad b_j = x_i - x_m, \quad b_m = x_j - x_i.$$

我们把每个单元对应于 $i,j,m$ 的节点号和单元参数的计算结果列在表 7.2:

表　7.2

| 单元号 | 节点号 | | | 参数 | | | | | |
|---|---|---|---|---|---|---|---|---|---|
| | $i$ | $j$ | $m$ | $a_i$ | $a_j$ | $a_m$ | $b_i$ | $b_j$ | $b_m$ |
| 1 | 4 | 1 | 5 | $-0.5$ | 0 | 0.5 | 1 | $-1$ | 0 |
| 2 | 2 | 5 | 1 | 0.5 | 0 | $-0.5$ | $-1$ | 1 | 0 |
| 3 | 5 | 2 | 6 | $-0.5$ | 0 | 0.5 | 1 | $-1$ | 0 |
| 4 | 3 | 6 | 2 | 0.5 | 0 | $-0.5$ | $-1$ | 1 | 0 |
| 5 | 7 | 4 | 8 | $-0.5$ | 0 | 0.5 | 1 | $-1$ | 0 |
| 6 | 5 | 8 | 4 | 0.5 | 0 | $-0.5$ | $-1$ | 1 | 0 |
| 7 | 8 | 5 | 9 | $-0.5$ | 0 | 0.5 | 1 | $-1$ | 0 |
| 8 | 6 | 9 | 5 | 0.5 | 0 | $-0.5$ | $-1$ | 1 | 0 |
| 9 | 10 | 7 | 11 | $-0.5$ | 0 | 0.5 | 1 | $-1$ | 0 |
| 10 | 8 | 11 | 7 | 0.5 | 0 | $-0.5$ | $-1$ | 1 | 0 |
| 11 | 11 | 8 | 12 | $-0.5$ | 0 | 0.5 | 1 | $-1$ | 0 |
| 12 | 9 | 12 | 8 | 0.5 | 0 | $-0.5$ | $-1$ | 1 | 0 |
| 13 | 13 | 10 | 14 | $-0.5$ | 0 | 0.5 | 1 | $-1$ | 0 |
| 14 | 11 | 14 | 10 | 0.5 | 0 | $-0.5$ | $-1$ | 1 | 0 |
| 15 | 14 | 11 | 15 | $-0.5$ | 0 | 0.5 | 1 | $-1$ | 0 |
| 16 | 12 | 15 | 11 | 0.5 | 0 | $-0.5$ | $-1$ | 1 | 0 |

现在计算单元刚度矩阵. 在我们所作的剖分下, 每个单元面积都是相同的, $\Delta_e = \dfrac{1}{4}$.

计算 $K_{e_1}$ 和 $K_{e_2}$ 时注意本例中 $\gamma_n$ 上的积分项均不出现, 由(2.20)式可得

$$K_{e_1} = \frac{1}{4\Delta_e} \begin{bmatrix} -0.5 & 1 \\ 0 & -1 \\ 0.5 & 0 \end{bmatrix} \begin{bmatrix} -0.5 & 0 & 0.5 \\ 1 & -1 & 0 \end{bmatrix} = \frac{1}{4} \begin{bmatrix} 5 & -4 & -1 \\ -4 & 4 & 0 \\ -1 & 0 & 1 \end{bmatrix}$$

$$K_{e_2} = \frac{1}{4\Delta_e} \begin{bmatrix} 0.5 & -1 \\ 0 & 1 \\ -0.5 & 0 \end{bmatrix} \begin{bmatrix} 0.5 & 0 & -0.5 \\ -1 & 1 & 0 \end{bmatrix} = \frac{1}{4} \begin{bmatrix} 5 & -4 & -1 \\ -4 & 4 & 0 \\ -1 & 0 & 1 \end{bmatrix}.$$

由于本例所有编号为奇数的单元, 其参数 $a_i, b_i$ 等都是相同的, 所以它们的单元刚度矩阵相同. 同理, 编号为偶数的单元也是这样. 由上面的计算, 所有单元的单元刚度矩阵都相同.

第 1 号单元的节点 $P_i, P_j, P_m$ 对应第 $4, 1, 5$ 号节点, 所以把单元刚度矩阵"扩大"之后得到

$$\frac{1}{4} \begin{bmatrix} 4 & * & * & -4 & 0 & \\ * & * & * & * & * & \\ * & * & * & * & * & \\ -4 & * & * & 5 & -1 & \\ 0 & * & * & -1 & 1 & \\ & & & & & \ddots \end{bmatrix},$$

其中的 $*$ 和没有标出的元素均为 0. 同理第 2 号单元的 $P_i, P_j, P_m$ 对应第 $2, 5, 1$ 号节点, 单元刚度矩阵"扩大"为

$$\frac{1}{4} \begin{bmatrix} 1 & -1 & * & * & 0 & \\ -1 & 5 & * & * & -4 & \\ * & * & * & * & * & \\ * & * & * & * & * & \\ 0 & -4 & * & * & 4 & \\ & & & & & \ddots \end{bmatrix}.$$

同理, 第 3 号和第 4 号单元的单元刚度矩阵经过"扩大"后分别得到

$$\frac{1}{4} \begin{bmatrix} * & * & * & * & * & \\ * & 4 & * & * & -4 & 0 \\ * & * & * & * & * & \\ * & * & * & * & * & \\ * & -4 & * & * & 5 & -1 \\ * & 0 & * & * & -1 & 1 \\ & & & & & \ddots \end{bmatrix}, \quad \frac{1}{4} \begin{bmatrix} * & * & * & * & * & \\ * & 1 & -1 & * & * & 0 \\ * & -1 & 5 & * & * & -4 \\ * & * & * & * & * & \\ * & * & * & * & * & \\ * & 0 & -4 & * & * & 4 \\ & & & & & \ddots \end{bmatrix}.$$

其他单元均可类似. 将这些矩阵叠加起来就得到总刚度矩阵:

$$\frac{1}{4}\begin{bmatrix}
5 & -1 & 0 & -4 & & & & & & & & & & & \\
-1 & 10 & -1 & 0 & -8 & & & & & & & & & & \\
0 & -1 & 5 & 0 & 0 & -4 & & & & & & & & & \\
-4 & 0 & 0 & 10 & -2 & 0 & -4 & & & & & & & & \\
 & -8 & 0 & -2 & 20 & -2 & 0 & -8 & & & & & & & \\
 & & -4 & 0 & -2 & 10 & 0 & 0 & -4 & & & & & & \\
 & & & -4 & 0 & 0 & 10 & -2 & 0 & -4 & & & & & \\
 & & & & -8 & 0 & -2 & 20 & -2 & 0 & -8 & & & & \\
 & & & & & -4 & 0 & -2 & 10 & 0 & 0 & -4 & & & \\
 & & & & & & -4 & 0 & 0 & 10 & -2 & 0 & -4 & & \\
 & & & & & & & -8 & 0 & -2 & 20 & -2 & 0 & -8 & \\
 & & & & & & & & -4 & 0 & -2 & 10 & 0 & 0 & -4 \\
 & & & & & & & & & -4 & 0 & 0 & 5 & -1 & 0 \\
 & & & & & & & & & & -8 & 0 & -1 & 10 & -1 \\
 & & & & & & & & & & & -4 & 0 & -1 & 5
\end{bmatrix}.$$

因为各单元荷载向量均为零,所以总荷载向量为零向量.

下一步进行约束处理,我们按(2.33)式的形式处理. 按照本例编号,第 1,2,3 和 13, 14,15 号节点为边界约束节点,有 $u_1 = u_2 = u_3 = 50$,$u_{13} = u_{14} = u_{15} = 100$. 将上面的总刚度矩阵划去第 1,2,3 和第 13,14,15 行,其他按(2.33)式计算,就得到 $u_4, u_5, \cdots, u_{12}$ 满足的线性方程组

$$\frac{1}{4}\begin{bmatrix}
10 & -2 & 0 & -4 & & & & & \\
-2 & 20 & -2 & 0 & -8 & & & & \\
0 & -2 & 10 & 0 & 0 & -4 & & & \\
-4 & 0 & 0 & 10 & -2 & 0 & -4 & & \\
 & -8 & 0 & -2 & 20 & -2 & 0 & -8 & \\
 & & -4 & 0 & -2 & 10 & 0 & 0 & -4 \\
 & & & -4 & 0 & 0 & 10 & -2 & 0 \\
 & & & & -8 & 0 & -2 & 20 & -2 \\
 & & & & & -4 & 0 & -2 & 10
\end{bmatrix}\begin{bmatrix}
u_4 \\ u_5 \\ u_6 \\ u_7 \\ u_8 \\ u_9 \\ u_{10} \\ u_{11} \\ u_{12}
\end{bmatrix} = \begin{bmatrix}
50 \\ 100 \\ 50 \\ 0 \\ 0 \\ 0 \\ 100 \\ 200 \\ 100
\end{bmatrix}.$$

线性方程组的系数矩阵是对称正定的,其解是

$$u_4 = u_5 = u_6 = 62.5, \quad u_7 = u_8 = u_9 = 75, \quad u_{10} = u_{11} = u_{12} = 87.5.$$

连同约束边界条件,就求出所有节点上 u 的值.

# 3 高次插值

上面我们分别讨论了一维和二维问题有限元计算方法最简单的情形.它们都是在单元上作线性插值,得到分片线性函数的试探函数空间.如果我们希望在每个单元上提高逼近的精确度,自然想到的一种途径是提高插值多项式的次数.本节就是讨论高次插值的问题,给出一维和二维问题的几个例子.我们着重讨论在每个单元上的插值多项式如何计算,至于整个问题计算的全过程,在搞清楚单元上的插值之后,可按上两节的框架进行,我们就不一一列出了.

## 3.1 一维问题的高次插值

把区间 $[a,b]$ 剖分为若干个单元,在每个单元 $e_i=[x_{i-1},x_i]$ 上讨论插值问题.为了讨论方便,我们把每个单元 $e_i$ 都变换到一个标准的区间 $[-1,1]$,例如

$$\xi_i = \frac{2}{h_i}\left(x - \frac{x_{i-1}+x_i}{2}\right), \tag{3.1}$$

其中 $h_i=x_i-x_{i-1}$ 为 $e_i$ 的长度.变换(3.1)式将 $x$ 轴上的区间 $[x_{i-1},x_i]$ 变换到 $\xi$ 轴上的区间 $[-1,1]$.称 $\xi$ 为**局部坐标**,$[-1,1]$ 为**标准单元**,以下在标准单元上讨论插值问题.

### 3.1.1 Lagrange 插值

如果要在 $\xi\in[-1,1]$ 上做 $n$ 次插值,我们取 $n+1$ 个插值节点 $-1=\xi_0<\xi_1<\xi_2<\cdots<\xi_n=1$,在数值分析课程中已讨论过(参阅文献[2]),对应于节点的 $n+1$ 个插值基函数为

$$N_j(\xi) = \prod_{\substack{k=0 \\ k\neq j}}^{n} \frac{(\xi-\xi_k)}{(\xi_j-\xi_k)}, \tag{3.2}$$

其中分母和分子均缺对应 $j$ 的因式,不难看出

$$N_j(\xi_i) = \begin{cases} 0, & i\neq j, \\ 1, & i=j, \end{cases} \quad i,j=0,1,\cdots,n.$$

$[-1,1]$ 上的 $n$ 次插值函数 $u_h(\xi)$ 可写成

$$u_h(\xi) = \sum_{j=0}^{n} u_j N_j(\xi), \quad \xi\in[-1,1], \tag{3.3}$$

其中 $u_j$ 是 $u_h(\xi)$ 在节点 $\xi_j$ 的值,即 $u_j=u_h(\xi_j)$.

在 $n=1$ 的情形,即为线性插值,有两个节点 $\xi_0=-1,\xi_1=1$,对应的基函数为

$$N_0(\xi) = \frac{\xi-\xi_1}{\xi_0-\xi_1} = \frac{1}{2}(1-\xi), \quad N_1(\xi) = \frac{\xi-\xi_0}{\xi_1-\xi_0} = \frac{1}{2}(1+\xi). \tag{3.4}$$

它们的图形如图 7.12 所示.若把(3.1)式代入(3.4)式,就得到

$$N_0 = \frac{x_i - x}{h_i}, \quad N_1 = \frac{x - x_{i-1}}{h_i}.$$

在 $n=2$ 的情形，$[-1,1]$ 上的三个节点是 $\xi_0 = -1, \xi_1 = 0, \xi_2 = 1$，对应的二次插值基函数为

$$N_0(\xi) = \frac{1}{2}\xi(\xi - 1), \quad N_1(\xi) = 1 - \xi^2, \quad N_2(\xi) = \frac{1}{2}\xi(\xi + 1), \tag{3.5}$$

它们的图形如图 7.13 所示.

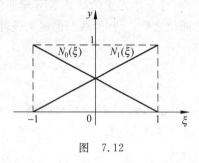

图 7.12

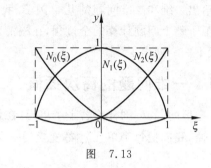

图 7.13

在 $[-1,1]$ 上的二次插值函数 $u_h(\xi)$ 可写成

$$u_h(\xi) = u_0 N_0(\xi) + u_1 N_1(\xi) + u_2 N_2(\xi),$$

其中 $u_0, u_1, u_2$ 分别是 $u_h(\xi)$ 在 $\xi = -1, 0, 1$ 上的值. 记

$$\boldsymbol{u}_e = [u_0, u_1, u_2]^{\mathrm{T}}, \quad \boldsymbol{N} = [N_0(\xi), N_1(\xi), N_2(\xi)],$$

则有

$$u_h(\xi) = \boldsymbol{N}\boldsymbol{u}_e, \quad \xi \in [-1, 1]. \tag{3.6}$$

我们也可以把 (3.6) 式变换回 $x$ 的函数. 但是以下要计算的单元刚度矩阵和单元荷载向量都是在标准单元上计算，所以这些公式不必化回用自变量 $x$ 表示.

以上用二次插值函数的单元，常称为**二次元**. 下面举一个简单的例子说明计算的过程.

**例 3.1** 用二次元解定解问题

$$\begin{cases} -\dfrac{\mathrm{d}^2 u}{\mathrm{d}x^2} = 1, & 0 < x < 1, \\ u(0) = 1, & \left(\dfrac{\mathrm{d}u}{\mathrm{d}x} + 2u\right)\Big|_{x=1} = 3. \end{cases}$$

对应这个定解问题的双线性泛函 $D$ 和线性泛函 $F$ 是

$$D(u, v) = \int_0^1 \frac{\mathrm{d}u}{\mathrm{d}x} \frac{\mathrm{d}v}{\mathrm{d}x} \mathrm{d}x + 2u(1)v(1), \quad F(v) = \int_0^1 v\mathrm{d}x + 3v(1).$$

将 $[0,1]$ 分为两个等长的单元，$e_1 = \left[0, \dfrac{1}{2}\right], e_2 = \left[\dfrac{1}{2}, 1\right]$，单元的长度 $h_1 = h_2 = \dfrac{1}{2}$. 做变换

$$\xi = \frac{2x - (x_{i-1} + x_i)}{h_i}, \quad i = 1, 2.$$

分别把 $e_1$ 和 $e_1$ 变换到 $[-1, 1]$. 在这个变换下

$$\frac{\mathrm{d}}{\mathrm{d}x} = \frac{2}{h_i} \frac{\mathrm{d}}{\mathrm{d}\xi}, \quad \mathrm{d}\xi = \frac{2}{h_i} \mathrm{d}x.$$

在标准单元上作二次插值, 如上有

$$\boldsymbol{N} = \left[ \frac{1}{2}\xi(\xi-1), 1-\xi^2, \frac{1}{2}\xi(\xi+1) \right].$$

单元刚度矩阵的计算可以类似本章 1.2 节所示进行, 有

$$\boldsymbol{K}_{e_i} = \int_{e_i} \boldsymbol{B}^{\mathrm{T}} \boldsymbol{B} \mathrm{d}x,$$

其中

$$\boldsymbol{B} = \frac{\mathrm{d}}{\mathrm{d}x} \boldsymbol{N} = \frac{1}{h_i} [2\xi - 1, -4\xi, 2\xi + 1].$$

记 $h = h_i = \frac{1}{2}$, 有

$$\boldsymbol{B}^{\mathrm{T}} \boldsymbol{B} = \frac{1}{h^2} \begin{bmatrix} 4\xi^2 - 4\xi + 1 & -8\xi^2 + 4\xi & 4\xi^2 - 1 \\ -8\xi^2 + 4\xi & 16\xi^2 & -8\xi^2 - 4\xi \\ 4\xi^2 - 1 & -8\xi^2 - 4\xi & 4\xi^2 + 4\xi + 1 \end{bmatrix}.$$

所以

$$\boldsymbol{K}_{e_i} = \int_{-1}^{1} \boldsymbol{B}^{\mathrm{T}} \boldsymbol{B} \frac{h}{2} \mathrm{d}x = \frac{1}{3h} \begin{bmatrix} 7 & -8 & 1 \\ -8 & 16 & -8 \\ 1 & -8 & 7 \end{bmatrix}.$$

考虑到 $D(u, v)$ 表示式中的边界项 $2u(1)v(1)$, 应在 $\boldsymbol{K}_{e_2}$ 中加上矩阵

$$\begin{bmatrix} 0 & 0 & 0 \\ 0 & 0 & 0 \\ 0 & 0 & 2 \end{bmatrix},$$

这样得到

$$\boldsymbol{K}_{e_1} = \frac{1}{3} \begin{bmatrix} 14 & -16 & 2 \\ -16 & 32 & -16 \\ 2 & -16 & 14 \end{bmatrix}, \quad \boldsymbol{K}_{e_2} = \frac{1}{3} \begin{bmatrix} 14 & -16 & 2 \\ -16 & 32 & -16 \\ 2 & -16 & 20 \end{bmatrix}.$$

单元荷载向量也可类似计算, 我们有

$$\boldsymbol{F}_{e_i} = \int_{e_i} \boldsymbol{N}^{\mathrm{T}} f \mathrm{d}x,$$

将 $f(x) = 1$ 代入, 并换成对 $\xi$ 的积分

$$\boldsymbol{F}_{e_i} = \int_{-1}^{1} \boldsymbol{N}^{\mathrm{T}} \frac{h}{2} \mathrm{d}\xi = \frac{h}{2} \int_{-1}^{1} \left[ \frac{1}{2}\xi(\xi-1), 1-\xi^2, \frac{1}{2}\xi(\xi+1) \right]^{\mathrm{T}} \mathrm{d}\xi = \left[ \frac{1}{12}, \frac{1}{3}, \frac{1}{12} \right]^{\mathrm{T}}.$$

考虑到 $F(v)$ 中的边界项 $3v(1)$, 应在 $\boldsymbol{F}_{e_2}$ 上加上 $[0,0,3]^{\mathrm{T}}$, 得到

$$\boldsymbol{F}_{e_1} = \frac{1}{3} \begin{bmatrix} \frac{1}{4} \\ 1 \\ \frac{1}{4} \end{bmatrix}, \quad \boldsymbol{F}_{e_2} = \frac{1}{3} \begin{bmatrix} \frac{1}{4} \\ 1 \\ \frac{37}{4} \end{bmatrix}.$$

将单元刚度矩阵叠加, 只是 $\boldsymbol{K}_{e_1}$ 的右下角元素和 $\boldsymbol{K}_{e_2}$ 的左上角元素相加. 同理, 单元荷载向量的叠加只是 $\boldsymbol{F}_{e_1}$ 的第 3 个元素和 $\boldsymbol{F}_{e_2}$ 的第 1 个元素相加. 这样得到

$$\boldsymbol{K} = \frac{1}{3} \begin{bmatrix} 14 & -16 & 2 & 0 & 0 \\ -16 & 32 & -16 & 0 & 0 \\ 2 & -16 & 28 & -16 & 2 \\ 0 & 0 & -16 & 32 & -16 \\ 0 & 0 & 2 & -16 & 20 \end{bmatrix}, \quad \boldsymbol{F} = \frac{1}{3} \begin{bmatrix} \frac{1}{4} \\ 1 \\ \frac{1}{2} \\ 1 \\ \frac{37}{4} \end{bmatrix}.$$

考虑到 $u_0 = 1$, 经过约束处理之后, 得到线性方程组

$$\frac{1}{3} \begin{bmatrix} 32 & -16 & 0 & 0 \\ -16 & 28 & -16 & 2 \\ 0 & -16 & 32 & -16 \\ 0 & 2 & -16 & 20 \end{bmatrix} \begin{bmatrix} u_1 \\ u_2 \\ u_3 \\ u_4 \end{bmatrix} = \frac{1}{3} \begin{bmatrix} 17 \\ -\frac{3}{2} \\ 1 \\ \frac{37}{4} \end{bmatrix}.$$

这个线性方程组的解是

$$u_1 = \frac{39}{32}, \quad u_2 = \frac{11}{8}, \quad u_3 = \frac{47}{32}, \quad u_4 = \frac{3}{2}.$$

### 3.1.2 Hermite 插值

如果在标准单元 $[-1,1]$ 上, 根据节点 $\xi = -1$ 和 $\xi = 1$ 的函数值和导数值作出的插值多项式, 就是 Hermite 三次插值多项式. 在数值分析课程中讨论过[2], 插值基函数是

$$\overline{N}_1(\xi) = \frac{1}{4}(\xi^3 - 3\xi + 2), \qquad \overline{M}_1(\xi) = \frac{1}{4}(\xi^3 - \xi^2 - \xi + 1),$$

$$\overline{N}_2(\xi) = \frac{1}{4}(-\xi^3 + 3\xi + 2), \qquad \overline{M}_2(\xi) = \frac{1}{4}(\xi^3 + \xi^2 - \xi - 1).$$

它们的图形如图 7.14 所示.

如果在单元 $[x_{i-1}, x_i]$,已知节点 $x_{i-1}, x_i$ 上 $u$ 和 $\dfrac{\mathrm{d}u}{\mathrm{d}x}$ 之值,记

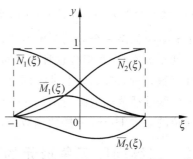

图 7.14

$$u_1 = u\big|_{x=x_{i-1}}, \quad u_2 = u\big|_{x=x_i},$$

$$u_1' = \frac{\mathrm{d}u}{\mathrm{d}x}\bigg|_{x=x_{i-1}}, \quad u_2' = \frac{\mathrm{d}u}{\mathrm{d}x}\bigg|_{x=x_i}.$$

变换到标准单元 $[-1,1]$ 上,我们令

$$N_1(\xi) = \overline{N}_1(\xi), \quad N_2(\xi) = \overline{N}_2(\xi), \quad M_1(\xi) = \frac{h_i}{2}\overline{M}_1(\xi), \quad M_2(\xi) = \frac{h_i}{2}\overline{M}_2(\xi).$$

可以验证,在 $x = x_{i-1}(\xi = -1)$ 有

$$N_1 = \frac{\mathrm{d}M_1}{\mathrm{d}x} = 1, \quad \frac{\mathrm{d}N_1}{\mathrm{d}x} = M_1 = N_2 = \frac{\mathrm{d}N_2}{\mathrm{d}x} = M_2 = \frac{\mathrm{d}M_2}{\mathrm{d}x} = 0,$$

在 $x = x_i(\xi = 1)$ 有

$$N_2 = \frac{\mathrm{d}M_2}{\mathrm{d}x} = 1, \quad N_1 = \frac{\mathrm{d}N_1}{\mathrm{d}x} = M_1 = \frac{\mathrm{d}M_1}{\mathrm{d}x} = \frac{\mathrm{d}N_2}{\mathrm{d}x} = M_2 = 0.$$

所以,若记

$$\boldsymbol{N} = [N_1, M_1, N_2, M_2], \quad \boldsymbol{u}_e = [u_1, u_1', u_2, u_2']^{\mathrm{T}}.$$

则在单元 $e$ 上的三次 Hermite 插值函数为

$$u_h(\xi) = u_1 N_1(\xi) + u_1' M_1(\xi) + u_2 N_2(\xi) + u_2' M_2(\xi) = \boldsymbol{N}\boldsymbol{u}_e, \quad \xi \in [-1,1].$$

由此可以继续计算单元刚度矩阵,在本章习题中留给读者完成.

利用三次 Hermite 插值作有限元计算,如果有 $N$ 个单元,共 $N+1$ 个节点,每个节点上有两个未知数 $u_i, u_i'(i=0,1,\cdots,N)$,共 $2(N+1)$ 个未知数.求得 $u_i, u_i'(i=0,1,\cdots,N)$ 后,可以写出 $u$ 的表达式,它是一个分段的三次多项式.在每一个单元上它分别都是三次多项式,而在节点上,相邻的两个单元在节点的函数值和导数值都是相等的,即 $u \in C^1[a, b]$,在 $[a,b]$ 上函数 $u$ 及其导数都是连续的.而一般的 Lagrange 分段插值,即使插值次数提高,可能会提高函数逼近的精确度,却不能提高函数的光滑性,即只有 $u \in C[a,b]$.所以在一些要求一阶导数连续的问题里,常常采用 Hermite 单元.例如梁的弯曲问题,出现四阶方程,变分问题的积分式中出现二阶导数,近似解除了要求位移 $u$ 连续外,还要求转角($u$ 的导数)也连续,因此可以采用 Hermite 插值.

以上我们讨论了几种一维的高次插值,包括 Lagrange 型和 Hermite 型的插值,利用它们作有限元计算,得到的试探函数空间是分段 $k$ 次多项式的空间.在我们举过的例子中,试探函数分别属于 $C[a,b]$ 和 $C^1[a,b]$.

用分段 $k$ 次 Lagrange 型多项式来逼近 $[a,b]$ 上的函数 $u(x)$,近似函数 $u_h(x)$ 可以表

示成 $u_h(x)=\sum_i u_i\phi_i(x)$,其中 $\phi_i(x)$ 是插值基函数,$u_i$ 为节点上 $u$ 的值.还应指出,若在 $[a,b]$ 上 $u$ 本身就是一个 $x$ 的 $k$ 次多项式,则对 $u$ 作分段 $k$ 次多项式插值,得到的插值函数 $u_h$ 一定就是 $u$ 本身.我们称这种插值对 $k$ 次多项式是准确的.例如,如果 $u$ 在 $[a,b]$ 上是一个线性函数,我们在 $[a,b]$ 上进行剖分,根据节点上函数值 $u_i$ 作分段线性插值,则在每个单元上的线性插值函数必与函数 $u$ 重合.对于 Hermite 型插值也可类似讨论.例如本节第二段讨论的三次 Hermite 插值函数,对 $[a,b]$ 上的三次多项式函数是准确的.

## 3.2　二维问题三角形元的高次插值

我们在上一节已经讨论过三角形元上的线性插值,其中用到的一次多项式 $ax+by+c$ 有三个系数,可通过三个节点上的函数值来确定.如果要提高逼近的准确度,可以考虑三角形元上的高次插值.两个变量 $x,y$ 的高次多项式的各项可以用如下的 Pascal 三角形表示

$$
\begin{array}{ccccc}
& & 1 & & \\
& x & & y & \\
x^2 & & xy & & y^2 \\
x^3 & x^2y & & xy^2 & y^3 \\
x^4 & x^3y & x^2y^2 & xy^3 & y^4
\end{array}
\qquad
\begin{array}{l}
0\ 次项 \\
1\ 次项 \\
2\ 次项 \\
3\ 次项 \\
4\ 次项
\end{array}
$$

$$\cdots\quad\cdots\quad\cdots\quad\cdots$$

我们看到一次多项式有 3 项,二次多项式有 6 项,三次多项式有 10 项.一般的 $k$ 次完全多项式有 $\frac{1}{2}(k+1)(k+2)$ 项.所以 Lagrange 插值需要有 $\frac{1}{2}(k+1)(k+2)$ 个节点来确定各项系数.同时,还要考虑到在相邻的两个单元的共同边界上,函数应该是连续的.所以我们把三角形的三条边都平分为 $k$ 份,用平行三边的线段把对应的分点连起来,其交点共有 $\frac{1}{2}(k+1)(k+2)$ 个,就把它们作为单元上的节点,如图 7.15 所示.

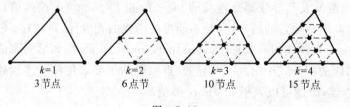

| $k=1$ | $k=2$ | $k=3$ | $k=4$ |
| 3节点 | 6点节 | 10节点 | 15节点 |

图　7.15

如果我们在相邻的两个三角形元上都如上作 $k$ 次插值,在两个三角形元上分别都是 $x,y$ 的 $k$ 次多项式,则在共同边界上可以变换为以边界弧长 $s$ 为参数的 $k$ 次多项式.这个

$s$ 的 $k$ 次多项式由共同边界上的 $k+1$ 个节点上的函数值完全确定,所以相邻的两个三角形元在共同边界上的插值函数是完全相同的. 也就是说,如上作出的分片 $k$ 次插值,插值函数在 $\Omega$ 上是连续的,即 $u \in C(\overline{\Omega})$. $k=2$ 的情形,如图 7.16 所示.

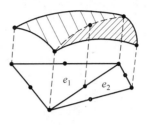

图  7.16

下面将要具体讨论这种高次的 Lagrange 型插值. 如果要求 $u \in C^1(\overline{\Omega})$,还可以考虑包含导数值插值条件的 Hermite 型插值,为了讨论的统一,我们先回顾一下线性插值,并引入面积坐标的概念.

### 3.2.1  线性插值和面积坐标

上节讨论过三角形上的线性插值,若记 $e = \triangle P_1 P_2 P_3$,其中 $P_i(x_i, y_i), i=1,2,3$,则 $e$ 上的线性插值函数为
$$u_h(x, y) = N_1(x, y)u_1 + N_2(x, y)u_2 + N_3(x, y)u_3,$$
其中 $u_i$ 为 $u_h$ 在 $P_i$ 点的函数值,$i=1,2,3$. 而
$$N_1(x, y) = \frac{1}{2\Delta_e}(a_1 x + b_1 y + c_1) = \frac{1}{2\Delta_e}\begin{vmatrix} x & y & 1 \\ x_2 & y_2 & 1 \\ x_3 & y_3 & 1 \end{vmatrix},$$

$N_2(x, y)$ 和 $N_3(x, y)$ 可以通过脚标轮换得到. 我们记
$$L_1 = \frac{1}{2\Delta_e}\begin{vmatrix} x & y & 1 \\ x_2 & y_2 & 1 \\ x_3 & y_3 & 1 \end{vmatrix}, \quad L_2 = \frac{1}{2\Delta_e}\begin{vmatrix} x & y & 1 \\ x_3 & y_3 & 1 \\ x_1 & y_1 & 1 \end{vmatrix}, \quad L_3 = \frac{1}{2\Delta_e}\begin{vmatrix} x & y & 1 \\ x_1 & y_1 & 1 \\ x_2 & y_2 & 1 \end{vmatrix}, \quad (3.7)$$
其中 $(x, y)$ 代表三角形元中任一点 $P(x, y)$ 的坐标,$L_1$ 式中右端的行列式有明显的几何意义,它等于图 7.17 中 $\triangle PP_2P_3$ 面积的两倍,所以有
$$L_1 = \frac{\triangle PP_2P_3 \text{ 的面积}}{\triangle P_1 P_2 P_3 \text{ 的面积}}.$$
同理,$L_2$ 和 $L_3$ 也是对应的面积比,给出了 $P$ 点,$L_1$、$L_2$ 和 $L_3$ 就完全确定了.

根据(2.16)式,$L_1$、$L_2$ 和 $L_3$ 满足
$$\begin{cases} \sum_{i=1}^{3} L_i = 1, \\ \sum_{i=1}^{3} L_i x_i = x, \\ \sum_{i=1}^{3} L_i y_i = y, \end{cases} \quad (3.8)$$
以及

$$L_i(P_j) = \begin{cases} 0, & i \neq j, \\ 1, & i = j, \end{cases} \qquad i,j = 1,2,3. \tag{3.9}$$

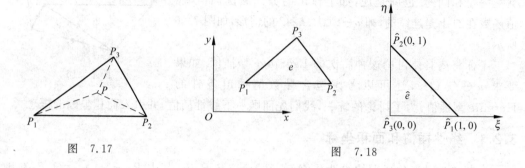

图 7.17　　　　　　　　　　　　　　　　　　图 7.18

给出了 $P(x,y)$ 可以确定 $L_1$、$L_2$ 和 $L_3$. 相反地,如果我们给出了满足 $L_1 + L_2 + L_3 = 1$ 的三个非负实数 $L_1$、$L_2$ 和 $L_3$,则按照面积比的关系,可以惟一确定点 $P(x,y)$. 所以我们称 $(L_1, L_2, L_3)$ 为 $P$ 点的**面积坐标**. 这三个数只有两个是独立的,而且它们和平面直角坐标系位置的选取是无关的. 所以采用面积坐标往往有很多方便.

如果我们作 $x, y$ 平面到 $\xi, \eta$ 平面的坐标变换:

$$\begin{cases} \xi = L_1(x,y), \\ \eta = L_2(x,y), \end{cases} \tag{3.10}$$

则 $x, y$ 平面上的三角形元 $e = \triangle P_1 P_2 P_3$ 变换到 $\xi, \eta$ 平面的直角三角形 $\hat{e} = \triangle \hat{P}_1 \hat{P}_2 \hat{P}_3$,其中 $\hat{P}_1(1,0), \hat{P}_2(0,1), \hat{P}_3(0,0)$,如图 7.18 所示.

由 (3.8) 式的后两个式子,可得到变换 (3.10) 式的逆变换是

$$\begin{cases} x = (x_1 - x_3)\xi + (x_2 - x_3)\eta + x_3, \\ y = (y_1 - y_3)\xi + (y_2 - y_3)\eta + y_3. \end{cases}$$

由此可以求出 $\dfrac{\partial x}{\partial \xi}, \dfrac{\partial y}{\partial \xi}, \dfrac{\partial x}{\partial \eta}$ 和 $\dfrac{\partial y}{\partial \eta}$,从而计算出变换的 Jacobi 行列式

$$\left| \frac{\partial(x,y)}{\partial(\xi,\eta)} \right| = 2\Delta_e.$$

以后在 $x, y$ 平面上的单元 $\triangle P_1 P_2 P_3$ 上的计算,可以通过变换 (3.10) 式,变换到 $\xi, \eta$ 平面上的标准三角形 $\hat{e}$ 上计算,例如

$$\iint\limits_e F(L_1(x,y), L_2(x,y), L_3(x,y)) \mathrm{d}x \mathrm{d}y = \iint\limits_{\hat{e}} F(\xi, \eta, 1 - \xi - \eta) \left| \frac{\partial(x,y)}{\partial(\xi,\eta)} \right| \mathrm{d}\xi \mathrm{d}\eta$$

$$= 2\Delta_e \int_0^1 \left\{ \int_0^{1-\xi} F(\xi, \eta, 1 - \xi - \eta) \mathrm{d}\eta \right\} \mathrm{d}\xi. \tag{3.11}$$

作为具体的例子,可以算出

$$\iint_e L_1^{\lambda_1} L_2^{\lambda_2} L_3^{\lambda_3} \, \mathrm{d}x\mathrm{d}y = \frac{\lambda_1!\lambda_2!\lambda_3!}{(\lambda_1+\lambda_2+\lambda_3+2)!} \cdot 2\Delta_e, \tag{3.12}$$

其中 $\lambda_1$, $\lambda_2$ 和 $\lambda_3$ 是非负的整数. (3.12)式在有限元计算中是十分有用的,作为习题留给读者验证.

### 3.2.2  二次插值

如上所述,作三角形上的二次插值需要 6 个节点,取为 $e$ 的三个顶点和三边中点,对应标准单元 $\hat{e}$ 亦类似,节点编号如图 7.19.

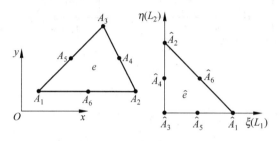

图    7.19

$e$ 上各节点的面积坐标 $(L_1,L_2,L_3)$ 分别为 $A_1(1,0,0), A_2(0,1,0), A_3(0,0,1),$ $A_4\left(0,\frac{1}{2},\frac{1}{2}\right), A_5\left(\frac{1}{2},0,\frac{1}{2}\right), A_6\left(\frac{1}{2},\frac{1}{2},0\right)$. 我们在 $\hat{e}$ 上作出 6 个二次插值基函数 $N_i(\xi,\eta), i=1,\cdots,6$,它们是 $\xi,\eta$ 的二次式,或写成 $L_1,L_2,L_3$ 的表示式,其中 $L_1,L_2$ 是独立的,$L_3=1-L_1-L_2$. 基函数满足

$$N_i(A_j) = \delta_{ij} = \begin{cases} 0, & i \neq j, \\ 1, & i = j, \end{cases} \quad i,j = 1,2,\cdots,6.$$

$N_i$ 的式子很容易定出. 例如,$N_1$ 应在过 $\hat{A}_2, \hat{A}_4$ 和 $\hat{A}_3$ 的直线 $L_1=0$ 上应为零,在过 $\hat{A}_6$ 和 $\hat{A}_5$ 的直线 $L_1=\frac{1}{2}$ 上也为零,所以可设二次式 $N_1=cL_1\left(L_1-\frac{1}{2}\right)$,再用 $N_1(\hat{A}_1)=1$ 定常数 $c$,得到 $c=2$. 同理可定出 $N_2$ 至 $N_6$,我们有

$$N_1 = L_1(2L_1-1), \quad N_2 = L_2(2L_2-1), \quad N_3 = L_3(2L_3-1),$$
$$N_4 = 4L_2L_3, \qquad\qquad N_5 = 4L_3L_1, \qquad\qquad N_6 = 4L_1L_2.$$

如果插值函数 $u_h$ 在节点上的值为 $u_i(i=1,2,\cdots,6)$,则有

$$u_h = \sum_{i=1}^{6} u_i N_i.$$

可以利用此式计算单元刚度矩阵,进而完成有限元的计算.

### 3.2.3　三次插值

如图 7.20 那样将节点编号,其中节点是按图 7.15 的方式选取的. 各点的面积坐标不难写出,对应各节点的插值基函数是

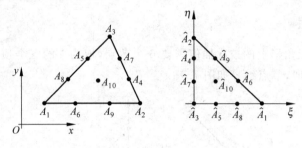

图　7.20

$$N_i = \frac{L_i}{2}(3L_i - 1)(3L_i - 2), \quad i = 1, 2, 3,$$

$$N_4 = \frac{9}{2}L_2L_3(3L_2 - 1), \qquad N_5 = \frac{9}{2}L_3L_1(3L_3 - 1),$$

$$N_6 = \frac{9}{2}L_1L_2(3L_1 - 1), \qquad N_7 = \frac{9}{2}L_2L_3(3L_3 - 1),$$

$$N_8 = \frac{9}{2}L_3L_1(3L_1 - 1), \qquad N_9 = \frac{9}{2}L_1L_2(3L_2 - 1), \quad N_{10} = 27L_1L_2L_3.$$

除了二、三次插值外,还可以考虑三角形元上更高次的插值. 但在每个元上用到的节点就更多了. 例如,五次插值就要用 21 个节点. 我们注意到,如果被插值函数本身就是一个 $k$ 次的多项式,对它作分片 $k$ 次多项式插值逼近,得到的分片 $k$ 次插值多项在每个元上和被插值函数完全重合. 我们说这种插值对 $k$ 次多项式是准确的.

还可以考虑受限制的多项式. 例如,三次插值中去掉三角形形心的插值点,保留每条边上的四个插值点,仍可保证相邻单元之间插值函数的连续性. 但是少了一个插值点,即只有 9 个插值点,不能保证插值对三次多项式是准确的. 我们可以要求它对二次多项式是准确的,这样多一个条件来定插值多项式. 得到的多项式称为受限制的三次插值多项式,具体的计算方法在这里就不列出了.

如果要求插值函数在 $\overline{\Omega}$ 有 $C^1(\overline{\Omega})$ 连续性,可以考虑 Hermite 型插值,例如分片三次 Hermite 插值. 要在一个三角形元上确定一个三次多项式,共有 10 项,需要确定 10 个系数. 这可以由三个顶点上的函数值和各两个一阶偏导数值,加上在三角形形心上的函数,共 10 个条件来确定三次插值函数,这就是分片三次 Hermite 插值. 基函数的写法请参阅文献[4].

## 3.3 二维问题的矩形元

除了三角形单元以外,二维问题中矩形单元也有广泛的应用. 我们把区域 $\Omega$ 剖分为若干矩形单元的组合,每个单元如图 7.21 所示,其中 $(x_c, y_c)$ 为矩形的形心,而单元的边界都是平行于坐标轴的.

作变换

$$\xi = \frac{2(x - x_c)}{x_2 - x_1}, \quad \eta = \frac{2(y - y_c)}{y_2 - y_1}.$$

我们就把 $x, y$ 平面上的矩形单元 $e$ 变换到 $\xi, \eta$ 平面上的标准单元 $\hat{e}$, 如图 7.21 所示,称 $(\xi, \eta)$ 为**局部坐标**. 我们在 $\hat{e}$ 上讨论 Lagrange 型和 Hermite 型插值函数.

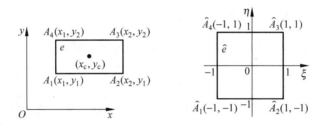

图 7.21

### 3.3.1 双线性插值

矩形单元上最简单的多项式插值是双线性插值. 它对变量 $x$ 和 $y$ 分别是线性插值,在单元上的插值函数则是它们的乘积,其各项相当于下面矩阵乘积的各元素:

$$\begin{bmatrix} 1 \\ x \end{bmatrix} \begin{bmatrix} 1 & y \end{bmatrix} = \begin{bmatrix} 1 & y \\ x & xy \end{bmatrix}.$$

也就是说,**双线性插值**式共有四项,即

$$u_h(x, y) = a + bx + cy + dxy.$$

当 $x$ 固定时,它是 $y$ 的一次多项式,当 $y$ 固定时,它是 $x$ 的一次多项式. 它共有四个系数,可以令矩形的四个顶点为插值点,以插值点上 $u_h(x, y)$ 的函数值为插值条件确定四个系数. 在 $\xi, \eta$ 坐标系中也完全类似.

下面我们在局部坐标中讨论插值问题. 双线插值的基函数是对应的一维局部坐标系下线性插值基函数的乘积:

$$\begin{cases} N_1 = \dfrac{1}{4}(1-\xi)(1-\eta), \\[2mm] N_2 = \dfrac{1}{4}(1+\xi)(1-\eta), \\[2mm] N_3 = \dfrac{1}{4}(1+\xi)(1+\eta), \\[2mm] N_4 = \dfrac{1}{4}(1-\xi)(1+\eta). \end{cases} \tag{3.13}$$

不难验证

$$N_i(\hat{A}_j) = \delta_{ij}, \quad i,j = 1,2,3,4.$$

如果记 $\hat{A}_i$ 的坐标为 $(\xi_i, \eta_i)$,则(3.13)式的四个式子可以统一写成

$$N_i = \frac{1}{4}(1+\xi_i\xi)(1+\eta_i\eta), \quad i = 1,2,3,4. \tag{3.14}$$

记 $A_i$ 上插值函数 $u_h(x,y)$ 的值为 $u_i(i=1,2,3,4)$,则在矩形单元 $e$ 上有

$$u_h(x,y) = \sum_{i=1}^{4} u_i N_i.$$

由于在每个矩形元的边界上,上式的 $u_h(x,y)$ 是 $x$ 或 $y$ 的一次函数,它由此边界上两节点的函数值惟一确定.因此,分片双线性插值函数在相邻两个元的共同边界上是连续的,我们得到 $u_h \in C(\overline{\Omega})$.

在 $x,y$ 平面的区域 $\overline{\Omega}$,试探函数空间的基函数 $\phi_i(x,y)$ 在第 $i$ 个节点上的值是 1,在其余节点上的值为 0.它在包含第 $i$ 个节点的单元(最多四个)上,分别是单元插值基函数 $N_i$ 中的一个.

### 3.3.2  双二次插值

**双二次插值**函数共有 9 项,它们对应下式右边矩阵的各元素:

$$\begin{bmatrix} 1 \\ x \\ x^2 \end{bmatrix} \begin{bmatrix} 1 & y & y^2 \end{bmatrix} = \begin{bmatrix} 1 & y & y^2 \\ x & xy & xy^2 \\ x^2 & x^2 y & x^2 y^2 \end{bmatrix}.$$

一般的双二次插值函数可写成这 9 项的线性组合,所以要在矩形单元 $e$ 上取 9 个节点来确定 9 个系数.易见这样的插值函数当 $x$ 固定时是 $y$ 的二次函数,而当 $y$ 固定时是 $x$ 的二次函数.

在 $\xi, \eta$ 平面上的标准单元 $\hat{e}$,我们取 9 个节点如图 7.22 所示.对应各节点的基函数分别是:

$$N_1 = \frac{1}{4}\xi\eta(\xi-1)(\eta-1), \quad N_2 = \frac{1}{4}\xi\eta(\xi+1)(\eta-1),$$

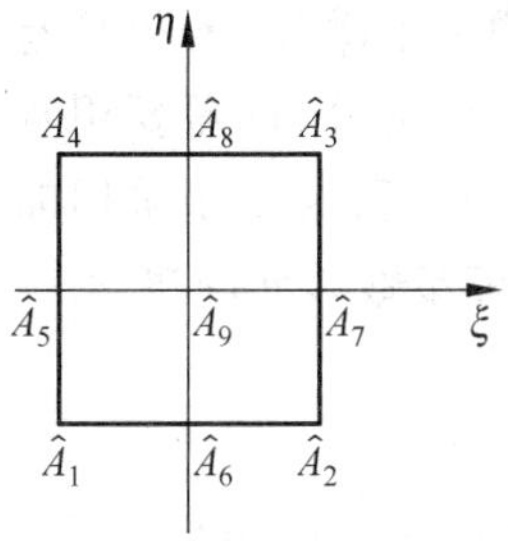

$$N_3 = \frac{1}{4}\xi\eta(\xi+1)(\eta+1), \quad N_4 = \frac{1}{4}\xi\eta(\xi-1)(\eta+1),$$

$$N_5 = \frac{1}{2}\xi(\xi-1)(1-\eta^2), \quad N_6 = \frac{1}{2}\eta(\eta-1)(1-\xi^2),$$

$$N_7 = \frac{1}{2}\xi(\xi+1)(1-\eta^2), \quad N_8 = \frac{1}{2}\eta(\eta+1)(1-\xi^2),$$

$$N_9 = (1-\xi^2)(1-\eta^2). \tag{3.15}$$

图 7.22

不难看到,它们满足 $N_i(\hat{A}_j) = \delta_{ij}$, $i, j = 1, 2, \cdots, 9$. 而且每个 $N_i$ 都是对应一维的二次插值基函数的乘积.

经常应用的还有一种**不完全的双二次插值**. 如果我们在标准矩形元去掉内部节点 $\hat{A}_9$, 对应在双二次插值式的 9 项中去掉 $x^2 y^2$ 项, 就可有不完全的双二次式. 这种 8 个节点的不完全双二次插值的基函数是

$$N_1 = -\frac{1}{4}(1-\xi)(1-\eta)(1+\xi+\eta), \quad N_2 = -\frac{1}{4}(1+\xi)(1-\eta)(1-\xi+\eta),$$

$$N_3 = -\frac{1}{4}(1+\xi)(1+\eta)(1-\xi-\eta), \quad N_4 = -\frac{1}{4}(1-\xi)(1+\eta)(1+\xi-\eta),$$

$$N_5 = \frac{1}{2}(1-\eta^2)(1-\xi), \quad N_6 = \frac{1}{2}(1-\xi^2)(1-\eta),$$

$$N_7 = \frac{1}{2}(1-\eta^2)(1+\xi), \quad N_8 = \frac{1}{2}(1-\xi^2)(1+\eta).$$

$$\tag{3.16}$$

可以证明,完全的和不完全的双二次插值对二次多项式函数都是准确的.

### 3.3.3 Hermite 插值

可以在矩形 $e$ 的四个顶点 $A_1, A_2, A_3$ 和 $A_4$ 分别给定函数值,两个一阶偏导数值和二阶混合偏导数值,共 16 个条件,确定一个双三次完全多项式的 16 个系数. 可以证明这样作出的分片 Hermite 插值有 $C^1(\overline{\Omega})$ 连续性,它的基函数可以通过一维 Hermite 插值基函数的乘积得到,这里不再列出.

也可以考虑不完全的双三次多项式插值,我们在 $A_1, A_2, A_3$ 和 $A_4$ 分别去掉二阶混合偏导数的条件,对应去掉双三次式中 $x^3 y^3, x^2 y^3, x^3 y^2$ 和 $x^2 y^2$ 项,这样作出的分片插值函数在单元的边界上法向导数是间断的,但仍属 $C(\overline{\Omega})$. 这种单元称为 Adini 单元,有广泛的应用.

## 3.4 等参数单元

以上介绍了二维问题三角形单元和矩形单元的应用. 三角形单元剖分很简便灵活,是常用的方法. 但是如果只是作线性插值,对于需要计算导数的问题精确度较差. 用矩形单元作剖分,如果要计算导数,它的效果比三角形单元剖分要好些. 但是任意区域 $\Omega$ 作矩形

剖分的适应性要差些. 因此可以考虑把两者结合起来, 考虑任意四边形的单元, 希望具有两者的优点. 此外, 对于任意区域 $\Omega$ 来说, 不论是三角形剖分还是矩形剖分, 都需要用直线段代替 $\Omega$ 的曲线边界来得到 $\Omega$ 的近似区域, 有时人们会不满意这种近似. 如果采用曲线边界的单元, 会得到 $\Omega$ 更好的近似区域. 基于以上考虑, 下面引入**等参数单元**的概念.

### 3.4.1　任意四边形单元

任意四边形单元具有三角形单元和矩形单元的优点. 我们讨论在任意四边形单元 $e$ 上怎样构造插值函数的问题. 例如, 在图 7.23 所示的单元 $e$ 上, 能否作双线性插值(插值函数形式为 $a+bx+cy+dxy$)呢? 我们看四边形 $e$ 上的一条边 $\overline{A_1A_2}$, 它所在直线的方程可以写成 $y=kx+m$, 一般 $k\neq 0$. 将 $y$ 代入双线性式, 得到 $x$ 的一个二次式, 它并不由 $A_1$ 和 $A_2$ 两点的函数值完全确定, 所以每个单元上这样的插值不能保证分片插值函数的 $C(\overline{\Omega})$ 连续性.

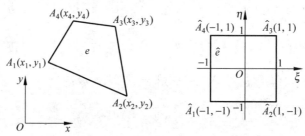

图　7.23

但是我们可以考虑 $(x,y)$ 至 $(\xi,\eta)$ 一对一的可逆变换

$$\begin{cases} x=x(\xi,\eta), \\ y=y(\xi,\eta), \end{cases} \tag{3.17}$$

使得 $e$ 变换到 $\xi,\eta$ 平面的标准正方形 $\hat{e}$, 然后在 $\hat{e}$ 上作双线性插值, 据上一段的(3.14)式, 插值基函数为

$$N_i=\frac{1}{4}(1+\xi_i\xi)(1+\eta_i\eta), \quad i=1,2,3,4.$$

插值公式是

$$u_h=\sum_{i=1}^{4} u_i N_i(\xi,\eta), \quad (\xi,\eta)\in\hat{e}. \tag{3.18}$$

根据(3.18)式可以在标准单元 $\hat{e}$ 上进行计算.

要求变换(3.17)式是可逆的, 也就是要求它的 Jacobi 行列式

$$|J|=\left|\frac{\partial(x,y)}{\partial(\xi,\eta)}\right|\neq 0.$$

当然,满足此要求的变换(3.17)式有很多种取法,但是我们通常还是取 $x(\xi,\eta)$ 和 $y(\xi,\eta)$ 为 $\xi,\eta$ 的多项式. 如果我们考虑插值公式(3.18)对一次多项式是准确的,我们可以取变换(3.17)式为

$$\begin{cases} x = \sum_{i=1}^{4} x_i N_i(\xi,\eta), \\ y = \sum_{i=1}^{4} y_i N_i(\xi,\eta). \end{cases} \tag{3.19}$$

可以验证在变换(3.19)式下,$\hat{e}$ 变换为 $e$. 例如,看 $\hat{e}$ 的边 $\overline{\hat{A}_1\hat{A}_2}$,它在 $\xi,\eta$ 坐标系下方程为 $\eta=-1$. 在变换(3.19)式下,有

$$\begin{cases} x = \sum_{i=1}^{4} x_i N_i(\xi,-1), \\ y = \sum_{i=1}^{4} y_i N_i(\xi,-1). \end{cases}$$

而 $N_i(\xi,\eta)$ 是 $\xi,\eta$ 的双线性函数,当 $\eta$ 固定为 $-1$ 时,$N_i(\xi,-1)$ 是 $\xi$ 的线性函数,所以上面两个式子确定了 $x$ 和 $y$ 的一个线性关系,这就说明了 $\overline{\hat{A}_1\hat{A}_2}$ 变换到了 $x,y$ 平面上的直线段. 再验证 $\hat{A}_1(-1,1)$ 在(3.19)式下变换至 $A_1(x_1,y_1)$,$\hat{A}_2(1,-1)$ 变换至 $A_2(x_2,y_2)$ 即可. 同理可以验证 $\hat{e}$ 和 $e$ 其他边的变换关系.

其次,我们验证变换是可逆的. 考察 Jacobi 行列式

$$|J| = \left| \frac{\partial(x,y)}{\partial(\xi,\eta)} \right| = \begin{vmatrix} \sum_i x_i \dfrac{\partial N_i}{\partial \xi} & \sum_i y_i \dfrac{\partial N_i}{\partial \xi} \\ \sum_i x_i \dfrac{\partial N_i}{\partial \eta} & \sum_i y_i \dfrac{\partial N_i}{\partial \eta} \end{vmatrix},$$

利用 $N_i$ 的表示式分别对 $\xi$ 和 $\eta$ 求偏导,代入得

$$|J| = \begin{vmatrix} \dfrac{1}{4}\sum_i x_i\xi_i + \left(\dfrac{1}{4}\sum_i x_i\xi_i\eta_i\right)\eta & \dfrac{1}{4}\sum_i y_i\xi_i + \left(\dfrac{1}{4}\sum_i y_i\xi_i\eta_i\right)\eta \\ \dfrac{1}{4}\sum_i x_i\eta_i + \left(\dfrac{1}{4}\sum_i x_i\xi_i\eta_i\right)\xi & \dfrac{1}{4}\sum_i y_i\eta_i + \left(\dfrac{1}{4}\sum_i y_i\xi_i\eta_i\right)\xi \end{vmatrix}$$

$$= \begin{vmatrix} \dfrac{1}{4}\sum_i x_i\xi_i & \dfrac{1}{4}\sum_i y_i\xi_i \\ \dfrac{1}{4}\sum_i x_i\eta_i & \dfrac{1}{4}\sum_i y_i\eta_i \end{vmatrix} + \begin{vmatrix} \dfrac{1}{4}\sum_i x_i\xi_i & \dfrac{1}{4}\sum_i y_i\xi_i \\ \dfrac{1}{4}\sum_i x_i\xi_i\eta_i & \dfrac{1}{4}\sum_i y_i\xi_i\eta_i \end{vmatrix}\xi$$

$$+ \begin{vmatrix} \dfrac{1}{4}\sum_i x_i\xi_i\eta_i & \dfrac{1}{4}\sum_i y_i\xi_i\eta_i \\ \dfrac{1}{4}\sum_i x_i\eta_i & \dfrac{1}{4}\sum_i y_i\eta_i \end{vmatrix}\eta.$$

所以 $|J|$ 是 $\xi,\eta$ 的一次函数. 我们只要验证在 $\hat{e}$ 的四个顶点上 $|J|$ 是同号的, 就可以保证在 $\hat{e}$ 上 $|J|\neq0$. 例如, 令 $\xi=-1,\eta=-1$, 可以计算出

$$|J(\hat{A}_1)|=\frac{1}{4}\begin{vmatrix} x_2-x_1 & y_2-y_1 \\ x_4-x_1 & y_4-y_1 \end{vmatrix}=\frac{1}{4}|\overrightarrow{A_1A_2}||\overrightarrow{A_2A_4}|\sin\theta_1,$$

其中 $\theta_1$ 是 $e$ 在顶点 $A_1$ 的内角. 同理, $|J(\hat{A}_2)|,|J(\hat{A}_3)|$ 和 $|J(\hat{A}_4)|$ 也可分别写成含有 $\sin\theta_2,\sin\theta_3$ 和 $\sin\theta_4$ 的式子. 这样, 要 $|J(\hat{A}_i)|(i=1,2,3,4)$ 同号, 就要 $\sin\theta_i(i=1,2,3,4)$ 同号, 其充分必要条件是 $0<\theta_i<\pi(i=1,2,3,4)$. 所以如果四边形 $e$ 是一个凸四边形, 则有 $|J|\neq0$, 变换 (3.19) 式是可逆的.

我们通过变换式 (3.19) 将标准正方形 $\hat{e}$ 和任意四边形 $e$ 对应起来. 变换式 (3.19) 的逆变换式子比较复杂, 将会出现无理函数. 不过我们将有限元计算在标准单元 $\hat{e}$ 上进行, 而不必换回在 $e$ 上进行计算.

### 3.4.2　等参数单元的概念和例

以上任意四边形单元 $e$ 变换到标准单元 $\hat{e}$ 的例子有一个特点, 就是插值函数式 (3.18) 和坐标变换式 (3.19) 的形式是相同的, 它们都以节点的值为参数, 参数的数目是相同的, 采用的基函数也相同, 具有这种形式的单元称为**等参数单元**, 变换式 (3.19) 称为**等参数变换**. 上面介绍的任意四边形单元的例子称为**四节点四边形等参数单元**. 还有很多其他等参数单元的例子.

#### 例 3.2　八节点四边形等参数单元

考虑四边形单元上的不完全双二次插值, 在标准单元 $\hat{e}$ 上, 不完全双二次插值的基函数由 (3.16) 式给出. 在 $\hat{e}$ 上的插值公式是

$$u_h=\sum_{i=1}^{8}u_iN_i(\xi,\eta),$$

其中 $u_i$ 是各节点上 $u_h(\xi,\eta)$ 的函数值. 按照等参数变换的概念, $(\xi,\eta)$ 至 $(x,y)$ 的坐标变换取为

$$\begin{cases} x=\sum_{i=1}^{8}x_iN_i(\xi,\eta), \\ y=\sum_{i=1}^{8}y_iN_i(\xi,\eta), \end{cases}$$

其中 $N_i(\xi,\eta)(i=1,\cdots,8)$ 如 (3.16) 式所示. 可以看到, 对应于 $\xi,\eta$ 平面的单元 $\hat{e}$, 在 $x,y$ 平面的等参数单元 $e$ 的四条边都是二次曲线段, $e$ 是一个曲边的四边形. 只要把节点 $A_i(i=1,\cdots,8)$ 确定, 就可以作出这样的曲边四边形单元. 如图 7.24.

等参数单元有很多应用. 标准单元除选为正方形外, 也可以选取为直角三角形. 例如, 如图 7.19 所示的单元 $\hat{e}$, 对应的二次等参数三角形单元的坐标变换公式为

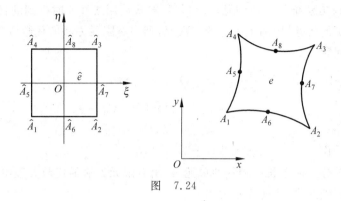

图　7.24

$$\begin{cases} x = x_1 L_1(2L_1 - 1) + x_2 L_2(2L_2 - 1) + x_3 L_3(2L_3 - 1) \\ \qquad + x_4 \cdot 4L_2 L_3 + x_5 \cdot 4L_3 L_1 + x_6 \cdot 4L_1 L_2, \\ y = y_1 L_1(2L_1 - 1) + y_2 L_2(2L_2 - 1) + y_3 L_3(2L_3 - 1) \\ \qquad + y_4 \cdot 4L_2 L_3 + y_5 \cdot 4L_3 L_1 + y_6 \cdot 4L_1 L_2, \end{cases}$$

它将 $\xi, \eta$ 平面上的标准直角三角形变换到 $x, y$ 平面上的一个曲边三角形,式中 $\xi = L_1$, $\eta = L_2, L_3 = 1 - \xi - \eta$.

# 习　　题

1. 对两点边值问题

$$\begin{cases} -\dfrac{\mathrm{d}^2 u}{\mathrm{d}x^2} = 2, & 0 < x < 1, \\ u(0) = 0, & u'(1) = 0, \end{cases}$$

取分段线性插值函数为试探函数,求下列情况下有限元方法形成的代数方程组.

(1) 将 $[0, 1]$ 剖分为五个长度相等的单元.

(2) 将 $[0, 1]$ 剖分为四个单元,节点分别是 $x = 0, \dfrac{1}{8}, \dfrac{1}{4}, \dfrac{1}{2}$ 和 1.

2. 同第 1 题的问题,当 $[0, 1]$ 剖分为两个及三个长度相等的单元时,求 $x = \dfrac{1}{4}$ 时 $u$ 的值.

3. 用四个长度相等的线性元求解边值问题

$$\begin{cases} -\dfrac{\mathrm{d}^2 u}{\mathrm{d}x^2} = \mathrm{e}^x, & 0 < x < 1, \\ u(0) = 0, & u(1) = 0. \end{cases}$$

4. 在边值问题 (1.1),(1.2) 式中,设 $p, q$ 为常数,对均匀剖分的情况(即 $x_i - x_{i-1} = h$),使用线性元,试列出有限元方程组的总刚度矩阵.

5. 试用 Ritz 方法推导边值问题(1.1),(1.2)式使用线性元时得到的代数方程组.

6. 对习题 1 的问题,用两个等分的二次元,列出有限元方法的代数方程组.

7. 对边值问题

$$\begin{cases} -\dfrac{\mathrm{d}^2 u}{\mathrm{d}x^2} = x, & 0 < x < 1, \\ u(0) = 1, & u'(1) + 2u(1) = 3, \end{cases}$$

使用三次 Hermite 元.

(1) 将[0,1]作为一个单元,求节点上 $u, u'$ 之值.

(2) 将[0,1]分为两个长度相等的单元,列出有限元方法的代数方程组.

8. 有弹性基础的梁,势能表示为

$$J(u) = \frac{1}{2}\int_0^l \left[ EI\left(\frac{\mathrm{d}^2 u}{\mathrm{d}x^2}\right)^2 + ku^2 + 2fu \right]\mathrm{d}x,$$

试用 Hermite 元,列出单元刚度矩阵和单元荷载向量.

9. 如图 7.25 所示的长方形区域分为 20 个三角形单元,试讨论两种节点编号方法对总刚度矩阵带宽的影响.

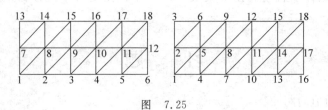

图　7.25

10. 验证三角形单元 $e$ 的面积为

$$\Delta_e = \frac{1}{2}\begin{vmatrix} x_i & y_i & 1 \\ x_j & y_j & 1 \\ x_m & y_m & 1 \end{vmatrix}.$$

11. 设 $L_1, L_2$ 和 $L_3$ 为三角形单元 $e$ 上的面积坐标,试验证

$$\iint_e L_1^{\lambda_1} L_2^{\lambda_2} L_3^{\lambda_3} \,\mathrm{d}x\mathrm{d}y = \frac{\lambda_1!\lambda_2!\lambda_3!}{(\lambda_1 + \lambda_2 + \lambda_3 + 2)!} \cdot 2\Delta_e,$$

其中 $\lambda_1, \lambda_2, \lambda_3$ 为非负整数.

12. 对边值问题

$$\begin{cases} -\Delta u = f, & (x,y) \in \Omega, \\ \dfrac{\partial u}{\partial \boldsymbol{n}} + \alpha u = g, & (x,y) \in \partial\Omega, \end{cases}$$

(其中 $\alpha = \alpha(x,y) \geqslant 0, \alpha(x,y) \not\equiv 0$). 若用三角形线性单元求解,试证得到的总刚度矩阵是一个对称正定矩阵.

13. 对第一边值问题

$$\begin{cases} -\Delta u = f, & (x,y) \in \Omega, \\ u = 0, & (x,y) \in \partial\Omega, \end{cases}$$

证明上题的结论.

14. 在正方形上给出边值问题

$$\begin{cases} -\Delta u = 2(x+y)-4, & 0 < x < 1, 0 < y < 1, \\ u(0,y) = y^2, & u(x,0) = x^2, \\ u(1,y) = 1-y, & u(x,1) = 1-x, \end{cases}$$

用如图 7.26 所示的四个双线性矩形单元,求其有限元解.

15. 上题的边值问题,考虑到解关于 $x=y$ 的对称性,用图 7.27 所示的四个三角形线性单元,求其有限元解.在边界 $x=y$ 上,给出边界条件 $\dfrac{\partial u}{\partial \boldsymbol{n}}=0$, $\boldsymbol{n}$ 为此边界的外法向.

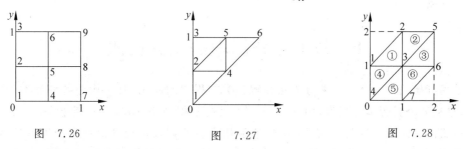

图　7.26　　　　　　　　图　7.27　　　　　　　　图　7.28

16. 如图 7.28 各点坐标依次为 $(0,1),(1,2),(1,1),(0,0),(2,2),(2,1),(1,0)$.边值问题为

$$\begin{cases} -\Delta u = 1, & \text{在区域内}, \\ \dfrac{\partial u}{\partial \boldsymbol{n}} = 0, & \text{在 } \Gamma_{12}, \Gamma_{25}, \Gamma_{67}, \Gamma_{74}, \\ u = y, & \text{在 } \Gamma_{14}, \\ \dfrac{\partial u}{\partial \boldsymbol{n}} + u = 1, & \text{在 } \Gamma_{56}. \end{cases}$$

使用线性元,计算各单元的单元刚度矩阵及单元荷载向量,并写出总刚度矩阵和总荷载向量.

17. 试用 Ritz 方法推导使用三角形线性单元解 Poisson 方程第一边值问题得到的代数方程组.

18. 对于三维 Poisson 方程轴对称的第一边值问题,使用三角形线性单元,试推导有限元方法的代数方程组.

19. 分别用矩形双线性元和分点不完全双二次元,推导算子 $-\Delta$ 的单元刚度矩阵.

# 第8章  其他一些课题

以上几章我们分别介绍了差分方法在双曲型、抛物型和椭圆型方程中的应用,以及线性椭圆型方程的变分原理和有限元方法,其中包括了一些最基本的理论和计算方法.本章将介绍一些其他有关偏微分方程数值解的问题.包括应用变分原理来列差分格式,有限元方法用于抛物型方程和一些非线性问题,特征值问题的变分原理和有限元方法.最后介绍近年来流行的边界元方法和多重网格方法.这些介绍都是十分简单的,有些介绍只能起提出问题的作用.至于详细的讨论和用于各种实际问题的具体计算方法,有兴趣的读者请参阅有关文献.

## 1  基于变分原理的差分格式

本书开始的几章介绍了差分方法在解各类方程中的应用.其中构造各种类型的差分格式,是从微分方程本身出发,用 Taylor 展开等方法得到差分方程.本节介绍另一种构造差分格式的方法,与以前方法有所不同,它利用变分原理及构造基函数来产生差分格式.下面将利用 Galerkin 变分原理构造差分格式,通过一维和二维问题的简单例子来说明这种方法.

### 1.1  一维问题

考虑自伴型的边值问题

$$\begin{cases} -\dfrac{\mathrm{d}}{\mathrm{d}x}\Big(p(x)\dfrac{\mathrm{d}u}{\mathrm{d}x}\Big)+q(x)u(x)=f(x), & x\in(0,1), \\ u(0)=0, \quad u(1)=0. \end{cases} \tag{1.1}$$

其中 $p(x)\geqslant p_0>0,q(x)\geqslant 0$.为了推导差分格式,首先剖分区间$[0,1]$,为此引入节点 $0=x_0<x_1<\cdots<x_{N+1}=1$.对于 $k=1,2,\cdots,N$,定义如下的函数

$$\omega_k(x)=\begin{cases} 0, & x\in[0,x_{k-1}], \\ \dfrac{x-x_{k-1}}{x_k-x_{k-1}}, & x\in(x_{k-1},x_k], \\ \dfrac{x_{k+1}-x}{x_{k+1}-x_k}, & x\in(x_k,x_{k+1}], \\ 0, & x\in(x_{k+1},1]. \end{cases}$$

其实 $\omega_k(x)$ 就是第 7 章 (1.7) 式所定义的基函数,它们的图形如图 7.2 所示,只是去掉了那组基函数中对应边界点的两个函数,这是由于边值问题 (1.1) 中齐次边界条件的缘故. 如果令 $S_h = \mathrm{span}\{\omega_1, \omega_2, \cdots, \omega_N\}$,即由 $\{\omega_k\}$ 张成的空间,它是由满足齐次边界条件,且一切非光滑点都在节点上的分段线性连续函数所构成的. $\{\omega_k\}$ 就是 $S_h$ 的一组基函数. 对一切 $u \in S_h$,都有

$$u(x) = \sum_{j=1}^{N} u_j \omega_j(x), \tag{1.2}$$

其中 $u_j = u(x_j), j = 1, \cdots, N$. 以下我们就设边值问题 (1.1) 的近似解 $u \in S_h$.

注意到 $\{\omega_k\}$ 有某种形式的正交性质. 如果考虑函数空间的内积为

$$(g, h) = \int_0^1 g(x) h(x) \mathrm{d}x,$$

则对于 $\{\omega_k\}$,有

$$\int_0^1 \omega_k(x) \omega_l(x) \mathrm{d}x = \begin{cases} 0, & l \leqslant k-2, \\ \dfrac{1}{6} \Delta x_{k-\frac{1}{2}}, & l = k-1, \\ \dfrac{1}{3} (\Delta x_{k-\frac{1}{2}} + \Delta x_{k+\frac{1}{2}}), & l = k, \\ \dfrac{1}{6} \Delta x_{k+\frac{1}{2}}, & l = k+1, \\ 0, & l \geqslant k+2. \end{cases} \tag{1.3}$$

这里记号与第 7 章稍有不同, $\Delta x_{k+\frac{1}{2}} = x_{k+1} - x_k$, $\Delta x_{k-\frac{1}{2}} = x_k - x_{k-1}$. 由 (1.3) 式可以看出, $\omega_k(x)$ 与除 $\omega_{k-1}(x), \omega_k(x), \omega_{k+1}(x)$ 之外的全部 $\omega_l(x)$ 正交. 这是这组基函数的一个特殊性质,下面将用这些性质推导差分格式.

现在使用 Galerkin 方法. 设 $u \in S_h$,用基函数 $\omega_k$ 与 (1.1) 式的方程两边做内积运算,得到

$$\int_0^1 \left[ -\frac{\mathrm{d}}{\mathrm{d}x} \left( p(x) \frac{\mathrm{d}u}{\mathrm{d}x} \right) + q(x) u(x) - f(x) \right] \omega_k(x) \mathrm{d}x = 0.$$

利用分部积分及 $\omega_k(0) = \omega_k(1) = 0$,得到

$$\int_0^1 \left[ p \frac{\mathrm{d}u}{\mathrm{d}x} \frac{\mathrm{d}\omega_k}{\mathrm{d}x} + (qu - f) \omega_k \right] \mathrm{d}x = 0, \tag{1.4}$$

因为 $\omega_k(x)$ 只在 $[x_{k-1}, x_{k+1}]$ 上非零,所以可将 (1.4) 式改写为

$$\int_{x_{k-1}}^{x_{k+1}} \left[ p \frac{\mathrm{d}u}{\mathrm{d}x} \frac{\mathrm{d}\omega_k}{\mathrm{d}x} + (qu - f) \omega_k \right] \mathrm{d}x = 0, \tag{1.5}$$

注意到 $x \in [x_{k-1}, x_k]$ 时, $u = \sum_{j=1}^{N} u_j \omega_j = u_{k-1} \omega_{k-1} + u_k \omega_k$,因此

$$\frac{\mathrm{d}u}{\mathrm{d}x} = u_k \frac{1}{\Delta x_{k-\frac{1}{2}}} + u_{k-1}\left(-\frac{1}{\Delta x_{k-\frac{1}{2}}}\right) = \frac{1}{\Delta x_{k-\frac{1}{2}}}(u_k - u_{k-1}),$$

$$\int_{x_{k-1}}^{x_k} p \frac{\mathrm{d}u}{\mathrm{d}x} \frac{\mathrm{d}\omega_k}{\mathrm{d}x} \mathrm{d}x = \frac{p_{k-\frac{1}{2}}}{\Delta x_{k-\frac{1}{2}}}(u_k - u_{k-1}),$$

其中 $p_{k-\frac{1}{2}}$ 是 $p(x)$ 在 $[x_{k-1}, x_k]$ 的平均值,即

$$p_{k-\frac{1}{2}} = \frac{1}{\Delta x_{k-\frac{1}{2}}}\int_{x_{k-1}}^{x_k} p(x)\mathrm{d}x. \tag{1.6}$$

此外还可得到

$$\begin{aligned}
\int_{x_{k-1}}^{x_k} qu\omega_k \mathrm{d}x &= \int_{x_{k-1}}^{x_k} q[u_k\omega_k + u_{k-1}\omega_{k-1}]\omega_k \mathrm{d}x \\
&= u_k \int_{x_{k-1}}^{x_k} q\omega_k\omega_k \mathrm{d}x + u_{k-1}\int_{x_{k-1}}^{x_k} q\omega_{k-1}\omega_k \mathrm{d}x \\
&= u_k q_{k-\frac{1}{2}}^{k,k} + u_{k-1} q_{k-\frac{1}{2}}^{k-1,k},
\end{aligned}$$

其中

$$q_{k-\frac{1}{2}}^{i,j} = \int_{x_{k-1}}^{x_k} q\omega_i\omega_j \mathrm{d}x. \tag{1.7}$$

同理有

$$\int_{x_k}^{x_{k+1}} p \frac{\mathrm{d}u}{\mathrm{d}x} \frac{\mathrm{d}\omega_k}{\mathrm{d}x} \mathrm{d}x = -\frac{p_{k+\frac{1}{2}}}{\Delta x_{k+\frac{1}{2}}}(u_{k+1} - u_k),$$

$$\int_{x_k}^{x_{k+1}} qu\omega_k \mathrm{d}x = u_k q_{k+\frac{1}{2}}^{k,k} + u_{k+1} q_{k+\frac{1}{2}}^{k,k+1},$$

其中 $p_{k+\frac{1}{2}}$ 和 $q_{k+\frac{1}{2}}^{i,j}$ 类似 (1.6) 式和 (1.7) 式. 因此,(1.5) 式就化为

$$\begin{aligned}
&\frac{p_{k-\frac{1}{2}}}{\Delta x_{k-\frac{1}{2}}}(u_k - u_{k-1}) - \frac{p_{k+\frac{1}{2}}}{\Delta x_{k+\frac{1}{2}}}(u_{k+1} - u_k) + q_{k-\frac{1}{2}}^{k-1,k} u_{k-1} \\
&+ (q_{k-\frac{1}{2}}^{k,k} + q_{k+\frac{1}{2}}^{k,k})u_k + q_{k+\frac{1}{2}}^{k,k+1} u_{k+1} = F_k, \quad k = 1,2,\cdots,n,
\end{aligned} \tag{1.8}$$

其中

$$F_k = \int_{x_{k-1}}^{x_{k+1}} f\omega_k \mathrm{d}x. \tag{1.9}$$

(1.8) 式再补充边界条件 $u_0 = 0, u_n = 0$ 就得到完备的差分格式,它是 $u_1,\cdots,u_n$ 的三对角方程组. 当然,它和第 7 章第 1 节描述的有限元离散方法是完全等价的.

我们也可以对同样的基函数 $\{\omega_k\}$ 用 Ritz 方法得到相同的方程组,因为我们讨论的边值问题 (1.1) 是自伴型. 对于非自伴型的边值问题,Galerkin 方法的推导仍可类似进行. 进一步还可以讨论由分片高次多项式构成的基函数或由三角函数构成的基函数在 Galerkin 方法中的应用.

## 1.2 二维问题

我们用一个简单的例子来说明二维问题. 考虑 Poisson 方程的第一边值问题

$$\begin{cases} -\Delta u = f, & (x,y) \in \Omega, \\ u = 0, & (x,y) \in \partial\Omega, \end{cases} \tag{1.10}$$
$$\tag{1.11}$$

其中 $\Omega$ 为 $xy$ 平面上的正方形, 即

$$\Omega = \{(x,y) \mid 0 < x < 1, \quad 0 < y < 1\}.$$

在 $0 \leqslant x \leqslant 1$ 和 $0 \leqslant y \leqslant 1$ 上分别取 $0 = x_0 < x_1 < \cdots < x_{N+1} = 1$ 和 $0 = y_0 < y_1 < \cdots < y_{N+1} = 1$. 利用直线 $x = x_k (k = 0,1,\cdots,N+1)$ 和 $y = y_l (l = 0,1,\cdots,N+1)$ 就可以把区域 $\Omega$ 剖分好了. 用 $\Omega_h$ 表示 $\Omega$ 内网格点的集合:

$$\Omega_h = \{(x_k, y_l) \mid k,l = 1,2,\cdots,N\}.$$

下面构造试探函数空间 $S_h$, 令

$$\omega_{x,k}(x) = \begin{cases} \dfrac{x - x_{k-1}}{x_k - x_{k-1}}, & x \in [x_{k-1}, x_k], \\[2mm] \dfrac{x - x_{k+1}}{x_k - x_{k+1}}, & x \in (x_k, x_{k+1}], \quad k = 1,2,\cdots,N, \\[2mm] 0, & \text{其他} \end{cases} \tag{1.12}$$

$$\omega_{y,l}(y) = \begin{cases} \dfrac{y - y_{l-1}}{y_l - y_{l-1}}, & y \in [y_{l-1}, y_l], \\[2mm] \dfrac{y - y_{l+1}}{y_l - y_{l+1}}, & y \in (y_l, y_{l+1}], \quad l = 1,2,\cdots,N, \\[2mm] 0, & \text{其他}, \end{cases} \tag{1.13}$$

并且定义

$$\omega_{kl}(x,y) = \omega_{x,k}(x)\omega_{y,l}(y), \quad k,l = 1,2,\cdots,N. \tag{1.14}$$

因为 $\{\omega_{kl}\}$ 是线性无关的函数列, 把由 $\{\omega_{kl}\}$ 张成的函数空间记为 $S_h$, 即 $S_h$ 是由 $\{\omega_{kl}\}$ 所有线性组合的全体所构成, 在其中, $\{\omega_{kl}\}$ 就是 $S_h$ 的一组基. 边值问题 (1.10) 式, (1.11) 式的近似解 $u_h$ 就取为 $S_h$ 中的函数:

$$u_h(x,y) = \sum_{(x_i,y_i) \in \Omega_h} u_{ij}\omega_{ij}(x,y), \tag{1.15}$$

易见系数 $u_{ij}$ 就是 $u_h$ 在 $(x_i, y_i)$ 上的值. 根据第 6 章 Galerkin 方法的讨论, 边值问题 (1.10) 式, (1.11) 式的近似变分问题取为: 求 $u_h \in S_h$, 使得

$$D(u_h, v_h) - F(v_h) = 0, \quad \forall v_h \in S_h, \tag{1.16}$$

其中

$$D(u_h, v_h) = \iint\limits_{\Omega} \nabla u_h \cdot \nabla v_h \, \mathrm{d}x\mathrm{d}y, \quad F(v_h) = \iint\limits_{\Omega} f v_h \, \mathrm{d}x\mathrm{d}y.$$

特别地,分别取 $v_h = \omega_{kl}$,$k,l = 1,2\cdots,N$,我们有

$$D(u_h, \omega_{kl}) - F(\omega_{kl}) = 0, \quad k,l = 1,2,\cdots,N. \tag{1.17}$$

将下标 $(k,l)$ 按 $(1,1),(1,2),\cdots,(1,N)$;$(2,1),(2,2),\cdots,(2,N)$;$\cdots$;$(N,1),(N,2),\cdots,(N,N)$ 的次序排列,把 $\{u_{kl}\}$ 写成向量 $\boldsymbol{u}$. 同时,令 $g_{kl} = F(\omega_{kl}) = \iint\limits_{\Omega} f\omega_{kl}\,\mathrm{d}x\mathrm{d}y$,也按同样的次序构成向量 $\boldsymbol{g}$. 这样 $(1.17)$ 式就写成线性代数方程组

$$\boldsymbol{Au} = \boldsymbol{g}. \tag{1.18}$$

为了计算矩阵 $\boldsymbol{A}$ 的元素,把 $(1.15)$ 式代入 $(1.17)$ 式,得到

$$\sum_{i,j} u_{ij} D(\omega_{ij}, \omega_{kl}) = F(\omega_{kl}), \quad k,l = 1,2,\cdots,N.$$

记

$$a_{k,l}^{i,j} = D(\omega_{ij}, \omega_{kl}),$$

则有

$$a_{k,l}^{i,j} = \iint\limits_{\Omega}\left[\frac{\partial}{\partial x}\omega_{ij}(x,y)\frac{\partial}{\partial x}\omega_{kl}(x,y)\right]\mathrm{d}x\mathrm{d}y + \iint\limits_{\Omega}\left[\frac{\partial}{\partial y}\omega_{ij}(x,y)\frac{\partial}{\partial y}\omega_{kl}(x,y)\right]\mathrm{d}x\mathrm{d}y.$$

再记上式等号右边第 1 个积分为 $I_1$,第 2 个积分为 $I_2$,即得

$$I_1 = \iint\limits_{\Omega}\left[\omega_{y,j}(y)\omega_{y,l}(y)\left(\frac{\mathrm{d}}{\mathrm{d}x}\omega_{x,i}(x)\right)\left(\frac{\mathrm{d}}{\mathrm{d}x}\omega_{x,k}(x)\right)\right]\mathrm{d}x\mathrm{d}y,$$

$$I_2 = \iint\limits_{\Omega}\left[\omega_{x,j}(x)\omega_{x,k}(x)\left(\frac{\mathrm{d}}{\mathrm{d}y}\omega_{y,j}(y)\right)\left(\frac{\mathrm{d}}{\mathrm{d}y}\omega_{y,l}(y)\right)\right]\mathrm{d}x\mathrm{d}y.$$

注意到函数列 $\{\omega_{x,k}(x)\}$ 和 $\{\omega_{y,l}(y)\}$ 的定义及正交性质 $(1.3)$ 式,容易看到,如果 $|i-k| > 1$ 或者 $|j-l| > 1$,则有 $a_{k,l}^{i,j} = 0$. 因此,$\boldsymbol{A}$ 是三对角的分块矩阵,写成

$$\boldsymbol{A} = \begin{bmatrix} \boldsymbol{A}_{11} & \boldsymbol{A}_{12} & & & \\ \boldsymbol{A}_{21} & \boldsymbol{A}_{22} & \boldsymbol{A}_{23} & & \\ & \boldsymbol{A}_{32} & \boldsymbol{A}_{33} & \ddots & \\ & & \ddots & \ddots & \boldsymbol{A}_{N-1\,N} \\ & & & \boldsymbol{A}_{N\,N-1} & \boldsymbol{A}_{NN} \end{bmatrix},$$

其中每个子矩阵 $\boldsymbol{A}_{kl}$ 本身是三对角矩阵

$$\boldsymbol{A}_{kl} = \begin{bmatrix} a_{k,1}^{l,1} & a_{k,1}^{l,2} & & & \\ a_{k,2}^{l,1} & a_{k,2}^{l,2} & a_{k,2}^{l,3} & & \\ & a_{k,3}^{l,2} & a_{k,3}^{l,3} & \ddots & \\ & & \ddots & \ddots & a_{k,N-1}^{l,N} \\ & & & a_{k,N}^{l,N-1} & a_{k,N}^{l,N} \end{bmatrix}.$$

以下设网格是均匀的,即步长 $x_k - x_{k-1} = y_l - y_{l-1} = h$,$k,l = 1,2,\cdots,N$. 并简记

$\omega_{x,k}(x)$ 为 $\omega_k(x)$，$\omega_{y,l}(y)$ 为 $\omega_l(y)$. 我们给出 $a_{k,l}^{i,j}$ 最后的公式为

$$a_{k,l}^{k,l} = \frac{1}{h^2}\int_{x_{k-1}}^{x_{k+1}}\mathrm{d}x\int_{y_{l-1}}^{y_{l+1}}\left[\omega_l^2(y)+\omega_k^2(x)\right]\mathrm{d}y = \frac{8}{3},$$

$$a_{k,l}^{k,l-1} = \iint_\Omega\left[\omega_{l-1}(y)\omega_l(y)(\omega_k'(x))^2 + (\omega_k(x))^2\omega_{l-1}'(y)\omega_l'(y)\right]\mathrm{d}x\mathrm{d}y$$

$$= \frac{1}{h^2}\int_{x_{k-1}}^{x_{k+1}}\mathrm{d}x\int_{y_{l-1}}^{y_l}\left[\omega_{l-1}(x)\omega_l(y)-(\omega_k(x))^2\right]\mathrm{d}y = -\frac{1}{3},$$

$$a_{k,l}^{k-1,l} = \iint_\Omega\left[(\omega_l(y))^2\omega_k'(x)\omega_{k-1}'(x)+\omega_{k-1}(x)\omega_k(x)(\omega_l'(y))^2\right]\mathrm{d}x\mathrm{d}y$$

$$= \frac{1}{h^2}\int_{x_{k-1}}^{x_k}\mathrm{d}x\int_{y_{l-1}}^{y_{l+1}}\left[-\omega_l^2(y)+\omega_{k-1}(x)\omega_k(x)\right]\mathrm{d}y = -\frac{1}{3},$$

$$a_{k,l}^{k-1,l-1} = \frac{1}{h^2}\int_{x_{k-1}}^{x_k}\mathrm{d}x\int_{y_{l-1}}^{y_l}\left[-\omega_l(y)\omega_{l-1}(y)-\omega_k(x)\omega_{k-1}(x)\right]\mathrm{d}y = -\frac{1}{3},$$

$$a_{k,l}^{k-1,l+1} = \frac{1}{h^2}\int_{x_{k-1}}^{x_k}\mathrm{d}x\int_{y_l}^{y_{l+1}}\left[-\omega_{l+1}(y)\omega_l(y)-\omega_{k-1}(x)\omega_k(x)\right]\mathrm{d}y = -\frac{1}{3},$$

$$a_{k,l}^{k,l+1} = -\frac{1}{3},\qquad a_{k,l}^{k+1,l} = -\frac{1}{3},\qquad a_{k,l}^{k+1,l-1} = -\frac{1}{3},\qquad a_{k,l}^{k+1,l+1} = -\frac{1}{3}.$$

对于 $F(\omega_{kl})$ 的计算，我们也看一个简单的情形，即 $f(x,y)=f$（常数）的情形，此时有

$$F(\omega_{kl}) = \iint_\Omega f\omega_{kl}(x,y)\mathrm{d}x\mathrm{d}y = f\int_{x_{k-1}}^{x_{k+1}}\omega_k(x)\mathrm{d}x \cdot \int_{y_{l-1}}^{y_{l+1}}\omega_l(y)\mathrm{d}y = h^2 f.$$

于是，得到差分格式

$$\frac{8}{3}u_{kl} - \frac{1}{3}(u_{k,l-1}+u_{k,l+1}+u_{k-1,l}+u_{k+1,l}+u_{k-1,l-1}$$

$$+ u_{k-1,l+1}+u_{k+1,l-1}+u_{k+1,l+1}) = h^2 f. \tag{1.19}$$

差分格式 (1.19) 容易与通常方法推导的差分格式相比较. 如果在 $\Omega_h$ 上取

$$\left[\frac{\partial^2 u}{\partial x^2}+\frac{\partial^2 u}{\partial y^2}\right]_{\substack{x=x_k\\y=y_l}} \approx \frac{1}{6}\sum_{i=k-1}^{k+1}\beta_{k-i}\left(\frac{\partial^2 u}{\partial y^2}\right)_{\substack{x=x_i\\y=y_l}} + \frac{1}{6}\sum_{j=l-1}^{l+1}\beta_{l-j}\left(\frac{\partial^2 u}{\partial x^2}\right)_{\substack{x=x_k\\y=y_j}},$$

其中，$\beta_{-1}=\beta_1=1$，$\beta_0=4$. 再对 $\dfrac{\partial^2 u}{\partial y^2}$ 和 $\dfrac{\partial^2 u}{\partial x^2}$ 都用三点中心差分格式，这样可得

$$\frac{1}{6}\left[\beta_1\left(\frac{\partial^2 u}{\partial y^2}\right)_{\substack{x=x_{k-1}\\y=y_l}} + \beta_0\left(\frac{\partial^2 u}{\partial y^2}\right)_{\substack{x=x_k\\y=y_l}} + \beta_{-1}\left(\frac{\partial^2 u}{\partial y^2}\right)_{\substack{x=x_{k+1}\\y=y_l}} + \beta_1\left(\frac{\partial^2 u}{\partial x^2}\right)_{\substack{x=x_k\\y=y_{l-1}}}\right.$$

$$\left. + \beta_0\left(\frac{\partial^2 u}{\partial x^2}\right)_{\substack{x=x_k\\y=y_l}} + \beta_{-1}\left(\frac{\partial^2 u}{\partial x^2}\right)_{\substack{x=x_k\\y=y_{l+1}}}\right]$$

$$\approx \frac{1}{6}\left[\frac{u_{k-1,l+1}+2u_{k-1,l}+u_{k-1,l-1}}{h^2} + 4\frac{u_{k,l+1}-2u_{kl}+u_{k,l-1}}{h^2}\right.$$

$$+ \frac{u_{k+1,l+1} - 2u_{k+1,l} + u_{k+1,l-1}}{h^2} + \frac{u_{k+1,l-1} - 2u_{k,l-1} + u_{k-1,l-1}}{h^2}$$

$$\left. + 4\,\frac{u_{k+1,l} - 2u_{kl} + u_{k-1,l}}{h^2} + \frac{u_{k+1,l+1} - 2u_{k,l+1} + u_{k-1,l+1}}{h^2} \right],$$

经过合并同类项就可得到差分格式(1.19),这是一种九点格式,不同于最简单的五点格式.

以上二维例子不难推广到一般的矩形域或边界平行坐标轴的其他区域,还可用于不均匀网格以及变系数等情形.利用变分原理列差分格式还有其他更复杂的情形,我们不再叙述.还要注意到,在上述二维例子中,讨论的是第一边值问题,虽然得到的差分格式也可以用通常方法推导,但是对于有自然边界条件的边值问题,用变分原理就要方便和简单些.

# 2　抛物型方程的有限元方法

第 7 章讨论了椭圆型方程的有限元方法,椭圆型方程通常表示与时间变量无关的定常场的问题.如果考虑与时间变量有关的定解问题,也可以用有限元方法.下面讨论抛物型方程的定解问题

$$\begin{cases} \dfrac{\partial u}{\partial t} = \nabla \cdot (k(x,y)\,\nabla u) + f(x,y,t), & (x,y) \in \Omega, \quad t \in [0,T), \quad (2.1) \\[2mm] u = u_0(x,y), & (x,y) \in \Omega, \quad t = 0, \quad (2.2) \\[2mm] u = 0, & (x,y) \in \partial\Omega, \quad t \in [0,T). \quad (2.3) \end{cases}$$

仍记

$$S_0^1 = \left\{ v \,\Big|\, \iint\limits_{\Omega} (v^2 + v_x^2 + v_y^2)\mathrm{d}x\mathrm{d}y \text{ 有意义}, v\,|_{\partial\Omega} = 0 \right\}.$$

对一切 $v \in S_0^1$,以 $v$ 乘(2.1)式两边再积分,并利用 Green 公式,得到

$$\iint\limits_{\Omega} \frac{\partial u}{\partial t} v \mathrm{d}x\mathrm{d}y + \iint\limits_{\Omega} k\,\nabla u \cdot \nabla v \mathrm{d}x\mathrm{d}y = \iint\limits_{\Omega} f v \mathrm{d}x\mathrm{d}y, \ \forall\, v \in S_0^1, t \in [0,T). \quad (2.4)$$

称(2.4)式和初始条件(2.2)式为定解问题(2.1)~(2.3)的**变分问题**,或称为**广义解问题**.如果有函数 $u(x,y,t)$ 对所有 $t \in [0,T)$ 均属于 $S_0^1$,而且满足(2.2)式和(2.4)式,称这样的 $u$ 为定解问题(2.1)~(2.3)的**广义解**,定解问题(2.1)~(2.3)的古典解一定是广义解.

首先考虑问题(2.2),(2.4)的连续时间变量的 Galerkin 有限元方法,这也称为**半离散方法**.我们确定 $S_0^1$ 的一个有限维子空间 $V_h$ 作为试探函数空间.例如可以考虑上一章讨论过的三角形剖分下线性单元形成的分片线性函数空间,也可取其他的有限元逼近所形成的试探函数空间.记 $V_h$ 的基为 $\phi_1(x,y), \phi_2(x,y), \cdots, \phi_n(x,y)$,即 $V_h = \mathrm{span}\{\phi_1, \phi_2, \cdots, \phi_n\}$.则(2.4)式的逼近形式可写为

$$\iint\limits_{\Omega}\frac{\partial u_h}{\partial t}v_h\mathrm{d}x\mathrm{d}y+\iint\limits_{\Omega}k\,\nabla u_h\cdot\nabla v_h\mathrm{d}x\mathrm{d}y=\iint\limits_{\Omega}fv_h\mathrm{d}x\mathrm{d}y,\,\forall\,v_h\in V_h,t\in(0,T),\quad(2.5)$$

其中所求的 $u_h\in V_h$,可表示为

$$u_h(x,y,t)=\sum_{j=1}^{n}\alpha_j(t)\phi_j(x,y),\qquad(2.6)$$

这里把时间变量 $t$ 作为参数,它包含在按基函数展开式的系数 $\alpha_j$ 中.

按 Galerkin 方法,在(2.5)式中取 $v_h=\phi_i,i=1,2,\cdots,n$,并且把(2.6)式代入(2.5)式中,得到

$$\sum_{j=1}^{n}\Big[\Big(\iint\limits_{\Omega}\phi_j\phi_i\mathrm{d}x\mathrm{d}y\Big)\frac{\mathrm{d}\alpha_j(t)}{\mathrm{d}t}+\Big(\iint\limits_{\Omega}k\,\nabla\phi_j\cdot\nabla\phi_i\mathrm{d}x\mathrm{d}y\Big)\alpha_j(t)\Big]$$

$$=\iint\limits_{\Omega}f\phi_i\mathrm{d}x\mathrm{d}y,\quad i=1,2,\cdots,n.\qquad(2.7)$$

这是一个关于 $\alpha_j(t)(j=1,2,\cdots,n)$ 的线性常微分方程组.求解此方程组,还需要知道初始值 $\alpha_j(0),j=1,2,\cdots,n$. 为此我们从(2.2)式出发,令

$$\iint\limits_{\Omega}(u_h\mid_{t=0}-u_0)\phi_i\mathrm{d}x\mathrm{d}y=0,\quad i=1,2,\cdots,n,$$

得到

$$\sum_{j=1}^{n}\alpha_j(0)\iint\limits_{\Omega}\phi_j\phi_i\mathrm{d}x\mathrm{d}y=\iint\limits_{\Omega}u_0\phi_i\mathrm{d}x\mathrm{d}y,\quad i=1,2,\cdots,n.\qquad(2.8)$$

(2.8)式是关于 $\{\alpha_j(0)\}$ 的线性方程组,解出 $\alpha_j(0)=\alpha_{j0},j=1,2,\cdots,n$,即可求得

$$u_h\mid_{t=0}=\sum_{j=1}^{n}\alpha_j(0)\phi_j.$$

将方程组(2.7)写成矩阵形式,记

$$\boldsymbol{\alpha}=\boldsymbol{\alpha}(t)=[\alpha_1(t),\alpha_2(t),\cdots,\alpha_n(t)]^{\mathrm{T}}$$

$$\boldsymbol{f}=\boldsymbol{f}(t)=\Big[\iint\limits_{\Omega}f\phi_1\mathrm{d}x\mathrm{d}y,\iint\limits_{\Omega}f\phi_2\mathrm{d}x\mathrm{d}y,\cdots,\iint\limits_{\Omega}f\phi_n\mathrm{d}x\mathrm{d}y\Big]^{\mathrm{T}},$$

$$\boldsymbol{M}=[m_{ij}],\quad\text{其中}\ m_{ij}=\iint\limits_{\Omega}\phi_i\phi_j\mathrm{d}x\mathrm{d}y,$$

$$\boldsymbol{K}=[k_{ij}],\quad\text{其中}\ k_{ij}=\iint\limits_{\Omega}k\,\nabla\phi_i\cdot\nabla\phi_j\mathrm{d}x\mathrm{d}y,$$

这样就得到 $\boldsymbol{\alpha}$ 满足的微分方程组

$$\boldsymbol{M}\frac{\mathrm{d}\boldsymbol{\alpha}}{\mathrm{d}t}+\boldsymbol{K}\boldsymbol{\alpha}=\boldsymbol{f},\qquad(2.9)$$

再加上 $\boldsymbol{\alpha}(0)$ 的初始条件

$$\boldsymbol{\alpha}(0)=[\alpha_{10},\alpha_{20},\cdots,\alpha_{n0}]^{\mathrm{T}}\qquad(2.10)$$

便可求解 $\boldsymbol{\alpha}(t)$. 方程(2.9)中的 $\boldsymbol{M}$ 通常称为**质量矩阵**，而 $\boldsymbol{K}$ 就是椭圆型方程求解中的**刚度矩阵**.

下面讨论对时间变量 $t$ 的离数，这也称为**全离散方法**. 设时间步长为 $\Delta t$，$t_m = m\Delta t$，如果 $\Delta t = \dfrac{T}{N}$，则 $m = 0, 1, \cdots, N$.

在时间层 $m$ 与 $m+1$ 层之间，即 $t_m \leqslant t \leqslant t_{m+1}$，将 $t$ 变换到变量 $\tau$，即

$$t = (m + \tau)\Delta t,$$

则有 $0 \leqslant \tau \leqslant 1$. 对 $\alpha_j(t)$ 进行线性插值，即令

$$\alpha_j(t) = (1 - \tau)\alpha_j(m\Delta t) + \tau\alpha_j((m+1)\Delta t),$$

则有

$$\frac{\mathrm{d}\alpha_j(t)}{\mathrm{d}t} = \frac{1}{\Delta t}[-\alpha_j(m\Delta t) + \alpha_j((m+1)\Delta t)].$$

这样，可以得到以 $\alpha_j(t)$ 为分量的向量 $\boldsymbol{\alpha}(t)$ 的插值式

$$\boldsymbol{\alpha}(t) = (1 - \tau)\boldsymbol{\alpha}_m + \tau\boldsymbol{\alpha}_{m+1}, \tag{2.11}$$

$$\frac{\mathrm{d}\boldsymbol{\alpha}}{\mathrm{d}t} = \frac{1}{\Delta t}(-\boldsymbol{\alpha}_m + \boldsymbol{\alpha}_{m+1}), \tag{2.12}$$

其中

$$\boldsymbol{\alpha}_m = [\alpha_1(m\Delta t), \alpha_2(m\Delta t), \cdots, \alpha_n(m\Delta t)]^{\mathrm{T}},$$

$\boldsymbol{\alpha}_{m+1}$ 类似. 同理也可对向量 $\boldsymbol{f}$ 进行线性插值，得到

$$\boldsymbol{f} = (1 - \tau)\boldsymbol{f}_m + \tau\boldsymbol{f}_{m+1}, \tag{2.13}$$

其中

$$\boldsymbol{f}_m = \left[\iint_\Omega \boldsymbol{f}\Big|_{t=t_m}\phi_1\,\mathrm{d}x\mathrm{d}y, \cdots, \iint_\Omega \boldsymbol{f}\Big|_{t=t_m}\phi_n\,\mathrm{d}x\mathrm{d}y\right]^{\mathrm{T}},$$

$\boldsymbol{f}_{m+1}$ 也类似. 这样方程组(2.9)就化为

$$\frac{1}{\Delta t}\boldsymbol{M}(\boldsymbol{\alpha}_{m+1} - \boldsymbol{\alpha}_m) + \boldsymbol{K}[\tau\boldsymbol{\alpha}_{m+1} + (1 - \tau)\boldsymbol{\alpha}_m] = \tau\boldsymbol{f}_{m+1} + (1 - \tau)\boldsymbol{f}_m. \tag{2.14}$$

如果在(2.14)式两边乘上一个非负的权函数，记为 $w(\tau)$，再令 $\tau$ 从 0 到 1 积分，就得到

$$\frac{1}{\Delta t}\boldsymbol{M}(\boldsymbol{\alpha}_{m+1} - \boldsymbol{\alpha}_m)\int_0^1 w(\tau)\mathrm{d}\tau + \boldsymbol{K}\left[\boldsymbol{\alpha}_{m+1}\int_0^1 \tau w(\tau)\mathrm{d}\tau + \boldsymbol{\alpha}_m\int_0^1(1 - \tau)w(\tau)\mathrm{d}\tau\right]$$

$$= \boldsymbol{f}_{m+1}\int_0^1 \tau w(\tau)\mathrm{d}\tau + \boldsymbol{f}_m\int_0^1(1 - \tau)w(\tau)\mathrm{d}t,$$

上式除以 $\int_0^1 w(\tau)\mathrm{d}\tau$，并且令 $\theta = \int_0^1 \tau w(\tau)\mathrm{d}\tau \Big/ \int_0^1 w(\tau)\mathrm{d}\tau$，就得到

$$\left(\frac{1}{\Delta t}\boldsymbol{M} + \theta\boldsymbol{K}\right)\boldsymbol{\alpha}_{m+1} + \left(-\frac{1}{\Delta t}\boldsymbol{M} + (1 - \theta)\boldsymbol{K}\right)\boldsymbol{\alpha}_m = \theta\boldsymbol{f}_{m+1} + (1 - \theta)\boldsymbol{f}_m. \tag{2.15}$$

如果已知向量 $\boldsymbol{f}$，就可算得 $\boldsymbol{f}_m$，$\boldsymbol{f}_{m+1}$. 若已求得 $\boldsymbol{\alpha}_m$，(2.15)式就是 $\boldsymbol{\alpha}_{m+1}$ 的方程，可以求解. 这样从 $\boldsymbol{\alpha}_0 = \boldsymbol{\alpha}(0)$ 开始，逐层求出 $\boldsymbol{\alpha}$ 的值.

关于如何选取权函数 $w(\tau)$ 的问题,可以选为在 $\tau=0$ 或 $\tau=\dfrac{1}{2}$, $\tau=1$ 上的 $\delta$ 函数. 分别算出 $\theta=0$, $\theta=\dfrac{1}{2}$, 或 $\theta=1$. 这就相当于有限差分方法中的向前差分格式,中心差分格式(Crank-Nicholson)和向后差分格式. 可以类似差分方法那样,讨论 $\theta$ 取不同数值时格式的稳定性.

除了上述权函数的选取方法外,也可以选择为区间 $[0,1]$ 上的零次和一次插值基函数. 即 $w_1(\tau)=1$, $w_2(\tau)=\tau$ 和 $w_3(\tau)=1-\tau$,这样分别得到 $\theta=\dfrac{1}{2}$, $\dfrac{2}{3}$ 和 $\dfrac{1}{3}$.

进一步可以考虑有 3 个或更多的时间层,并讨论其稳定性问题.

# 3 一些非线性问题

有限元方法已经广泛地应用于解各种不同的非线性问题. 例如,固体力学和流体力学及其他物理学领域中的非线性问题,都存在一些有限元解法. 这里我们以最简单的例子说明一些非线性问题的处理方法.

## 3.1 非线性问题的一个例子

求解一个非线性的定解问题

$$\begin{cases} -\nabla \cdot (k \nabla u) = f, & (x,y) \in \Omega, & (3.1) \\ u = g, & (x,y) \in \partial\Omega_1, & (3.2) \\ k\dfrac{\partial u}{\partial n} + \sigma u = h, & (x,y) \in \partial\Omega_2, & (3.3) \end{cases}$$

其中 $\Omega$ 是一个二维有界区域,其边界 $\partial\Omega = \partial\Omega_1 \bigcup \partial\Omega_2$, 式中的函数 $k,f,\sigma,g,h$ 等不但依赖于变量 $(x,y)$,还依赖于未知函数 $u$.

可以按照第 6、7 章的方法,列出定解问题 $(3.1)\sim(3.3)$ 的 Galerkin 变分原理,并且进行单元剖分和离散化. 例如,采用三角形线性单元,得到单元刚度矩阵为

$$\boldsymbol{K}_e = \iint\limits_e k\boldsymbol{B}^{\mathrm{T}}\boldsymbol{B}\mathrm{d}x\mathrm{d}y.$$

如果是在边界上的单元,还应加上

$$\widetilde{\boldsymbol{K}}_e = \int_0^l \sigma\boldsymbol{N}^{\mathrm{T}}\boldsymbol{N}\mathrm{d}t.$$

因为单元刚度矩阵含 $k$ 和 $\sigma$,所以它和 $u$ 有关. 在上述积分中,$u$ 用 $x,y$ 的线性函数 $u_h$ 代替,就可计算出单元刚度矩阵.

同理,类似地可计算单元荷载向量,它也依赖于 $u$. 继续计算总刚度矩阵和总荷载向

量,经过约束处理后,得到方程组

$$K(u)u - F(u) = 0, \qquad (3.4)$$

这是一个非线性的方程组,一般用解非线性方程组的方法去处理(例如 Newton-Raphson 方法,参看文献[2]).

为了说明上述算法,下面举一个一维的数值例子:

$$\begin{cases} -\dfrac{\mathrm{d}}{\mathrm{d}x}\left(u\,\dfrac{\mathrm{d}u}{\mathrm{d}x}\right)+1 = 0, & x \in (0,1), \\ u(0)=1, \quad u(1)=0. \end{cases} \qquad \begin{array}{l}(3.5)\\[1em](3.6)\end{array}$$

如图 8.1,将[0,1]等分为两个单元,每个单元上做线性插值.用局部坐标来计算,设

$$h=\frac{1}{2} \qquad \xi=\frac{2}{h}\left(x-\frac{x_{i-1}+x_i}{2}\right),$$

其中 $h=\dfrac{1}{2}$,则有

$$K_e = \int_e u\mathbf{B}^{\mathrm{T}}\mathbf{B}\,\mathrm{d}x.$$

（图中：$\underbrace{\quad}_{x_0=0}\ \overset{e_1}{\quad}\ \underset{x_1=\frac{1}{2}}{\quad}\ \overset{e_2}{\quad}\ \underset{x_2=1}{\quad}$　图 8.1）

用

$$\mathbf{B} = \left[-\frac{1}{h},\frac{1}{h}\right], \quad u = \left[\frac{x_i-x}{h},\frac{x-x_{i-1}}{h}\right]\begin{bmatrix} u_{i-1}\\ u_i \end{bmatrix}$$

代入,将积分变量换为 $\xi$,得到

$$K_e = \int_{-1}^{1}\left[\frac{1-\xi}{2},\frac{1+\xi}{2}\right]\begin{bmatrix} u_{i-1}\\ u_i \end{bmatrix}\cdot\frac{1}{h^2}\begin{bmatrix} 1 & -1\\ -1 & 1 \end{bmatrix}\cdot\frac{h}{2}\,\mathrm{d}\xi$$

$$= \frac{1}{2h}[u_{i-1},u_i]\begin{bmatrix} 1 & -1\\ -1 & 1 \end{bmatrix}.$$

用 $h=\dfrac{1}{2}$ 代入,得到

$$K_{e_1} = \begin{bmatrix} u_0+u_1 & -u_0-u_1\\ -u_0-u_1 & u_0+u_1 \end{bmatrix}, \quad K_{e_2} = \begin{bmatrix} u_1+u_2 & -u_1-u_2\\ -u_1-u_2 & u_1+u_2 \end{bmatrix}.$$

总刚度矩阵为

$$K = \begin{bmatrix} u_0+u_1 & -u_0-u_1 & 0\\ -u_0-u_1 & u_0+2u_1+u_2 & -u_1-u_2\\ 0 & -u_1-u_2 & u_1+u_2 \end{bmatrix}.$$

因为 $f\equiv1$,所以总荷载向量和线性情形相同,即

$$F = -\frac{1}{4}\begin{bmatrix} 1\\ 2\\ 1 \end{bmatrix}.$$

考虑边界约束,有 $u_0=1, u_2=0$,所以只有 $u_1$ 是未知数,这样得到 $u_1$ 的方程对应于 $K$ 的第

2 行：

$$(-u_0-u_1)u_0+(u_0+2u_1+u_2)u_1-(u_1-u_2)u_2=-\frac{1}{4}\times 2,$$

这化为关于 $u_1$ 的一个非线性方程，即

$$u_1^2=\frac{1}{4}.$$

容易解出 $u_1=\frac{1}{2}$ 或 $u_1=-\frac{1}{2}$. 对应于 $u_1=-\frac{1}{2}$，有限元解（分段线性函数）如图 8.2 所示. 易见，对应的准确解有这样的性质：在 $(0,1)$ 中存在 $x^*$，满足 $u(x^*)<0$，且 $u'(x^*)=0,u''(x^*)>0$. 这与本题的微分方程(3.5)相矛盾，所以我们只取解 $u_1=\frac{1}{2}$.

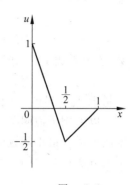

图 8.2

## 3.2 变分不等方程简介

变分不等方程问题是一类非线性问题，在岩石力学、半导体物理、等离子体物理、最优控制和最优设计等方面有很多应用. 这里以简单的例子叙述变分不等方程问题的提法，说明有限元方法在这些问题中的应用. 首先讨论 $\mathbb{R}^n$ 中光滑函数最小值问题不同形式的描述.

### 3.2.1 $\mathbb{R}^n$ 中光滑函数的最小问题

首先考察光滑函数的最小问题与不等方程之间的联系. 设 $f$ 是 $\mathbb{R}^1$ 中区间 $[a,b]$ 上的光滑函数. 最小问题是求点 $x_0\in[a,b]$，使得

$$f(x_0)=\min_{x\in[a,b]}f(x).$$

这属于微积分学的基本问题. 可能会有 3 种情形：

(1) 若 $x_0\in(a,b)$，则有 $f'(x_0)=0$；

(2) 若 $x_0=a$，则有 $f'(x_0)\geqslant 0$；

(3) 若 $x_0=b$，则有 $f'(x_0)\leqslant 0$.

根据这 3 种情形，把问题换一种提法：求 $x_0\in[a,b]$，使得

$$f'(x_0)(x-x_0)\geqslant 0,\quad \forall x\in[a,b].$$

这样的问题称为**变分不等方程**问题.

将问题拓广到 $\mathbb{R}^n$. 设 $K$ 是 $\mathbb{R}^n$ 中的一个闭凸集，映射 $f:K\subset\mathbb{R}^n\to\mathbb{R}^1$，且 $f$ 是在 $K$ 上的光滑函数，在 $K$ 上 $f$ 的最小值问题为：求 $\boldsymbol{x}_0\in K$，使得

$$f(\boldsymbol{x}_0)=\min_{x\in K}f(\boldsymbol{x}).$$

即 $\boldsymbol{x}_0$ 使 $f(\boldsymbol{x})$ 达到最小值. 因 $K$ 是凸集，对 $\boldsymbol{x}\in K$，$\mathbb{R}^n$ 中的线段 $\{\boldsymbol{u}\mid \boldsymbol{u}=(1-t)\boldsymbol{x}_0+t\boldsymbol{x},t\in[0,1]\}$ 都含于 $K$. 记一元函数

$$\varphi(t)=f(\boldsymbol{x}_0+t(\boldsymbol{x}-\boldsymbol{x}_0)),\quad t\in[0,1],$$

显然，$\varphi(t)$ 在 $t=0$ 处达到最小值，由上面一元函数的例子，有 $\varphi'(0)\geqslant 0$. 而

$$\varphi'(0) = \nabla f(\boldsymbol{x}_0)(\boldsymbol{x}-\boldsymbol{x}_0),$$

其中 $\boldsymbol{x}-\boldsymbol{x}_0$ 为 $\mathbb{R}^n$ 中的向量，或看成 $n\times 1$ 的矩阵. $\nabla f(\boldsymbol{x}_0)$ 是函数 $f$ 的梯度向量（即 $f$ 的导数，这里看成 $1\times n$ 矩阵）在 $\boldsymbol{x}_0$ 处的值. 所以可以得到变分不等方程问题：求 $\boldsymbol{x}_0\in K$，使得

$$\nabla f(\boldsymbol{x}_0)(\boldsymbol{x}-\boldsymbol{x}_0)\geqslant 0, \quad \forall \boldsymbol{x}\in K.$$

如果 $K$ 是有界的，可推出至少存在一个这样的点 $\boldsymbol{x}_0$.

以上例子说明了 $\mathbb{R}^1$ 和 $\mathbb{R}^n$ 中函数最小问题与变分不等方程的联系. 下面转到讨论函数空间中泛函最小问题的变分不等方程形式. 并用两个简单的例子说明问题的描述以及有限元方法在其中的应用.

### 3.2.2 障碍问题

设 $\mathbb{R}^2$ 的区域 $\Omega$ 上定义了一个已知函数 $\psi(x,y)$，满足 $\psi|_{\partial\Omega}\leqslant 0$，它在几何上表示了 $\Omega$

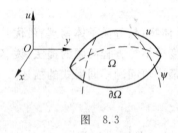

图 8.3

域上的一个曲面. 现设有一均匀弹性薄膜，它在 $\Omega$ 的边界 $\partial\Omega$ 上固定，而张在障碍 $\psi$ 之上. 求外力 $f$ 作用下膜的平衡位置，见图 8.3.

如果没有障碍 $\psi$ 的存在，上述问题就是一般膜的平衡问题，可以用 Poisson 方程的第一边值问题描述，上两章已经讨论过它的变分原理和有限元解法. 对于障碍问题，我们先从最小势能原理出发，可以得到位置 $u$ 满足的变分问题：

$$\begin{cases}求 u\in K, \quad 使得 \\ J(u)\leqslant J(v), \quad \forall v\in K,\end{cases} \tag{3.7}$$

其中

$$J(v) = \frac{1}{2}D(v,v)-F(v), \quad D(u,v)=\iint\limits_{\Omega}\nabla u\cdot\nabla v\,\mathrm{d}x\mathrm{d}y, \quad F(v)=\iint\limits_{\Omega}fv\mathrm{d}x\mathrm{d}y,$$

$J,D,F$ 的表达式和上两章一样，但是集合 $K$ 就不能取作以前的 $S_0^1$ 了. 因为障碍的存在，应把 $K$ 取为

$$K = \left\{v\ \middle|\ \iint\limits_{\Omega}(v^2+v_x^2+v_y^2)\mathrm{d}x\mathrm{d}y\ 有意义，且\ v(x,y)\geqslant\psi(x,y)\ 在\ \Omega\ 中成立\right\}, \tag{3.8}$$

当然，$K$ 是以前定义的 $S_0^1$ 的一个子集.

对应 (3.7) 式的"虚功原理"问题可写为

$$\begin{cases}求 u\in K, \\ 使得 D(u,v-u)\geqslant F(v-u), \quad \forall v\in K.\end{cases} \tag{3.9}$$

而对应的微分方程形式可以写为

$$\begin{cases} (u-\psi)(\Delta u+f)=0, & (x,y)\in\Omega, \\ -\Delta u\geqslant f, \quad u\geqslant\psi & (x,y)\in\Omega, \\ u=0, & (x,y)\in\partial\Omega, \end{cases} \tag{3.10}$$

或者改写为

$$\begin{cases} u\geqslant\psi, & (x,y)\in\Omega, \\ -\Delta u=f, & (x,y)\in\Omega_1, \\ -\Delta u\geqslant f, & (x,y)\in\Omega_2, \\ u=0, & (x,y)\in\partial\Omega, \end{cases} \tag{3.11}$$

其中

$$\Omega_1=\{(x,y)\in\Omega\mid u(x,y)>\psi(x,y)\},$$
$$\Omega_2=\{(x,y)\in\Omega\mid u(x,y)=\psi(x,y)\}.$$

问题(3.11)可以直观解释如下：在 $\Omega_1$ 上，膜离开了障碍，所以 $u$ 满足平衡方程 $-\Delta u=f$；在 $\Omega_2$ 上，膜与障碍紧贴，所以 $u=\psi$，而所受的力 $-(\Delta u+f)\geqslant0$. 但是不能事先知道 $\Omega$ 是如何划分为 $\Omega_1$ 和 $\Omega_2$ 的，这也正是所要求解的. 所以障碍问题是一种"自由边界"问题，这里的自由边界指 $\Omega_1$ 和 $\Omega_2$ 的交界.

(3.9)式的变分问题含有不等式，称**变分不等方程**问题，它可由(3.7)式推出，这里不作推导了. 但是可以回顾一下 $\mathbb{R}^n$ 中求凸函数 $F(\boldsymbol{x})$ 在一个闭凸子集 $K$ 的最小值问题，会遇到求 $\boldsymbol{u}\in K$，使

$$\nabla f(\boldsymbol{u})(\boldsymbol{x}-\boldsymbol{u})\geqslant0, \quad \forall\,\boldsymbol{x}\in K$$

的问题，这里出现的是不等式方程的问题.

从以上问题的几种形式可以看到，直接从微分方程形式的问题(3.10)式或(3.11)式求解是不方便的. 而从最小问题(3.7)或变分问题(3.9)来求解，相对来说要容易一些.

可以用有限元离散的方法，将问题(3.7)化为一个求多元函数极值的问题. 这是一个带有不等式约束的极值问题，一般利用凸规划的计算方法来求解，具体的数值方法也有多种，这里不再详述.

### 3.2.3　水坝的渗流问题

图 8.4 表示了两个不同水平面的水库，被一土坝隔开. 为简单起见，设坝的截面为矩形 $ABEF$，坝的基础 $AB$ 是不透水的. 而且假设坝的材料是各向同性的，流是二维定常、无旋和不可压缩的，并且忽略了毛细效应和蒸发效应. 坝的上、下游水位分别是 $y_1$ 和 $y_2$，$\overset{\frown}{FD}$ 是渗流浸润曲线，设其方程为 $y=\varphi(x)$. 问题要求解出的是曲线 $y=\varphi(x)$ 以及在区域 $\Omega=ABDF$

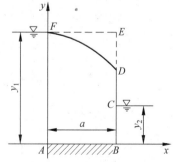

图　8.4

中的压力头 $u(x,y)$.

根据 Darcy 定律，$u(x,y)$ 满足

$$
\begin{cases}
\Delta u = 0, & (x,y) \in \Omega, \\
u\mid_{AF} = y_1, & u\mid_{BC} = y_2, \\
\left.\dfrac{\partial u}{\partial \boldsymbol{n}}\right|_{AB} = 0, & \\
u\mid_{CD} = y, & \\
u\mid_{\widehat{FD}} = y, & \left.\dfrac{\partial u}{\partial \boldsymbol{n}}\right|_{\widehat{FD}} = 0
\end{cases}
\tag{3.12}
$$

在这个问题中，区域 $\Omega$ 有一段边界 $\widehat{FD}$ 是"自由边界"，它可用函数 $y = \varphi(x)$ 表示，而 $\varphi(x)$ 是待求的函数.

可以采用松弛法数值求解这个问题. 先设一条曲线 $\Gamma_1$ 代替 $\widehat{FD}$，在其上选用在 $\widehat{FD}$ 的两个边界条件之一，这就得到一个普通的 Laplace 方程混合边值定解问题. 可以用有限元或有限差分等方法求解. 得到解后，再求近似满足 $\widehat{FD}$ 上另一边界条件的曲线 $\Gamma_2$. 如此反复迭代，直到获得满意的结果为止. 有经验的工程技术人员在使用这种方法时，可以把 $\Gamma_1$ 取为比较接近真实 $\widehat{FD}$ 的曲线，这样迭代就会较快地得到满意的结果. 这种方法依赖于经验，迭代过程还会有不少问题，而且较难推广到更复杂的情形.

20 世纪 70 年代初，Baiocchi 等人对渗流问题提出一个变分不等方程的解法，他们通过一个变换，将自由边界问题转化为在固定区域上求解的边值问题，所做变换为

$$
\psi(x,y) =
\begin{cases}
0, & \text{当 } 0 \leqslant x \leqslant a, \varphi(x) \leqslant y \leqslant y_1, \\
\displaystyle\int_y^{\varphi(x)} [u(x,y) - y]\,\mathrm{d}y, & \text{当 } 0 \leqslant x \leqslant a, 0 \leqslant y \leqslant \varphi(x),
\end{cases}
$$

它把 $\Omega$ 上定义的函数 $u(x,y)$ 变换为在矩形 $\Omega' = ABEF$ 上的未知函数 $\psi(x,y)$. 可以证明，在 $\Omega'$ 上 $\psi$ 满足

$$
\begin{cases}
\psi \geqslant 0, & -\Delta \psi + 1 \geqslant 0, \quad \psi(-\Delta \psi + 1) \geqslant 0, \text{在 } \Omega' \text{ 上}, \\
\psi\mid_{\partial \Omega'} = g(x,y), &
\end{cases}
\tag{3.13}
$$

其中

$$
g(x,y) =
\begin{cases}
0, & \text{在 } FE, EC \text{ 上}, \\
\dfrac{1}{2}(y_1 - y)^2, & \text{在 } AF \text{ 上}, \\
\dfrac{1}{2}(y_2 - y)^2, & \text{在 } BC \text{ 上}, \\
\dfrac{1}{2}y_2^2 - \dfrac{(y_2^2 - y_1^2)(a - x)}{2a}, & \text{在 } AB \text{ 上}.
\end{cases}
\tag{3.14}
$$

(3.13)式等价于最小问题：求 $\psi \in K$，使得

$$J(\psi) \leqslant J(v), \quad \forall\, v \in K,\tag{3.15}$$

其中

$$K = \left\{ v \,\Big|\! \iint\limits_{\Omega'} (v^2 + v_x^2 + v_y^2)\,\mathrm{d}x\mathrm{d}y \text{ 有意义}, v\,|_{\partial\Omega} = g, v \geqslant 0 \text{ 在 } \Omega' \text{ 上} \right\}$$

$$J(v) = \frac{1}{2}D(v,v) - (1,v), \quad D(\psi,v) = \iint\limits_{\Omega'} \nabla\psi \cdot \nabla v\,\mathrm{d}x\mathrm{d}y, \quad (1,v) = \iint\limits_{\Omega'} v\,\mathrm{d}x\mathrm{d}y.$$

(3.15)式又相应于变分不等方程问题:求 $\psi \in K$,使得

$$D(\psi, v-\psi) + (1, v-\psi) \geqslant 0, \quad \forall\, v \in K.\tag{3.16}$$

所以变换后的问题也是"障碍问题"的形式.

如果在 $\Omega'$ 求出 $\psi(x,y)$ 后,可以令

$$\Omega = \{ (x,y) \in \Omega' \mid \psi(x,y) > 0 \},$$

从而得到

$$\begin{cases} \varphi(x) = \min\limits_{\psi=0} y, \\ u(x,y) = y - \psi_y(x,y). \end{cases}$$

求解渗流问题的变分不等方程方法还有进一步的发展,它们可以适合更复杂的情况,例如非矩形坝情形和非定常的渗流问题等,而且经过对有关数学问题的讨论,使得这些数值方法比起依赖经验的迭代方法,有了更令人满意的数学基础.

# 4　特征值问题的变分形式及有限元方法

除了微分方程的边值问题外,微分算子的特征值问题在自然科学和一些工程技术中也有很多应用.有限元方法同样可用于解**特征值问题**,这也是基于变分原理的.本节我们以一维两点边值的特征值问题为例,说明它的变分原理和有限元方法.对于二维问题(例如算子 $-\Delta$ 的特征值问题)也可类似地处理.

## 4.1　特征值问题

我们从弹性杆的纵向振动问题开始,这个问题可以用下面的偏微分方程描述:

$$-\frac{\partial}{\partial x}\Big(A(x)E(x)\frac{\partial u}{\partial x}(x,t)\Big) + c(x)u(x,t)$$
$$= f(x,t) - m(x)A(x)\frac{\partial^2 u}{\partial t^2}(x,t), \quad 0 < x < l, t > 0,\tag{4.1}$$

其中 $u(x,t)$ 表示在 $t$ 时刻杆原在 $x(0<x<l)$ 处截面的位移(即原在 $x$ 处点的位置是 $x+u(x,t)$, $u(x,t)$ 为正表示向右位移). $f(x,t)(0<x<l,t>0)$ 表示 $t$ 时刻在 $x$ 处的纵向外加荷载. $A(x)$ 和 $E(x)(0<x<l)$ 分别表示在 $x$ 处横截面面积和弹性模量. $m(x)(0<x<$

$l$) 表示在 $x$ 处每单位体积的质量. $c(x) \geqslant 0 (0 < x < l)$ 表示在 $x$ 处有关弹性支承的弹性系数.

求解 (4.1) 式还要给出在 $t = 0$ 时的初始条件 (初始位置和初始速度), 以及在 $x = 0$ 和 $x = l$ 处的边界条件, 一般给出的边界条件是第一、二、三类的线性边界条件. 这样得到的定解问题是一个初边值问题.

现在考虑方程 (4.1) 中, $f(x, t) = 0$, 以及齐次边界条件的情况. 我们寻求分离变量形式的解

$$u(x, t) = v(x) w(t).$$

将上式代入方程 (4.1) 可得到

$$\frac{-\dfrac{\mathrm{d}}{\mathrm{d}x}\Big(A(x)E(x)\dfrac{\mathrm{d}v(x)}{\mathrm{d}x}\Big) + c(x)v(x)}{m(x)A(x)v(x)} = \frac{-\dfrac{\mathrm{d}^2 w(t)}{\mathrm{d}t^2}}{w(t)}, 0 < x < l, \quad t > 0 \quad (4.2)$$

等式两边应该都等于一个与变量 $x$ 和 $t$ 无关的常数, 记为 $\lambda$. 这样问题就化为: 求数 $\lambda$ 和非零函数 $v(x)$, 满足

$$-\frac{\mathrm{d}}{\mathrm{d}x}\Big(A(x)E(x)\frac{\mathrm{d}v(x)}{\mathrm{d}x}\Big) + c(x)v(x) = \lambda m(x)A(x)v(x), \quad 0 < x < l,$$

再配上齐次边界条件, 这就是一个一维的特征值问题. 一般地, 记自伴微分算子 $L$ 为

$$Lu = -\frac{\mathrm{d}}{\mathrm{d}x}\Big(p(x)\frac{\mathrm{d}u}{\mathrm{d}x}\Big) + q(x)u, \quad x \in (a, b), \quad (4.3)$$

其中 $p \in C^1[a, b], q \in C[a, b], p(x) \geqslant p_0 > 0, q(x) \geqslant 0$, 下面所举例的特征值问题是:

$$\begin{cases} 求数 \lambda 和非零函数 u(x), 满足 \\ Lu = \lambda r(x)u, \quad x \in (a, b), \\ u(a) = 0, \qquad u'(b) = 0, \end{cases} \begin{matrix} \\ (4.4) \\ (4.5) \end{matrix}$$

其中 $r \in C[a, b], r(x) > 0$. 数 $\lambda$ 称为特征值问题 (4.4) 式~(4.5) 式的一个**特征值**, $u(x)$ 称为对应 $\lambda$ 的**特征函数**. 边界条件除了式 (4.5) 的形式外, 在 $x = a$ 和 $x = b$, 也可配上其他 (一、二、三类) 齐次边界条件:

$$u(a) = 0, \qquad u(b) = 0,$$

$$-p\frac{\mathrm{d}u}{\mathrm{d}x}(a) = 0, \qquad p\frac{\mathrm{d}u}{\mathrm{d}x}(b) = 0,$$

$$-p\frac{\mathrm{d}u}{\mathrm{d}x}(a) + \gamma_1 u(a) = 0, \qquad p\frac{\mathrm{d}u}{\mathrm{d}x}(b) + \gamma_2 u(b) = 0,$$

其中 $\gamma_1, \gamma_2 > 0$.

问题 (4.4)~(4.5) 属所谓的 **Sturm-Liouville 特征值问题**, 它有下列性质:

(1) 存在一个非负的实特征值序列 $\{\lambda_n\}$:

$$0 \leqslant \lambda_1 \leqslant \lambda_2 \leqslant \cdots \leqslant \lambda_n \leqslant \cdots, \quad (4.6)$$

及对应的特征函数序列

$$\psi_1(x),\ \psi_2(x),\ \cdots,\psi_n(x),\cdots,$$

且满足

$$\lim_{n\to\infty}\lambda_n=+\infty.$$

在问题(4.4)式~(4.5)式的边界条件下,所有特征值都是正的;在另外的边界条件下,特征值可能为零.

（2）在序列(4.6)中,若有两个不同的特征值 $\lambda_i$ 和 $\lambda_j(\lambda_i\neq\lambda_j)$,分别对应特征函数 $\psi_i(x)$ 和 $\psi_j(x)$,则有

$$\int_a^b r(x)\psi_i(x)\psi_j(x)\mathrm{d}x=0, \tag{4.7}$$

称 $\psi_i(x)$ 与 $\psi_j(x)$ 正交(关于权函数 $r(x)$).

（3）对应于一个特征值,有有限个线性无关的特征函数.如果 $m$ 个这样的特征函数,就在序列(4.6)中将此特征值重复排列 $m$ 次.进一步,同一特征值对应的线性无关特征函数,可以通过 Gram-Schmidt 正交化过程化为互相正交的特征函数.故可以认为对应于特征值序列(4.6)的特征值函数序列为

$$\psi_1(x),\ \psi_2(x),\ \cdots,\ \psi_n(x),\cdots$$

它们满足

$$L\psi_i=\lambda_i r(x)\psi_i,\quad i=1,2,\cdots, \tag{4.8}$$

$$(\psi_i,\psi_j)=\begin{cases}0,& i\neq j,\\ 1,& i=j,\end{cases} \tag{4.9}$$

这里,引入的内积是

$$(u,v)=\int_a^b r(x)u(x)v(x)\mathrm{d}x.$$

（4）任意一个平方可积的函数 $f(x)$,可以按特征函数序列展开为广义 Fourier 级数

$$f(x)=\sum_{i=1}^\infty c_i\psi_i(x),$$

其中系数 $c_i=(f,\psi_i)$.

我们回到方程(4.1),其中 $f(x,t)=0$.加上边界条件 $u(0,t)=0,\dfrac{\partial u}{\partial x}(l,t)=0$.则由等式(4.2)的右边,对应每个 $\lambda_j$,可以解

$$\frac{\mathrm{d}^2 w(t)}{\mathrm{d}t^2}+\lambda_j w(t)=0,\quad t>0.$$

解出

$$w_j(t)=a_j\sin\sqrt{\lambda_j}(t+\theta_j),$$

从而得到(4.1)式的分离变量解

$$a_j \psi_j(x) \sin \sqrt{\lambda_j} (t + \theta_j), \quad j = 1, 2, \cdots, \tag{4.10}$$

进一步

$$u(x,t) = \sum_{j=1}^{\infty} a_j \psi_j(x) \sin \sqrt{\lambda_j} (t + \theta_j)$$

满足方程（4.1）及齐次边界条件. 如果再给出初始条件便可定出两个系数序列 $\{a_j\}$ 和 $\{\theta_j\}$.

由(4.10)式给出的式子称为对应定解问题的**特征振动**. 第 $j$ 个特征振动中所有的点 $x$ 以同样的频率 $\sqrt{\lambda_j}$ 和相位 $\sqrt{\lambda_j} \theta_j$ 振动,而 $\psi_i(x)$ 则给出特征振动的基本振型.

以上讨论的是 $f(x,t) = 0$ 的情形,如果外加荷载项 $f(x,t)$ 含有 $\sin \sqrt{\lambda_j}(t + \theta_j)$ 的因子,则可推出当 $t \to \infty$ 时,$u(x,t)$ 将是无界的,这样的 $f$ 称为**共振荷载**,而 $\sqrt{\lambda_j}(j = 1, 2, \cdots)$ 则是**共振频率**. 这在一些自然科学和工程技术中有重要的意义.

## 4.2   特征值问题的 Galerkin 变分形式

和第 6 章第 2 节一样,记

$$S_0^1 = \left\{ v \,\Big|\, \int_a^b \left[ v^2 + \left( \frac{\mathrm{d}v}{\mathrm{d}x} \right)^2 \right] \mathrm{d}x \text{ 有意义}, \quad v(a) = 0 \right\},$$

$$D(u,v) = \int_a^b \left( p \frac{\mathrm{d}u}{\mathrm{d}x} \frac{\mathrm{d}v}{\mathrm{d}x} + quv \right) \mathrm{d}x, \quad \text{其中 } u, v \in S_0^1 \tag{4.11}$$

类似第 6 章的推导,可得到对应特征值问题(4.4)~(4.5)的 Galerkin 变分问题:

$$\begin{cases} \text{求数 } \lambda \text{ 和 } u \in S_0^1, & u(x) \not\equiv 0, \\ \text{使得 } D(u,v) = \lambda(u,v), & \forall v \in S_0^1. \end{cases} \tag{4.12}$$

## 4.3   特征值问题的极小形式

考察泛函

$$R(v) = \frac{D(v,v)}{(v,v)}, \quad v \in S_0^1, \tag{4.13}$$

$R(v)$ 称为 **Rayleigh 商**. 设 $\alpha$ 是任意的实数,则变量为 $u + \alpha v$ 的 Rayleigh 商 $R(u + \alpha v)$ 可以看成 $\alpha$ 的一元函数 $\varphi(\alpha)$,不难验证

$$\begin{aligned} \varphi(\alpha) &= R(u + \alpha v) = \frac{D(u + \alpha v, u + \alpha v)}{(u + \alpha v, u + \alpha v)} \\ &= \frac{D(u,u) + 2\alpha D(u,v) + \alpha^2 D(v,v)}{(u,u) + 2\alpha(u,v) + \alpha^2(v,v)}. \end{aligned} \tag{4.14}$$

$$\left. \frac{\mathrm{d}\varphi}{\mathrm{d}\alpha} \right|_{\alpha=0} = \left. \frac{\mathrm{d}}{\mathrm{d}\alpha} R(u + \alpha v) \right|_{\alpha=0} = 2 \frac{D(u,v)(u,u) - D(u,u)(u,v)}{(u,u)^2}.$$

所以,如果 $\lambda$ 和 $u$ 是特征值问题(变分形式)(4.12)式的解,则有 $D(u,v) = \lambda(u,v), \forall v \in$

$S_0^1$, 且 $D(u,u) = \lambda(u,u)$. 这样 $\left. \dfrac{\mathrm{d}\varphi}{\mathrm{d}\alpha}\right|_{\alpha=0}$ 的分子为

$$\lambda(u,v)(u,u) - \lambda(u,u)(u,v) = 0.$$

也就是说 $\alpha=0$ 是函数 $\varphi(\alpha)$ 的驻点, 或者说 $u$ 使 Rayleigh 商取到驻定值.

反之, 若 $u$ 使 Rayleigh 商取到驻定值, 即

$$\left.\frac{\mathrm{d}\varphi}{\mathrm{d}\alpha}\right|_{\alpha=0} = \left.\frac{\mathrm{d}}{\mathrm{d}\alpha}R(u+\alpha v)\right|_{\alpha=0} = 0.$$

如果 $u$ 是非零函数, 就得到

$$D(u,v) = \frac{D(u,u)}{(u,u)}(u,v), \quad \forall v \in S_0^1.$$

所以, 非零函数 $u$ 和 $\lambda = \dfrac{D(u,v)}{(u,v)}$ 满足变分问题 (4.12).

这样, 求特征值的变分问题 (4.12) 的解, 又可以转化为求 Rayleigh 商的驻定值问题.

特征值问题也可以用条件极值问题的形式表示, 即在条件 $(u,u)=1$ 的约束下, 求泛函 $D(u,u)$ 的极小问题. 这是一个 "等周问题" 形式的变分问题 (见第 6 章第 1 节), 可以类似于微积分中求多元函数条件极值的问题, 用 Lagrange 乘子法化为求 $D(u,u) - \lambda(u,v)$ 的极小问题, 它的必要条件 (Euler 方程) 就是 (4.4) 式~(4.5) 式.

以下进一步说明特征值和特征函数的极值性质.

**性质 1** 特征值问题 (4.12) 的最小特征值 $\lambda_1$ 满足

$$\lambda_1 = \min_{v \in S_0^1} R(v)$$

**证明** 若函数 $v = \psi_1$ 使 $R(v)$ 达到最小值 $\lambda_1$, 必使 $R(v)$ 达到驻定值, 由上面的推导有

$$\lambda_1 = \frac{D(\psi_1,\psi_1)}{(\psi_1,\psi_1)} = R(\psi_1),$$

所以, $\lambda_1, \psi_1$ 是特征值问题 (4.12) 的一个解, 即 $\lambda_1$ 是一个特征值, 对应特征函数 $\psi_1(x)$. 再证明 $\lambda_1$ 是最小的特征值. 设另外有一个特征值 $\lambda^*$, $\lambda^* \neq \lambda_1$, $\lambda^*$ 对应的特征函数是 $\psi^*$, 则 $\lambda^* = R(\psi^*)$. 所以有

$$\lambda_1 = R(\psi_1) \leqslant R(\psi^*) = \lambda^*.$$

这就说明了 $\lambda_1$ 是最小的特征值.

**性质 2** 特征值问题 (4.12) 的第 2 个特征值是 Rayleigh 商 $R(v)$, $v \in S_0^1$ 在条件 $(v,\psi_1)=0$ 下的极值, 即

$$\lambda_2 = \min_{v \in S_0^1, (v,\psi_1)=0} R(v).$$

**证明** 设

$$\lambda = \min_{v \in S_0^1, (v,\psi_1)=0} R(v),$$

而且对应的函数 $v$ 是 $\psi_2$, 即 $\lambda = R(\psi_2)$. 先证明 $\lambda$ 是一个特征值. 因为 $R(\psi_2)$ 是极小值, 所

以对一切 $u \in S_0^1$，且 $u(x) \not\equiv 0, (u, \psi_1) = 0$ 的函数 $u$，有

$$\frac{D(u, u)}{(u, u)} = R(v) \geqslant R(\psi_2) = \lambda,$$

即

$$D(u, u) - \lambda(u, u) \geqslant 0. \tag{4.15}$$

对于任意满足 $w \in S_0^1, (w, \psi_1) = 0$ 的函数 $w$，取 $u = \psi_2 + \alpha w$. 显然，$\alpha = 0$ 可使式(4.15)等号成立. 令

$$\varphi(\alpha) = D(\psi_2 + \alpha w, \psi_2 + \alpha w) - \lambda(\psi_2 + \alpha w, \psi_2 + \alpha w),$$

$\alpha = 0$ 就是 $\varphi(\alpha)$ 的极小值，所以

$$\frac{\mathrm{d}}{\mathrm{d}\alpha} \varphi(\alpha) \bigg|_{\alpha=0} = 0.$$

即可得到

$$D(\psi_2, w) - \lambda(\psi_2, w) = 0, \quad \forall w \in S_0^1, (w, \psi_1) = 0, \tag{4.16}$$

再取 $w = v + k\psi_1$，其中 $v$ 是 $S_0^1$ 中任意的函数，而 $k$ 选择为

$$k = -\frac{(v, \psi_1)}{(\psi_1, \psi_1)},$$

这样可以使得 $(w, \psi_1) = 0$. 将这样选择的 $w$ 代入(4.16)式，得到

$$[D(\psi_2, v) - \lambda(\psi_2, v)] + k[D(\psi_2, \psi_1) - \lambda(\psi_2, \psi_1)] = 0, \tag{4.17}$$

注意到 $\psi_2$ 与 $\psi_1$ 正交，所以

$$k(\lambda - \lambda_1)(\psi_2, \psi_1) = 0. \tag{4.18}$$

利用 $\lambda_1, \psi_1$ 是特征值问题(4.12)的解，所以

$$k[D(\psi_2, \psi_1) - \lambda_1(\psi_2, \psi_1)] = 0.$$

将(4.18)式加到(4.17)式上，就有

$$D(\psi_2, v) - \lambda(\psi_2, v) = 0, \forall v \in S_0^1.$$

所以 $\lambda, \psi_2$ 是(4.12)式的解，$\lambda$ 是特征值，对应的 $\psi_2$ 是特征函数.

类似性质 1 的证明，对于另外的特征值 $\lambda^*$，如果 $\lambda^* \neq \lambda_1$，则可证明 $\lambda_2 \leqslant \lambda^*$，所以 $\lambda$ 是第 2 个特征值，即 $\lambda = \lambda_2$.

**性质 3** 设前 $l-1$ 个特征值 $\lambda_1, \lambda_2, \cdots, \lambda_{l-1}$ 已经求出，对应的特征函数是 $\psi_1, \psi_2, \cdots, \psi_{l-1}$，则第 $l$ 个特征值 $\lambda_l = \min R(v)$，其中的 min 是在 $v \in S_0^1$，且 $(v, \psi_i) = 0 (i = 1, 2, \cdots, l-1)$ 的条件下取得的. $\lambda_l$ 对应的特征函数是 $\psi_l, \lambda_l = R(\psi_l)$.

## 4.4 特征值问题的有限元方法

在 $S_0^1$ 选取一个有限维的子空间 $V_h$，例如选 $V_h$ 是某一剖分下分段线性函数组成的空间. 设 $V_h$ 的基为 $\phi_1, \phi_2, \cdots, \phi_N$.

(4.12)式的逼近问题为

$$\begin{cases} 求数 \ \lambda^{(h)} \ 及 \ u_h \in V_h, \quad u_h(x) \not\equiv 0, \\ 使得 \ D(u_h, v_h) = \lambda^{(h)}(u_h, v_h), \quad \forall v_h \in V_h \end{cases} \tag{4.19}$$

对一切 $v_h \in V_h$, 函数 $v_h(x)$ 可以表示为

$$v_h(x) = \sum_{i=1}^{N} v_i \phi_i(x), \quad 其中 \ v_1, \cdots, v_N \in \mathbb{R}. \tag{4.20}$$

设

$$u_h(x) = \sum_{i=1}^{N} u_i \phi_i(x), \quad 其中 \ u_1, \cdots, u_N \in \mathbb{R}. \tag{4.21}$$

在逼近问题(4.19)中, 将(4.21)式代入, 并分别取 $v_h = \phi_j$, $j = 1, 2, \cdots, N$, 就得到

$$\sum_{i=1}^{N} D(\phi_i, \phi_j) u_i = \lambda^{(h)} \sum_{i=1}^{N} (\phi_i, \phi_j) u_i, \quad j = 1, 2, \cdots, N. \tag{4.22}$$

记向量 $\boldsymbol{u} = (u_1, u_2, \cdots, u_n) \in \mathbb{R}^n$, 矩阵

$$\boldsymbol{A}^{(h)} = [a_{ij}] \in \mathbb{R}^{n \times n}, \quad a_{ij} = D(\phi_i, \phi_j),$$
$$\boldsymbol{B}^{(h)} = [b_{ij}] \in \mathbb{R}^{n \times n}, \quad b_{ij} = (\phi_i, \phi_j),$$

就得到一个矩阵广义特征值问题

$$\begin{cases} 求数 \ \lambda^{(h)} \ 和非零向量 \ \boldsymbol{u} \\ 使 \ \boldsymbol{A}^{(h)} \boldsymbol{u} = \lambda^{(h)} \boldsymbol{B}^{(h)} \boldsymbol{u}. \end{cases} \tag{4.23}$$

不难验证, $\boldsymbol{A}^{(h)}$ 和 $\boldsymbol{B}^{(h)}$ 都是对称正定矩阵, 所以(4.23)式的特征值都是实的. 把它们排列成

$$\lambda_1^{(h)} \leqslant \lambda_2^{(h)} \leqslant \cdots \leqslant \lambda_N^{(h)}.$$

这可以作为问题(4.12)开头 $N$ 个特征值的近似值. 至于求解(4.23)式, 可以用矩阵特征值的数值方法进行.

如果从 Rayleigh 商的极小出发, 对于 $v_h \in V_h$, 作 Rayleigh 商 $R(v_h) = \dfrac{D(v_h, v_h)}{(v_h, v_h)}$, 根据上一段讨论的性质可作如下分析.

可以把

$$\min_{v_h \in V_h} R(v_h) \tag{4.24}$$

看成特征值问题(4.12)的最小特征值的近似, 极小问题(4.24)又可等价于条件极值问题: 在条件 $(v_h, v_h) = 1$ 的约束下, 求 $D(v_h, v_h)$ 在 $V_h$ 中的极小, 即

$$\min_{\substack{v_h \in V_h \\ (v_h, v_h) = 1}} D(v_h, v_h) \tag{4.25}$$

如果 $u_h$ 是条件极值问题(4.25)的解, 令

$$u_h(x) = \sum_{i=1}^{N} u_i \phi_i(x), \tag{4.26}$$

则有

$$D(u_h, u_h) = \sum_{i,j=1}^{N} D(\phi_i, \phi_j) u_i u_j, \quad (u_h, u_h) = \sum_{i,j=1}^{N} (\phi_i, \phi_j) u_i u_j.$$

这样,(4.25)式就化为以 $u_1, u_2, \cdots, u_N$ 为自变量的多元二次函数的条件极值问题. 可用 Lagrange 乘子法,引入乘子 $\lambda^{(h)}$,令

$$F = \sum_{i,j=1}^{N} D(\phi_i, \phi_j) u_i u_j - \lambda^{(h)} \Big[ \sum_{i,j=1}^{N} (\phi_i, \phi_j) u_i u_j - 1 \Big],$$

$F$ 对 $u_j$ 求偏导数,再令其为零就可得到(4.22)式. 即同样得到矩阵特征值问题(4.23).

对于矩阵特征值问题(4.23)的某一个特征值 $\lambda_l^{(h)}$,设其对应的特征向量是 $\boldsymbol{u}^{(l)} = [u_1^{(l)}, u_2^{(l)}, \cdots, u_N^{(l)}]^{\mathrm{T}}$. 由于 $\boldsymbol{u}^{(l)}$ 乘一个任意非零常数仍然是对应 $\lambda_l^{(h)}$ 的特征向量,适当选择这样的常数,使特征向量 $\boldsymbol{u}^{(l)}$ 满足

$$\Big( \sum_{i=1}^{N} u_i^{(l)} \phi_i, \sum_{j=1}^{N} u_j^{(l)} \phi_j \Big) = 1,$$

若令 $u_h^{(l)} = \sum_{i=1}^{N} u_i^{(l)} \phi_i$,有 $u_h^{(l)} \in V_h$,且 $(u_h^{(l)}, u_h^{(l)}) = 1$,则由于 $\lambda_l^{(h)}$ 是(4.23)式的特征值及 $\boldsymbol{u}^{(l)}$ 是对应的特征向量,有

$$\sum_{i=1}^{N} D(\phi_i, \phi_j) u_i^{(l)} = \lambda_l^{(h)} \sum_{i=1}^{N} (\phi_i, \phi_j) u_j^{(l)}, \quad j = 1, 2, \cdots, N.$$

上式两边乘以 $u_j^{(l)}$,再令 $j$ 从 1 到 $N$ 求和,则有

$$D \Big( \sum_{i=1}^{N} u_i^{(l)} \phi_i, \sum_{j=1}^{N} u_j^{(l)} \phi_j \Big) = \lambda_l^{(h)} \Big( \sum_{i=1}^{N} u_i^{(l)} \phi_i, \sum_{j=1}^{N} u_j^{(l)} \phi_j \Big),$$

也就是

$$D(u_h^{(l)}, u_h^{(l)}) = \lambda_l^{(h)}.$$

这样可得到结论: $u_h^{(l)}$ 就是极小问题(4.25)的驻点,而 $D(v_h, v_h)$ 在 $u_h^{(l)}$ 的驻定值正好就是 $\lambda_l^{(h)}$. 至于问题(4.25)的最小值,就是代数特征值问题(4.23)的最小特征值 $\lambda_1^{(h)}$,对应的特征向量 $\boldsymbol{u}^{(1)} = [u_1^{(1)}, \cdots, u_N^{(1)}]^{\mathrm{T}}$,用它的分量作为系数的线性组合式 $u_h^{(1)} = \sum_{i=1}^{N} u_i^{(1)} \phi_i$ (其中要求 $(u_h^{(1)}, u_h^{(1)}) = 1$),就是使(4.25)式达到最小的函数,而且 $D(u_h^{(1)}, u_h^{(1)}) = \lambda_1^{(h)}$.

用类似的方法,可以分析(4.23)式的第 2 个特征值 $\lambda_2^{(h)}$ 以及对应的特征向量,正好与泛函的条件极值问题

$$\min_{\substack{v_h \in V_h \\ (v_h, v_h) = 1 \\ (v_h, u_h^{(1)}) = 0}} D(v_h, v_h) \tag{4.27}$$

相联系,推导留给读者.

类似可知,矩阵特征值问题(4.23)的特征值 $\lambda_1^{(h)}, \cdots, \lambda_N^{(h)}$ 就是变分特征值问题(4.19)

的特征值. (4.23)式对应 $\lambda_1^{(h)}, \cdots, \lambda_N^{(h)}$ 的特征向量 $\boldsymbol{u}^{(1)}, \cdots, \boldsymbol{u}^{(N)}$, 用其分量作系数得到的函数 $u_h^{(1)} = \sum_{i=1}^N u_i^{(1)} \phi_i, \cdots, u_h^{(N)} = \sum_{i=1}^N u_i^{(N)} \phi_i$ 就是(4.19)式的特征函数.

## 4.5 例子

以上我们说明了一类一维特征值问题的性质及有限元近似方法, 对二维问题处理的原则也是相同的. 下面用一个一维的例子来说明计算过程, 这里的边界条件与上面讨论的边界条件(4.5)稍有不同.

考虑两端为第一类齐次边界条件的一维自伴特征值问题

$$\begin{cases} Lu = \lambda r(x)u, & 0 < x < l, \\ u(0) = 0, & u(l) = 0. \end{cases} \tag{4.28}$$

其中

$$Lu = -\frac{\mathrm{d}}{\mathrm{d}x}\left(p(x)\frac{\mathrm{d}u}{\mathrm{d}x}\right) + q(x)u,$$

$$p \in C^1[0,l], \quad q, r \in C[0,l],$$

$$p(x) \geqslant p_0 > 0, \quad q(x) \geqslant 0, \quad r(x) \geqslant r_0 > 0, \qquad \forall x_0 \in [0,l].$$

为了表示本例的变分问题, 记满足齐次约束边界条件的试探函数空间为

$$S_0^1 = \left\{ v \mid \int_0^l \left[ v^2 + \left(\frac{\mathrm{d}v}{\mathrm{d}x}\right)^2 \right] \mathrm{d}x \text{ 有意义}, v(0) = v(l) = 0 \right\},$$

则对应(4.28)式的变分特征值问题为

$$\begin{cases} \text{求数 } \lambda \text{ 和 } u \in S_0^1, & u(x) \not\equiv 0, \\ \text{使 } D(u,v) = \lambda(u,v), & \forall v \in S_0^1, \end{cases} \tag{4.29}$$

其中

$$D(u,v) = \int_0^l \left( p \frac{\mathrm{d}u}{\mathrm{d}x}\frac{\mathrm{d}v}{\mathrm{d}x} + quv \right)\mathrm{d}x, \quad (u,v) = \int_0^l r(x)uv\,\mathrm{d}x.$$

问题(4.29)存在特征值序列

$$0 < \lambda_1 \leqslant \lambda_2 \leqslant \cdots \leqslant \lambda_n \leqslant \cdots, \quad \lim_{n \to \infty} \lambda_n = +\infty.$$

对应的特征函数为 $\psi_1, \psi_2, \cdots, \psi_n, \cdots$, 满足

$$D(\psi_i, \psi_j) = \lambda_i(\psi_i, \psi_j) = 0 \quad (i \neq j).$$

为了规范特征函数, 还规定

$$D(\psi_i, \psi_i) = \lambda_i(\psi_i, \psi_i) = 1.$$

为了有限元计算, 在区间$[0,l]$引入节点 $x_0, x_1, \cdots, x_n$, 有

$$0 = x_0 < x_1 < \cdots < x_n = l.$$

记小区间 $I_j = (x_{j-1}, x_j)$, 其长度 $h_j = x_j - x_{j-1}, j = 1, \cdots, n, h = \max h_j$. 在这样的剖分下,

$S_0^1$ 的一个 $n-1$ 维子空间

$$V_h = \{v \mid v \in C[0,l], v(0) = v(l) = 0, \text{在每个 } I_j \text{ 上 } v \text{ 线性}, j = 1, \cdots, n\}.$$

作为(4.29)式的有限元逼近问题,考虑

$$\begin{cases} \text{求数 } \lambda^{(h)}, u_h \in V_h, \quad u_h(x) \not\equiv 0, \\ \text{满足 } D(u_h, v_h) = \lambda^{(h)}(u_h, v_h), \quad \forall\, v_h \in V_h. \end{cases} \tag{4.30}$$

$\lambda^{(h)}$ 和 $u_h$ 就是(4.29)式中特征值 $\lambda$ 和特征函数 $u$ 的有限元逼近.

第 7 章中已讨论过 $V_h$ 的基函数,记为 $\phi_1, \phi_2, \cdots, \phi_{n-1}$,它们是如图 7.2 所示的"屋顶函数",满足

$$\phi_i(x_j) = \begin{cases} 0, & i \neq j, \\ 1, & i = j, \end{cases} \quad i, j = 1, \cdots, n-1.$$

根据上一段的讨论.(4.29)式可以转化为矩阵的广义特征值问题

$$\boldsymbol{A}^{(h)} \boldsymbol{u} = \lambda^{(h)} \boldsymbol{B}^{(h)} \boldsymbol{u}, \tag{4.31}$$

其中

$$\boldsymbol{A}^{(h)} = [a_{ij}] \in \mathbb{R}^{(n-1) \times (n-1)}, \quad a_{ij} = D(\phi_i, \phi_j),$$
$$\boldsymbol{B}^{(h)} = [b_{ij}] \in \mathbb{R}^{(n-1) \times (n-1)}, \quad b_{ij} = (\phi_i, \phi_j).$$

系数 $a_{ij}$ 和 $b_{ij}$ 均可用积分式表示出来.为了方便,下面讨论一种特殊情形,即 $p(x), q(x)$, $r(x)$ 均为常数.设 $p(x) = p, c(x) = 0, r(x) = r$. 并设剖分是等分的,即 $h = h_i = l/n$, $x_i = ih$. 容易计算出

$$\boldsymbol{A}^{(h)} = \frac{p}{h} \begin{bmatrix} 2 & -1 & & & & \\ -1 & 2 & -1 & & & \\ & -1 & 2 & -1 & & \\ & & \ddots & \ddots & \ddots & \\ & & & -1 & 2 & -1 \\ & & & & -1 & 2 \end{bmatrix}, \quad \boldsymbol{B}^{(h)} = \frac{rh}{6} \begin{bmatrix} 4 & 1 & & & & \\ 1 & 4 & 1 & & & \\ & 1 & 4 & 1 & & \\ & & \ddots & \ddots & \ddots & \\ & & & 1 & 4 & 1 \\ & & & & 1 & 4 \end{bmatrix}.$$

因为在 $b_{ij}$ 的计算中出现二次函数的积分,如果用梯形公式近似计算,那样代替 $\boldsymbol{B}^{(h)}$ 的是矩阵

$$\widetilde{\boldsymbol{B}}^{(h)} = rh\boldsymbol{I},$$

从而代替(4.31)式的矩阵特征值问题是

$$\boldsymbol{A}^{(h)} \boldsymbol{u} = \widetilde{\lambda}^{(h)} \widetilde{\boldsymbol{B}}^{(h)} \boldsymbol{u}. \tag{4.32}$$

在以上特殊情形下可以求出(4.31)式的特征值为

$$\lambda_j^{(h)} = \frac{6p}{h^2 r} \cdot \frac{1 - \cos \dfrac{j\pi h}{l}}{2 + \cos \dfrac{j\pi h}{l}}, \quad j = 1, 2, \cdots, n-1.$$

而(4.32)式的特征值是

$$\tilde{\lambda}_j^{(h)} = \frac{2p}{h^2 r}\left(1 - \cos\frac{j\pi h}{l}\right), \quad j = 1, 2, \cdots, n-1.$$

这两个问题的特征向量(未经规范化)都是

$$\boldsymbol{u}_j^{(h)} = (u_{j,1}, \cdots, u_{j,n-1})^{\mathrm{T}},$$

其中

$$u_{j,k} = \sin\frac{j\pi kh}{l}, \quad j, k = 1, 2, \cdots, n-1.$$

而在上述特殊情况下,微分算子的特征值问题(4.28)的特征值和特征函数的无穷序列可以从微分方程和边界条件求出.特征值是

$$\lambda_j = \frac{pj^2\pi^2}{rl^2}, \quad j = 1, 2, \cdots,$$

特征函数是

$$u_j(x) = \sqrt{\frac{2}{rl}}\sin\frac{j\pi}{l}x, \quad j = 1, 2, \cdots.$$

将(4.28)式的特征值 $\lambda_j$ 和有限元近似得到的 $\lambda_j^{(h)}$ 和 $\tilde{\lambda}_j^{(h)}$ 做比较,可看到

$$\lambda_j^{(h)} - \lambda_j = \frac{pj^4\pi^4}{12rl^4}h^2 + \frac{pj^6\pi^6}{360rl^6}h^4 + \cdots = O(h^2),$$

$$\lambda_j - \tilde{\lambda}_j^{(h)} = \frac{pj^4\pi^4}{12rl^4}h^2 - \frac{pj^6\pi^6}{360rl^6}h^4 + \cdots = O(h^2).$$

至于(4.31)式和(4.32)式的特征向量 $\boldsymbol{u}_j^{(h)}$,在不计规范化因子的情况下,(4.28)式的特征函数 $u_{j(x)}$ 在 $x = x_1, x_2, \cdots, x_{n-1}$,之值就是向量 $\boldsymbol{u}_j^{(k)}$ 的各个分量.

还可看到,当 $h$ 小的情况下,有估计

$$\tilde{\lambda}_j^{(h)} \leqslant \lambda_j \leqslant \lambda_j^{(h)}.$$

而且,因 $\lambda_j^{(h)} - \lambda_j$ 为 $O(h^2)$,有限元方法特征值中小的特征值逼近原特征值问题(4.28)的小特征值.但大的特征值并非这样,这是因为只有 $j^2h$ 小的时候才使 $\lambda_j^{(h)} - \lambda_j$ 是小的.例如,如果 $j \approx \sqrt{n}$,则 $j^2h = O(1)$,不能期望 $\lambda_j^{(h)} - \lambda_j$ 是小的.所以,(4.31)式的特征值中只有一个小比例的部分才是值得人们注意的.这样的分析对于怎样选出(4.31)式的特征值有关.

# 5   边界元方法

边界元方法,或称边界积分方程方法,是以边界点上未知函数满足的积分方程为基础设计出来的近似计算方法,它的节点只分布在区域的边界上,比起有限元方法,节点的数

目可以少很多. 以下我们以二维 Poisson 方程及 Laplace 方程为例,简略地介绍一种**边界元方法**的大意,至于更复杂的问题,请读者参阅有关的参考书和文献.

以下考虑混合边值问题:

$$\begin{cases} -\Delta u = f, & (x,y) \in \Omega, \quad\quad\quad\quad\quad (5.1)\\[2mm] \dfrac{\partial u}{\partial n} = \bar{q}, & (x,y) \in \partial\Omega_1, \quad\quad\quad (5.2)\\[2mm] u = \bar{u}, & (x,y) \in \partial\Omega_2, \quad\quad\quad (5.3) \end{cases}$$

其中 $\Omega \subset \mathbb{R}^2$,$\Omega$ 的边界 $\partial\Omega_1 \bigcup \partial\Omega_2$,$f, \bar{q}, \bar{u}$ 均为已知函数.

## 5.1　基本的边界积分关系式

设 $u, v \in C^2(\Omega) \bigcap C^1(\overline{\Omega})$,则由 Green 公式,用类似于第 6 章第 3 节的运算,可以得到

$$\iint_\Omega v\Delta u \mathrm{d}x\mathrm{d}y + \iint_\Omega \nabla u \cdot \nabla v \mathrm{d}x\mathrm{d}y = \int_{\partial\Omega} v\,\frac{\partial u}{\partial n}\mathrm{d}s, \quad\quad (5.4)$$

其中 $n$ 是 $\partial\Omega$ 上外法线方向. 上式中,如果把 $u,v$ 交换位置,再相减,就得到

$$\iint_\Omega (v\Delta u - u\Delta v)\mathrm{d}x\mathrm{d}y = \int_{\partial\Omega}\left( v\,\frac{\partial u}{\partial n} - u\,\frac{\partial v}{\partial n}\right)\mathrm{d}s. \quad\quad (5.5)$$

取 $u$ 为满足(5.1)式～(5.3)式的函数,上式中 $\Delta u$ 可用 $-f$ 代入. 另外,取

$$v = \ln r, \quad\quad 其中 \quad r = r_{PM} = \sqrt{(x-x_P)^2 + (y-y_P)^2}.$$

这里,$P(x_P, y_P)$ 看成一个固定的点,而 $M(x, y)$ 点可在 $\Omega$ 内变化,当 $M=P$ 时,函数 $v = \ln r$ 是奇异的. 当 $M \neq P$ 时,不难验证,对固定的 $P$,有 $\Delta\ln r = 0$. 在微分方程的理论中,$\dfrac{1}{2\pi}\ln\dfrac{1}{r}$ 称为 Laplace 方程的"基本解",即

$$-\Delta\left(\frac{1}{2\pi}\ln\frac{1}{r}\right) = \delta(M, P),$$

其中 $\delta(M, P)$ 是 Dirac $\delta$ 函数,以下运算中我们不利用 $\delta$ 函数的概念和运算,所以取 $v = \ln r$ 与基本解差一个常数. 这样取定 $v$ 之后,因为 $P$ 是 $\ln r$ 的奇点,所以不能直接应用(5.5)式,要稍作变化.

设 $P \in \Omega$,如图 8.5(a),以 $P$ 为中心,$\varepsilon$ 为半径作一整个全含在 $\Omega$ 内的小圆 $K_\varepsilon$,在 $\Omega \backslash K_\varepsilon$ 上,可以利用(5.5)式,得到

$$\iint_{\Omega\backslash K_\varepsilon} (\ln r\Delta u - u\Delta\ln r)\mathrm{d}x\mathrm{d}y$$

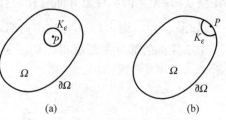

图 8.5

$$= \oint_{\partial\Omega}\left(\ln r\frac{\partial u}{\partial \boldsymbol{n}} - u\frac{\partial \ln r}{\partial \boldsymbol{n}}\right)\mathrm{d}s + \oint_{\partial K_\varepsilon}\left(\ln r\frac{\partial u}{\partial \boldsymbol{n}} - u\frac{\partial \ln r}{\partial \boldsymbol{n}}\right)\mathrm{d}s, \tag{5.6}$$

上式等号左端积分式中第二项为 0,当 $\varepsilon\to 0$ 时,左端积分式趋向于

$$-\iint_\Omega f\ln r\,\mathrm{d}x\mathrm{d}y,$$

当然在这里我们假设了这个积分是存在的.(5.6)式右端第二个积分式中,$\boldsymbol{n}$ 为 $-\boldsymbol{r}$ 的方向,$\dfrac{\partial \ln r}{\partial \boldsymbol{n}} = \dfrac{-1}{r}$,所以

$$\int_{\partial K_\varepsilon} u\frac{\partial \ln r}{\partial \boldsymbol{n}}\mathrm{d}s = -\int_{\partial K_\varepsilon} u\frac{1}{r}\mathrm{d}s = -\frac{1}{\varepsilon}\int_{\partial K_\varepsilon} u\,\mathrm{d}s = -\frac{1}{\varepsilon}u^*\,2\pi\varepsilon,$$

其中 $u^*$ 为 $u$ 在 $\partial K_\varepsilon$ 上的平均值. 当 $\varepsilon\to 0$ 时,上式趋于 $-2\pi u(P)$,另一项为

$$\int_{\partial K_\varepsilon}\ln r\frac{\partial u}{\partial \boldsymbol{n}}\mathrm{d}s = \ln\varepsilon\left(\frac{\partial u}{\partial \boldsymbol{n}}\right)^* \cdot 2\pi\varepsilon,$$

当 $\varepsilon\to 0$ 时,它趋于 0. 所以令 $\varepsilon\to 0$,从(5.6)式得到

$$2\pi u(P) = \int_{\partial\Omega}\left(u\frac{\partial \ln r}{\partial \boldsymbol{n}} - \ln r\frac{\partial u}{\partial \boldsymbol{n}}\right)\mathrm{d}s - \iint_\Omega f\ln r\,\mathrm{d}x\mathrm{d}y. \tag{5.7}$$

如果 $P\in\partial\Omega$,如图 8.5(b),$K_\varepsilon$ 为以 $P$ 为中心,$\varepsilon$ 为半径的圆与 $\Omega$ 相交的部分,以 $\partial K_\varepsilon$ 记 $K_\varepsilon$ 的圆弧边界,则类似(5.6)式,有

$$\iint_{\Omega\backslash K_\varepsilon}(\ln r\Delta u - u\Delta\ln r)\,\mathrm{d}x\mathrm{d}y$$

$$= \int_{\partial\Omega^*}\left(\ln r\frac{\partial u}{\partial \boldsymbol{n}} - u\frac{\partial \ln r}{\partial \boldsymbol{n}}\right)\mathrm{d}s + \int_{\partial K_\varepsilon}\left(\ln r\frac{\partial u}{\partial \boldsymbol{n}} - u\frac{\partial \ln r}{\partial \boldsymbol{n}}\right)\mathrm{d}s,$$

其中 $\partial\Omega^*$ 是由 $\partial\Omega$ 去掉 $P$ 点附近的一段而成. 我们来分析等号右端的第二个积分,当 $\partial\Omega$ 是一条光滑的边界时,或 $P$ 点是在 $\partial\Omega$ 光滑的部分时,若 $\varepsilon\to 0$,可用 $\displaystyle\int_0^\pi\left(\ln r\frac{\partial u}{\partial \boldsymbol{n}} - u\frac{\partial \ln r}{\partial \boldsymbol{n}}\right)r\mathrm{d}\theta$ 近似代替它,而

$$\lim_{\varepsilon\to 0}\int_0^\pi\ln r\frac{\partial u}{\partial \boldsymbol{n}}r\mathrm{d}\theta = \lim_{\varepsilon\to 0}\ln\varepsilon\left(\frac{\partial u}{\partial \boldsymbol{n}}\right)^*\pi\varepsilon = 0,$$

$$\lim_{\varepsilon\to 0}\int_0^\pi u\frac{\partial \ln r}{\partial n}r\mathrm{d}\theta = \lim_{\varepsilon\to 0}\left(-u^*\frac{1}{\varepsilon}\pi\varepsilon\right) = -\pi u(P),$$

所以得到

$$\pi u(P) = \int_{\partial\Omega}\left(u\frac{\partial \ln r}{\partial \boldsymbol{n}} - \ln r\frac{\partial u}{\partial \boldsymbol{n}}\right)\mathrm{d}s - \iint_\Omega f\ln r\,\mathrm{d}x\mathrm{d}y. \tag{5.8}$$

在(5.8)式中,等号右边包含了 $\partial\Omega$ 上 $u$ 及 $\dfrac{\partial u}{\partial \boldsymbol{n}}$ 之值,而一般来说,不可能两者都是同时

给定的,对于满足(5.1)~(5.3)的 $u$ 来说,有

$$\pi u(P) = \int_{\partial\Omega_1}\left(u\frac{\partial\ln r}{\partial\boldsymbol{n}} - \bar{q}\ln r\right)\mathrm{d}s + \int_{\partial\Omega_2}\left(\bar{u}\frac{\partial\ln r}{\partial\boldsymbol{n}} - \frac{\partial u}{\partial\boldsymbol{n}}\ln r\right)\mathrm{d}s - \iint_{\Omega}f\ln r\mathrm{d}x\mathrm{d}y, \quad (5.9)$$

上式中 $\bar{u},\bar{q}$ 均是已知的,而在 $\partial\Omega_1$ 和 $\partial\Omega_2$ 上,$u$ 和 $\dfrac{\partial u}{\partial\boldsymbol{n}}$ 分别是未知的.

(5.9)式就是边界点上 $u$ 满足的基本积分关系.

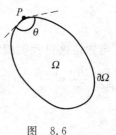

图　8.6

　　若 $P\in\partial\Omega$,但 $P$ 并不是边界上的"光滑点",(5.9)式就不正确了,设 $P$ 是如图 8.6 所示的"角点",和上面的推导类似,有

$$\theta u(P) = \int_{\partial\Omega}\left(u\frac{\partial\ln r}{\partial\boldsymbol{n}} - \ln r\frac{\partial u}{\partial\boldsymbol{n}}\right)\mathrm{d}s - \iint_{\Omega}f\ln r\mathrm{d}x\mathrm{d}y, \quad (5.10)$$

其中的角 $\theta$ 如图 8.6 所示.

## 5.2　边界元近似

　　从上一小节的边界积分关系出发,设计它的近似算法. 首先,将 $\partial\Omega$ 近似为 $N$ 个直线段,或称为元. 可以取每个元的中点为节点,如图 8.7(a),也可以取每个元的两个端点为节点,如图 8.7(b),亦可取 3 个节点(中点和两个端点)的曲线元. 在这些元上,未知函数 $u$ 分别设为常数、线性函数和二次函数,当然,也可以取得更复杂些.

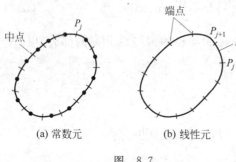

端点

(a) 常数元　　(b) 线性元

图　8.7

　　以下主要以 Laplace 方程为例,说明最简单的边界元近似计算方法.

　　(1) 常数元

　　如图 8.7(a)边界 $\partial\Omega$ 近似为 $N$ 个直线段的元,节点设为元的中点,一般按顺序排列. $N$ 个元中有 $N_1$ 个元属于 $\partial\Omega_1$,$N_2$ 个元属于 $\partial\Omega_2$. 在每个边界元上,$u$ 及 $\dfrac{\partial u}{\partial\boldsymbol{n}}$ 都设为常数,即设它们的值分别等于中节点上的值,记为 $u_j,q_j (j=1,\cdots,N)$. 以上的假设,可以写成

$$\begin{cases} u = \displaystyle\sum_{j=1}^{N} u_j\phi_j, \\ \dfrac{\partial u}{\partial\boldsymbol{n}} = \displaystyle\sum_{j=1}^{N} q_j\phi_j, \end{cases} \quad (5.11)$$

其中

$$\phi_j = \begin{cases} 1, & \text{在第 } j \text{ 个元上}, \\ 0, & \text{其他}. \end{cases} \quad (5.12)$$

将(5.11)式与(5.12)式代入(5.8)式,因为考虑的是 Laplace 方程,所以式中 $f\equiv0$. 而式中的 $P$ 点,就取为第 $i$ 个节点 $P_i$,这样有

$$\pi u_i = \sum_{j=1}^N u_j \int_{\Gamma_j} \frac{\partial \ln r_i}{\partial \boldsymbol{n}} \mathrm{d}s - \sum_{j=1}^N q_j \int_{\Gamma_j} \ln r_i \mathrm{d}s \quad i=1,2,\cdots,N, \tag{5.13}$$

其中的 $\Gamma_j$ 记第 $j$ 个元,$r_i = r_{P_iM}, M \in \Gamma_j$.

(5.13)式等号右端 $\Gamma_j$ 上的积分,不同的作者有不同的处理方法.例如当 $j \neq i$ 时,$\Gamma_j$ 上的积分不是奇异的积分,一般采用数值积分公式计算.当 $j=i$ 时,因为在 $\Gamma_i$ 上 $r_i$ 增长的方向与外法线方向 $\boldsymbol{n}$ 正交,所以有

$$\int_{\Gamma_i} \frac{\partial \ln r_i}{\partial \boldsymbol{n}} \mathrm{d}s = \int_{\Gamma_i} \frac{1}{r_i} \frac{\partial r_i}{\partial \boldsymbol{n}} \mathrm{d}s = 0$$

而第二项出现的积分 $\int_{\Gamma_j} \ln r_i \mathrm{d}s$ 虽然包含了奇异点,但它是可以积分出来的. 这样,由(5.13)式就得到一个线性代数方程组. 令

$$\begin{cases} H_{ij} = \int_{\Gamma_i} \dfrac{\partial \ln r_i}{\partial \boldsymbol{n}} \mathrm{d}s \quad (i \neq j), \\[2mm] H_{ii} = \int_{\Gamma_i} \dfrac{\partial \ln r_i}{\partial \boldsymbol{n}} \mathrm{d}s - \pi, \\[2mm] G_{ij} = \int_{\Gamma_j} \ln r_i \mathrm{d}s, \end{cases} \tag{5.14}$$

就可得到

$$\sum_{j=1}^N u_j H_{ij} - \sum_{j=1}^N q_j G_{ij} = 0, \quad i=1,2,\cdots,N.$$

写成矩阵形式为

$$\boldsymbol{H}\boldsymbol{u} - \boldsymbol{G}\boldsymbol{q} = \boldsymbol{0}, \tag{5.15}$$

其中 $\boldsymbol{H}$ 和 $\boldsymbol{G}$ 分别是以 $H_{ij}$ 和 $G_{ij}$ 为元素的 $N \times N$ 矩阵,$\boldsymbol{u}$ 和 $\boldsymbol{q}$ 是以 $u_j$ 和 $q_j$ 为元素的 $N$ 维列向量. 在 $\boldsymbol{u}$ 和 $\boldsymbol{q}$ 的分量中,根据边界条件(5.2)和(5.3),有 $N_1$ 个 $q_j$ 和 $N_2$ 个 $u_j$ 是已知的,把已知量放到等号右边,写成

$$\boldsymbol{J}\boldsymbol{U} = \boldsymbol{F}, \tag{5.16}$$

其中 $\boldsymbol{U}$ 有 $N$ 个分量,包括了 $u_j$ 和 $q_j$ 中的未知量.解方程组(5.16),就可得到 $\partial\Omega$ 上全部节点上 $u_j$ 及 $q_j = \left(\dfrac{\partial u}{\partial \boldsymbol{n}}\right)_j$ 之值. 如果要求内部点 $P$ 上 $u(P)$ 的值,只要利用公式(5.7),得

$$u(P) = \frac{1}{2\pi}\Big( \sum_{j=1}^N u_j \int_{\Gamma_j} \frac{\partial \ln r}{\partial \boldsymbol{n}} \mathrm{d}s - \sum_{j=1}^N \int_{\Gamma_j} \ln r \mathrm{d}s \Big),$$

其中 $P \in \Omega, r = r_{PM}, M \in \Gamma_j$. 在计算上式的积分时,并不会出现奇异性,一般亦可用数值积分方法计算.

（2）线性元

如图 8.7(b)所示，$\partial\Omega$ 分为 $N$ 个边界元，节点为 $P_1,P_2,\cdots,P_N$. 其中 $P_j,P_{j+1}$ 是边界元 $\Gamma_j$ 的端点，仍以 $u_j,q_j$ 记 $u,\dfrac{\partial u}{\partial \boldsymbol{n}}$ 在 $P_j$ 点的值. 在(5.10)式中，取 $P=P_i$，并设对应的 $\theta=C_i$，仍考虑 Laplace 方程，$f\equiv0$. 这样，从(5.10)式可得

$$C_i \cdot u_i = \sum_{j=1}^{N}\int_{\Gamma_j}u\,\frac{\partial \ln r_i}{\partial \boldsymbol{n}}\mathrm{d}s - \sum_{j=1}^{N}\int_{\Gamma_j}\ln r_i\,\frac{\partial u}{\partial \boldsymbol{n}}\mathrm{d}s. \tag{5.17}$$

如果在每段 $\Gamma_j$（即 $\overline{P_jP_{j+1}}$）上引入局部坐标 $\xi$. 对应 $P_j,\xi=-1$；对应 $P_{j+1},\xi=1$. 在 $\Gamma_j$ 上，设 $u$ 及 $\dfrac{\partial u}{\partial \boldsymbol{n}}$ 分别是线性函数，则在 $\Gamma_j$ 上有

$$u(\xi) = [\phi_1,\phi_2]\begin{bmatrix}u_1\\u_2\end{bmatrix}, \quad q(\xi) = [\phi_1,\phi_2]\begin{bmatrix}q_1\\q_2\end{bmatrix},$$

其中 $\phi_1=\dfrac{1}{2}(1-\xi),\phi_2=\dfrac{1}{2}(1+\xi)$. 这样，(5.17)式中第一项积分

$$\int_{\Gamma_j}u\,\frac{\partial \ln r_i}{\partial \boldsymbol{n}}\mathrm{d}s = \int_{\Gamma_j}[\phi_1,\phi_2]\frac{\partial \ln r_i}{\partial \boldsymbol{n}}\mathrm{d}s = [h_{ij}^1,h_{ij}^2]\begin{bmatrix}u_1\\u_2\end{bmatrix},$$

其中

$$h_{ij}^1 = \int_{\Gamma_j}\phi_1\,\frac{\partial \ln r_i}{\partial \boldsymbol{n}}\mathrm{d}s, \quad h_{ij}^2 = \int_{\Gamma_j}\phi_2\,\frac{\partial \ln r_i}{\partial \boldsymbol{n}}\mathrm{d}s.$$

同理

$$\int_{\Gamma_j}\ln r_i\,\frac{\partial u}{\partial \boldsymbol{n}}\mathrm{d}s = [g_{ij}^1,g_{ij}^2]\begin{bmatrix}q_1\\q_2\end{bmatrix}, \quad g_{ij}^1 = \int_{\Gamma_j}\phi_1\ln r_i\mathrm{d}s, \quad g_{ij}^2 = \int_{\Gamma_j}\phi_2\ln r_i\mathrm{d}s,$$

上式中 $h_{ij}^k$ 和 $g_{ij}^k(k=1,2)$ 的积分，可以化为 $\xi$ 坐标进行计算.

把各段 $\Gamma_j$ 的积分式，代入(5.17)式，再叠加起来，得到节点 $i$ 上的方程

$$C_iu_i + [\hat{H}_{i1},\hat{H}_{i2},\cdots,\hat{H}_{iN}]\begin{bmatrix}u_1\\u_2\\\vdots\\u_N\end{bmatrix} = [G_{i1},G_{i2},\cdots,G_{iN},]\begin{bmatrix}q_1\\q_2\\\vdots\\q_N\end{bmatrix}, \tag{5.18}$$

其中每个 $\hat{H}_{ij}$ 为元 $\Gamma_{j-1}$ 对应于 $h_{ij}^2$ 的项与元 $\Gamma_j$ 对应于 $h_{ij}^1$ 的项相加而成. $G_{ij}$ 也类似. (5.18) 式也可写成

$$C_iu_i + \sum_{j=1}^{N}\hat{H}_{ij}u_j = \sum_{j=1}^{N}G_{ij}q_j,$$

若令

$$H_{ij} = \hat{H}_{ij} \quad (i\ne j), \quad H_{ii} = \hat{H}_{ii} + C_i,$$

则方程(5.18)进一步写成

$$H\,u = G\,q,$$

或

$$\sum_{j=1}^{N} H_{ij}u_j = \sum_{j=1}^{N} G_{ij}q_j \tag{5.19}$$

以下的处理和常数元情形相同.

对于 Poisson 方程,一切推导仍类似. 这时(5.9)式、(5.10)式中应保留 $\iint\limits_{\Omega} f\ln r_i\mathrm{d}x\mathrm{d}y$ 项,此项一般可由数值积分公式计算.

## 5.3　数值例子

为了熟悉边界元方法的计算过程,举一个简单的例子,用线性元计算如下问题

$$\begin{cases} \Delta u = 0, & 0 < x < 2,\ \ 0 < y < 1, \\ \dfrac{\partial u}{\partial \boldsymbol{n}} = 0, & y = 0,1,\ \ 0 < x < 2, \\ u = -1, & x = 0,\ \ 0 \leqslant y \leqslant 1, \\ u = 1, & x = 2,\ \ 0 \leqslant y \leqslant 1, \end{cases}$$

如图 8.8,对节点进行编号,先考虑节点 1 列出的方程,从(5.10)式得到

$$\frac{\pi}{2}u_1 = \int_{\partial\Omega}\left[ u\frac{\partial\ln r}{\partial \boldsymbol{n}} - \ln r\frac{\partial u}{\partial \boldsymbol{n}} \right]\mathrm{d}s, \tag{5.20}$$

其中 $r = r_{1M} = (x^2 + y^2)^{\frac{1}{2}}$, $(x,y)$ 为 $M$ 点坐标, $M \in \partial\Omega$.
(5.20)式右端的第一项可以分成 4 个部分

$$\int_{\partial\Omega} u\frac{\partial\ln r}{\partial \boldsymbol{n}}\mathrm{d}s = \int_{\partial\Omega} u\frac{1}{r}\frac{\partial r}{\partial \boldsymbol{n}}\mathrm{d}s = I_{11} + I_{12} + I_{13} + I_{14},$$

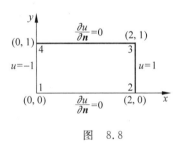

图　8.8

其中

$$I_{11} = \int_{P_1}^{P_2} u\frac{1}{r}\frac{\partial r}{\partial \boldsymbol{n}}\mathrm{d}s = -\int_0^2 u\frac{1}{x}\frac{\partial x}{\partial y}\mathrm{d}x = 0,$$

$$I_{12} = \int_{P_2}^{P_3} u\frac{1}{r}\frac{\partial r}{\partial \boldsymbol{n}}\mathrm{d}s = \int_0^1 u\frac{1}{r}\frac{\partial r}{\partial x}\mathrm{d}y,$$

$$I_{13} = \int_{P_3}^{P_4} u\frac{1}{r}\frac{\partial r}{\partial \boldsymbol{n}}\mathrm{d}s = \int_2^0 u\frac{1}{r}\frac{\partial r}{\partial y}(-\mathrm{d}x),$$

$$I_{14} = \int_{P_4}^{P_1} u\frac{1}{r}\frac{\partial r}{\partial \boldsymbol{n}}\mathrm{d}s = \int_1^0 u\frac{1}{y}\frac{\partial y}{\partial x}(-\mathrm{d}x) = 0.$$

上面 $I_{11}$ 及 $I_{14}$ 等于零,是因为积分式中的法向导数为零.下面分别计算 $I_{12}$ 和 $I_{13}$,沿着

$\overline{P_2P_3}$，用 $y$ 坐标进行计算. 设 $u$ 为线性插值式，所以在 $\overline{P_2P_3}$ 上有

$$u = (1-y)u_2 + yu_3 \qquad (0 \leqslant y \leqslant 1),$$

$$r = (4+y^2)^{\frac{1}{2}} \qquad (0 \leqslant y \leqslant 1),$$

$$\frac{\partial r}{\partial \boldsymbol{n}} = \frac{\partial r}{\partial x} = 2(4+y^2)^{-\frac{1}{2}} \qquad (0 \leqslant y \leqslant 1),$$

代入 $I_{12}$ 积分式，得

$$I_{12} = \int_0^1 \left[ (1-y)u_2 + yu_3 \right] \cdot 2(4+y^2)^{-1}\mathrm{d}y$$

$$= u_2 \left[ \arctan \frac{y}{2} - \ln(4+y^2) \right]_{y=0}^{y=1} + u_3 \left[ \ln(4+y^2) \right]_{y=0}^{y=1}$$

$$= 0.24050u_2 + 0.22314u_3.$$

同理，$I_{13}$ 可以类似计算，在 $\overline{P_3P_4}$ 上有

$$u = \frac{x}{2}u_3 + \left( \frac{2-x}{2} \right)u_4 \qquad (0 \leqslant x \leqslant 2),$$

$$r = (x^2+1)^{\frac{1}{2}} \qquad (0 \leqslant x \leqslant 2),$$

$$\frac{\partial r}{\partial \boldsymbol{n}} = (x^2+1)^{-\frac{1}{2}} \qquad (0 \leqslant x \leqslant 2),$$

所以有

$$I_{13} = \int_0^2 \left[ \frac{x}{2}u_3 + \left( \frac{2-x}{2} \right)u_4 \right](x^2+1)^{-1}\mathrm{d}x$$

$$= \frac{1}{4}\left[ \ln(x^2+1) \right]_{x=0}^{x=2} \cdot u_3 + \left[ \arctan x - \frac{1}{4}\ln(x^2+1) \right]_{x=0}^{x=2} \cdot u_4$$

$$= 0.40236u_3 + 0.70479u_4.$$

(5.20)式右端的第二项为

$$-\int_{\partial\Omega} \ln r \frac{\partial u}{\partial \boldsymbol{n}}\mathrm{d}s = -I'_{11} - I'_{12} - I'_{13} - I'_{14},$$

其中

$$I'_{11} = \int_{P_1}^{P_2} \ln r \frac{\partial u}{\partial \boldsymbol{n}}\mathrm{d}s = \int_0^2 \ln x \frac{\partial u}{\partial \boldsymbol{n}}\mathrm{d}x = 0,$$

$$I'_{12} = \int_{P_2}^{P_3} \ln r \frac{\partial u}{\partial \boldsymbol{n}}\mathrm{d}s = \int_0^1 \ln r \frac{\partial u}{\partial \boldsymbol{n}}\mathrm{d}y,$$

$$I'_{13} = \int_{P_3}^{P_4} \ln r \frac{\partial u}{\partial \boldsymbol{n}}\mathrm{d}s = \int_2^0 \ln r \frac{\partial u}{\partial \boldsymbol{n}}(-\mathrm{d}x) = 0,$$

$$I'_{14} = \int_{P_4}^{P_1} \ln r \frac{\partial u}{\partial \boldsymbol{n}}\mathrm{d}s = \int_1^0 \ln r \frac{\partial u}{\partial \boldsymbol{n}}(-\mathrm{d}y),$$

其中 $I'_{11}$ 与 $I'_{14}$ 等于零是因为边界条件 $\dfrac{\partial u}{\partial \boldsymbol{n}}=0$ 之故. 以下设 $q_i$ 为 $\left(\dfrac{\partial u}{\partial \boldsymbol{n}}\right)$ 在节点 $i$ 之值 $(i=1,2,3,4)$.

先计算 $I'_{12}$, 在 $\overline{P_2 P_3}$ 上有

$$\frac{\partial u}{\partial \boldsymbol{n}} = (1-y)q_2 + yq_3, \quad r = (4+y^2)^{\frac{1}{2}},$$

所以

$$I'_{12} = \int_0^1 \ln(4+y^2)^{\frac{1}{2}}\left[(1-y)q_2 + yq_3\right]\mathrm{d}y = 0.35651q_2 + 0.37550q_3.$$

同理, 在 $\overline{P_4 P_1}$ 上有

$$\frac{\partial u}{\partial \boldsymbol{n}} = (1-y)q_1 + yq_4, \quad r = y,$$

$$I'_{14} = \int_0^1 \ln y\left[(1-y)q_1 + yq_4\right]\mathrm{d}y = -0.75q_1 - 0.25q_4.$$

把这些值代入 (5.20) 式, 得到

$$-1.57080u_1 + 0.24050u_2 + 0.62550u_3 + 0.70479u_4$$
$$+0.75000q_1 - 0.35651q_2 - 0.37550q_3 + 0.25000q_4 = 0.$$

同理, 分别在节点 $P_2, P_3$ 及 $P_4$ 上做类似计算, 就可以列出各点上的方程. 我们用矩阵形式写出来.

$$
\begin{bmatrix}
1.57080 & -0.24050 & -0.62550 & -0.70479 \\
-0.24050 & 1.57080 & -0.70479 & -0.62550 \\
-0.62550 & -0.70479 & 1.57080 & -0.24050 \\
-0.70479 & -0.62550 & -0.24050 & 1.57080
\end{bmatrix}
\begin{bmatrix}
u_1 \\ u_2 \\ u_3 \\ u_4
\end{bmatrix}
$$

$$
=
\begin{bmatrix}
0.75000 & -0.35651 & -0.37550 & 0.25000 \\
-0.35651 & 0.75000 & 0.25000 & -0.37550 \\
-0.37550 & 0.25000 & 0.75000 & -0.35651 \\
0.25000 & -0.37550 & -0.35651 & 0.75000
\end{bmatrix}
\begin{bmatrix}
q_1 \\ q_2 \\ q_3 \\ q_4
\end{bmatrix},
$$

再利用边界条件 $u_1 = u_4 = -1, u_2 = u_3 = 1$, 得到

$$
\begin{bmatrix}
0.75000 & -0.35651 & -0.37550 & 0.25000 \\
-0.35651 & 0.75000 & 0.25000 & -0.37550 \\
-0.37550 & 0.25000 & 0.75000 & -0.35651 \\
0.25000 & -0.37550 & -0.35651 & 0.75000
\end{bmatrix}
\begin{bmatrix}
q_1 \\ q_2 \\ q_3 \\ q_4
\end{bmatrix}
=
\begin{bmatrix}
-1.73201 \\ 1.73201 \\ 1.73201 \\ -1.73201
\end{bmatrix}.
$$

解此方程, 可得

$$q_1 = \left(\frac{\partial u}{\partial \boldsymbol{n}}\right)_1 = -1.00000, \quad q_2 = \left(\frac{\partial u}{\partial \boldsymbol{n}}\right)_2 = 1.00000,$$

$$q_3 = \left(\frac{\partial u}{\partial \boldsymbol{n}}\right)_3 = 1.00000, \quad q_4 = \left(\frac{\partial u}{\partial \boldsymbol{n}}\right)_4 = -1.00000.$$

它与问题的准确解是相符合的. 若要求出 $\Omega$ 内 $u$ 的值, 可用上一小节的方法.

从这个例子可以看到, 边界元方法所用的节点数比起有限元方法来是较少的. 但是得到的代数方程组, 其矩阵一般是非稀疏的. 上述例子就是 $4 \times 4$ 的满矩阵. 而有限元方法得到的矩阵是稀疏矩阵.

边界元方法还可以使用二次元或更高阶的元, 我们就不作介绍了. 目前边界元方法在固体力学, 多孔介质中的流动等多方面都得到广泛的应用. 也可以把有限元方法与边界元方法结合起来使用.

# 6   多重网格方法

以上各章描述了用差分方法和有限元方法在一种固定的剖分形成的网格上, 将微分方程线性边值问题化为线性代数方程组求解. **多重网格法**(multi-grid methods)简称 **MG 方法**, 它考虑一系列(从粗到细)的网格, 对应系列的方程组, 它们未知数的数目各不相同(从少到多). 一般用迭代法求解, 而且在各方程组之间进行适当的转换. 这种 MG 方法在 20 世纪 70 年代中期就有了广泛的应用和不断的发展, 成为行之有效的方法. 这里我们介绍最基本的思想和最基础的计算方法, 至于一些特殊的应用和有关的数学理论分析, 有兴趣的读者请参阅有关参考文献(例如文献[15]).

## 6.1   模型问题, 迭代法的分析

### 6.1.1   一维和二维的模型例子

**例 6.1**(一维模型)边值问题

$$\begin{cases} -\dfrac{\mathrm{d}^2 u}{\mathrm{d}x^2} = f(x), & 0 < x < 1, \\ u(0) = 0, & u(1) = 0. \end{cases} \tag{6.1}$$

引入均匀网格的序列 $\{\Omega_m\}$, $m = 0, 1, 2, \cdots, M$. $\Omega_m$ 的网格长度 $h_m = \dfrac{1}{2^{m+1}}$, 则有

$$\Omega_m = \{x_i \,|\, x_i = ih_m, \quad i = 1, 2, \cdots, n_m\},$$

其中

$$n_m = 2^{m+1} - 1 = h_m^{-1} - 1.$$

称 $\Omega_m$ 为第 $m$ 层的网格, 相邻两层网格长度

$$h_m = 2h_{m+1}.$$

在 $\Omega_m$ 内, 我们用通常的中心差分格式代替二阶导数, 得到代数方程组

$$\boldsymbol{L}_m \boldsymbol{u}_m = \boldsymbol{f}_m, \tag{6.2}$$

其中

$$\boldsymbol{u}_m = (u_{m,1}, \cdots, u_{m,n_m})^{\mathrm{T}}, \quad \boldsymbol{f}_m = (f_{m,1}, \cdots, f_{m,n_m})^{\mathrm{T}},$$

$$\boldsymbol{L}_m = \frac{1}{h_m^2} \begin{bmatrix} 2 & -1 & & & \\ -1 & 2 & -1 & & \\ & \ddots & \ddots & \ddots & \\ & & -1 & 2 & -1 \\ & & & -1 & 2 \end{bmatrix} \in \mathbb{R}^{n_m \times n_m}$$

**例 6.2**(二维模型)边值问题

$$\begin{cases} -\Delta u = f(x,y), & (x,y) \in \Omega, \\ u = g(x,y), & (x,y) \in \partial\Omega, \end{cases} \tag{6.3}$$

其中 $\Omega = \{(x,y) \mid 0 < x, y < 1\}$, $\partial\Omega$ 为其边界. 仍设 $h_m = \dfrac{1}{2^{m+1}}$, 引入网格系列 $\{\Omega_m\}$, 其中

$$\Omega_m = \{(x_i, y_i) \mid x_j = ih_m, \quad y_i = jh_m, \quad i, j = 1, 2, \cdots, 2^{m+1}-1\}.$$

在 $\Omega_m$ 内用通常的五点差分格式近似, 得到代数方程组

$$\boldsymbol{L}_m \boldsymbol{u}_m = \boldsymbol{f}_m,$$

其中 $\boldsymbol{u}_m, \boldsymbol{f}_m$ 是 $(2^{m+1}-1)^2$ 维的向量, $\boldsymbol{L}_m$ 是 $(2^{m+1}-1)^2$ 阶矩阵. 当然, 用九点差分格式也可以列出代数方程组.

## 6.1.2 网格方程迭代法的分析

对例 6.1 进行分析. 虽然容易用直接法求解方程组(6.2), 但是因为可以利用"上一层"方程组 $\boldsymbol{L}_{m-1}\boldsymbol{u}_{m-1} = \boldsymbol{f}_{m-1}$ 的解 $\boldsymbol{u}_{m-1}$, 再补上若干分量作为(6.2)式解 $\boldsymbol{u}_m$ 的近似值, 我们宁可用迭代法来求解方程组(6.2), 这也符合更复杂的情况. 经典的迭代法有 Gauss-Seidel 法, SOR 法等, 我们选择最容易表述的 Jacobi 迭代法进行分析, 有关的基本理论可参考文献[2].

记 $\boldsymbol{D}_m$ 为(6.2)式中系数矩阵 $\boldsymbol{L}_m$ 的对角线部分, 即 $\boldsymbol{D}_m = 2h_m^{-2}\boldsymbol{I}$, $\boldsymbol{I}$ 是 $n_m$ 阶单位矩阵.

记

$$\boldsymbol{L}_m = \boldsymbol{D}_m - \boldsymbol{B}_m,$$

解(6.2)式的 Jacobi 迭代法就是

$$\boldsymbol{u}_m^{(j+1)} = \boldsymbol{D}_m^{-1}(\boldsymbol{B}_m \boldsymbol{u}_m^{(j)} + \boldsymbol{f}_m)$$

或写成

$$\boldsymbol{u}_m^{(j+1)} = \boldsymbol{u}_m^{(j)} - \boldsymbol{D}_m^{-1}(\boldsymbol{L}_m \boldsymbol{u}_m^{(j)} - \boldsymbol{f}_m),$$

式中 $\boldsymbol{L}_m \boldsymbol{u}_m^{(j)} - \boldsymbol{f}_m$ 称为对应 $\boldsymbol{u}_m^{(j)}$ 的**亏量**(余量的反号). Jacobi 迭代收敛的充分必要条件是 $\rho(\boldsymbol{I} - \boldsymbol{D}_m^{-1}\boldsymbol{L}_m) < 1$.

下面再分析一种称为**阻尼 Jacobi 法**(或 **Jacobi-$\omega$ 法**)的迭代法

$$\boldsymbol{u}_m^{(j+1)} = \boldsymbol{u}_m^{(j)} - \theta \boldsymbol{D}_m^{-1}(\boldsymbol{L}_m \boldsymbol{u}_m^{(j)} - \boldsymbol{f}_m),$$

其中 $\theta$ 是可调整的参数,$0 < \theta \leqslant 1$. 因为

$$\boldsymbol{D}_m^{-1} = \frac{1}{2} h_m^2 \boldsymbol{I},$$

令

$$\omega = \frac{\theta}{2}, \qquad 0 < \omega \leqslant \frac{1}{2}.$$

阻尼 Jacobi 迭代公式写成

$$\boldsymbol{u}_m^{(j+1)} = \boldsymbol{u}_m^{(j)} - \omega h_m^2 (\boldsymbol{L}_m \boldsymbol{u}_m^{(j)} - \boldsymbol{f}_m), \tag{6.4}$$

这个迭代法收敛的充要条件是 $\rho(\boldsymbol{I} - \omega h_m^2 \boldsymbol{L}_m) < 1$. 它的迭代矩阵为

$$\boldsymbol{I} - \omega h_m^2 \boldsymbol{L}_m = \boldsymbol{I} - \omega(2\boldsymbol{I} - \boldsymbol{S}),$$

其中矩阵

$$\boldsymbol{S} = \begin{bmatrix} 0 & 1 & & & \\ 1 & 0 & 1 & & \\ & \ddots & \ddots & \ddots & \\ & & 1 & 0 & 1 \\ & & & 1 & 0 \end{bmatrix}.$$

$\boldsymbol{S}$ 的特征值是 $2\cos \mu h_m \pi, \mu = 1, 2, \cdots, n_m$(在本书第 2 章和本章第 4 节都有讨论). 所以迭代矩阵 $\boldsymbol{I} - \omega h_m^2 \boldsymbol{L}_m$ 的特征值是

$$\lambda_\mu(\omega) = 1 - 4\omega \sin^2 \frac{\mu h_m \pi}{2}, \qquad \mu = 1, 2, \cdots, n_m,$$

对应的特征向量是

$$\boldsymbol{e}_m^\mu = \sqrt{2h_m}(\sin(\mu \pi h_m), \sin(2\mu \pi h_m), \cdots, \sin(n_m \mu \pi h_m))^{\mathrm{T}}, \qquad \mu = 1, 2, \cdots, n_m.$$

这是一个线性无关的向量组.

为了便于分析,取 $\omega = \frac{1}{4}$ 和 $\omega = \frac{1}{2}$ 的两个例子(其中 $\omega = \frac{1}{2}$ 就是普通的 Jacobi 迭代的情形). 迭代矩阵的特征值为

$$\lambda_\mu\left(\frac{1}{4}\right) = 1 - \sin^2\left(\mu h_m \cdot \frac{\pi}{2}\right), \quad \lambda_\mu\left(\frac{1}{2}\right) = 1 - 2\sin^2\left(\mu h_m \cdot \frac{\pi}{2}\right),$$

其中 $\mu = 1, 2, \cdots, n_m$,即 $\mu h_m = h_m, 2h_m, \cdots, 1 - h_m$. 以 $\mu h_m$ 为横坐标,$\lambda_\mu$ 为纵坐标作特征值的图形,如图 8.9.

迭代法的收敛率决定于 $\rho(\boldsymbol{I} - \omega h_m^2 \boldsymbol{L}_m) = \lambda_1(\omega)$,而

$$\lambda_1\left(\frac{1}{2}\right) = 1 - 2\sin^2\left(\pi h_{\frac{m}{2}}\right) = 1 - \frac{1}{2}(\pi h_m)^2 + O(h_m^4),$$

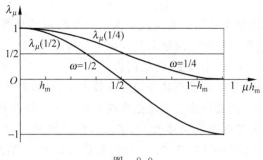

图　8.9

$$\lambda_1\left(\frac{1}{4}\right) = 1 - \sin^2\left(\pi h\frac{m}{2}\right) = 1 - \frac{1}{4}(\pi h_m)^2 + O(h_m^4).$$

所以,当 $\omega = \frac{1}{2}$ 时,$\lambda_1\left(\frac{1}{2}\right) \approx 1$,迭代收敛是很慢的,而 $\omega = \frac{1}{4}$ 时收敛更慢,所需迭代次数大约是 $\omega = \frac{1}{2}$ 时的两倍.

设迭代法解方程组(6.2)的初始向量是 $\boldsymbol{u}_m^{(0)}$,其初始向量的误差是 $\boldsymbol{u}_m^{(0)} - \boldsymbol{u}_m$,按特征向量展开为

$$\boldsymbol{u}_m^{(0)} - \boldsymbol{u}_m = \sum_{\mu=1}^{n_m} \alpha_\mu \boldsymbol{e}_m^\mu,$$

迭代 $\nu$ 步后,误差向量成为

$$\boldsymbol{u}_m^{(\nu)} - \boldsymbol{u}_m = (\boldsymbol{I} - \omega h_m^2 \boldsymbol{L}_m)^\nu (\boldsymbol{u}_m^{(0)} - \boldsymbol{u}_m) = \sum_{\mu=1}^{n_m} \beta_\mu^{(\nu)} \boldsymbol{e}_m^\mu,$$

其中

$$\beta_\mu^{(\nu)} = \alpha_\mu [\lambda_\mu(\omega)]^\nu, \quad \mu = 1, \cdots, \frac{1}{2h_m} - 1, \frac{1}{2h_m}, \cdots, \frac{1}{h_m} - 1.$$

现在固定观察 $\omega = \frac{1}{4}$ 的情形,对应于误差向量中 $\mu = \frac{1}{2h_m}, \cdots, \frac{1}{h_m} - 1$ 的"高频分量",因为 $\left|\lambda_\mu\left(\frac{1}{4}\right)\right| \leqslant \frac{1}{2}$,所以每迭代一次,误差向量中这部分分量至少衰减一半. 而对于误差向量中 $\mu = 1, \cdots, \frac{1}{2h_m} - 1$ 的"低频分量",有 $\left|\lambda_\mu\left(\frac{1}{4}\right)\right| > \frac{1}{2}$,每次迭代这部分分量衰减较慢,其中最慢的是第 1 个分量. 所以 $\omega = \frac{1}{4}$ 时总体收敛慢恰恰是由于低频分量的性质引起的. 也就是说,对低频部分

$$\beta_\mu^{(\nu)} \approx \alpha_\mu,$$

而对高频部分

$$|\beta_\mu^{(\nu)}| \ll |\alpha_\mu|$$

图 8.10 分别表示初始误差向量和迭代 $\nu$ 次后误差向量的典型的一个低频分量和一个高频分量. 可以想象,在一个固定网格上迭代求解方程组(6.2),迭代 $\nu$ 次的效果不是使得 $\| u_m^{(\nu)} - u_m \|$ 比 $\| u_m^{(0)} - u_m \|$ 小很多,而是使得 $u_m^{(\nu)} - u_m$ 比 $u_m^{(0)} - u_m$ 更加"光滑",所以称迭代法(6.4)为**光滑迭代**. 它是压缩高频分量的有效方法,只是对于低频分量(原本已经比较光滑)收敛性才不太好. 因此自然会考虑把光滑迭代和另一种能够衰减误差向量低频分量的方法结合起来. 如果考虑两层网格 $\Omega_m$ 和 $\Omega_{m+1}$,注意到细网 $\Omega_{m+1}$ 上误差向量的低频分量正好对应粗网 $\Omega_m$ 上的分量(包括 $\Omega_m$ 上高频分量),而 $\Omega_{m+1}$ 的高频分量不对应 $\Omega_m$ 上的分量. 故可以将两层网格一并来考虑.

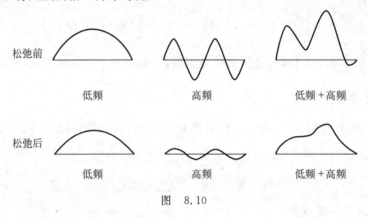

图　8.10

### 6.1.3　两层网格方程组的联系

对网格序列 $\{\Omega_m\}_{m=0}^M$,我们的目的是在"最细"的网格 $\Omega_M$ 求解方程组 $L_M u_M = f_M$. 为了下面的讨论,分析第 $m$ 层和第 $m+1$ 层网格上的方程组

$$L_m u_m = f_m, \quad L_{m+1} u_{m+1} = f_{m+1},$$

注意 $u_m$ 和 $u_{m+1}$ 的维数是不同的,在一维情形,后者约为前者的 2 倍,二维情形约为 4 倍. 假设我们求出了向量 $u_m$(或其近似),可以用适当的方法补充一些分量,得到 $u_{m+1}$ 的近似向量 $\tilde{u}_{m+1}$,令

$$w_{m+1} = u_{m+1} - \tilde{u}_{m+1},$$

这称为 $\tilde{u}_{m+1}$ 的"校正量",这是因为 $\tilde{u}_{m+1}$ 加上校正量就是准确解 $u_{m+1}$. 记

$$r_{m+1} = L_m w_{m+1} = f_{m+1} - L_{m+1} \tilde{u}_{m+1},$$

这称为方程组对应于 $\tilde{u}_{m+1}$ 的"余量", $-r_{m+1}$ 则称为"亏量". 如果 $r_{m+1} = 0$,则 $w_{m+1} = 0$, $\tilde{u}_{m+1}$ 就是第 $m+1$ 层方程组的准确解,当然这很难直接实现. 这使我们可以产生一个想法:从第 $m$ 层方程组的解向量(或其近似)得到第 $m+1$ 方程组的一个近似解 $\tilde{u}_{m+1}$,再计算 $r_{m+1} = f_{m+1} - L_{m+1} \tilde{u}_{m+1}$,然后求解方程组

$$L_{m+1} w_{m+1} = r_{m+1}.$$

当然,求解这个方程的难易程度和求解 $L_{m+1}u_{m+1}=f_{m+1}$ 的难易程度是相同的,但是多重网格方法有另外的考虑.作为理想的情况,如能解出 $w_{m+1}$,再令

$$u_{m+1} = \tilde{u}_{m+1} + w_{m+1}$$

就是第 $m+1$ 层的准确解,它的某些变化情况也可作为近似解.这些原理性的讨论将融入下面多重网格方法的设计中.

## 6.2　二重网格方法

这里讨论两层网格 $\Omega_m$ 和 $\Omega_{m+1}$ 上方程组的计算,网格长度 $h_m=2h_{m+1}$,称

$$粗网方程:\quad L_m u_m = f_m, \tag{6.5}$$

$$细网方程:\quad L_{m+1} u_{m+1} = f_{m+1}. \tag{6.6}$$

二维粗网和细网上网格点的分布如图 8.11 所示.

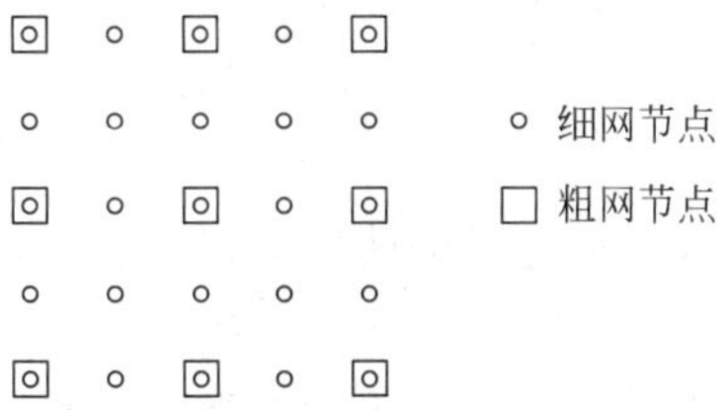

### 6.2.1　粗、细网上函数值的转移

记 $v_m$ 和 $v_{m+1}$ 分别是 $\Omega_m$ 和 $\Omega_{m+1}$ 上定义的函数,在一维情形,它们分别是 $n_m$ 维和 $n_{m+1}$ 维的向量.

如果已知 $v_{m+1}$,则可以作细网 $\Omega_{m+1}$ 到粗网 $\Omega_m$ 的**限制算子** $I_{m+1}^m$,它作用到 $v_{m+1}$ 上得到 $v_m$ 的值

$$v_m = I_{m+1}^m v_{m+1}.$$

○ 细网节点

□ 粗网节点

图　8.11

具体的限制方法可以是直接映射或加权平均方法.

　　**直接映射**　因为 $\Omega_m$ 的网格点也是 $\Omega_{m+1}$ 的网格点,令

$$v_m(x,y) = v_{m+1}(x,y), \quad \forall (x,y) \in \Omega_m$$

(对一维情形只有 $x$ 变量).

　　**加权平均**　在一维情形

$$v_m(x) = \frac{1}{4}\big[ v_{m+1}(x - h_{m+1}) + 2v_{m+1}(x) + v_{m+1}(x + h_{m+1}) \big], \quad \forall x \in \Omega_m,$$

可以简记权系数为 $\frac{1}{4}[1,\quad 2,\quad 1]$.

　　在二维情形,可以九点加权平均或五点的加权平均,其系数是

$$\frac{1}{16}\begin{bmatrix} 1 & 2 & 1 \\ 2 & 4 & 2 \\ 1 & 2 & 1 \end{bmatrix} \quad 或 \quad \frac{1}{16}\begin{bmatrix} 0 & 2 & 0 \\ 2 & 8 & 2 \\ 0 & 2 & 0 \end{bmatrix}.$$

　　如果已知 $v_m$,可以作粗网 $\Omega_m$ 到细网 $\Omega_{m+1}$ 的**延拓算子** $I_m^{m+1}$,它作用到 $v_m$ 上得到 $v_{m+1}$ 的值

$$v_{m+1} = I_m^{m+1} v_m.$$

延拓的方法一般是**插值**. 对一维情形, 最简单情形可以作分段线性插值: $\forall\, x \in \Omega_{m+1}$,

$$
v_{m+1}(x) = \begin{cases} v_m(x), & \text{若 } x \in \Omega_m, \\ \dfrac{1}{2}\big[\,v(x - h_{m+1}) + v(x + h_{m+1})\,\big], & \text{若 } x \notin \Omega_m. \end{cases}
$$

对二维情形, 则可作双线性插值或双二次插值等.

### 6.2.2　二重网格上的一个循环

我们的目的是解细网方程组(6.6). 假设已经有了 $u_{m+1}$ 的一个近似解

$$
u_{m+1}^{\text{old}} \approx L_{m+1}^{-1} f_{m+1},
$$

按以下步骤可以得到一个进一步的近似解 $u_{m+1}^{\text{new}}$.

**第 1 步**　以 $u_{m+1}^{\text{old}}$ 为迭代初值, 对方程组(6.6)迭代 $\nu_1$ 次(可以是 Jacobi-$\omega$ 迭代, 或 SOR 等, 称松弛 $\nu_1$ 次), 结果记为

$$
\bar{u}_{m+1} = \text{Relax}^{\nu_1}(u_{m+1}^{\text{old}}, L_{m+1}, f_{m+1}).
$$

这也称为**光滑迭代**, 这是因为迭代后

$$
w_{m+1} = u_{m+1} - \bar{u}_{m+1}
$$

比 $u_{m+1} - u_{m+1}^{\text{old}}$ 更加光滑. 这里 $u_{m+1} = \bar{u}_{m+1} + w_{m+1}$, 所以 $w_{m+1}$ 是 $\bar{u}_{m+1}$ 的一个校正量.

**第 2 步**　余量计算

$$
r_{m+1} = f_{m+1} - L_{m+1}\bar{u}_{m+1}.
$$

$r_{m+1}$ 是方程组(6.6)对应 $\bar{u}_{m+1}$ 的余量, $-r_{m+1}$ 也称亏量.

易见校正量满足

$$
L_{m+1} w_{m+1} = r_{m+1} \tag{6.7}
$$

这是一个和(6.6)式同样形式的方程组, 求解的难易程度是相同的, 但 $w_{m+1}$ 是光滑处理后的函数, 它比 $u_{m+1}$ 更易于逼近. 因 $\Omega_{m+1}$ 上误差的低频分量对应 $\Omega_m$ 上的高频分量, 为求解(6.7)式, 我们改在粗网上求解对应(6.7)式的方程组, 粗网上的迭代更易收敛. 所以有下面的步骤.

**第 3 步**　余量限制

$$
r_m = I_{m+1}^m r_{m+1}.
$$

**第 4 步**　解粗网方程组

$$
L_m w_m = r_m. \tag{6.8}
$$

先设得到(6.8)式的准确解 $w_m = L_m^{-1} r_m$, 它是在 $\Omega_m$ 上定义的函数. 下面再回到细网 $\Omega_{m+1}$.

**第 5 步**　校正量延拓

$$
\widetilde{w}_{m+1} = I_m^{m+1} w_m.
$$

得到的是校正量 $w_{m+1}$ 的一个近似, 即方程(6.7)的一个近似解.

**第 6 步**　粗网校正

$$
\bar{\bar{u}}_{m+1} = \bar{u}_{m+1} + \widetilde{w}_{m+1},
$$

这是将通过粗网计算得到的近似校正量 $\widetilde{w}_{m+1}$ 加到 $\bar{u}_{m+1}$，作为一次校正.

　　**第7步**　后光滑迭代：以 $\bar{\bar{u}}_{m+1}$ 为初值，再对方程组(6.6)做 $\nu_2$ 次松弛迭代，记为

$$u_{m+1}^{\text{new}} = \text{Relax}^{\nu_2}(\bar{\bar{u}}_{m+1}, L_{m+1}, f_{m+1}).$$

经过以上各步,我们从(6.6)式的一个近似解 $u_{m+1}^{\text{old}}$ 得到一个新的近似解 $u_{m+1}^{\text{new}}$,完成了二重网格方法的一个循环.这个过程可以简单地用图 8.12 来表示.过程中准确求解方程组是在 $\Omega_m$ 上进行的,工作量比在 $\Omega_{m+1}$ 上求解大大地减少了.而在 $\Omega_{m+1}$ 上只进行光滑迭代,一般 $\nu_1$ 和 $\nu_2$ 取为 1,2 或 3 次.这样的

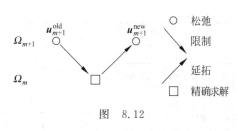

图　8.12

循环继续做下去便是一个二重网格方法的过程.在一维模型的情况下,可以证明二重网格方法的收敛性,收敛是相当快的.在很多情形可以推广到多维.

## 6.3　多重网格方法

### 6.3.1　多重网格的一个 V 循环

　　以上描述的二重网格方法,在粗网上要精确地解方程(6.8),这显然不是必要的,因为由 $w_m$ 得到 $\widetilde{w}_{m+1}$ 也只是 $w_{m+1}$ 的一个近似.而且,特别在高维情形,准确求解(6.8)式往往也是不现实的.

　　设网格系列 $\{\Omega_m\}, m = 0, 1, \cdots, M$.我们最终目的是解最细网格 $\Omega_M$ 上的方程组.可以将"松弛-限制"的步骤从 $m = M$ 开始逐层重复进行,一直到最粗的网格 $\Omega_0$.在其上准确求解方程组 $L_0 w_0 = r_0$($w_0$ 的分量数目最少),然后将"延拓-松弛"的过程逐层向更细网格进行,直到 $m = M$.如图 8.13 和图 8.14 所示,我们形象地称它为**多重网格方法的一个 V 循环**.经过这些步骤从 $\Omega_M$ 上方程组一个近似解 $u_M^{\text{old}}$ 得到一个新的近似解 $u_M^{\text{new}}$.

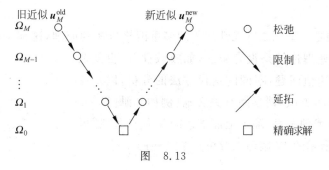

图　8.13

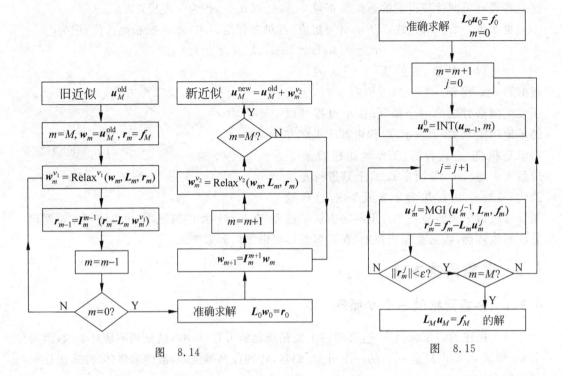

图　8.14　　　　　　　　　　　图　8.15

## 6.3.2　完全的多重网格方法

　　将上面描述的多重网格 V 循环重复进行,可以在最细网格上得到满足精确度的解,但是一开始时要知道最细网格方程组的一个近似值. 我们描述一个从最粗网格准确解开始的完全的多重网格(FMG)方法,如图 8.15 所示. 图中 $\mathrm{INT}(u_{m-1}, m)$ 表示 $\Omega_{m-1}$ 上函数 $u_{m-1}$ 做插值,得 $\Omega_m$ 上的函数 $u_m$. $\mathrm{MGI}(u_m^{j-1}, L_m, f_m)$ 表示图 8.13 所示为一个多重网格 V 循环过程.

　　以上描述的是一维和二维线性问题的多重网格方法的原理,这都是以模型问题为例进行分析的. 一些理论结果没有叙述,如收敛性等. 更复杂的问题,如其他边值问题,不同的迭代方法的分析,以及应用到非线性问题等方面,请参阅有关文献(例如文献[15]). 至于多重网格技术的本身,除了上面描述的 V 循环外,还可以有如图 8.16 所示的 **W 循环**以及更复杂一些的技巧.

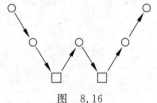

图　8.16

# 习　题

1. 对抛物型方程的定解问题

$$
\begin{cases}
\dfrac{\partial u}{\partial t} = \dfrac{\partial^2 u}{\partial x^2} & (0 < x < 2, t > 0), \\[2mm]
u\mid_{x=0} = t, u\mid_{x=2} = 2 + t, \\[2mm]
u\mid_{t=0} = \dfrac{1}{2} x^2.
\end{cases}
$$

将 $0 \leqslant x \leqslant 2$ 分为两个线性元, 令 $\Delta t = 1$, 试求 $t = 1$ 和 $t = 2$ 上各节点 $u$ 的近似值.

2. 试讨论双曲型方程定解问题

$$
\begin{cases}
\dfrac{\partial^2 u}{\partial t^2} = \dfrac{\partial^2 u}{\partial x^2} & (0 < x < 1, t > 0), \\[2mm]
u\mid_{x=0} = \varphi_1(t), u\mid_{x=1} = \varphi_2(t), \\[2mm]
u\mid_{t=0} = f_1(x), \dfrac{\partial u}{\partial t}\Big|_{t=0} = f_2(t)
\end{cases}
$$

的有限元离散方法.

3. 将本章式 $(3.5)$, $(3.6)$ 的例子, 用 3 个线性单元进行计算.

4. 用两个线性单元计算如下的非线性两点边值问题

$$
\begin{cases}
\dfrac{\mathrm{d}}{\mathrm{d}x}\left( \mathrm{e}^u \dfrac{\mathrm{d}u}{\mathrm{d}x} \right) = \mathrm{e}^x & (0 < x < 1), \\[2mm]
u(0) = 0, \qquad u(1) = 1.
\end{cases}
$$

(所遇到的非线性方程组可用 Newton-Raphson 方法求解.)

5. 若 $\boldsymbol{A}, \boldsymbol{B}$ 均为 $n \times n$ 对称正定矩阵, 试列出特征值问题 $\boldsymbol{A}\boldsymbol{x} = \lambda \boldsymbol{B}\boldsymbol{x}$ 的变分形式及特征值的极值性质.

6. 试讨论特征值问题

$$
\begin{cases}
-\Delta u = \lambda u, & (x, y) \in \Omega, \\
u\mid_{\partial\Omega} = 0
\end{cases}
$$

的变分形式.

7. 对特征值问题

$$
\begin{cases}
-\dfrac{\mathrm{d}}{\mathrm{d}x}\left( p_0 \dfrac{\mathrm{d}u}{\mathrm{d}x} \right) = 1, & 0 < x < 1 \\[2mm]
u(0) = 0, & u'(1) = 0
\end{cases}
$$

用有限元方法列出相应的矩阵特征值问题, 其中 $p_0$ 为常数.

8. 边值问题

$$\begin{cases} -\Delta u + 12.5\pi^2 u = 25\pi^2 \sin\dfrac{5\pi}{2}x\cos\dfrac{5\pi}{2}y, (x,y) \in \Omega, \\ \dfrac{\partial u}{\partial \boldsymbol{n}}\Big|_{y=0,0.4} = 0, \quad u\big|_{x=0,0.4} = 0, \end{cases}$$

其中

$$\Omega = \{(x,y) \mid 0 < x, y < 0.4\}$$

按平行坐标轴的直线及平行于区域 $\Omega$ 对角线 $x+y=0.4$ 的斜线均匀地将区域剖分为直角三角形单元的并,用线性有限元方法作多重网格方法计算(至少含 4 层网格).与准确解 $u(x,y) = \sin\dfrac{5\pi}{2}x \cos\dfrac{5\pi}{2}y$ 比较.

# 索　引

# 参 考 文 献

[1] 石钟慈. 第三种科学方法——计算机时代的科学计算[M]. 广州：暨南大学出版社. 北京：清华大学出版社，2000.

[2] 关治，陆金甫. 数值分析基础[M]. 2版. 北京：高等教育出版社，1998.

[3] 胡健伟，汤怀民. 微分方程数值方法[M]. 北京：科学出版社，1999.

[4] 姜礼尚，庞之垣. 有限元方法及其理论[M]. 北京：人民教育出版社，1979.

[5] 李德元，陈光南. 抛物型方程差分方法引论[M]. 北京：科学出版社，1995.

[6] 李荣华，冯果忱. 微分方程数值解法[M]. 3版. 北京：高等教育出版社，1996.

[7] 李治平. 偏微分方程数值解讲义[M]. 北京：北京大学出版社，2010.

[8] 陆金甫，顾丽珍，陈景良. 偏微分方程差分方法[M]. 北京：高等教育出版社，1988.

[9] 水鸿寿. 一维流体力学差分方法[M]. 北京：国防工业出版社，1998.

[10] 张宝琳，谷同祥，莫则尧. 数值并行计算原理与方法[M]. 北京：国防工业出版社，1999.

[11] AMES W F. Numerical Methods for Partial Differential Equations. 2nd ed. New York：Academic Press，1977.

[12] BREBBIA C A. The Boundary Element Method for Engineer. London：Pentech Press，1978.

[13] CIARLET P G. The Finite Element Method for Elliptic Problems. Amsterdam：North-Holland Publishing Company，1978.

[14] FLETCHER C A J. Computational Techniques for Fluid Dynanics. New York：Spring-Verlag，1988.

[15] HACKBUSCH. Muti-Grid Methods and Applications. Berlin：Spring-Verlag，1985.

[16] KNÖNER D. Numerical Schemes for Conservation Laws. New York：John Wiley & Sons，1997.

[17] LEVEQUE R J. Numerical Methods for Conservation Laws. Basel：Birkhäuser Verlag，1990.

[18] MARCHUK G I. Methods for Numerical Mathematics. 2nd ed. New York：Springer-Verlag，1982.

[19] MEIS T，MARCOWITZ U. Numerical Solution of Partial Differential Equations. Berlin：Springer-Verlag，1981.

[20] MITCHELL A R，GRIFFITHS D F. The Finite Difference Method in Partial Differential Equations. New York：John Wiley & Sons，1980.

[21] PEYRET R，TAYLOR T D. Computational Methods for Fluid Flow. Berlin：Springer-Verlay，1983.

[22] RICHTMYER R D，MORTON K M. Difference Methods for Initial Value Problems. 2nd ed. New York：John Wiley & Sons，1967.

[23] ROŽDESTVENSKII B L，JANENKO N N. Systems of Quasilinear Equation and their Applications to Gas Dynamics. American Mathematical Society，providence. Rhodeisland，1983.

[24] SAMARSKII A A. The Theory of Difference Schemes. New York：Marcel Dekker，2001.

[25] THOMAS J W. Numerical Partial Differential Equations Finite Difference Methods. New York：Springer-Verlag，1997.

[26] TRANGENSTEIN J A. Numerical Solution of Hyperbolic Partial Differential Equations. Cambridge：Cambridge University Press，2009.